文旅场景数字化再现技术研究与应用

RESEARCH AND APPLICATION OF DIGITAL REPRODUCTION TECHNOLOGY IN CULTURAL TOURISM

翟　雷　马骁赟　主　编

赵国政　王永生　副主编

同济大学出版社
TONGJI UNIVERSITY PRESS
·上海·

内容提要

传统建筑行业建造模式具有劳动密集、智能化程度低的特点，对于大型复杂工程项目，难以满足其高质量建造要求。若将现代数字化技术与工程建设项目相结合，可以为现代建筑业的发展提供新动力。

本书紧紧围绕文旅项目数字化技术的应用与实践展开阐述，共有四篇内容。全书以中国建筑第二工程局华东分公司承建的北京环球影城主题公园、上海迪士尼度假区中的单体工程项目作为实践案例，阐述了工程建造数字化技术在大型复杂工程项目中的应用及过程管理。本书内容全面且翔实，涵盖了工程项目管理、建筑设计和施工建造等全过程应用，对大型复杂工程项目建设每个阶段涉及的各领域的数字化技术都进行了阐述。

本书有助于工程建设领域相关人员掌握数字化建造技术，为文旅类及同类项目的数字化建造提供借鉴和经验指导。

图书在版编目(CIP)数据

文旅场景数字化再现技术研究与应用 / 翟雷，马骁赟主编；赵国政，王永生副主编. --上海：同济大学出版社，2023.12

ISBN 978-7-5765-0476-7

Ⅰ.①文… Ⅱ.①翟… ②马… ③赵… ④王… Ⅲ.①数字技术–应用–文化建筑–工程项目管理 ②数字技术–应用–旅游区–工程项目管理 Ⅳ.①TU17

中国版本图书馆 CIP 数据核字(2022)第 216690 号

本书由中建二局科技资助(24296D 20 0004)

文旅场景数字化再现技术研究与应用

翟 雷 马骁赟 **主编** 赵国政 王永生 **副主编**

责任编辑 马继兰 **责任校对** 徐春莲 **封面设计** 完 颖

出版发行 同济大学出版社 www.tongjipress.com.cn

(地址：上海市四平路 1239 号 邮编：200092 电话：021-65985622)

经　　销 全国各地新华书店

排　　版 南京月叶图文制作有限公司

印　　刷 上海安枫印务有限公司

开　　本 787mm×1092mm 1/16

印　　张 20.5

字　　数 512 000

版　　次 2023 年 12 月第 1 版

印　　次 2023 年 12 月第 1 次印刷

书　　号 ISBN 978-7-5765-0476-7

定　　价 198.00 元

本书编委会

主　　编　翟　雷　马骁赟

副 主 编　赵国政　王永生

主　　审　苏敬涛　王　俊　刘四海

编委会成员　苏敬涛　董亚兴　杨瑞增　张法荣　邢义志
王　贺　杨　猛　张福英　宁焕昌　马　潇
陈金山　方自强　于延艳　陈质毅　王　俊
封　伟　刘　聪　吴　逸　王昂昂　李鹏飞
邵　玥　权清鹏　张作龙　姜桃红　王赟超
夏　康　张劭华　陈静涛　罗　伟　刘志红
谭荣晒　史　琦　吕　倩　张丹枫　金　晴

序　言

随着现代信息技术的蓬勃发展，人类社会生产和生活方式得到了极大的改变。尤其是近年来兴起的人工智能、物联网、区块链等新一代数字化信息技术，正逐渐成为推动建筑业变革的重要力量。

然而，当前阶段建筑业整体数字化水平仍较低，如施工现场的数字化技术应用覆盖率低，在产业链上数字化技术协同性与创新性不足，BIM 正向设计推进过程缓慢等，这些因素都制约了建筑业的数字化发展。此外，建筑企业内部大多数信息化平台功能相对单一，难以覆盖建筑工程全生命周期，涉及多专业施工时无法形成有效的协同与共享，业务协同性不足，可交互性差。数据管理与共享机制缺乏是影响建筑业数字化发展的另一大阻碍。

对于大型复杂、个性化需求高的工程项目，具有协同交互、孪生共享、节能高效等优点的数字化技术变得极为重要。数字时代的来临，悄然开启了工程项目数字化建设的新时代，持续推进建筑业数字化技术的创新与应用势在必行。

该书以中国建筑第二工程局华东分公司参与承建的某主题公园和某度假区项目为基础，系统介绍了数字化再现技术在大型文旅项目中的应用，覆盖了项目建造全过

FOREWORD

程，且将基础理论与实际应用相结合，可以为今后文旅类及其他复杂、个性化需求高的工程提供借鉴与参考。

孟建民

中国工程院院士

2023年11月

前　言

目前，我国文旅项目建设正处在快速发展阶段，结构复杂的大型主题公园项目日益增多，其中数字化技术与文旅项目建设的深度融合发展提升了文旅项目的整体建造技术水平，为文旅项目的建设发展带来了显著的效益，使文旅项目管理、建筑设计和施工建造等方面的效率得到了极大提升。

本书紧紧围绕文旅项目数字化技术的应用与实践展开阐述，从数字化项目管理、数字化设计到数字化建造，将数字化技术应用到文旅项目工程建造的全过程。本书共分为四篇。第 1 篇为绪论，介绍了数字化技术的研究背景、研究现状以及研究意义。第 2 篇为数字化项目管理与实践，总结了文旅项目总承包管理方法，主要包括工程项目启动管理方法、进度控制管理方法、国际项目合同分类管理方法以及多专业设计协同管理方法，介绍了数字化建筑集成管理控制平台的搭建，以及对项目阶段设计、动态成本分析、施工进度模拟和阶段性质量控制等全过程的管理，同时将 BIM 三维模型用于过程管理，利用 BIM 技术施工总承包管理平台实现了工程管理交互方式从二维到四维的转变，以高度集成的工程信息为工程项目各参建方多专业在线协调管理提供了支持，从而加强了工程全生命周期内的全局管控力度，极大地提升了工程总承包项目过程管理水平和数字化管控能力，对保障工程质量以及效益有着显著的现实意义。第 3 篇为数字化设计理论与实践，解释了文旅项目场景设计理念，包括主题化、娱乐化、多元化和可持续性，分析了建筑艺术设计方法和数字深化设计方法，并列举了具体的工程应用案例。将 BIM 技术应用于建筑工程结构设计建设中，推

PREFACE

动了建筑工程内部构造的立体化、直观化、清晰化的呈现，促进了BIM 技术在建筑结构设计领域更多、更深入的应用，保证建筑设计工作的整体性。第 4 篇为数字化建造理论与实践，主要介绍了复杂建筑结构数字化建造方法、主题装饰工程施工方法、动感特效场景呈现方法、环境与景观施工方法，在工程建造全过程采用数字化施工技术，数字化地分析了建造的各个重要环节，有利于优化工程建造过程，解决了工程施工过程中的各类技术难题，改变了建筑工程的施工建造模式，提高了工程质量、施工管理水平和安全管控能力，实现精益建造。

本书是对当前数字建造理论研究和技术应用的系统总结，是数字建造研究领域具有先进性的成果。相信本书的出版，对推动文旅项目数字建造理论与技术的研究和应用，深化信息技术与工程建造的进一步融合，促进建筑产业变革，实现中国建造高质量发展将产生重要影响。

编者

2023 年 11 月 15 日

目　录

CONTENTS

第 1 篇
绪　论

大数据、智能化、5G 等新型信息技术的出现标志着人类社会正在进入以数字化生产为依托、以万物智联为目标的全新历史阶段。在此大背景下，文旅行业也迎来新的发展机遇。绪论主要从数字化技术的研究背景、数字化技术的研究现状和数字化技术的研究意义三个部分展开。文旅场景数字化再现技术的研究背景主要分为数字化建造技术的发展、数字化技术的工程应用和文旅数字化的相关政策。数字化技术的研究现状主要从项目智慧管理、数字化设计和数字化建造三方面进行分析。文旅产业数字化是利用数字技术对文旅产业进行全方位、多角度、全链条的改造过程，旨在打破文旅产业和数字化的边界，实现文旅产业数字化的深度融合发展，对推动文旅产业数字化发展具有重要意义。

第1章

概　　述

1.1 研究背景

1.1.1 数字化建造技术

1. 何谓数字化建造技术

传统建筑产业是粗放型、劳动密集型的产业，产业现代化水平不高、建设周期较长、环境影响较大、标准化程度较低等仍是建筑业亟须解决的难题，以数字化、信息化和新材料革命为代表的新技术萌芽和快速发展显得尤为重要。随着经济的快速发展和社会的不断进步，我国建筑产业的建造技术发生了转型[1]。

与传统建造技术不同，数字化建造是在传统建造基础上，以更加智慧、精益、绿色的方式实现工程建造，它不仅推动工程建造模式的变革，而且必将推动商业模式和产业模式的变革。数字化建造技术是利用计算机对工程建设设计、研发、施工全过程的人、机、物、法、环等各要素进行仿真、制造、监控、安装、管控的过程，在该过程中同步建成工程数字化模型。

数字化建造技术主要由BIM技术、3D打印技术、物联网技术、人工智能技术和虚拟现实技术构成。

BIM技术是实现数字化建造的一种重要技术手段，是建筑对象及其建造过程的数字化表达，实现建造全过程建筑几何、非几何信息集成，可对过程中进度、成本实现可视化管理，优化建造管理流程，被称为建筑行业第二次信息化革命。它可对建筑全生命周期信息进行集成，实现建设各阶段间信息高效传递，减少信息鸿沟，实现各参与方之间的信息共享，为数字化建造的实现提供有效基础数据源，从根本上解决数字建造中的项目数据获取及管理难题。基于BIM技术的全过程数字化建造就是以BIM模型为核心，将BIM设计信息输入数控设备，对建筑对象进行制造、安装，通过传感设备或移动终端将建造过程中构件状态、进度、成本等信息反馈至BIM模型，形成建造信息基础数据库，在建设、设计、施工、监理、供货商之间实现一定权限范围内的共享，从而实现基于BIM技术的全过程数字化协同建造模式[2]。

3D 打印技术作为一种数字建造技术，它集成了计算机技术、数控技术、材料成型技术等，采用材料分层叠加的基本原理，由计算机获取三维建筑模型的形状、尺寸及其他相关信息，并对其进行一定的处理，按某一方向（通常为 Z 向）将模型分解成具有一定厚度的层片文件（包含二维轮廓信息），然后对层片文件进行检验或修正并生成正确的数控程序，最后由数控系统控制机械装置按照指定路径运动，实现建筑物或构筑物的自动建造。此外，由机械臂或机器人主导完成的建筑实体的构建也是一种 3D 打印数字建造技术。

物联网技术应用于建筑行业，实现了新的突破，完善了建筑物中的各种构件、建筑人员与材料、材料运输过程的信息交互。在建筑行业使用物联网技术可以大幅降低成本，提高建筑企业的经济效益。在施工管理系统中应用物联网技术，可以及时发现工程进度在某个环节出现的问题并及时解决，减少经济损失。

人工智能（Artificial Intelligence, AI）是以计算机科学（Computer Science, CS）为基础由多学科交叉融合的新兴学科，旨在研究、开发能够模拟、延伸、扩展和辅助人类智能的理论、方法、技术及应用，人工智能能够帮助人类解决众多的实际问题。在建设领域，利用人工智能可以降低人力成本，同时能提高工作效率。目前，人工智能技术在建筑业的应用已相当广泛：在建筑规划中，结合运筹学和逻辑数学进行施工现场管理；在建筑结构中，利用人工神经网络进行建筑结构健康检测；在施工过程中，应用人工智能机械手臂进行结构安装；在工程管理中，利用人工智能系统对项目进行全周期管理。

虚拟现实技术是一门综合性的信息技术。它集成了计算机软硬件、计算机仿真技术、计算机图形图像技术、传感技术、人工智能、网络并行处理等技术和显示技术的最新发展成果。

2. 数字化建造技术的发展

（1）国外数字化建造技术的发展。数字化建造技术是由智能建造发展得到的。自 20 世纪 80 年代末智能建造概念被提出以来，世界各国对智能建造系统进行了多种研究。日本于 1989 年提出智能建造系统概念，并于 1994 年启动了先进建造国际合作研究项目，其中包括公司集成和全球建造、建造知识体系、分布智能系统控制、快速产品实现的分布智能系统技术等。随后，日本通过加快发展协同式机器人、无人化工厂（图 1-1），提

图 1-1　日本无人化工厂

（图片来源：https://baike.so.com/doc/6264215-6477636.html）

升了其在建造业的国际竞争力。美国于 1992 年开始研究与应用包括信息技术和新建造工艺在内的智能建造技术，于 2012 年设立建造创新研究院和数字化建造与设计创新研究院。德国于 2013 年正式实施以智能建造为主体的"工业 4.0"战略，巩固其在建造业的领先地位。

建筑工程数字化建造的思想由来已久。早在 1997 年，美国著名建筑师弗兰克·盖里在西班牙毕尔巴鄂古根海姆博物馆的设计过程中，先建立博物馆的三维建筑模型并进行建筑设计，然后将三维模型数据输送到数控机床中加工成各种构件，最后运送到现场组装成建筑物，这一过程已具备数字化建造的基本雏形。图 1-2 为毕尔巴鄂古根海姆博物馆及其三维模型[3]。

图 1-2　毕尔巴鄂古根海姆博物馆及其三维模型[3]

(2) 国内数字化建造技术的发展。21 世纪以来，数字化建造技术在我国迅速发展，已取得一些相关的基础研究成果，如建筑机器人技术、感知技术、机械建造工艺技术和数字化建造、复杂建造系统、智能信息处理技术等。

图 1-3　地坪研磨机器人

（图片来源：https：//finance. sina. com. cn/chanjing/gsnews/2021-03-10/doc-ikknscsi0603131. shtml）

建筑机器人已成为建筑施工的辅助工具。建筑机器人应用于施工的基本模式，是通过与设计信息(如 BIM 模型)集成，实现设计几何信息与机器人加工运动方式和轨迹的对接，完成机器人预制加工指令的转译与输出。建筑机器人建造流程需要仿真模拟和监测，支持高度灵活、个性化的建筑产品服务和生产模式。如图 1-3 所示，"身高"1.7 m 的地坪研磨机器人启动工作，遇见柱子能够灵活地调整，自动避障。相比传统人工地坪研磨作业时灰尘弥漫的工作场景，地坪研磨机器人能把沙尘全部吸收进后面的集尘袋中，减少作业现场的扬尘。

智能穿戴设备成为建筑施工的重要装备。智能穿戴设备的应用主要包括：智能手环可用于对现场施工人员的跟踪管理；佩戴智能眼镜，可将虚拟模型画面与工程实体对比分析，及时发现问题并纠正；智能口罩上的粒子传感器可实时监测施工作业区域空气质量，把定位资料和采集的信息传到手机上并共享；借助穿戴运动摄像装置，可记录现场质量验收过程等（图 1-4）。

图 1-4 4G 智能安全帽

（图片来源：https：//baijiahao.baidu.com/s?id=1628064404015666747）

移动智能终端成为建造中的重要工具。移动智能终端的应用主要包括：配合相应的项目管理系统，实时查阅施工规范标准、图样、施工方案等；可以现场对施工质量和安全文明施工情况进行检查并拍照，将发现的问题和照片汇总后生成整改通知单下发给相关责任人，整改后现场核查并拍照比对；可在模型中手动模拟漫游，通过楼层、专业和流水段的过滤来查看模型和模型信息，并随时与实体部分对比。

我国正逐渐成为国际上主题公园项目首要市场，各地兴起了主题公园建设的高潮。中国建筑第二工程局有限公司（以下简称“中建二局”）作为大型主题公园施工企业的排头兵，承建了国内外多个主题公园项目，包括上海迪士尼宝藏湾项目、北京环球影城侏罗纪公园项目和小黄人乐园项目、海南海花岛世界童话主题乐园项目等。

1.1.2 数字化技术的工程应用

国家体育馆（鸟巢）作为 2008 年北京奥运会的主会场，是目前世界上特大跨度体育建筑之一。在工程建造过程中，主要有以下几个难点：大尺度箱型扭曲钢构件与大型柱脚等复杂节点设计、特大跨度复杂钢结构安装、钢结构整体合龙质量要求高等。为了解决工程建造中的难点，“鸟巢”采用六大数字化建造技术，分别为三维建模及仿真分析技术、工厂化加工技术、机械化安装技术、精密测控技术、结构安全监测与健康监测技术、信息化管理技术。在国家体育馆的设计中，国内建筑行业首次引入 CATIA 软件（图 1-5），解决了复杂建筑的空间建模问题。在进行钢结构总体安装方案比选时，利用复杂钢结构安装全过程模拟仿真分析技术，对整体提升、滑移、分段吊装、高空组拼方案（简称“散装法”）和局部整体提升等方案进行了比选，最终采用 78 个支撑点的高空散装法方案，图 1-6 为钢结构安装过程的模拟图。

2015 年落成的前沿大厦（The Edge）是全球著名金融服务机构德勤会计师事务所的阿姆斯特丹总部大楼，被评价为“全世界最智慧的建筑”，如图 1-7 所示。在运用可持续性技术打造绿色办公环境的同时，前沿大厦建设过程中综合运用了互联网数字系统及智能技术，为后期运营提供了智能化的工作模式和工作场所[4]。

图 1-5 CATIA 软件空间建模

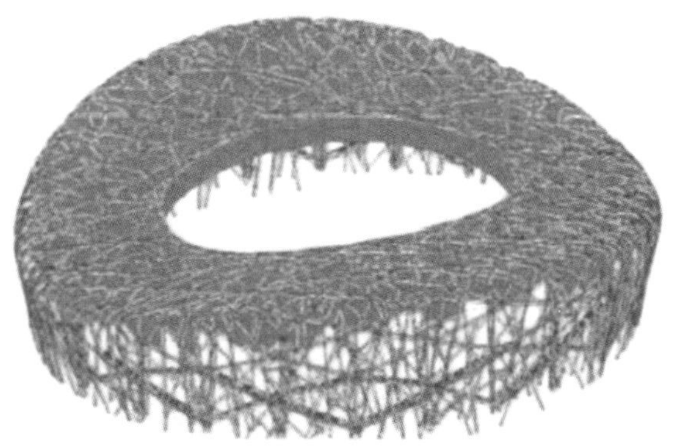

图 1-6 钢结构安装过程的模拟图

（图片来源：https：//www.doc88.com/p-0921720311115.html）

图 1-7 阿姆斯特丹前沿大厦[4]

大型主题乐园项目——上海迪士尼乐园，位于浦东新区川沙镇，2016 年开园，园区占地面积约 1.13 km²。中建二局主要承建了园区三一期和二二期项目。该项目为乐园游乐区配套建筑，位于乐园游乐区北部，总建筑面积约 28 470 m²。因为其复杂性及项目特殊性，从项目设计伊始，就采用 BIM 技术进行三维设计，包括二维出图的设计方法，BIM 应用提供了模型数据构建、漫游、碰撞、时间轴、工程量统计、结构分析等应用，并在深化设计、施工建造、运营维护等全生命周期内应用 BIM 技术（图 1-8）。乐园项目的 BIM 模型采用 Revit 进行多专业建模，并采用 Navisworks 进行模型整合，采用 Revit 和 Navisworks 双向联动进行模型检查、修改以及最终的发布。

2020 年建成的北京环球影城主题公园项目为世界上第 6 家环球影城主题公园，是全球规模最大、内容最丰富、同时融入中国传统与现代文化元素的环球主题公园（图 1-9）。中建二局承建的侏罗纪公园和小黄人乐园项目位于主题公园的中心位置，体量大，技术要求高。

图 1-8　上海迪士尼乐园项目的 BIM 模型

（图片来源：http：//www.chinarevit.com/revit-61437-1-1.html）

图 1-9　北京环球影城主题公园项目整体效果图

项目在深化设计、现场施工及管理协调等环节全面应用了 BIM 技术。在项目承建过程中，根据设计院提供的图纸，用 Revit 软件建模，通过搭建共享平台，实现建筑、结构及机电三个专业独立、实时、共享、互不干扰又互相检查的协同建模作业，并结合 Navisworks 和 Primavera 6 软件实现了基于建模过程及已建模型碰撞检查、工程量统计、施工进度模拟等技术应用，指导与调整深化设计、现场施工及管理协调等各项工作。

1.1.3 文旅数字化的相关政策

随着信息化、网络化、大数据、智慧化、智能化等数字科技的深入发展，数字技术成为产业融合创新的新动力，推动产业向数字化转型是实现经济高质量发展的关键举措。数字化时代，文旅产业和数字经济的融合发展成为文旅高质量发展、驱动经济内循环的重要环节。

2020年，文化和旅游部、国家发展改革委等部门陆续发布《文化和旅游部关于推动数字文化产业高质量发展的意见》《关于深化"互联网＋旅游"推动旅游业高质量发展的意见》《关于支持新业态新模式健康发展激活消费市场带动扩大就业的意见》等政策文件，从多个角度提出推动文化和旅游产业数字化、网络化、智能化转型升级。

2021年，文化和旅游部发布的《"十四五"文化和旅游发展规划》中指出，推进文化和旅游发展的数字化、智能化、整合化和生活化创新发展，推动5G、人工智能、物联网、大数据、云计算、北斗导航等在文化和旅游领域的应用。加强文化和旅游数据资源体系建设，健全数据开放和共享机制，强化数据挖掘应用，不断提升文化和旅游行业监测、风险防范和应急处置能力，以信息化推动行业治理现代化。

数字文旅是以网络为载体，以数字技术和信息通信技术与文旅业的深度融合而形成的新产业形态，数字文旅的特征包括更广泛的分享，更高效的交互，更有质感的体验，更便捷的信息。数字科技＋文化＋旅游形成的新业态包括以下几方面的内容。

(1) 线上文博：主要是线上博物馆、美术馆、艺术馆等，可以借助互联网、AR技术、VR技术、AI技术，实现文物、艺术品信息的快捷获取，文物、艺术品的放大观看，线上自主游览，360°全场景体验等，提升游客的观看体验。

(2) 智慧旅游产品和服务：主要是以高度智能化为特征的相关旅游产品和服务，包括智慧酒店、智能客房、景区无人商店、无人售卖车等，以无接触服务为特征，也包括酒店的入住自助办理、景区的扫码入园等智能服务。

(3) 沉浸式场景：主要是利用数字技术、VR技术、AR技术、AI技术等形成的沉浸式场景，如沉浸式展览（图1-10）、沉浸式游乐场（图1-11）、AR/VR主题乐园、全息主题餐厅等。

(a) 文化展览馆

(b) 数字科技馆

图1-10 沉浸式展览

(图片来源：https://www.hsszdmt.com/dtp/tep/#360#JH=GD#Z=ZT##CJSZT)

图 1-11 纽约的沉浸式互动游乐园

（图片来源：https：//www.sohu.com/a/214479182_771783）

(4) 旅游智能制造：主要是物联网、互联网、人工智能、大数据、云计算等与旅游装备制造业融合而生的旅游智能装备制造，如融合应用 AI 技术、AR 技术、VR 技术等，生产智能滑雪板、智能头盔、智能服装等旅游智能装备和用品；游乐设施和旅游观光车的智能制造，如沉浸式过山车、无人驾驶游览车、AI 观光车等智能设施设备。另外，还有游轮游艇、房车、索道缆车等旅游装备制造业的智能化升级，以及旅游装备制造业的数字化生产，旅游装备制造业将生产过程、销售过程、售后过程等进行全程数字化等[5]。

1.2 数字化技术研究现状

1.2.1 项目智慧管理

基于 BIM 技术的协调性、可视化、模拟性、优化性和可出图性，BIM 技术的应用能够实现建筑工程项目的立体化和可视化，提高了对项目的质量、进度和成本的管理水平[6]。

1. 工程总承包项目管理系统的设计目标

利用较成熟的软件系统搭建技术，融合数字化技术、可视化技术，最终实现设计施工一体化、项目管理精细化、全生命周期可视化等目标[7-8]。彭寿昌[9]基于工程总承包项目的特点，利用建筑信息模型和地理信息系统技术，探索建立工程总承包项目管理系统。蔡铭榕[10]分析了 BIM 技术在项目工程管理过程中的立体性、可视化、协同性特点和应用价值，提出 BIM 技术在建筑工程项目规划阶段、施工管理阶段、施工深化设计阶段、项目竣工阶段的具体应用。

2. BIM 技术在建设工程项目管理中的应用

根据 BIM 技术的可视化、立体化、全面性、可拓展性等特点，不断完善对建设工程项目的管理，协调管理各环节的工作，建立有效的数字化计划管控平台[11]。程凯[12]研究了基于 BIM 技术的智慧管理体系在中山大学深圳建设工程项目的应用，在总体 BIM 实施方针的指引下建立项目级 BIM 管控体系，明确各环节责任主体，有效利用协同管理平台（图 1-12）、“BIM + GIS”监管平台、无人机摄影等智慧建造手段在项目建设过程中提供全方位辅助，在提升项目管控效率的同时保障项目建设进度。Daniel 等[13]通过精益施工和 BIM 技术之间的协同工作研究出了一种施工管理工具，将末位计划者系统（Last Planner System，LPS）与建筑项目的 3D 可视化相结合，以提高生产力并减少建筑垃圾。史哲[14]研究了 BIM 技术在建筑工程设计管理中的应用，分析了 BIM 技术在建筑设计阶段的应用与管理，通过 BIM 手段，从建立 3D 模型，建立协同作业平台，BIM 工程信息的利用以及 BIM 建筑工程整合管理等方面，解决传统设计与管理中的不足，从而提升设计质量和效益。

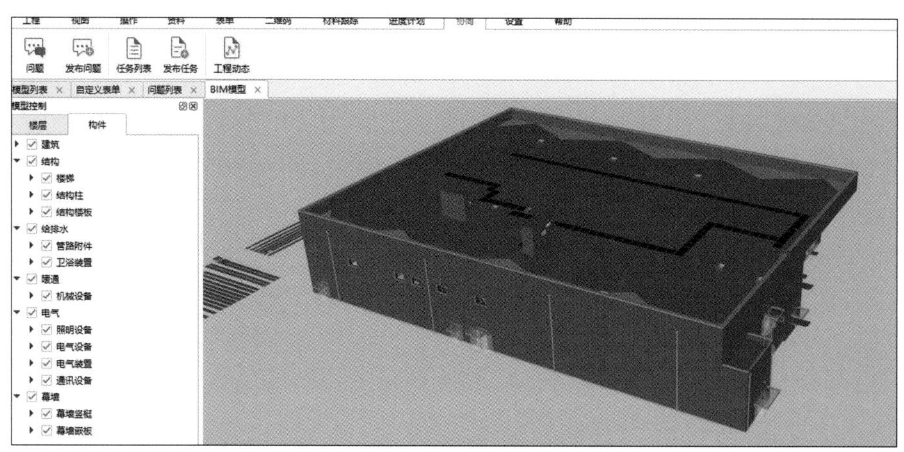

图 1-12　BIM 协同管理平台

为了更有效地实现过程管理，研究者基于 BIM 管控体系，对复杂工程项目实施多专业的管理与整合。何亦琳[15]研究了基于 BIM 的文旅项目全过程管理咨询，构建 BIM 全过程管理咨询平台。通过对 BIM 全过程管理咨询应用水平的研究，结合文旅项目的特点以及发展现状，构建文旅项目建设平台。李晓朋[16]分析了 BIM 在复杂工程项目协同管理中的促进效果，分析了 BIM 对复杂工程项目协同管理过程中相关指标的促进作用，以新郑机场工程为实际案例进行相关分析，通过表格的形式展示了 BIM 技术对所有指标的促进效果及其原因。

此外，在大型建筑工程管理中应用 P6（Oracle Primavera P6）软件，统一管理平台，优化工序，进一步提高项目管理水平[17]。在主题乐园建设过程中应用 P6 软件，以计划编制—跟踪—更新—反馈—调整为主线，从时间、资源、费用等多个管理维度，对施工情况进行跟踪分析及管理，提高了建筑工程项目管理水平[18]。

建筑工程项目管理的数字化应用工具主要包括 BIM 技术和 P6 软件，通过数字化技术建立计划管控平台，跟进施工进度并监督工程质量。目前基于 BIM 技术的智慧管理体系工程应用已有相关研究，但关于文旅项目总承包管理方法、搭建计划管控平台和国际化多专业管理等方面还缺乏理论基础，因此还需要对文旅项目数字化管理进行深入研究。

1.2.2 数字化设计

借助数字化设计技术能够提高建筑全生命周期的能效，即提高效率和节省资源，建筑数字化设计理论与方法在当今建筑领域的技术发展中扮演着重要角色。目前已有许多研究人员对建筑数字化设计和基于BIM的技术应用进行了相关研究与分析。

建筑数字化设计是指以现代先进的计算机图形技术、网络技术、虚拟现实技术、数据库技术等数字化技术为主要方法，进行数据处理，建立对应的数字模型的过程，主要方法有参数化设计、可视化设计、算法生成设计、仿真分析等[19]。赵明成[20]总结了当前建筑数字化领域的设计与建造方法，详细解析了参数化设计、算法生成设计、模型优化、仿真分析、虚拟建造、互动建筑等数字化设计手段和理念。通过介入一系列几何优化算法、分析与仿真计算等数字化技术，提高复杂形体的可建造性。通过数字化技术提高建筑性能，利用分析与仿真技术对建筑产品进行精准矫正(图1-13)，从而提高建筑的结构性能、环保性能、声学性能等。吴雨丝[21]从建筑设计方法论的现实意义、历史演变过程、优势与缺陷、未来发展趋势等方面分析阐述，探究新时代数字化背景下建筑设计方法论在主体、对象与作用手段上的发展与创新。冯琴等[22]将数字化及云体验融入新冠纪念馆设计，通过可视化设计和参数化设计完成数字化模型构建，同时结合云平台赋予新冠纪念馆文化资源多元开发的功能，打破时间与空间上的限制。

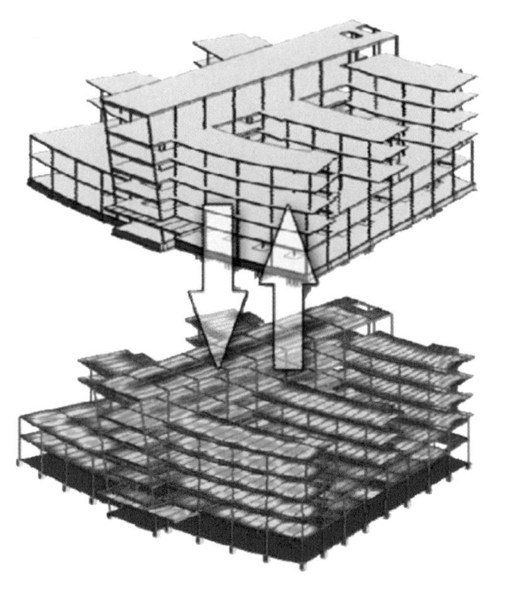

(a) 建筑结构应变分析

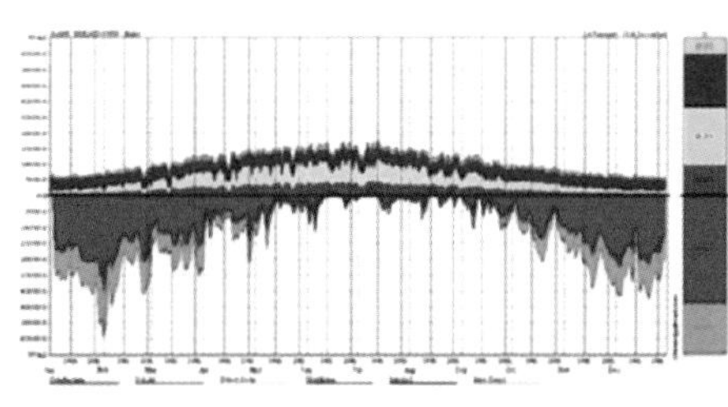

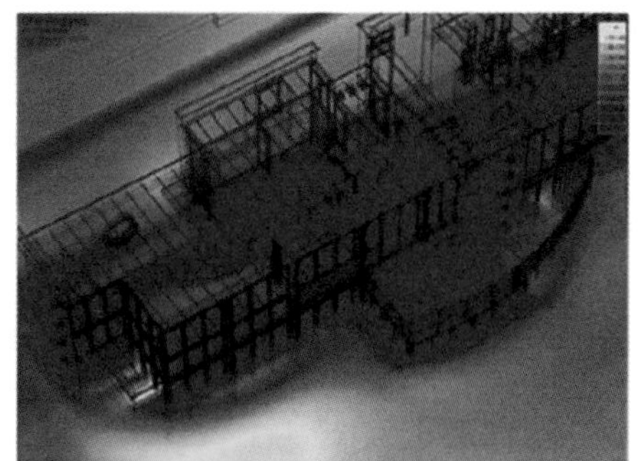

(b) 运用Ecotect软件分析建筑的得热

图1-13 建筑数字化分析与仿真[20]

BIM技术的广泛应用推动了建筑工程内部构造的立体化、直观化、清晰化呈现，实现了现代建筑主体结构的信息参数个性化设计。

图 1-14 巨型假山 BIM 设计模型

1. BIM 技术的设计方法

基于 BIM 技术的设计方法，主要包括准备设计方法、流程设计方法、空间设计方法、建模设计方法、构件设计方法、碰撞设计方法[23]等。贾学军等[24]以北京某主题公园建设为例，阐述以 BIM 技术为主要数字化设计手段的塑石假山正向设计、轻钢龙骨正向设计、骑乘结构地下结构部分埋管正向设计、穹顶高空作业阶梯式操作平台正向设计在主题公园建设过程中的应用，图 1-14 为某主题公园内巨型假山模型。He 等[25]研究了工业化建筑的 BIM 计算机化设计和数字化制造，回顾了 BIM 应用程序在工业化建筑设计和预制自动化中的应用，更侧重于混凝土 3D 打印技术的最新成就。在此之后，他提出了运用 BIM 技术支持模块化房屋的详细几何设计和数字建造。通过讨论其生成 3D 打印模块的几何细节的能力，开发并展示了与 BIM 技术接口的程序。研究阐述了 BIM 设计和预制自动化的应用过程，帮助从业者提高工业化建造的质量。

2. BIM 数字化设计的应用

1) 在大型场馆方面

丁志强等[26]以大型文旅项目为例，阐述 BIM 技术在深化设计方面主要应用：①协助检查设计图纸；②机电管线综合排布；③地下管线接驳点深化；④模型导出施工图；⑤方案优化，项目利用 BIM 技术对梁柱节点做法进行方案比选并确定最佳方案，如图 1-15 所示；⑥可视化交底，通过简单的操作控制三维模型，将各分项工程细部做法 360°展示在一线作业人员面前，实现可视化交底，如图 1-16 所示。陈家远等[27]以上海天文馆项目为例(图 1-17)，介绍了大型复杂工程项目设计阶段 BIM 技术应用情况，对设计阶段的质量优化、进度控制和投资控制等方面的应用效能进行了分析。采用 BIM 技术设计具有可视化、协调性、模拟性、优化性和可出图性等优势，加强了各专业之间的协调能力，提高了设计沟通的效率，同时提高了对设计质量的控制。

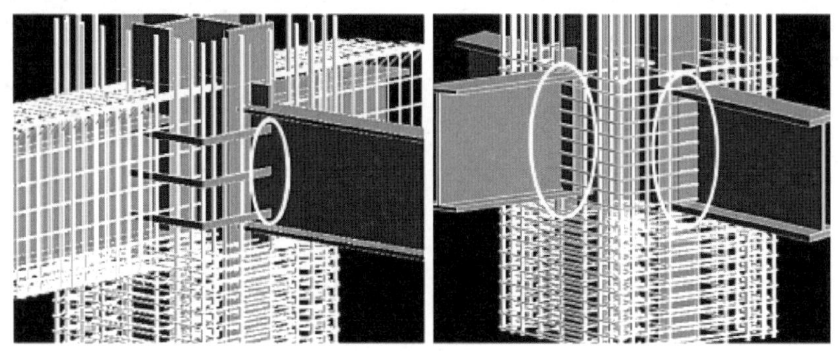

图 1-15 梁柱节点方案比选[26]

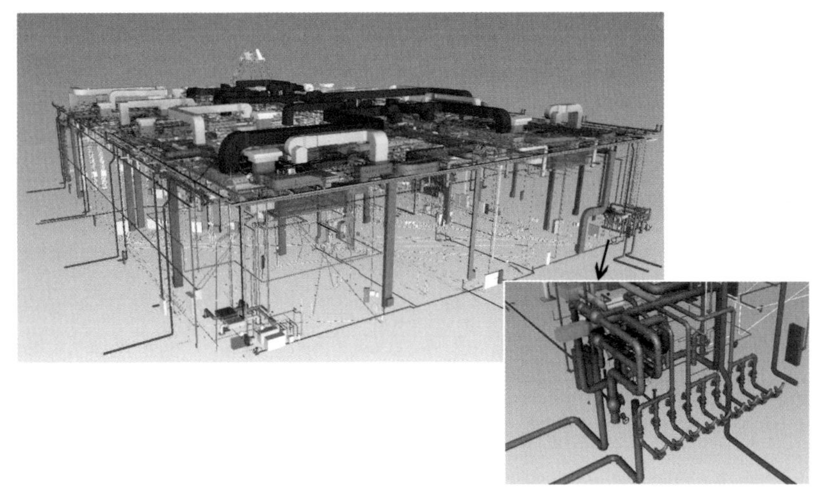

图 1-16 可视化交底

图 1-17 上海天文馆项目 BIM 模型

2）在风景园林方面

鄢春梅[28]阐述了我国风景园林数字化技术现状，并分析如何通过切实有效的方法提升数字化设计在风景园林中的有效运用。首先通过 Revit 建立数据库，然后通过 Revit 实现建模，最后通过后期处理进行综合考量。Wei[29]分析了 BIM 技术在风景园林工程项目中的应用，通过 BIM 技术的应用，可以有效减少成本计算错误和图纸计算错误。因此，在风景园林的设计中，加入数字化技术非常重要，设计师需要借助数字化大胆创新、勇于突破，将自身对美的理解融在风景园林的设计中，全面提升其整体的表现效果。

3）在预制架构设计方面

Liao 等[30]探究了应用 BIM 技术提高建筑行业的设计和施工能力，BIM 技术可以使装配式建筑在多维体中生成设计可能达到的精度和时间周期。在装配式建筑结构设计过程中，利用 BIM 技术生成的多维车身模型实现逼真的布置过程，细化碰撞检测到钢筋等级，准确优化布置和模拟施工，避免施工过程中的碰撞以及不合理的操作顺序，确保整个项目顺利进行。

数字化设计的基本方法在建筑领域的广泛应用提高了建筑的结构性能、环保性能，尤其是 BIM 数字化技术在建筑设计中的应用大大提高了建筑行业的设计能力，优化了设计阶段的工程质量。目前对建筑设计过程中数字化设计的研究仅局限于设计方法的介绍,而数字化设计理念、具体的建筑艺术设计方法和结构数字化深化设计方法还需深入研究。

1.2.3 数字化建造

基于 BIM 的全过程数字化建造技术可有效解决复杂结构建造所面临的技术难题,BIM 技术为数字化建造全过程应用提供了数据集成管理数据库。

1. 建筑给排水建造

结合 BIM 技术在建筑给排水方面的应用,张耀冬等[31]分析了在 Revit MEP 软件环境下 BIM 模型创建过程。迪士尼奇幻童话城堡在 BIM 应用上是全方位的,从项目的初期就完全通过 Revit 软件建立模型,图 1-18 为奇幻童话城堡的模型。在创建给排水系统之前,要先对管道、管件和设备进行编辑和加载。给排水系统所需的管件、配件和设备可以从构建族库中载入并编辑,通过基本设置为 BIM 模型提供基本设计信息。

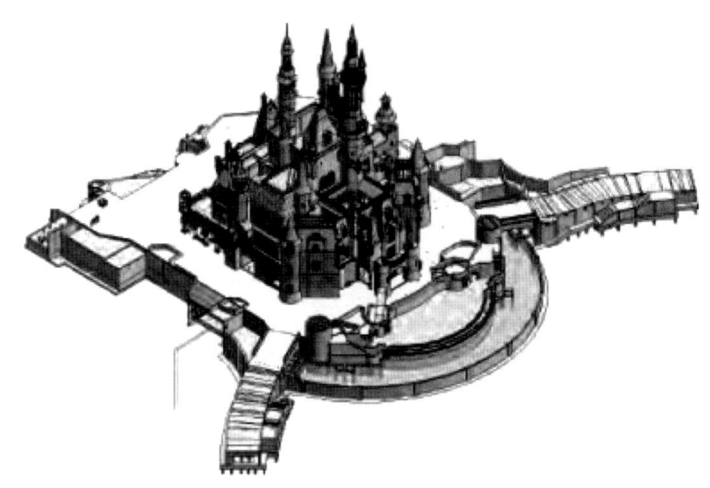

图 1-18 迪士尼奇幻童话城堡模型[31]

2. 空间网架建造

范晓琴[32]分析了 BIM 技术在复杂土木工程施工中的优势,总结了 BIM 技术在复杂土木工程施工中的应用。在 3D 建模方面利用 BIM 技术,使工程模型能够在最大可能范围内与实际构件无限接近。利用 BIM 技术 3D 建模的图元组件应用范围非常广,构件的绘制建模形式非常自由。比如南京青奥体育公园项目,属于典型复杂工程,由一场一馆组成,其体育馆钢结构 BIM 模型如图 1-19 所示,在工程项目期间,青奥体育公园项目以 BIM 技术为基础,从工程初始规划阶段便将构件信息录入 BIM 有关软件工作,形成科学化信息管理信息系统,在很大程度上节约了成本。Guo 等[33]从 BIM 技术概述和 BIM 技术特点出发,分析了 BIM 技术在节能减排中的应用。通过构建建筑信息模型,实现全面的土木工程设计、相关检测和管网控制。

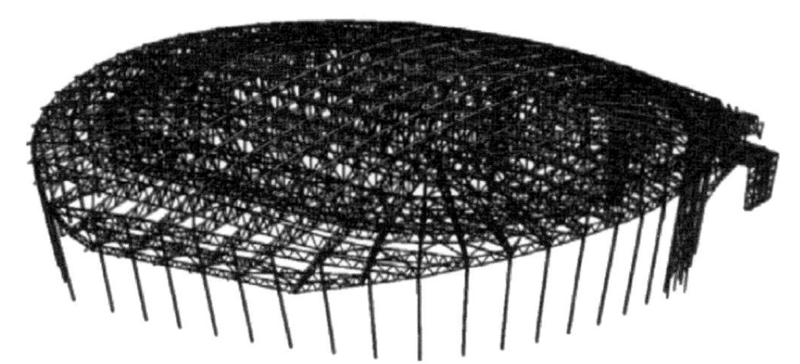

图 1-19 体育馆钢结构 BIM 模型[32]

3. 复杂幕墙建造

王希伟等[34]研究了 BIM 技术在幕墙设计中的应用问题。将 BIM 技术应用到幕墙工程设计中的具体方案流程包括以下几个方面：曲面设计、论证曲面设计方案、幕墙系统建模、深度建模、创建信息模型。在确定 BIM 模型后创建族文件，在 Revit 系统中导入单元节点图，按照相关技术规范要求调整尺寸后创建模型。根据 BIM 模型计算工程量，确定幕墙施工材料的明细表。唐云[35]围绕工程实际，对 BIM 技术在复杂幕墙工程加工下料、安装施工中的具体内容进行了分析，将 BIM 技术引入复杂幕墙工程的施工中，使复杂的幕墙工程进一步简化，实现施工效率与施工质量的有效提升。

4. 钢结构建造

罗伟等[36]分析了某文旅项目超大型塑石假山钢结构的施工技术，根据超大型塑石假山的概念图，利用 BIM 软件进行正向设计，形成钢结构框架效果图，并进行假山钢结构拼装模拟(图 1-20)，合理划分钢构件数量、尺寸、节点形式等，记录各个节点的坐标，最终生成并导出 CAD 图，指导现场钢结构安装作业。王贺等[37]以假山建造为例，分析了塑石假山三维钢筋网片的数字化施工技术。在钢结构穹顶建造中，某度假区百鸟园单体中包括了穹顶、裙房、假山，其穹顶钢结构跨度大、结构复杂、施工危险性较大，主要建造技术包括穹顶吊装、支撑拆除和穹顶阶梯式吊挂平台技术等。侯兆新等[38]以新加坡环球影城主题公园为例，分析了 BIM 技术在项目中的应用，图 1-21 是某单体的结构专业建模图。同时，3D 数据模型被用于考虑变形的施工方法的施工分析和数值研究，钢块和折板单元施工的各个阶段采用一种使用设置梁安装折板单元的方法，图 1-22 为反映施工程序的结构分析[39]。

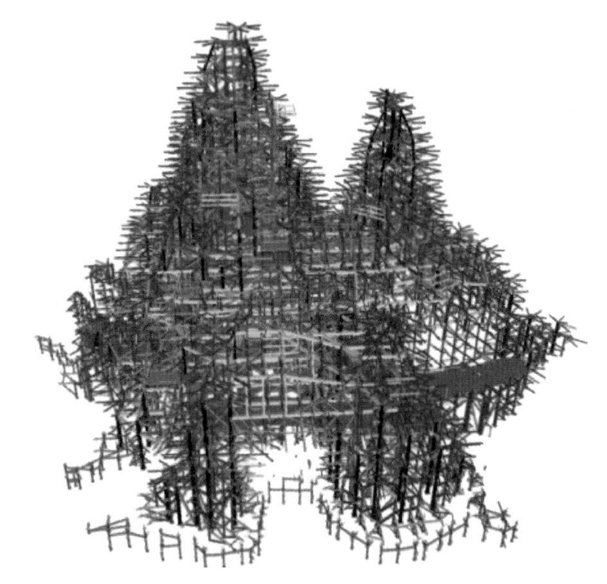

图 1-20 钢结构拼装模拟[36]

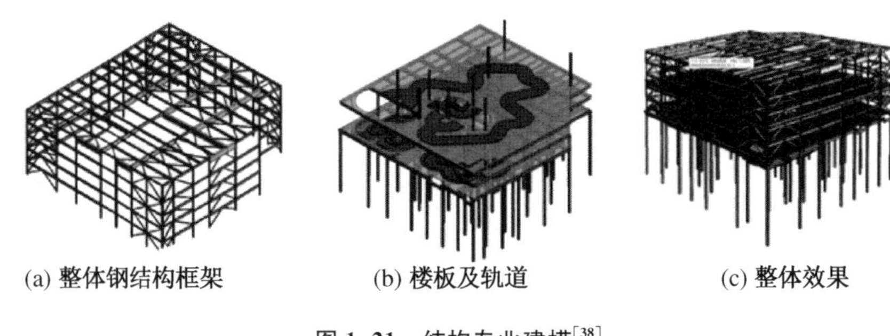

图 1-21 结构专业建模[38]

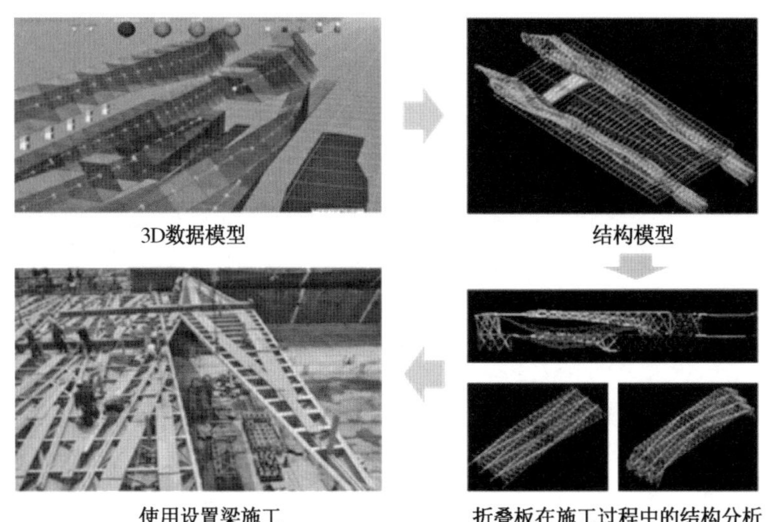

图 1-22 反映施工程序的结构分析[39]

5. 装饰建造

连珍[40]结合某大型主题乐园城堡项目施工，介绍其在装饰建造过程中的数字化、信息化技术应用。装饰施工阶段的工作流程为：围绕 BIM 模型开展协调和交底工作；深化设计，采用 BIM 模型解决现场问题；施工阶段通过 BIM 模型反馈和说明现场情况。在施工方案编制中，通过 BIM 模型来定位脚手架拉结位置(图 1-23)。将 BIM 可视化 4D 技术应用于住宅装饰装修施工现场，Xin 等[41]通过 Navisworks 软件建立 Project 和 Revit 模型进行透视分析，满足了当下建筑需求和动态装饰需求。一般主题立面、主题铺装和主题屋面等艺术效果都是独一无二的，需要运用独特的技术来实现所期望的效果和设计意图。

图 1-23 通过 BIM 模型定位脚手架拉结位置[40]

BIM 技术在建筑施工过程中的应用十分广泛，提高了建筑工程的质量水平并加快了建造速度。目前已有大量研究资料详细介绍了 BIM 技术在建筑结构中的具体应用，而对大型主题公园的数字化建造研究甚少，因此还需深入研究 BIM 技术在主题公园的各种复杂场景建筑及情境建造中的应用。根据中建二局承建的上海迪士尼乐园、北京环球影城主题公园等项目，分析总结文旅项目的数字化建造方法，主要包括复杂建筑结构建造方法、主题装饰工程建造方法、动感特效场景呈现方法、环境与景观施工方法。

1.3 研究意义

随着文旅行业的不断发展，复杂的大型主题公园项目越来越多。大型主题公园往往包含主题建筑、游乐设施、园林绿化、道路景观、河道湖泊以及配套酒店、商店和其他设施等。大型主题公园的建筑物、构筑物往往有着复杂的结构和造型，且建造过程需要通过创新的建造技术与艺术创作结合，才能还原和实现复杂的主题造型。因此，通过研究文旅项目数字化技术，提高大型主题公园的设计和建造标准，促进未来数字文旅在智慧城市建设过程中的不断发展。解决数字化项目管理、数字化设计和数字化建造以及数字化技术应用等方面的一系列问题，其研究意义如下：

（1）数字化技术在建筑工程项目管理中的应用，具有可视化、全面性、立体性、可拓展性等特点，不断对项目进行完善管理，协调其中所涉及的各项管理环节。搭建的数字化管控平台，有利于管理者随时监督工程进度、控制施工质量，提高建筑工程项目的经济效益。

（2）数字化设计为建筑工程提供了更先进的手段，使建造思维从传统的二维平面设计进入三维立体设计，为设计带来更多的技术支持。从设计角度进行数字化分析、归纳和综合可以生成多种建筑设计方案，使得建筑在设计理念和设计方法上更加科学、合理。数字化技术的应用大大解放了人力，使得建筑业的数字化技术迅速铺展开来。

（3）数字化建造技术在文旅项目中的应用，不仅解决了传统建造技术精度不高、效率低等问题，也解决了文旅项目中复杂多样的建筑加工问题。在工程建造全过程采用数字化施工技术，数字化地分析建造各个重要环节，有利于优化工程建造过程，解决工程施工过程中的各类技术难题，改变建筑工程的施工建造模式，提高工程质量、施工管理水平和安全管控能力，实现精益建造。

参考文献

[1] 毛志兵. 建筑工程新型建造方式[M]. 北京：中国建筑工业出版社，2018.

[2] 陈渊鸿，房霆宸，赵一鸣. 基于 BIM 的全过程数字化建造技术[J]. 建筑施工，2021，43(3)：521-524.

[3] 李久林，王勇. 大型建筑工程的数字化建造[J]. 施工技术，2015(12)：93-96.

[4] 郭镒恺，高新，周忠凯. 全球智能与绿色建筑典范：荷兰阿姆斯特丹前沿大厦(The Edge)[J]. 中外建筑，2020，234(10)：143-146.

[5] 李凤亮，杨辉. 文化科技融合背景下新型旅游业态的新发展[J]. 同济大学学报(社会科学版)，2021，32(1)：16-23.

[6] Ahn Y H, Kwak Y H, Suk S J. Contractors' Transformation Strategies for Adopting Building Information Modeling[J]. Journal of Management in Engineering, 2016, 32(1): 1-13.

[7] Wang K C, Wang W C, Wang H H, et al. Applying building information modeling to integrate schedule and cost for establishing construction progress curves[J]. Automation in Construction, 2016, 72(3): 397-410.

[8] Volk R , Stengel J, Schultmann F. Corrigendum to "Building Information Modeling (BIM) for existing buildings — Literature review and future needs" [J]. Automation in Construction,2014,3: 109-127.

[9] 彭寿昌.基于BIM+GIS的工程总承包项目管理系统建设探索[J].项目管理评论,2021(3): 72-75.

[10] 蔡铭榕.浅谈BIM技术在建筑工程建设管理中的应用[J].广西城镇建设,2021(6): 97-99.

[11] Ershadi M, Jefferies M, Davis P, et al. A Building Information Modelling (BIM) Approach to the Systematic Management of Construction Projects[J]. IOP Conference Series: Materials Science and Engineering, 2021, 1165(1): 012008.

[12] 程凯.基于BIM技术的智慧管理体系在中山大学深圳建设工程项目的应用[J].土木建筑工程信息技术,2020,12(4): 70-76.

[13] Heigermoser D, De Soto B G, Abbott E L S, et al. BIM-based Last Planner System tool for improving construction project management[J]. Automation in Construction, 2019, 104: 246-254.

[14] 史哲.BIM在建筑工程设计管理中的应用研究[D].沈阳: 沈阳建筑大学,2016.

[15] 何亦琳.基于BIM的文旅项目全过程管理咨询研究[D].西安: 西安科技大学,2020.

[16] 李晓朋.BIM在复杂工程项目协同管理中的促进效果分析[D].郑州: 河南工业大学,2017.

[17] Pradhan S, Rajendra S, Vijay K. Planning, scheduling and resource optimisation of multiple projects using oracle primavera P6[J]. International Journal of Research in Engineering and Technology, 2016, 5 (6): 374-379.

[18] 陈质毅.P6软件在大型主题公园建设中的应用[J].建筑技术,2021,52(2): 145-150.

[19] 胡斌,王涛.数字化时代背景下的建筑设计[J].建筑与文化,2021(3): 53-54.

[20] 赵明成.建筑数字化设计与建造研究[D].长沙: 湖南大学,2013.

[21] 吴雨丝.数字化背景下建筑设计方法论的发展与创新[D].杭州: 浙江大学,2019.

[22] 冯琴,邢雯静,俞思佳,等.新冠纪念馆数字化设计及云体验研究[J].福建建材,2021(3): 35-37.

[23] 荣华金.基于BIM的建筑结构设计方法研究[D].合肥: 安徽建筑大学,2015.

[24] 贾学军,王久强,史琦.北京某主题公园BIM正向设计应用实践及创新[J].土木建筑工程信息技术: 2021(6): 1-6.

[25] HE R, LI Mingkai, GAN Vincent J L, et al. BIM-enabled computerized design and digital fabrication of industrialized buildings: A case study[J]. Journal of Cleaner Production, 2021: 278.

[26] 丁志强,王昌,起林春.BIM技术在某大型文旅工程项目上的应用[J].建筑施工,2016(11): 1619-1620,1627.

[27] 陈家远,石亚杰,郑威,等.基于BIM的设计与管理在复杂工程项目中的应用[J].施工技术,2017(S1): 473-478.

[28] 鄢春梅.数字化设计在风景园林中的运用[J].现代园艺,2021,44(4): 102-103.

[29] Wei Guo an. The Application of BIM technology in design stage[J]. E3S Web of Conferences, 2021,252: 1047.

[30] LIAO Feifei, PAN Hongke, ZHANG Jianying. Application of BIM technology in the design of prefabricated architecture[J]. IOP Conference Series: Earth and Environmental Science,2021,760(1): 012005.

[31] 张耀冬,杨民,龚海宁.浅析上海迪士尼奇幻童话城堡BIM技术的应用[J].给水排水,2014(7): 62-66.

[32] 范晓琴.BIM技术在复杂土木工程施工中优势分析[J].四川水泥,2021(1): 121-122.

[33] GUO Yinli, TANG Rong. Research on the application of BIM technology in computer aided architectural design[J]. Journal of Physics: Conference Series, 2020, 1574(1): 012074.

[34] 王希伟,朱琳琳,曹洋.BIM技术在复杂幕墙工程设计中的应用研究[J].无线互联科技,2021,18(12): 84-85.

[35] 唐云.BIM技术在复杂幕墙工程施工阶段的应用[J].工程技术研究,2020,5(19): 52-53.

[36] 罗伟,王永生,邢义志,等.某文旅项目超大型塑石假山钢结构施工技术[J].建筑施工,2021,43(3): 4.

[37] 王贺,史琦,于波,等.塑石假山三维钢筋网片数字化施工技术[J].建筑施工,2021,43(5): 929-931.

[38] 侯兆新,杜艳飞,杨洋,等.BIM在新加坡环球影城主题公园项目中的应用[J].施工技术,2012,41(22): 68-71.

[39] Yamazaki Yusuke, Tabuchi Tou, Kataoka Makoto, et al. 3D/BIM applications to large-scale complex building projects in Japan[J]. International Journal of High-Rise Buildings, 2014, 3(4): 311-323.

[40] 连珍.大型主题公园城堡片区装饰工程数字化建造技术应用[J].建筑施工,2019,41(5): 955-959.

[41] XIN Yao Huang, SHU Fen Yang, KUN Fa Lee. Research on 4D visualized dynamic construction of BIM building decoration [J]. IOP Conference Series: Earth and Environmental Science, 2020, 619(1): 012081.

第 2 篇

数字化项目管理与实践

本篇由文旅项目总承包管理方法、数字化建筑集成管控平台搭建与管理、国际化多专业管理与整合以及文旅项目智慧管理实践四部分组成。其中，文旅项目总承包管理方法章节细化分成了文旅项目总述、项目合同承发包模式、工程项目启动、进度管理方法、国际项目合同分类管理方法、数字化与项目管理、数字化系统在项目管理中的具体应用。数字化建筑集成管控平台搭建与管理章节从设计阶段管控、动态成本分析管控、施工进度模拟管控、项目阶段性质量管控、安全教育与危险源识别管控、基于物联网的信息化技术在建设工程管理中的应用和设计平台化管理等七部分展开，介绍了具体的平台搭建过程。国际化多专业管理与整合章节主要介绍了建筑工程施工成本控制、基于工程建造的施工管理、可视化管理三个部分。文旅项目智慧管理实践章节主要介绍了文旅项目与常规住宅项目、案例，如北京环球影城主题公园。结合上海迪士尼度假区宝藏湾项目及飞越地平线项目、北京环球影城主题公园项目中的实际案例，展示了数字化项目管理的实践应用效果。

第2章

文旅项目总承包管理方法

2.1 文旅项目总述

2.1.1 文旅项目开发模式

文旅项目的开发模式主要分为："主题公园"式区域综合开发、特色小镇、都市消费型文娱地产和销售型不动产等四种类型。

1. "主题公园"式区域综合开发

主题公园属于重资产业务，注重城市观光娱乐项目，若将城市主题公园与品牌餐厅、购物中心、五星级酒店和大型电影院相结合，可以创造出独特的业态，即一个强大的区域休闲消费中心，这种模式通常位于中心城市的城区或开发区，例如深圳南山区的华侨城欢乐谷。前期需要极大的资金投入，后期也要有非常强的资产运营能力。大型主题公园投入高，回报周期长，其收入大多来自门票。与此同时，也可对存量景区进行投资和再开发，利用财务杠杆，部分通过合资形式或轻资产模式来达到扩大经营的目的。

当前，我国主题公园包括了两种主要类型。

(1) 国际型主题公园：如上海迪士尼度假区、北京环球影城等，能够推动整个区域的城市规划和经济发展。

(2) 本土大型主题公园：如长隆欢乐世界、华侨城欢乐谷、方特乐园、宋城演艺公园等。

2. 特色小镇

特色小镇是使用新建的文化和休闲平台作为载体的古镇、古街区或小镇。特色小镇的核心是满足市场需求，并创建一个强调本地特色主题的文化小镇，进而提升小镇周围的休闲地产，其典型代表如浙江乌镇、成都关沙路、上海朱家角古镇、云南丽江大安古城和成都芙蓉古城等。这种模式已经成为许多古镇和乡村进行休闲升级和城市化发展的主流方式。其商业模式多为充分利用社会资源，并且将其在区域内的不同特色资源进行组合，利用旅游资源形成当地发展优势，上游产业链为 IP(Intellectual Property, IP)顶层设计，而下游则介于消费品和居住场所，所以能够不断研究开发顶层设计中的价值链，保持特色小镇的生命力。

3. 都市消费型文娱地产

此类项目打破了传统的商业模式，整合了全球文化和娱乐内容，并结合当地的创意文化内容，把购物、餐饮、时尚和消费等元素进行融合，提供文化、娱乐和休闲体验一站式服务。这种地产的商业模式不再是高杠杆、高投入和高产出的发展模式，而是将自己转变为一个服务商，更加注重销售阶段的营销策略以及为顾客提供体验式、一站式服务。售楼部不仅是卖房的场所，还可以是咖啡馆、下午茶店，也可以是图书馆、游戏厅，通过服务和体验将客户变为线下社交平台的客户，即老带新、全民营销策略。客户入驻后，给予物业管理、智慧社区、景观园林和居住舒适度等超过预期的满意度，从而带动扩散式销售。

在类型分布上，都市消费型文娱地产包括点状结构、主 IP 综合体结构、区域片状结构和城市网状结构四种类型。点状结构的特点是以点状分布于各商业体内，作为主力店形式存在；主 IP 综合体结构的特点是具备连锁品牌效应或以自身 IP 主题为中心，连接多种相关领域形成综合体结构；区域片状结构的特点是在一定区域内围绕同类 IP 业态集聚发展，形成片状连接结构；城市网状结构的特点是以城市为单位围绕一个主题进行全城产业布局。

4. 销售型不动产

从我国文旅地产项目开发模式的主要类型来看，尽管当今流行主题公园、特色小镇和都市消费型文娱地产等概念，但整体仍然以销售为主，主打居住，大多选择基于自然资源的住宅销售、基于高尔夫等高端项目的别墅销售，或者选择在城郊建立简单旅游社区，而开发模式旅游功能偏弱[1]。

2.1.2 文旅项目发展模式

自从智慧旅游概念形成后，全国范围内各个景区都开始了信息化与智能化建设并取得了卓越的成绩，涌现了很多成功案例。文旅项目发展模式主要可分为景区智慧化平台“开发与管理”机制的建设和景区智慧化平台“服务与营销”机制的构建。

1. 景区智慧化平台“开发与管理”机制的建设

智慧旅游的开发主体是政府部门，其直接责任管理部门可能是旅游部门也可能是景区经营管理者，根据景区具体特点以及当地政策规定进行旅游开发，相关部门如地质、建设、林业、文化、旅游和环保等参与，因此，智慧化旅游是由政府主导开发的一种新型旅游方式，这种旅游方式的开发客体为当地富有特色的旅游资源，以吸引游客来此观赏体验，如建筑、雕塑、语言、工艺品和服饰等。智慧旅游通过这种发展模式，可以促进政府职能的转变，从旅游产业的管理转向服务。旅游平台的建设由政府主导，通过社会招标来实现。智慧化平台构建好后，由景区负责运营和维护，并根据实际情况制订相应的优惠政策吸引商家入驻，促进以景区为核心的资源整合。同时，政府通过官方渠道来实现景区的营销推广，一方面促进旅游产业的发展，另一方面有效促进智慧城市的打造，拓宽地方经济增长方式，进一步增强城市发展活力。

2. 景区智慧化平台“服务与营销”机制的构建

智慧文化旅游是依托智慧化平台而产生的，智慧化平台能实现对智慧旅游的管理、服务、营销和文化资源保护等多种功能。从管理的层面来讲，主要是由管理部门通过智慧化平台实时发布景区动态信息，包括景区新闻、特色旅游资源等，便于游客及时获取重要信息；同时有助于平台收集相关大数据信息，在此基础上进行市场数据的统计和整合。通过景区的监控系统，能够实现对景区内相关交通以及安全旅游的实时监控，有助于提高景区的整体管理水平。还可以通过平台收集游客的意见、建议，有效处理投诉案件，将平台作为主管部门与游客之间沟通的有效桥梁。游客可以通过智慧化平台查询旅游信息，便于规划旅游路线。从营销的角度来讲，景区可以通过文化旅游产品的展示、促销、路线、景点特色以及游客的游记分享等实现营销宣传。另外，在文化旅游资源的保护层面，可以使用虚拟技术和电子沙盘等重现消失的文化资源。由此可见，智慧化平台可以将旅游资源进行整合和多层次解读，进一步提高景区的影响力，为游客带来更便捷的服务。而这一切功能的实现都要基于智慧化平台系统的开发，包括管理端和客户端，同时还要配合景区内的基础设施建设，提高管理端智慧化水平。客户端采用扁平化设计，以更美观、更便捷的方式呈现给游客。

2.2 项目合同承发包模式

项目合同承发包模式主要分为工程总承包模式、项目管理承包模式、设计-建造模式、平行发包模式、施工管理承包模式、建造-运营-移交模式和公共部门与私营企业合作模式。

(1) 工程总承包模式(Engineering Procurement Construction, EPC)，即设计、采购和施工一体化模式，是指在项目决策阶段以后，从设计开始，经招标，委托一家工程公司对设计-采购-建造进行总承包。在这种模式下，按照承包合同规定的总价或可调总价方式，由工程公司负责对工程项目的进度、费用、质量、安全进行管理和控制，并按合同约定完成工程。

(2) 项目管理承包模式(Project Management Consultant, PMC)，即项目管理承包，指项目管理承包商代表业主对工程项目进行全过程、全方位的项目管理，包括工程的整体规划、项目定义、工程招标和选择 EPC 承包商，并对设计、采购、施工和试运行进行全面管理，一般不直接参与项目的设计、采购、施工和试运行等阶段的具体工作。PMC 模式体现了初步设计与施工图设计的分离，施工图设计进入技术竞争领域，但初步设计是由 PMC 完成的。

(3) 设计-建造模式(Design and Build, DB)，在国际上也称交钥匙模式(Turn-Key-Operate)，在中国称设计-施工总承包模式(Design-Construction)，是指在项目原则确定后，业主选定一家公司负责项目的设计和施工，这种方式在投标和订立合同时是以总价合同为基础的。设计-建造总承包商对整个项目的成本负责，首先选择一家咨询设计公司进行设计，然后采用竞争性招标方式选择分包商，当然也可以利用本公司的设计和施工力量完成一部分工程。这可以避免设计和施工的矛盾，可显著降低项目的成本和缩短工期。业主关心的重点是工程按合同竣工交付使用，而不是承包商如何去实施。同时，在选定承包商时，把设计方案的优劣作为主要的评标因素，可保证高质量的工程项目。

(4) 平行发包模式(Design-Bid-Build, DBB),即设计-招标-建造模式,它是一种在国际上比较通用且应用最早的工程项目发包模式之一。由业主委托建筑师或咨询工程师进行前期的各项工作,如进行机会研究、可行性研究等,待项目评估立项后再进行设计。在设计阶段编制施工招标文件,随后通过招标选择承包商;有关单项工程的分包和设备、材料的采购一般都由承包商、分包商和供应商单独订立合同并组织实施。在工程项目实施阶段,工程师为业主提供施工管理服务。这种模式最突出的特点是强调工程项目的实施必须按照设计—招标—建造的顺序进行,只有上一个阶段全部结束,下一个阶段才能开始。

(5) 施工管理承包模式(Construction Management, CM),即"边设计、边施工"模式,也称分阶段发包方式或快速轨道方式(Fast Track)。CM 模式是由业主委托 CM 单位以承包商的身份,进行有条件的"边设计、边施工",着眼于缩短项目周期,也称快速路径法,即采用 Fast Track 的生产组织方式来进行施工管理,直接指挥施工活动,在一定程度上影响设计活动,而它与业主的合同通常采用"成本+利润"的一种承发包模式。此模式通过施工管理商来协调设计和施工的矛盾,使决策公开化。

(6) 建造-运营-移交模式(Build-Operate-Transfer, BOT),是指一国财团或投资人为项目的发起人,从一个国家的政府获得某项目基础设施的建设特许权,然后由其独立地联合其他方组建项目公司,负责项目的融资、设计、建造和经营。在整个特许期内,项目公司通过项目的经营获得利润,并以此利润偿还债务。在特许期满之时,整个项目由项目公司无偿或以极低的名义价格移交给项目所在东道国政府。

(7) 公共部门与私营企业合作模式(Public Private Partnership, PPP),民间参与公共基础设施建设和公共事务管理的模式统称为公私(民)伙伴关系。具体是指政府、私营企业基于某个项目而形成的相互间合作关系的一种特许经营项目融资模式。由该项目公司负责筹资、建设与经营。政府通常与提供贷款的金融机构达成直接协议,该协议不是对项目进行担保,而是政府向借贷机构做出的承诺,有关费用按照政府与项目公司签订的合同支付。这个协议使项目公司能比较顺利地获得金融机构的贷款。而项目的预期收益、资产以及政府的扶持力度将直接影响贷款的数量和形式。采取这种融资形式的实质是,政府通过给予民营企业长期的特许经营权和收益权来换取基础设施加快建设及有效运营。

2.3 数字化与项目管理

2.3.1 施工企业工程管理信息化的新需求

施工企业工程管理信息化可以提升管理水平,提高工作效率和质量,提升项目规划水平,因而需要采取措施实现施工企业工程管理信息化。具体内容如下:

(1) 强化多系统不同业务间有效协同。施工企业工程信息化建设的初级目标是梳理企业内部业务,建立更多有效的跨部门业务协同模型,促进工程信息化从部门独立运作向部门间协同治理转变。通过综合项目管理信息平台与企业内各级子系统的集成，打通各应用系统间的信息交互通道，强化部门业务的协同性，提升业务流程运行效率。

（2）实现跨架构、跨平台的数据交互。企业内部的各种信息系统的供应商不同，开发的框架不同，使用的技术也不同，各系统间相对独立。这种情况往往导致各系统间的数据无法共享，不利于企业对信息资源的整体把控分析。因此必须通过接口实现跨架构、跨平台的数据交互，打破信息孤岛现象，提升信息交互的时效性，提高数据的复用率，减少部门数据重复录入，确保能够快速整合、统一数据，使数据保持高度一致性。

（3）确保数据真实性、有效性和安全性。目前企业的信息化系统一般采用中心化设计，使用云服务器或本地服务器进行数据存储，一旦服务器被破坏，还原数据技术成本高甚至无法还原，无法保证数据的安全。中心化服务器的数据由软件公司或企业掌控，任一方都可以对原始数据进行不规范操作和随意篡改，无法保证数据的真实性、有效性。因此在信息化建设中，如何确保数据的真实性、有效性和安全性是企业的迫切需求。

（4）实现施工现场智能可视化监控。在建筑行业，施工现场的安全质量问题一直是企业和政府部门的监管重点，关键实现对施工现场进行实时的、全过程的集成监控需求。应用云计算、大数据、物联网、移动互联网和人工智能等数字化技术来驱动施工现场的管理升级，通过数字化技术对施工现场“人、机、料、法、环”等各关键要素全面感知和实时监控，实现工地的数字化、在线化和智能化。并将数据在虚拟现实环境下与物联网采集到的工程信息进行数据挖掘分析，提供过程趋势预测和实时预警，实现工程施工可视化智能管理，提高工程管理信息化水平。

（5）强化新技术带动信息化建设全新升级。信息化建设的进程与信息技术的发展息息相关，随着工程信息化的发展，企业必须推动新一代信息技术在工程信息化管理中的应用。运用三维建模和建筑信息模型(BIM)技术，建立用于进行虚拟施工和施工过程控制、成本控制的施工模型，实现三维可视化管理；运用云计算、物联网技术和 5G 技术，将施工监测数据与第三方监测资源整合，建立实时的可视化现场监控；充分利用区块链数据不可篡改、去中心化存储和数据可追溯等特性，降低数据被篡改和丢失的风险，保证数据真实可靠，出现问题时可以追溯，强化新技术带动信息化建设全新升级[2]。

2.3.2 项目管理系统设计特点

项目管理平台以“数据＋平台＋应用”的原则进行设计开发，具有业务一体化、功能模块化、配置灵活化和数据集成化的特点。

（1）业务一体化。实现集团各层级用户的在线业务协同，解决集团的建设项目管理需求，为工程建设项目全过程业务提供支撑。

（2）功能模块化。功能模块化可以按功能单独实施，也可以组合应用，满足不同分（子）公司横向业务管理需求。

（3）配置灵活化。充分考虑企业工程管理差异化现状，业务管理深度和广度可以根据需求定制，具有管理模式灵活、实施快速和目标行业广泛优势。

(4) 系统集成化。可以对三维规划软件、模型制作软件等项目设计阶段的软件工具进行端口和结果集成，接入已有管理平台数据，比如研究院大数据平台。可以将项目设计阶段的成果(效果图、视频等资料)集成、储存至项目信息系统中，避免功能重复建设，有效消除信息孤岛[3]。

2.3.3 项目管理数字化方向与主要做法

1. 项目管理数字化方向

项目管理数字化方向主要分为标准数字化、采购数字化和工程进度及质量安全数字化。

(1) 标准数字化。标准数字化有利于集团对项目建设过程中产生的成本进行集中管控，控制成本支出，减少施工过程中物料的浪费以及采购过程中舞弊风险的发生，提高企业利润率。通过构建信息共享平台收集数据，利用数字化前端引导建设方，签订项目总包合同。项目部组织施工前，由集团依据总包合同进行成本测算，确定单位成本标准，进入标准成本模块，将设定好的单位成本标准与合同项目工程量进行整合，测算出总目标成本，从而推算出目标利润。相关的标准设定主要包括：采购标准、分包标准、机器设备损耗标准以及辅助材料标准，每种标准的设立都来自基础数据库储存的信息，并经过严格推算。完成测算后，各个项目的成本测算金额会进入数据中心，由集团相关人员监督项目建设过程中项目成本的实际支出情况，及时调整项目成本标准、依据。

(2) 采购数字化。从供应商选择到材料的入库、领用等一系列活动都要实现数字化。首先依据信息收集平台建立材料供应商数据库，依据项目信息选择合适的材料供应商。材料成本占总成本的比重较高，所以对于材料供应商的选择在注重质量的同时也要关注价格。企业不能完全受制于区域因素，要转变思维方式，利用数字经济时代的重要数据资源，建立供应商数据库，制定严格的招投标标准，根据目标利润选择供应商。其次，对于沙石、水泥等需求量大和运输量大的材料可以从较近的区域采购，对于其他辅助材料不能仅仅局限于区域招标，可以采取多渠道选择供应商，比如通过供应商公司官网和第三方销售平台进行选择。大型建设单位的各项目通常是同时进行，所以建设单位可以集中各项目的材料需求信息来综合采购，从而提高集团的议价能力。对于项目部每次采购物料的数量，建设单位可以利用数据端口分析未来材料价格的趋势，当预计未来材料价格会上涨时，可以采取一次性采购的方案；当预计未来材料价格会下跌时，可以采取分期采购的方案。

(3) 工程进度及质量安全数字化。通过分包合同要求和 BIM 技术建立项目信息模型，利用传感器和摄像头等感应系统装置监督项目安全、进度和关键节点技术等信息，将工程建设状况实时传递到项目进度模块，项目相关方均可监督项目进度和项目质量安全。各方可针对出现的问题进行反馈，及时沟通交流，实现对项目的精细化管控，在一定程度上避免项目不合格带来的资源浪费。业务人员不需要定时上报工程进度，财务部门也可以解决以往收付款信息传递不及时带来的问题，根据工程进度及时催收建设方支付价款，在收到建设方价款之后再按照相关合同规定支付给供应商和分包公司，真正实现以收付支，减少集团资金断层风险。对于分包公司分发劳务费用的管控，集团在签订分包合同后，可以将劳务人员的银行账户输入数据中心，监督分包公司的劳务费用是否按时发放到位，从而更好地保护务工人员的权益，也为企业的项目进度提供了保障。企业要在应用中不断实现后端平台升级，利用 BIM 技术建立“智慧工地”，把项目进行中的各项信息全部转化为数据资源，完善信息化平台建设，实现真正意义上的数字化。

2. 主要做法

(1) 集成人、机、料生产要素形成核心数据，通过搭建人、机、料生产要素为基础的平台，实现工程投标、合同管理、工程管控、质量与安全管控、劳务管理、造价财税、现场监控、材料采购、材料设备管理、工程造价和电子资料等工程总承包全过程管理信息化。通过打通业务数据链流通，达到从供应商入库、供应商评选、合同评审、工程管理、签证变更、造价审核以及工程款支付一体化，结合施工企业管理特点，流程审批特点形成闭合管理，有效积累、保值和增值工程管控的重要数据资源。

① 施工劳务管理。为实现施工生产要素中劳务班组的管控，通过建设劳务管理系统，覆盖工程项目的场内和场外人员，引入工人定位技术，实时动态掌握现场专业人数情况，可与计划用工有效对比，掌握项目进度风险，将工资发放置于总包有效监控范围，降低用工风险，提高劳务管控力度和水平。

② 工程材料设备管理。为解决施工企业项目材料监管不到位难题，通过建立物料验收系统并与基础平台材料设备模块无缝对接，自动采集物料精准数据，通过移动互联技术，远程视频直播过磅收料、卸料情况，随时随地掌控现场和识别风险，进行零距离管控。通过在系统上对施工材料和设备的计划、订单、进场、在场、退场以及库存等管理，最终实现物资设备全方位精益管理，达到对施工现场材料和设备的实时管控，为施工成本管控打下扎实基础。

③ 施工监控管理。利用物联网技术、AI 技术、无人值守、全景展示和二维码等新技术达到施工现场监控智能化、可视化。通过视频监控、安全帽预警、人员定位、塔吊监控、扬尘噪声实时监测、雾炮及喷淋联动、智能水电、深基坑、高支模和大体积混凝土监控以及质量安全检查等功能来实现全方位监控。在重难点施工现场(文明施工、深基坑、高支模和工人定位)和项目驻地(机械设备、地磅设备、水电房和试验室)等位置安装监控监测系统，利用物联网及“互联网+”技术，将采集的信息实时上传至云平台，实现对“人、机、料、法、环”各生产要素的实时、全面和智能的监控和管理。集成各生产要素基础平台，打通公司本部、区域分公司和项目部的全部业务流程，以项目管理中的各项业务为核心内容，以施工过程管理的业务协同为流线，以全覆盖数据存储及分析为决策基础，推动业务数据生成企业数据资产，转变管理理念、缩短管理距离，提升管理效率，真正实现管控的集约化，并进一步优化业务管理流程，推动管控标准化与规范化。

(2) 以区块链技术为底层架构，实现多方协同和数据安全。

区块链是分布式数据存储、点对点传输、共识机制和加密算法等计算机技术的新型应用模式，具有开放共识、去中心化、公开透明和不可篡改等技术特点，解决了信息传输安全问题，去中心化降低了信息安全风险。比如平台可以以 IBM 超级账本 Fabric 作为基本底层框架，选用 Golang、Java、Html 和 JavaScript 语言进行项目开发，通过搭建区块链底层网络，将参与节点纳入进来，开发区块链网络后台，并与智能合约结合，最后实现全部业务逻辑开发。在搭建的基础平台上，利用区块链技术为底层架构，将区块链技术与基础平台进行有机融合，实现施工智能监控，合同、成本和电子资料等重点内容的多方协同管控，确保资料数据存储安全。在合同管理方面，将合同各方签订的合同信息及审批流程存储到区块链平台中，利用分布式账本的不可篡改和可追溯等特性，确保每份合同都能够在平台中被记录且无法被篡改，出现信息不对称等问题时可以直接溯源，厘清责任主体。在资料管理方面，将建筑工程省统表（省级通用表格）从单机版开发成网络版，并与业务管理流衔接，在平台中利用区块链技术实现施工资料的上链存证，实现无纸化。利用区块链的时间戳技术，将上链的数据广播同步，上链后的文件版本自动存证，资料的修改经共识机制验证，无法随意被篡改，保证平台上的数据真实有效且可溯源，实现施工资料的防伪造和永久存储安全。确保区块链的工程资料存证系统安全。

在施工智能监控方面，将智能监测设备采集数据与第三方监测共享数据上传至区块链平台中，利用区块链具有的不可篡改性和公开透明性，参建各方达成共识的每条监测数据通过全部节点记录模块被完整记录，通过非对称加密保证前后区块关联，确保无法被篡改。对监测数据设定预警值，一旦超过预警值，立即在系统中推送发布预警信息，预警信息存放进区块链平台，参建各方在收到预警信息并做出相应处理的过程全部记录并存证，为出现纠纷责任界定时提供依据。

(3) 引入可视化与 5G 技术，实现工程智慧建造与管控。

在综合项目管理基础平台上，进一步集成 BIM 技术、物联网技术、AI 技术、施工智能监控、720 全景展示、工程物料验收、财税管理和企业智慧决策（Business Intelligence, BI）系统等，实现工程的可视化和智能建造。

① 利用 BIM 技术实现轻量可视化及精细化工程管控在项目级工程管理上可以采用基于轻量化的 BIM 平台，集成土建、机电、钢构和幕墙等各专业模型，以模型为载体，辅助图纸会审、管线碰撞、场地布置、施工模拟和工程量统计等，并关联施工过程中的进度、合同、成本、质量、安全、图纸和物料等信息，为项目的质量、进度、成本管控和物料管理等提供数据支撑，协助管理人员有效决策和精细管理，从而达到减少施工变更，缩短工期、控制成本和提升质量的目的。结合工程管理实际情况，打通“总、月、周”进度数据，将总计划逐步细化至周，以周为周期进行进度管控。生产信息实时呈现任务执行情况和质量安全管理状态，并且质量安全的重点问题会被推送至首页使项目领导及时关注，实现项目管控的实时跟进，达到“事前计划，过程管控，事后分析总结”的目的。同时，在综合项目管理信息基础平台对 BIMFACE 模型轻量化引擎进行集成，将建筑构件的 BIM 三维实体模型上传至平台，利用轻量化引擎的转换引擎、显示引擎和 BIM 数据存储引擎对大体量的 BIM 模型解析为几何数据和 BIM 数据，有效地对模型显示进行轻量化。使用 WebGL 技术在网页端渲染模型，大

大缩短在 Web 端直接浏览三维模型的响应时间，并与项目信息关联，使得管理人员可以在设计阶段通过三维模型直观地查看建筑构件，分析建筑结构的功能布局，推断建筑体量。利用 BIMFACE 轻量化引擎实现在移动端进行三维图形施工交底，直接反映施工作业流程和细部做法，提升交底质量和效率等。

② 企业智慧决策。综合项目信息管理基础平台、施工监控、BIM 和财税系统的信息化数据离散分布在平台各业务子系统或独立系统中，还无法实现数据的有效互通，公司领导层掌控工程建设数据还得依靠各业务部门提供的各种纸质报表，费时费力，信息化企业的最后一环仍然没有打通。为实现各种信息平台数据能支撑最终决策需要，通过以建设数据驱动为核心的 BI 决策系统，利用大数据和人工智能等技术，将各系统的数据经过抽取、转换和装载，合并到企业数据仓库，最后经过分析处理，提取关键指标，最终形成企业智慧大脑。通过多维度的数据分析，帮助企业真正实现降本增效、防控风险，为企业的决策提供数据支持。

③ 借助 5G 和物联网技术进一步优化传统网络环境。在国家不断加快 5G 商业化应用，实现万物互联的背景下，通过发挥 5G 的高速率、大容量、低延时等优势，并将 5G 技术与建筑业物联网融合发展，进一步优化信息化平台各种基础数据即时上传和施工监控数据的高速传输，更好实现实时、全面和智能的可视化监控和管理目的[2]。

2.3.4 基于 P6 的项目管理

P6(Oracle Primavera P6)为美国 Primavera System Inc. 公司研发的项目管理软件，2008 年被 ORACLE 公司收购。P6 是 P3 的升级版本，是凝聚了 P3 软件的项目管理精髓和经验，构架起企业级的、包涵现代项目管理知识体系的、具有高度灵活性和开放性的工程项目管理软件[4]。

1. 项目结构多层级分解，多维度分析

在计划编制之初，需对项目结构(Work Breakdown Structure, WBS)进行分解，一般项目结构多依据单体进行分解，而在 P6 中分解 WBS 有不同的分解方法与思路。以某乐园项目为例，该项目的 WBS 分解思路如下。

Ⅰ级：项目建设总里程碑，除开工和竣工外，还包括过程主要控制节点。

Ⅱ级：限制条件和调试验收。前期的限制条件和开园前的各项设备调试、竣工验收，是项目进度计划不可或缺的部分。

Ⅲ级：由于单体较多较分散，且在单体施工中后期须考虑室外市政设施和地面铺装等场地开发(Area Development, AD)的穿插，因此各单体之间、各单体和 AD 之间必然存在施工逻辑关系。

Ⅳ级：依据图纸或 BIM 模型分析各单体或某个区域的工序步骤，包括单体从桩基工程到装饰装修的施工全过程。

上述 WBS 分解和建立的思路并非固定不变，也可按不同施工阶段、不同专业分类等进行分解，再根据项目特征进行选择。WBS 的建立是否合理有效，直接影响后续计划更新的角色分配，以及过程计划更新时的横道图和前锋线的展示效果。

2. 多项目、多 WBS 协同交叉管理

主题园区核心管理团队负责收集和管理由各标段管理团队编制的 P6 计划，并实现中方与外方、雇主与各承包商等不同管理团队的对接。同时，各标段的施工总计划又相对独立，在总计划的基础上，各总包与其招标的多家分包商共同编制各专业专项计划。通过使用 P6 软件，在整个园区内实现计划管理“从上往下逐层细化、从下往上逐层汇总”的管理方式，牵一发而动全身，方便对项目进行精细化管理。在单机版 P6 应用中，有时需对计划进行拆分或合并。应用 P6 软件可实现两种统筹管理方式。

应用 P6 网络版或以上单机功能，可统揽整个园区或整个项目不同层级的计划编制。

(1) 及时纠偏制约项目成本、进度的因素，通过汇总各标段的计划，可快速提取影响整个园区进度的最长关键路径、滞后作业和资源消耗情况等信息。

(2) 通过整合各标段计划，可协调各标段施工交叉面和各专业施工作业面，综合调动人力、机械，统筹时间策划，避免施工冲突，通过优化工序推动项目朝良好态势运营发展。

3. 多限制条件、多里程碑节点协同交叉管理

文旅项目除自身形态复杂、涉及专业繁多外，其本身位于数平方千米范围的在建度假区内，内外环境复杂，要顺利履约肯定存在多方面的限制条件。限制条件一方面包括业主向承包商提供的可供使用的施工条件，为施工环境、设计图纸、甲方供应材料等系列条件；另一方面还包括深化设计、物资采购或加工方案编制以及一系列由承包商在施工前完成的可能影响现场施工的前置条件，以上均可设置成单独的 WBS 作为单体施工的前置条件。

在编制各单体的详细计划时，除连接各作业项目间的紧前作业和后续作业外，还需连接主要关键作业施工前的深化设计、材料审核与采购或加工等逻辑。对存在多个过程里程碑控制节点的单体，可将每个控制节点单独赋予限制条件，作为一个里程碑形成一条关键路径，该做法虽有利于识别所有关键作业，但会使总计划中存在多条关键路径，存在作业不分轻重缓急的弊端；也可将过程控制节点作为任务作业，成为作业之间的一个连接点，利用总浮时控制每个过程节点的履约情况，简化关键路径数量。

4. 多单体、多专业和室内外作业协同交叉管理

应用 P6 软件进行计划管理，尤其在编制计划时，除在项目计划建立之初设定的“项目计划开始”和“必须完成”两个日期，以及在计划编制过程中对部分里程碑作业或任务作业所赋予的限制条件日期外，其余计划作业的日期均是通过逻辑推导而出的，如无特殊情况，不建议给作业项赋予过多限制条件，如此，一份完整的项目进度计划即通过“蜘蛛网”呈现出来。

大型主题公园的施工计划往往是错综复杂的，通过逻辑关系连线即可看出，除作业与作业之间的逻辑关系，若多单体间存在施工先后关系，还可通过 WBS 与 WBS 之间作业项的逻辑关系进行连接，各空间组织、各专业或工序之间若存在技术上的先后关系，也需通过逻辑连接。如室内大型游乐设施须在结构封闭前先行安装，外立面施工与建筑设计

(architectural design, AD)施工的先后关系，主题色彩喷涂前须至少等待结构层28d养护期等易发生冲突的作业。另外，各项施工也须通过合理的逻辑关系进行连接，形成有效的施工流水，以达到资源平衡最优化。

逻辑关系的连接一般为完成—开始、开始—开始、开始—完成及完成—完成。要从“时间”和“资源”两个维度归纳管理项目中的数千条作业信息，必须有效利用P6中为用户设置的多种自定义功能，例如栏位组合，过滤器，视图窗口，作业分类码等。在提取时间层面信息时，常用过滤器筛选出所需时间段，快速导出所需的周滚动计划、月滚动计划或阶段计划等相关内容。

5. 多日历设置提高计划的合理性与针对性

通过在P6中设置多种日历可综合考虑影响工期、成本的因素，使项目计划更合理。日历设置一般采用“1+*N*”形式，“1”即通用日历，适合大多数常规施工作业使用，日历设置主要考虑了节假日、召开国际性会议以及雨季和冬期施工降效等限制性条件。“*N*”即多种特殊日历，分别针对一种专业或多种专业进行设置，如赋予塑石假山的拉毛、雕刻和上色等工序所使用的日历，由于上述工序在日均气温低于−5℃后无法施工，因此需将项目所在地区冬季气温低于−5℃的日期均设为“非工作”，另外，乔木、灌木种植宜避开冬季气温较低时段，土方开挖与回填宜避开北方冬季冻土期等。在上述日历设置的基础上，若结合使用“限制条件”与日历设置，可将施工过程中的各种风险和因素尽量考虑在内。例如雨季来临前尽可能完成“闭水”，室外市政工程尽量避开雨季和冬季等。多日历的有效设置可在很大程度上提高计划的合理性与针对性。

6. 目标计划的设置与前锋线的有效反馈

目标计划即项目最初编制的基准线计划，其开竣工日期均应响应合同要求。无论何时，目标计划都是计划执行的根本和初衷。计划更新后再与目标计划进行对比，即可清晰地显示进度前锋线，从而明晰地分析和判断出进度执行情况。维护目标计划的过程即新增、删除或更新目标计划的过程，目标计划的设置一般有两种方式，一种是把当前计划直接另存一份作为目标计划，另一种则是把现有的计划直接设置成目标计划。目标计划在赋予所更新的计划时默认以作业代码为特征进行赋予，因此所设置的目标计划作业代码应与更新计划的作业代码基本一致，否则目标计划赋予不成功。

通过上述两种方式设置目标计划，并通过“分配目标计划”功能，将所设置目标计划赋予正在更新的计划中，经计算并显示横道图中“第一目标计划栏”，即可得到清晰明了的进度前锋线。

7. 资源加载、记录与资源平衡

P6功能使用一般分时间、资源和费用三个维度。以材料资源为例，在资源维度的利用上，先根据项目实际情况分门别类建立相应的资源库，主题公园项目的资源分配主要涉及土方、桩基、混凝土、钢结构、屋面板、屋面防水、墙面板、假山网片加工、假山网片安装、假山主题上色和外立面主题喷涂等。通过分配资源，为计划中的每条作业赋予相应的资源及预算数量，使作业的时间维度与资源维度结合在一起。

通过资源使用剖析表，用户可改变时间标尺来查询该项目每日、每周和每月的资源使用情况。通过资源直方图即实物工程量曲线，可综合分析这类资源在项目施工中的使用趋势。根据项目建设需要，建立相应的统计周期。在每期更新时，将每期资源实际消耗量录入“本期实际数量”，通过“保存本期完成值”将“本期实际数量”的数据自动清零并累积到“实际数量”。长此以往可记录每期的资源情况，本项目每周为一个记录周期。P6软件可实现资源加载并实时记录每个统计周期的资源消耗量和累积消耗量，同时显示剩余资源的分布情况，通过月滚动计划、周滚动计划、实物工程量曲线和资源使用情况剖析表等，对项目施工进展进行动态分析，重新分配资源以期达到资源平衡。

8. 计算逻辑多样化，实现进度预警差异化

更新项目进度计划有多种计算方式，而针对不同的逻辑连接关系又有不同的计算选项。不同的计算方式，更新时反馈的结果也不同，实现了进度预警及反馈的差异化。

文旅项目在更新计划时以“完成时的实际消耗资源量”和“期望完成时间”记录每条作业现场实际的开始完成情况。P6中“对进行中的作业进行进展计算”时，根据用户不同需求及项目情况提供“维持逻辑关系”“进展跨越方式”“实际日期”三种选项卡，三种计算方式如下。第一种情况“维持逻辑关系”可记录计划初始版本的逻辑关系，还原计划编制的思路及现场工序，但后期计划更新时通常存在很多与原计划发生偏差的情况。此时“维持逻辑关系”有可能产生“紧前作业”影响“后置作业”作业日期的情况，即受限于紧前作业，后置作业的计划开始时间推后或计划完成时间与所填写的期望完成时间不一致。第二种情况“进展跨越方式”在计算中会自动忽略“进行中的作业”与其“紧前作业”的限制逻辑关系，以施工现场实际为准，但因不便于管理者追踪以往信息，导致“紧前作业”与“后期作业”脱节。第三种情况“实际日期”维持原有逻辑关系，主要影响前推法、逆推法产生的各种作业日期，进而影响浮时；但若进度的实际日期在数据日期之后，该选项易导致总浮时产生负数，不利于管理者更新时根据总浮时压缩工期。不同的项目计划可根据实际情况选择不同的计算方式。

2.4 数字化系统在项目管理中的具体应用

2.4.1 上海迪士尼度假区项目

上海迪士尼度假区宝藏湾项目，是全球第一个以《加勒比海盗》电影为背景的主题乐园，集思维创新、顶尖科技及视觉震撼于一身。项目创意新颖，设计复杂，除常规土建工程外，还包括大量的钢结构、塑石假山、主题立面和演出布景等工程。

上海迪士尼宝藏湾项目具有加勒比海区域建筑与景观风格，配以海盗的故事情节，使游客通过海盗船中及陆地上各种武器的互动对战，充分体验海盗探险家的冒险生活和经历。项目共设计有9个单体，包括特效表演剧场、餐厅、商店、小食亭和多种陆地探险及水上游乐项目，同时包含建筑、结构、给排水、强弱电、暖通、燃气、室内外装饰和景观铺装等多个专业。

上海迪士尼宝藏湾项目实行以深化设计、采购、施工和竣工验收为一体的全过程施工管理模式，与国际上通行的设计、采购和施工总承包 EPC 模式十分相近，但又独具特色。围绕项目特点，公司整合各种社会资源，致力于打造一支有力的总承包管理团队，推动总承包管理有效实施（来源：中建二局华东公司）。

1. 项目管理主要策略

项目策划工作必须识别项目管理重点及要求，制定管理目标，对目标风险进行识别和评估，明确主要的管理策略，施工管理目标和策略如表 2-1 所示。

表 2-1　施工管理目标和策略

序号	重点	描述	管理目标	策略
1	总承包管理	本工程工期紧、涉及专业多、各总承包管理难度前所未有	全面达到合同要求的管理要求，履行承诺	制定高目标的总承包管理要求
2	质量管理	本工程单项工程质量标准业主取国标与欧标、美标中高者，是项目管理的重点	竣工工程一次交验合格率 100%；顾客满意度 100%	质量高标准
3	安全、职业健康要求高	本工程安全要达到“零死亡、零重伤、零火灾事故”的要求；体现“以人为本”的迪士尼文化，这是本工程的核心	安全生产目标为零伤亡，零重伤，零火灾事故	建立完善的管理体系，项目安全管理目标必须达到业主要求（应是世界顶级要求）
4	劳工管理标准化	按照迪士尼提供的《国际劳工标准》进行管理	《国际劳工标准》	严格遵守《国际劳工标准》要求
5	平面布置	本工程单体多，AD 道路施工周期长，平面布置难度大	保证各阶段施工交通流畅，物料转运方便	根据各单位要求，采取大单体平行施工，小单体与大单体之间均衡流水的策略
6	施工进度管理	合同中进度风险颇大，施工进度控制应是项目的重点	本工程计划总工期 749 天，全面履行合同中对各里程碑节点的要求	制订各方面影响进度一切因素的大计划，三周滚动计划要尽可能细致，现场施工以计划管理为主线
7	主题外立面造型	迪士尼特有技术	安全、高效、高质量完成	提前培训，人员充裕
8	室外主题铺装	迪士尼特有技术	安全、高效、高质量完成	提前培训，人员充裕
9	塑石假山雕刻及主题化喷绘	迪士尼特有技术	安全、高效、高质量完成	提前培训，人员充裕
10	主题娱乐设施	专业性强，安装要求高	安全、高效、高质量完成	专业合作成立设备安装部
11	演艺安装	迪士尼建设最重要的“面子”	安全、高效、高质量完成	与专业团队合作并成立演艺事业部

（续表）

序号	重点	描述	管理目标	策略
12	材料采购	本工程涉及材料种类繁多，采购周期长，多数参照国外标准	质量合格，成本可控，按 计划进场	组建专业采购团队，制订详细采购计划，各类材料进场前提交雇主样品确认后方可进场
13	深化设计要求高	本工程各个单体各个专业图纸量大、穿插深化设计多	高效、高质量、按计划完成	组建高效的深化团队，建立完善的BIM模型碰撞体系，及时沟通解决深化问题
14	系统联动调试	本工程设备量大，专业种类繁多，联动调试是关键	满足合同中对系统联动的要求	做好专业协调管理，做好相关预案
15	项目信息保密管理	维护雇主权益，履行保密协议约定，严格控制项目信息传播	全面履行合同中对项目信息保密的要求	与各参建单位及个人签订保密协议，过程中加强各传播渠道的监督和控制

来源：中国建筑第二工程局有限公司华东公司（以下简称“中建二局华东公司”）。

通过表2-1的分析，上海迪士尼乐园园区三一期工程最终确定了“管理高目标，质量高标准，专技早培训，分段齐流水，专业细配合，深化早入手，过程严控制，计划细安排，设备早订货，安装早插入，专款专使用”的项目管理策略。

2. 文旅项目组织架构策划

总承包管理工作的核心是高效、有序和合理的项目管理体系建设。按照组织机构的基本原理和模式，项目的组织机构可分为线型组织机构、职能组织机构和矩阵组织机构等若干形式。

在线型组织机构中，如图2-1所示，每一个工作部门只能对其直接的下属部门下达工作指令，每一个工作部门也只有一个直接的上级部门，因此，每一个工作部门只有唯一一个指令源，避免了由于矛盾指令而影响组织系统的运行。线性组织机构模式可确保工作指令的唯一性，但在一个特大的组织系统中，由于线型组织机构模式的指令路径过长，因此有可能造成组织系统在一定的程度上运行困难。

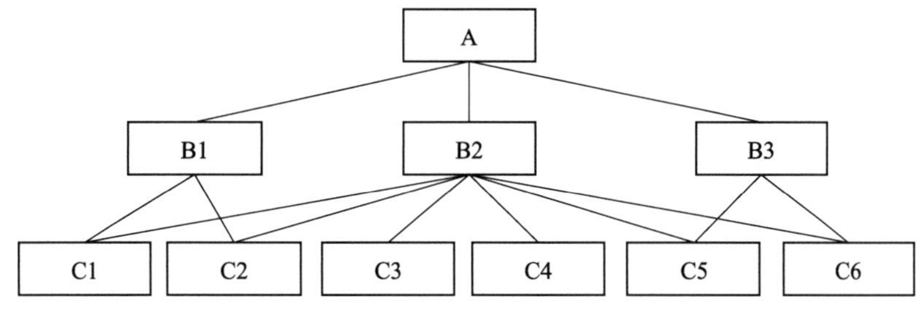

图2-1　线型组织模式（来源：中建二局华东公司）

职能组织机构是一种传统的组织机构模式，如图2-2所示，在职能组织机构中，每一个职能部门可根据它的管理职能对其直接和非直接的下属工作部门下达工作指令，因此，每一个工作部门可能得到其直接和非直接的上级工作部门下达的工作指令，它就会有多个矛盾的指令源。一个工作部门的多个矛盾指令源会影响企业管理机制的运行。

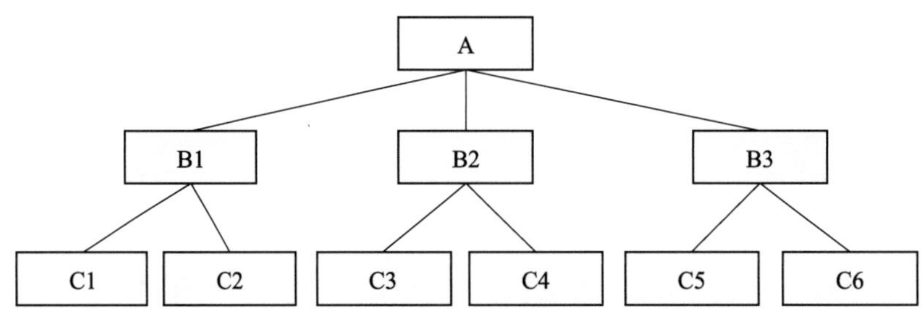

图 2-2　职能组织机构模式(来源:中建二局华东公司)

在矩阵组织机构中,如图 2-3 所示,每一项纵向和横向交汇的工作指令来自纵向和横向两个部门,因此其指令源为两个。当纵向和横向工作部门的指令发生矛盾时,由该组织系统的最高指挥者进行协调或决策。在矩阵组织机构中,为避免纵向和横向工作部门指令矛盾对工作的影响,可以采用以纵向工作部门指令为主或以横向工作部门指令为主的矩阵组织机构模式,这样也可减轻该组织系统的最高指挥者的协调工作量。

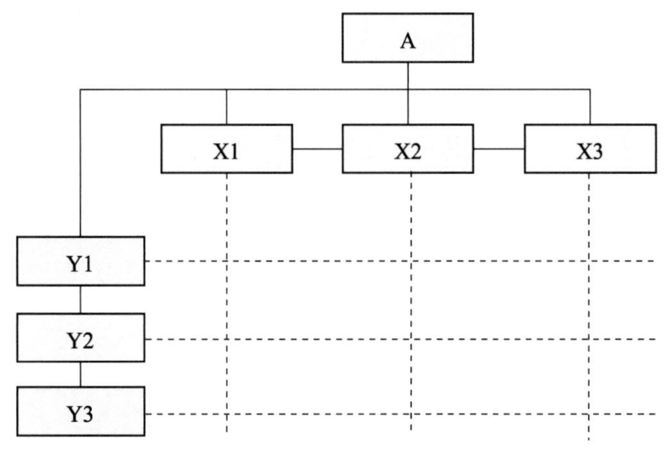

图 2-3　矩阵组织机构模式(来源:中建二局华东公司)

第一阶段,从 2013 年 2 月初开始,项目处于基础结构施工阶段,项目管理团队组建初期沿用国内一般的职能组织机构模式,即设置工程部、质检部和技术部等部门,实现单线式管理,第一阶段组织架构如图 2-4 所示。

第二阶段,进入地上结构和装修阶段,同时,总包单线式管理与业主矩阵式管理的矛盾日益突出,主要体现为管理真空与重复。为此,项目部组建了钢结构、机电安装、装饰工程及设备安装事业部,并逐步向矩阵式管理模式转型。

第三阶段,项目建设进入后期演出布景安装阶段,项目部联合某影视工作室共同组建演艺(Show)事业部,与业主演艺布景管理团队一起,从布景安装到声、光、电调试进行精密策划与管理。同时,组建独立的索赔团队,专门负责商务索赔工作。

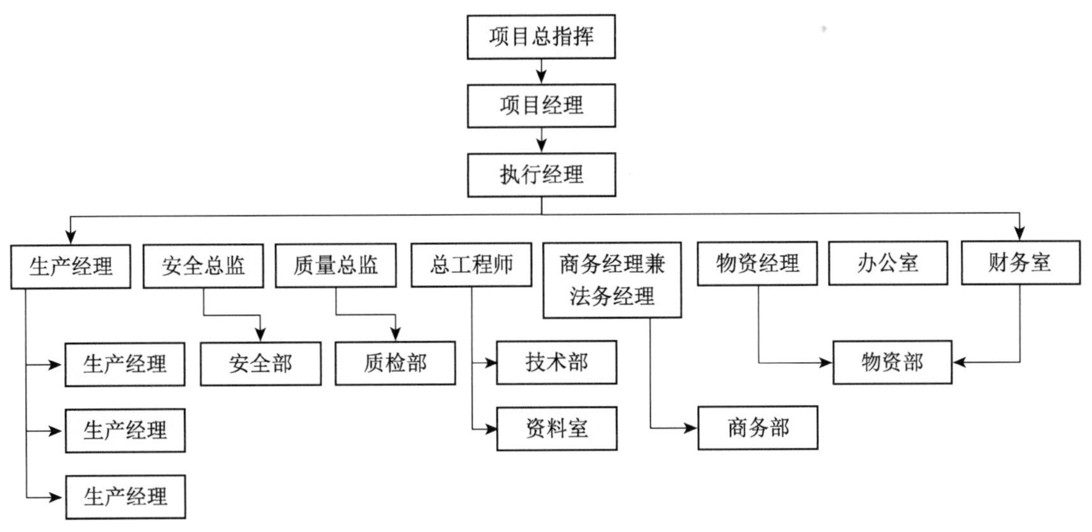

图 2-4 第一阶段组织架构图

3. BIM 技术在施工管理中的应用

BIM 技术的引入以及广泛使用实现了我国建筑工程信息化管理的重大变革，尤其是在当前建筑工程行业竞争激烈、项目过大导致信息数据管理难度增大的情形下，以 BIM 技术为支撑的建筑工程项目管理信息化的实现，助推了建筑行业效率和利润的有效增长。

建筑施工是一个高度动态的过程，随着建筑工程规模不断扩大，施工项目管理变得极为复杂。建筑信息模型不是简单地将数字信息进行集成，它还是一种数字信息的应用，并可以用于设计、建造和管理的数字化方法，这种方法支持建筑工程的集成管理环境，可以使建筑工程在其整个进程中显著提高效率、大量减少风险。

4. BIM 应用的前期准备

(1) BIM 团队的建立及培训。项目使用 BIM 技术首先是 BIM 人员的集训，可选择有一定软件基础或者有施工经验的技术人员组建团队，进行工程日常的 BIM 工作。现项目土建、机电、钢结构和装饰 BIM 深化人员约 28 名，针对团队人员 BIM 能力不足，还不能独立服务于项目情况，通过对 BIM 人员进行定期培训，不断提高 BIM 技术应用能力，同时项目所有管理人员定期进行 Navisworks 的操作培训，现在项目所有管理人员都能熟练操作和查看 BIM 模型。

(2) 建立各专业之间的协同工作机制。为项目建立管理组织架构，为业主方总体项目管理的组织架构，包含业主管理团队、管理公司项目管理团队、设计团队及总承包管理团队等。BIM 团队作为不可缺少的组成部分参与项目，在各个管理团队中都有相应的组织机构负责，为各专业协同工作提供支持，同时保证 BIM 在项目运作中发挥作用，规范了 BIM 协同工作流程，形成协同工作机制。BIM 团队除了单独的工作例会外，还必须参加每周的工程例会，利用模型为参建各方提供直观的工程信息，BIM 成为例会必需的“工程语言”，施工协调的过程也是模型不断调整的过程。

(3) BIM协同平台。对于大型项目,参与为模型提供信息的人员多,每个BIM人员可能分布在不同专业团队甚至不同城市或国家,BIM团队本身的信息沟通及交流也是BIM在项目上应用的一个关键。除了让每个BIM参与者清晰各自的计划和任务外,还应让他们了解整个项目模型建立的状况、协同人员的动态、提出问题(询问)及合理化建议的途径。在当今的网络环境下,较为容易实现搭建交流协同平台,项目组织中的BIM成员根据权限和组织构架加入协同平台,在平台上创建代办事项和创建任务,并可做任务分配,也可对每项任务(项目)创建一个卡片,可以包括活动、附件、更新和沟通内容等信息。团队人员可以上传各自创建的模型,随时浏览其他团队成员上传的模型,发表意见,进行便捷交流,也可上传专业之间的碰撞问题图片,通过协同平台浏览查看模型及图片,各专业团队人员及时掌握最新模型及专业问题,方便及时与相关专业团队人员之间交流来解决问题。使用列表管理方式,有序地组织模型的修改和协调,支持项目顺利进行。

(4) BIM应用实施标准。制定细化BIM实施标准,规定项目不同施工阶段需要提交的模型详细程度、视图和出图的标准、工程项目分级分专业系统的结构树等,这些是BIM团队工作开展及工作计划的依据。各个团队对最终BIM模型贡献的程度和内容不同,作为承包商是在设计提供的模型基础上进行详细施工设计,以满足加工和施工作业所需要的细度,承包商最终向业主提交模型,应该达到最详细的模型等级。

3. 多专业协调工作

各专业分包之间的组织协调是建筑工程施工顺利实施的关键,是加快施工进度的保障。本工程土建、机电、装饰、钢结构、演艺事业和主题雕刻等各专业由于专业较多,受施工现场、专业间协调和技术差异等因素的影响,若缺乏协调配合,不可避免地存在很多局部的、隐性的和难以预见的问题,容易造成各专业在建筑某些平面和立面位置上产生交叉和重叠,无法按施工图作业。通过BIM技术的可视化、参数化和智能化特性,进行多专业碰撞检查、净高控制检查和精确预留预埋模拟,或者利用基于BIM技术的4D施工管理,对施工过程进行预模拟,根据问题进行各专业的事先协调等措施,可以减少因技术错误和沟通不足等带来的问题,大大减少了返工,节约施工成本。

4. 综合管理平台

本项目建立了PMCS项目管理系统,对项目的采购报审、方案报审、进度计划报审、深化设计报审、过程验收、质量管理、BIM文件、竣工图和运营维护手册等进行综合管理。每一个文件的报审状态、审批状态和处理流程均一目了然,对项目总承包管理有较大的促进作用。

2.4.2 北京环球影城主题公园项目

北京环球影城主题公园项目建成后将成为通州乃至北京市经济发展的新引擎,将为北京副中心注入新的活力。工程共有12个单体,包括骑乘游艺、餐饮、剧院、互动体验和后勤区等功能区。因其施工过程复杂,需要通过设计管理平台来协助整个项目的管理、交流(来源:中建二局华东公司)。

1. 设计管理平台的搭建和应用

为提高项目的整体管理水平，优化审批手续，提高工作效率，项目引进了 EBIM 信息管理平台。

EBIM 管理平台采用云平台＋应用端的模式，数据（BIM 模型、现场采集的数据、协同数据等）均存储于云平台，各应用端调用数据。平台集成物联网、互联网，通过 BIM 数据进行建筑全生命周期管控，形成以 BIM 模型数据为核心，将工程模型、各类资料、流程步骤信息等进行整合的 BIM 数据平台。

(1) 技术指标包括数据的安全性，实现查看的方便性及施工现场的互动性，实现资料共享的时效性及资料的永久性保存，实现多专业的协同管理，实现模型与图纸变更的动态管理，实现项目工作流程的无纸化办公。

(2) 设计平台原理及主要特点如下：

① 选择 BIM 私有云作为 BIM 中心数据库，设置项目专有的信息服务器及配套设备，有利于 BIM 中心服务器的稳定性及数据库的安全性。

② EBIM 平台为多应用端口登录使用，分移动端、PC 端、WEB 端，其中移动端通过手机、iPad 等设备进行现场 BIM 模型应用及数据收集，PC 端作为管理端口进行模型和现场数据的集中展示及分析，WEB 端作为平台权限设置及数据展示。移动 App 移动端主要功能有工程信息查询、模型展示、现场管理、各专业间协同和表单的审批等。

③ EBIM 多专业协同管理，如图 2-5 所示，通过总承包单位工作、各分包主要负责人工作进行协同管理，增进各方之间沟通与了解，使过程中设计问题，安全问题，质量问题等得到落实解决，共享资料更全面更准确，竣工交付模型更能体现过程元素。

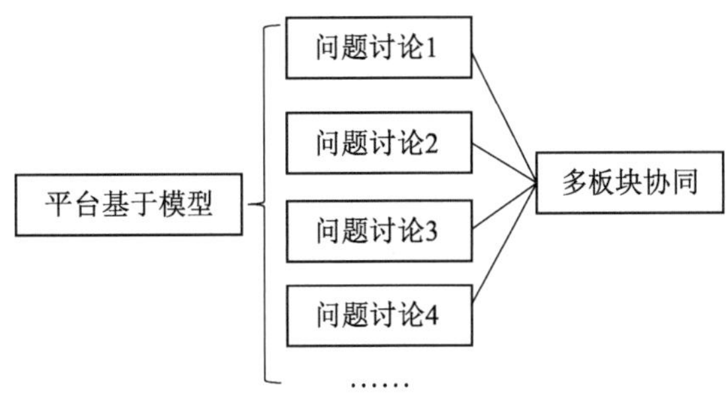

图 2-5　专业协同（来源：中建二局华东公司）

④ 施工现场协同管理，现场的质量人员可以通过手机在项目现场进行 BIM 模型的浏览，BIM 模型可分专业、分区域查看，可通过现场模型查看与现场施工对比，即时获取构件属性、各类构件情况等信息。现场施工管理人员以拍照发布动态的形式将每日现场施工进度描述发布到 BIM 协同平台，便于项目人员登录平台查看各单体、各专业施工进度情况，便于项目管理人员掌握施工现场的进度。

⑤ 借助 BIM 协同平台实现项目图纸与变更协同管理。图纸及变更管理方面存在着项目图纸、变更数量庞大的问题。由于项目信息种类多样、数量庞大，将项目信息分为可共享信息与不可共享信息。可将共享信息作为公开权限处理，根据指定部门及人员上传至云平台，供其他部门下载、查看。不可共享信息，将根据单位或者部门上传后仅由单位或者部门内部及指定人员查看、上传和下载，通过权限设置保证了工程项目信息的安全性，避免发生使用错误版本而导致现场施工返工的问题。

通过 EBIM 办公管理平台自定义表单与 BIM 模型构件双向关联，可通过构件查看相关表单，也能直接从表单定位构件。按照表单类型发起审批流程，审批人可在手机端进行表单审批，审批完成后可存档在工程表单，根据项目人员的权限查看完成的表单，导出或打印。减少信息传递过程中的损耗，实现了部分流程的无纸化办公。

2. 计划管控平台搭建与管理

项目采用立体施工计划管理模式，利用 P6 软件编制施工计划，同时融合对计划进度安排、动态监控及跟踪、资源优化管理、预算及成本控制的管理。施工计划体系由总进度控制计划和分阶段进度计划组成，总进度控制计划控制大的框架，必须保证按时完成，分阶段进度计划按照总进度控制计划排定，只可提前，不能超出总进度控制计划限定的完成日期，在安排施工生产时，按照分阶段目标制订日、周、月和年计划。

(1) 概括介绍 P6 软件。P6 软件是一个综合的项目组合管理软件，包含多种特定角色工具，可以满足每个团队成员的需求。P6 软件采用《项目管理体系指南》PMBOK 方法，并运用纺锤型项目信息处理思路，即：数据更新人员将数据录入简单的录入界面；计划工程师编制最专业的计划及分析；项目领导和管理人员利用查询界面进行查询并做出决策。主要的项目控制技术是：单代号广义网络计划；关键路径法；项目基准计划对比；赢得值法。主要的控制指标是：时间指标、总浮时、自由浮时、关键路径、计划值、赢得值、实际值、项目完成时的预计值和进度控制曲线。特别是软件可以将进度、资源、资源限量和资源平衡很好地结合起来，使得进度计划可以不再只是凭经验制订计划，而是基于要完成的工程量并结合施工的人、材、机等资源而制订出的定量的切实可行的科学合理的进度计划。

目前，国内工程项目建设管理的主要内容包括“四控两管一协调”。“四控”包括工程的进度控制管理、质量控制管理、投资控制管理和安全文明施工控制管理；“两管”包括合同管理和信息管理，“一协调”则是指对参建各方的协调管理，如与业主、监理之间各种关系的协调管理。工程项目管理贯穿于整个工程项目的生命周期内，直接影响着工程建设周期与投资效益。P6 软件是针对项目工程管理而设计的世界顶级管理软件，运用 P6 软件来管理施工计划和控制施工进度，将工程的施工过程进行全面规划、编排，对多种方案进行深入研究与比较，更科学地安排进度。

(2) P6 软件作为项目进度控制的辅助工具，可发挥如下作用：

① 编制与优化项目总进度计划与标段工程进度计划，按需对进度计划做出适时调整与更新，输出各种图表。

② 计算时间参数，找出关键线路与关键活动。

③ 对实际进度与计划进度做对比，得出偏差，评价实际进度。并在此基础上，实现实际进度对计划进度的跟踪。

④ 汇总包括资金、材料、人力、专用施工设备需用量及其在时间上的分布，为项目资源供应提供信息支持。

⑤ 在上述基础上，为制订中、短期进度计划提供便利和依据。

⑥ 在合同管理方面，用于分析承包商提出的工期索赔要求与索赔期限。

(3) 计划管控平台——P6 软件。项目对工程计划的要求很高,需配备 1 名专职授权人员作为计划工程师,计划工程师熟悉施工要求及检查流程。计划工程师负责计划编制,提交“项目管理方”审批,定期更新,并认真执行该工程计划。针对项目的特点以及业主要求,使用 Windows Oracle Primavera P6 作为计划进度安排、动态监控及跟踪、资源优化管理、预算及成本控制的工具。目前,在国内工程管理中 P6 软件属于较先进的技术。

3. 利用 P6 软件编制施工计划

在对工程图纸以及合同文件分析的基础上,P6 软件具有专业的施工计划编制功能。项目计划工程师运用 P6 软件编制施工进度计划,施工进度计划应依据施工合同、施工进度目标、工期定额、有关技术经济资料、施工部署及主要工程施工方案等编制。同时应做好准备工作计划,包括分项工程作业准备计划、分项工程技术准备计划和设备、材料和机械工具采供计划;资源准备计划包括工作人员分工与配置计划、费用需求保证计划。

(1) 编制的施工进度计划流程图内容如图 2-6 所示。

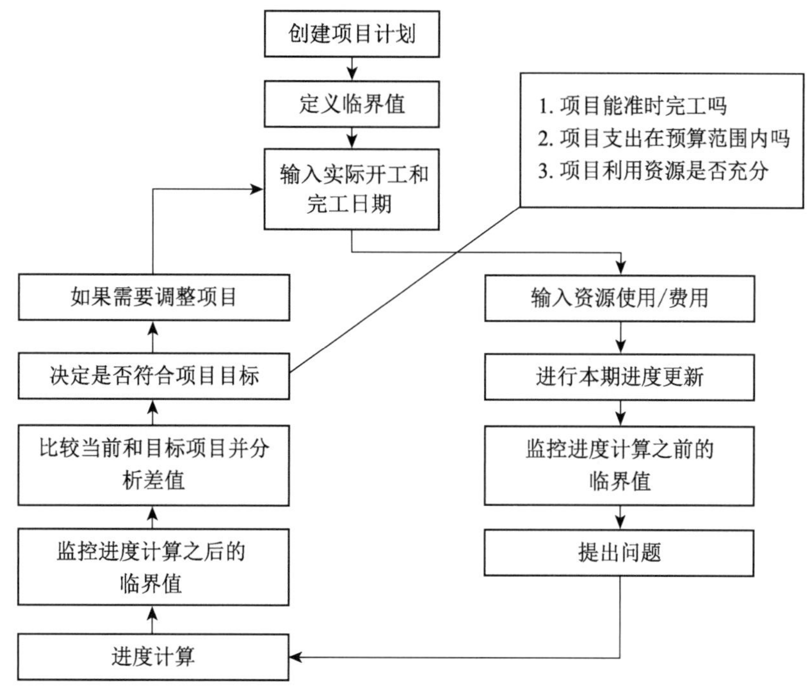

图 2-6 编制的施工进度计划流程图(来源:中建二局华东公司)

(2) 施工计划编制准备工作。根据工程施工技术措施,得出工程中所有分项工程各个目标所要进行的各项作业(任务、工序)以及这些作业间的逻辑关系,考虑其他承包商的工程或作业可能对工程的影响和制约;根据作业内容及投放的机具和人力估算出完成各项作业所需的时间。

(3) 施工计划中对内容的基本要求包括各项工作分配识别号和关键日期。

① 各项工作分配识别号:生产、施工和安装工作项设为“任务”;关键日期和节点设为“完工节点”;装置或其他系统开始性能测试设为“开始节点”。

② 关键日期、业主制订的计划限制日期以及工程里程碑日期，这些日期要得到“项目管理公司”的认可。

4. 利用 P6 编制网络计划

(1) 网络计划的编制

① 这是一种早开始的计划；总浮时小于或等于两个工作日的所有工作，均定义为“关键”作业；在 P6 中，单一“项目”对应所有成本中心，使用作业代码来区分不同的成本中心。

② 解释 P6“记事本”(须显示在所有报告的任务条件)中的任何制约因素的性质和原因，包括以下工作项：制约作业开工、完工的因素；存在开始-开始逻辑关系的作业项；存在完成-完成逻辑关系的作业项。

③ 具有逻辑和关系的作业项，计划要考虑所有可预见的、影响或可能影响取得完工证书的因素或风险；只有防患于未然，考虑了影响的因素或风险后，才能进行相应的计划安排，以便在受限条件下充分计划，并在规定的工期延时中按时完成相关工程部分。

④ 使计划日历分配到所有工作项(即不允许省略工作项的日历安排)；现场作业可按5～7 天制进行计划安排；现场作业计划要反映法定假期。

(2) 网络计划的组成部分如下所述。

① 长周期设备和关键设备报批文件之后的重要工作项，以及它们之间的所有逻辑关系。

② 零散工作：所有长周期设备和关键设备报批文件；采购计划中不包括所有的场外制作；大型临时工程；采购计划不包括的内容；所有尾项的清单编制及尾项完工；所有需要“项目管理公司”协调的重要界面；预计的与其他承包商的所有界面，至少包括“协调施工计划”和(或)“项目总进度计划”确定的所有界面；要取得的、所有必要的监管机构的审批、同意和许可；所有完工后的工作程序。

(3) 计划动态跟踪与控制。

由于工程实际的复杂性以及原施工计划编制时的局限性，项目的实施过程不可能与原计划完全一致，因而做好对工程进度的动态跟踪与控制显得尤为重要。要做好这项工作，就得将现场进度与目标计划进行分析比较，通过比较确定当前实际进度与目标计划的差异，逐步纠偏，使工程始终围绕目标计划来进行。

通过对工程进展过程定量分析比较。如果工程进展顺利，就不必过多地调整下一阶段的进度计划安排，按照现行工程更新的进度安排施工；如果工程实际进展与目标计划差异较大，可以通过分析，尽早发现问题所在，找出影响工程进度的原因，为下一步计划调整及工程重新回到目标计划框架下运行提供管理决策依据，使工程管理人员对工程未来可能的进展做到防患于未然，尽可能减少决策失误给工程带来的不良影响。

为了及时得到计划执行情况的反馈，采用周进度更新，每周工程例会前，将前一周现场反馈的工程实际进展输入 P6 并重新对计划进行网络计算，然后利用 P6 的分析工具分析工程进度并预测未来进度情况，并布置下周施工计划，落实施工班组及人员、机具数量。然后每月一次月进度更新。通过监控实际进度，定期地将它与计划进度进行比较，提出改进措施与计划修正方案，从而更好地控制与管理工程。

针对难以满足总进度要求的部位，采用 P6 软件对项目的现行进度进行调整与优化，使之满足目标计划。所谓工期优化，是指网络计划的计算工期不满足要求工期时，通过压缩关键工作的持续时间以满足要求工期的目标的过程。工期优化的基本方法是在不改变网络计划中各项工作逻辑关系的前提下，通过压缩关键工作的持续时间来达到优化的目标。在工期优化过程中，按照经济合理的原则，不能将关键工作压缩成非关键工作。当工期优化过程中出现多条关键线路时，必须将各条关键线路的总持续时间压缩相同数值；否则，不能有效地缩短工期。

5. 利用 P6 软件编制质量控制与安全施工计划

工程的建设管理，除了要求工程施工不仅在可知可控的情况下进行外，对工程质量控制、安全文明施工也都有十分严格的要求。因此，工程质量控制和安全文明施工管理也可以纳入 P6 工程管理的范畴。可以通过设置质量标准分类码、安全级别分类码的形式，对有质量要求、安全要求的工序在编制计划时赋予相应的质量标准分类码和安全级别分类码。在工程跟踪过程中，可以提前过滤出有考核质量要求的作业，以便提前做好保证施工质量的技术、人力和物力上的安排。提前做好现场验收的准备工作，就可以提前过滤出易发或容易忽视的有安全或质量隐患的作业，提前给予特别的提示和预警，引起有关各方的重视，从而确保工程施工在保证质量、安全和文明有序的情况下完成。

6. 利用 P6 进行资源与费用的管理

资源与费用的管理是 P6 软件与其他项目管理软件相比的主要优势所在。在实际操作中，项目的资源与费用管理的应用却不容易落实，项目定额体系与资源库没有建立，项目 P6 的应用只局限于编制计划，且很多只是用来应付业主对 P6 软件的要求，如施工进度要求和月报进度控制要求，在项目实施过程中难以提供费用和进度管理所需的真实数据。

充分利用 P6 软件，可以有效解决进度与费用相脱节的问题，我国大多数施工企业普遍应用 Project 来编制初步进度计划，而一旦涉及资源和费用的管理就体现出很大的局限性。在大多数工程中进度计划的编制团队和费用预算团队是独立工作的两个部门，这种工作方式带来的最大问题是：要想为编制的计划中的每一项作业分配相应的资源，就需要对编制的预算进行分解。

应用 P6 做好费用管理的主要方法是把自上而下的投资分解与自下而上的费用管理相结合。自上而下的投资分解是把项目的投资按照项目工作进行分解，分解到每一个单元。每一次的分解都应该按照部门具体职能进行，这样可以保证分解没有遗漏重要的部分；分解是分阶段进行的，每一阶段分配的值并不完全一致，从而使项目管理工作从粗到细逐步深化。

在完成资源加载后，还要完成资源费用的加载。资源费用包括劳动力费用、机械台班费和材料费用等。一个作业可以加载多个资源，每一种资源又有多种不同的价格，根据资源费用，可以在进度计划的执行过程中，动态地计算出已完成作业的费用。这样可以通过动态的自下而上汇总的费用与自上而下的预算计划对比，实现动态的费用管理。

第3章

数字化建筑集成管控平台搭建与管理

3.1 设计阶段管控

3.1.1 建筑工程设计阶段的概念和划分

建筑工程设计阶段是指建筑物在建造之前，设计者按建设任务，把施工过程和使用过程中所存在或可能发生的问题，事先做好通盘设想，拟定好解决这些问题的办法、方案，用图纸和文件表达出来。便于整个工程得以在预定的投资限额范围内，统一步调，顺利进行。并使建成的建筑物充分满足使用者和社会所期望的各种要求。

1. 设计阶段的划分

国际上设计阶段一般分为“概念设计”“基本设计”和“详细设计”三个阶段。我国习惯上将建筑工程分为“方案设计”“初步设计”和“施工设计”三个阶段[5]。对于技术要求相对简单的民用建筑工程，经主管部门同意，且合同中没有做初步设计的约定，可在方案设计审批后直接进入施工图设计。

各阶段设计文件的深度都应该遵循以下的原则进行编制：方案设计文件，应满足编制初步设计文件的需要；初步设计文件，应满足编制施工图设计文件的需要；施工图设计文件，应满足设备材料采购、非标准设备制作和施工的需要。

2. 方案设计

方案设计是在投资决策之后，根据设计咨询单位对可行性研究提出意见和问题，经过与业主协商认可后编制的具体开展建设的设计文件。

(1) 方案设计文件主要内容。设计说明书，包括各专业说明以及投资估算等内容；总平面图以及建筑设计图纸；设计委托或设计合同中规定的透视图、鸟瞰图和模型等。

(2) 方案设计文件的编排顺序。封面，包括项目名称、编制单位和编制年月；扉页，编制单位法定代表人、技术总负责人和项目总负责人的姓名，并经上述人员签署或授权盖章；设计文件目录；设计说明书；设计图纸。

(3) 方案设计文件的具体内容主要是设计说明书和设计图纸。

① 设计说明书具体内容有设计依据、设计要求及主要技术经济指标；总平面设计说明；建筑设计说明；结构设计说明；建筑电气设计说明；给水排水设计说明；采暖通风与空气调节设计说明；投资估算文件。

② 设计图纸包括总平面设计图纸和建筑设计图纸。

3.1.2 BIM 技术在方案设计阶段的应用

在传统设计模式下，国内部分重要项目的结构专业、机电专业已经开始在方案阶段深度使用 BIM 技术。在基于 BIM 技术的设计模式下，结构专业、机电专业的设计工作前置到方案设计阶段的趋势更加明显。这在工作流程和数据流转方面会有明显的改变，将带来设计效率和设计质量的明显提升。

(1) 从工作流程的角度看，基于 BIM 技术的方案设计阶段可划分为五个环节，包括设计准备、方案设计、二维视图生成、方案审批、交付及归档[6]。与传统工作流程相比，主要发生了两个方面的变化：

① 结构专业和机电专业人员在方案阶段可以实质性地提前介入。BIM 模型作为整个项目统一、完整的共享工程数据源，使结构专业和机电专业人员在方案设计阶段就可以实质性地开展设计工作，建立自己专业的 BIM 模型，并参与后续的审批交付过程。就目前国内现状分析，方案阶段因存在诸多不定因素，结构专业和机电专业实质性提前介入也将受到一定阻力。

② 基于模型生成二维视图的过程代替了传统的二维制图。BIM 模型中包含了相关的几何与属性信息，所需的二维视图可由模型自动生成并保证数据的一致性，使得各专业设计人员只需重点专注 BIM 模型的建立，而无须为绘制二维图耗费过多的时间和精力。

(2) 从数据流转的角度看，除必要互提资料的确认外，更多的协调沟通与反馈均可在设计过程中实时进行，实现了各专业间随时进行数据流转与交换。BIM 模型和二维视图将作为阶段交付物同时交付，供初步设计阶段使用。

依据上述分析，基于 BIM 技术的方案设计业务流程大致如下：建筑专业基于概念设计交付方案进行设计准备，并提供给结构专业与机电专业人员。之后所有专业开始开展基于 BIM 模型的方案设计工作。在此过程中，各专业内部及专业间将基于统一的 BIM 模型完成所需的业务协调，这种基于 BIM 的设计协调过程将贯穿整个流程，专业间专门提供资料的活动将大量减少，定期资料确认仅会作为项目记录用于备查。通过 BIM 模型进行方案验证后，再生成二维视图送审报批，最后的 BIM 模型及生成的二维视图将同时交付及归档。

(3) 从工作效果的角度看，在工作效率及交付质量方面均有明显提升，主要体现在：

① 促进建筑师创意的自由发挥。采用 BIM 技术的设计方式后，建筑师拥有了能够更加自由、充分表达其设计意图的手段，其最大优势是能够更理想地表达建筑师的意愿及方案

本身的特性。

② 提升方案设计的效率。采用 BIM 技术的设计方式后，设计师可以更加专注于创意设计，平面、立面、剖面等二维视图均可通过 BIM 模型自动生成，设计质量、设计效率均有明显提升。

③ 为设计方案的优化提供技术手段和量化依据。所创建的 BIM 模型包含了必要的几何信息和参数信息等属性，这些信息可以用于各类建筑分析，为方案设计的比选和优化提供了技术手段和量化依据。

④ 提升了与业主等相关方的沟通效率。基于方案设计的 BIM 模型，可直接用于与业主等相关方的沟通并理解真实的设计意图。设计师创意设计的表达方式更多样，比如可视化、动态浏览等。

3.1.3 BIM 技术在初步设计阶段的应用

初步设计阶段是对项目方案的初步性表述，其中包含了项目的位置、大小、层数、朝向、设计标高和道路绿化布置等基本信息和经济技术指标；各层平面以及主要剖面、立面，在尺寸上要达到整体把握的程度，例如建筑物总尺寸，各层标高等；项目方案的设计说明书；方案的理念和特点，构造和材料方面的信息等；工程概算书，建筑物投资估算、主要材料用量以及主要材料单位消耗量等；项目的体量和规模，必要时也会有某些模型和效果图展示。

在初步设计阶段，采用 BIM 技术的设计方式，形式上将设计过程与出图过程分离，设计过程将基于 BIM 模型进行，出图过程将依据 BIM 模型直接生成各类视图，并能够保证其与模型的关联性和一致性。此外，BIM 技术的引入将带来全部专业设计工作的前移。特别是机电专业，原来在施工图设计阶段的深化也将部分前移至初步设计阶段进行。同时，BIM 技术也为专业内部及专业间的直接数据交换提供了技术手段[7]。

1. 传统的初步设计业务流程

建筑设计的各专业基于建筑专业的设计方案及审批意见开始设计准备工作，结构专业及机电专业对建筑专业的设计方案进行复核确认，并提出本专业的技术参数及要求，然后开展基于二维图纸的初步设计制图工作。在此过程中，各专业须与其他专业相互提供资料。在初步设计完成后，最后进行审批、交付及归档。

从工作流程的角度看，包括以下几个环节，即设计准备、初步设计、设计验证及审批、交付及归档。由于结构和机电专业在方案设计阶段并没有参与实质性的设计，初步设计阶段中设计准备过程是一个必要环节。在设计准备过程中，建筑专业将在此节点向其他专业提供审核通过的方案简要说明、相关图纸以及在初步设计阶段需要补充调整的设计内容；同时，其他专业除需确认建筑专业提供的资料外，也需要在此环节中将各自专业的设计参数及要求等信息通过提供资料的方式告知其他专业，作为设计的依据。

从数据流转的角度看，除包含两个提供资料时段外，工作方式与方案设计阶段基本一致，但仍无法实现实时的数据共享。

通过以上业务流程分析可见，基于二维图纸的初步设计方式存在一些不足，主要体现在：

（1）二维图纸间缺乏数据关联，不能有效地保证数据的一致性。

（2）二维图纸不能在各专业间建立起直接的数据关联，容易导致专业间的碰撞冲突等问题。

（3）二维图纸不能直接用于建筑分析，因此无法为设计优化提供量化依据。

2. 基于BIM技术的初步设计业务流程

在基于BIM技术的设计模式下，施工图设计阶段的大量工作前移到初步设计阶段。在工作流程和数据流转方面会有明显的改变，这将带来设计效率和设计质量的明显提升。

从工作流程的角度看，基于BIM技术的工作流程可以划分为五个环节，包括初步设计、综合协调、二维视图生成、方案审批、交付及归档。与传统的工作流程相比，发生了四个方面的变化。

（1）传统流程中的设计准备环节可提前实现。在方案设计阶段后期及初步设计阶段初期，各专业就开始依据方案模型展开工作。

（2）综合协调工作将贯穿整个设计流程中。在各专业初步设计过程中可以实现随时协调过程，在设计过程中可以避免或解决大部分的设计冲突问题。在建立各专业初步设计模型后，设计审核之前的各关键节点，进行阶段性的总体综合协调。

（3）增加了新的二维视图生成过程。在各专业创建初步设计模型后，传统的设计制图过程转变为由模型生成二维视图的过程。

（4）前置了施工图设计阶段的大量工作。特别是机电专业，在施工图设计阶段的很多工作前置到了初步设计阶段。

3. BIM模型和二维图纸将作为阶段交付物同时交付，供施工图设计阶段使用

从工作效果的角度看，模型与所生成的相应图纸准确一致，减少了错、漏、碰、缺等现象，为施工图设计阶段提供了更准确的设计基础，在工作效率方面对于不同专业的影响不同，主要体现在：

（1）基于BIM技术的设计方式能够客观、全面地表达建筑构件的空间关系，能够真正实现专业内及专业间的综合协调，具有良好的数据关联性，因此能够大幅度地提升设计质量，降低设计错误概率。

（2）为设计优化提供了技术手段和简化依据。所创建的BIM模型包含了丰富的几何和参数等属性信息，这些信息可以用于各种建筑分析和统计，为设计优化提供了技术手段和优化依据。

（3）在设计效率方面，各个专业的情况不尽相同。大多情况下，建筑和结构专业设计周期将会缩短；机电专业工作量明显增加，设计周期会延长，但实质上是将其传统施工图设计阶段的工作前置到初步设计阶段，因此在整个设计阶段机电专业的工作量并未明显增加。

3.1.4 BIM技术在施工图设计阶段的应用

施工图设计是建筑设计的最后阶段。该阶段要解决施工中的技术措施、工艺做法、用料等问题，要为施工安装、工程预算、设备及配件的安放、制作等提供完整的图纸依据，包括图纸目录、设计总说明、建筑施工图、结构施工图和设备施工图等[8]。

在应用 BIM 技术以后,对于原来需要在传统施工图阶段完成的设计工作,很多都已前置到初步设计阶段完成,因此在基于 BIM 技术的施工图设计阶段,实际的设计工作量已大幅降低。由于要适应传统的制图规范,现阶段仍然要对 BIM 模型生成的二维视图进行细节修改、深化设计以及节点详图深化设计。随着软件技术的发展,政府审批流程、交付方式以及规范的调整将在大型复杂项目中施工图设计阶段与初步设计阶段进一步融合。

1. 基于 BIM 技术的施工图设计优势

基于 BIM 技术的施工图设计相较于传统图纸设计有许多优势。首先,在基于 BIM 的图纸会审中可能会发现在传统图纸会审中难以发现的许多问题,传统的图纸会审都是在二维图纸中进行的,难以发现空间上的问题,基于 BIM 的图纸会审是在三维模型中进行的,各工程构件之间的空间关系清晰易见,通过软件的碰撞检查功能进行检查,可以很直观地发现图纸不合理的地方。

另外,基于 BIM 的图纸会审以第三人的视角对模型内部进行查看,便于发现净空设置等问题以及设备、管道、管配件的安装、操作、维修所必需的空间的预留问题,有效解决传统图纸会审过程中不易发现的问题点。

2. 基于 BIM 技术的施工图设计业务流程

在基于 BIM 技术的设计模式下,施工图设计阶段的大量工作已经前置到了初步设计阶段,在工作流程和数据流转方面会有明显的改变。

从工作流程的角度看,与传统工作流程相比,发生的变化与初步设计阶段类似,即弱化了传统流程中的设计准备环节,产生了基于模型的综合协调环节,增加了新的二维视图生成环节。

从数据流转的角度看,各专业间可以随时进行数据流转与交换。BIM 模型和二维图纸将作为阶段交付物同时交付,供施工阶段使用。

从工作效果的角度看,在交付质量方面有明显提升,在工作效率方面对于不同专业的影响不同,主要体现在:

(1) 基于 BIM 技术的设计方式,能够优化设计分析,为解决错、漏、碰、缺等问题提供有效的技术手段,因此能够大幅度提升设计质量。

(2) 在设计效率方面,使用 BIM 模型生成二维视图的方式大幅度提升了出图效率,其中建筑和结构两个专业较为明显。对于机电专业,虽然也提高了出图效率,但是设计变更对机电专业的影响更大,使总体效率提升不明显。

3.2 动态成本分析管控

3.2.1 基于 BIM 技术的成本计划

基于 BIM 技术的成本计划主要分为基于 BIM 技术的成本计划的应用和基于 BIM 技术

的成本计划的应用价值两部分。

1. 基于BIM技术的成本计划的应用

传统的工程算量和施工成本计划是基于二维设计图进行的，制订成本计划的工作量大，耗时周期长。在能获得项目设计BIM数据的前提下，使用基于BIM技术的成本预算软件，可以通过直接利用项目设计BIM数据，省去理解图纸及在计算机软件中建立工程算量模型的工作，有效简化了工程算量和计价工作。比如在项目前期阶段，可以利用BIM系统进行相应操作。第一，建立"项目成控表""BIM商务模型"。根据实施项目的工程类型、特点、合同以及公司成本管控科目库所列项，由业务合约部编制项目成本管控计划表。BIM技术研究院根据项目施工图纸、项目成本管控计划表、项目施工合同等，制定项目商务模型建模规则和商务模型算量规则，建立项目的BIM商务算量模型。第二，编制项目总进度计划。由项目部根据施工合同及工期要求编制项目施工总进度计划，总进度计划编制细度要求应能够表明每一区块、楼层、施工段的具体开始和完成时间。第三，利用BIM 5D关联。由BIM技术研究院利用BIM 5D软件平台，将商务模型、项目成本管控计划表、总进度计划导入BIM 5D平台中进行相互关联、挂接工作。第四，编制项目目标成本管控表。其中包括材料费用、人工费用、机械费用、分包费用、项目其他费等项。第五，编制阶段成本计划表，根据以上方式，形成项目的总目标成本管控表。再根据总成本管控表和工程实际施工计划安排，按阶段、楼栋、区域等方式将总成本计划进行拆分（如地下室阶段、主体阶段、二结构阶段），形成各阶段的成本计划表。

随着工程的建筑规模不断扩大，结构造型日趋复杂，传统的工程量计算模式已难以适应。据统计，造价人员50%～80%的时间都用在工程量的计算上。信息化时代下三维算量软件越来越普及，通过工程图纸和造价软件进行三维建模，并利用软件自动计算、汇总等功能得到工程量和工程造价。这种利用几何运算和空间拓扑关系的模式，不但使运算变得自动化、智能化、方便快捷，还大大提高了工程造价的准确性。与此同时，将三维算量技术拓展到4D BIM技术，实现了建筑企业精细化管理，通过工程量信息、工程进度信息、工程造价信息的集成，将建筑构件的3D BIM模型与施工进度的各种工作相链接，动态模拟施工变化过程，实施进度控制和成本造价的实时监控。斯维尔、广联达和鲁班等软件就是国内运用BIM技术进行造价管理的代表[9]。

2. 基于BIM技术的成本计划的应用价值

BIM技术能够参与造价管理的全过程，并实现不同维度的多方面计算对比，极大促进了造价管理的信息化发展，对于提升算量精度、加快工程进度、合理控制变更、实现全面多算对比、数据的共享和部门之间的相互协同等具有积极意义。

BIM技术在成本计划阶段能通过提升算量的精度来高效计算成本计划。工程量计算是编制工程预算的基础，在传统手工算量情况下，尚未形成统一的工程量计价规则，计算过程烦琐枯燥。各部分的扣减关系往往由于地域关系不同，工程规模大、结构复杂等原因，出现计算错误，影响到后续计算的准确性。通过BIM技术的应用，可建立参数化三维模型，利用BIM软件中相应的扣减规则，系统进行自动化算量，提高计算的准确性，从而高效地计算施工计划成本,提高施工成本计划的应用价值。

3.2.2 基于BIM技术的成本控制

基于BIM技术的成本控制主要包含基于BIM技术的成本控制的基础、基于BIM技术的成本控制总流程、基于BIM技术的工程预算的特点和基于BIM技术的工程算量步骤等内容。

1. 基于BIM技术的成本控制的基础

基于BIM技术的成本控制的基础是5D模型,其概念如图3-1所示。它是在三维模型基础上,融入“进度信息”与“成本信息”,形成由“3D几何模型+进度信息+成本信息”的具有5个维度的建筑信息模型。基于5D模型进行成本控制的软件在本书中统称为基于BIM技术的5D管理软件,简称为5D管理软件。

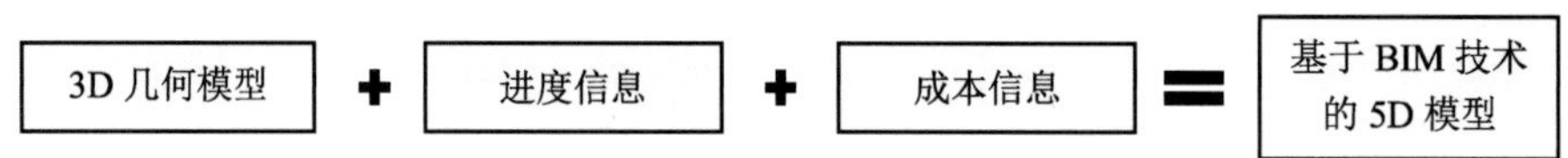

图3-1 基于BIM技术的5D模型组成

基于BIM技术的成本控制的原理如下:在项目开始前建立5D模型,各构件与其进度信息及预算信息(包含构件工程量和价格信息)进行关联。通过该模型,计算、模拟和优化对应于各施工阶段的劳务、材料和设备等的需用量,从而建立劳动力计划、材料需求计划和机械计划等,在此基础上形成项目成本计划。在项目施工过程中的材料控制方面,按照施工进度情况,通过5D模型自动提取材料需求计划,并根据材料需求计划指导采购,进而控制班组限额领料,避免材料方面的超支;在计量支付方面,利用5D模型自动计算完成的工程量并向业主报量,与分包核量,提高计量工作效率,便于根据总包方收入来控制支出。在施工过程中周期地进行统计,并将结果与成本计划进行对比,根据对比分析结果修订下一阶段的成本控制措施,将成本控制在计划成本范围内[10]。

2. 基于BIM技术的成本控制总流程

基于BIM技术的成本控制工作流程如下:

(1)基于BIM技术的工程预算是成本控制的基础工作,为事前成本计划提供数据依据,主要包括基于BIM技术的工程算量和工程计价两部分内容。

(2)建立基于BIM技术的5D模型。主要工作是在三维几何模型的基础上,将进度信息和年工程预算信息与模型关联,形成基于BIM技术的5D模型,为施工过程中的动态成本控制提供统一的数据模型。

(3)成本控制过程。在施工过程中,根据5D模型控制材料用量、工程预算和设计变更等内容。

(4)动态成本分析。在施工过程中,及时将分包结算、材料消耗和机械成本结算等实际成本信息关联到5D模型,实现多维度、细粒度的动态成本三算对比(合同收入,预算成本和实际成本进行对比)分析,从而及时发现成本偏差问题,并及时制定纠偏措施。

基于 BIM 技术的工程预算软件,目前主要有广联达公司在 GCL 和 GBQ、鲁班的 LubanAR、斯维尔 THS-3DA 和神机妙算等软件,本书主要以广联达公司的 GCL 和 GBQ 软件进行应用演示。目前主流的基于 BIM 技术的 5D 管理软件有德国的 ITWO 软件、美国的 Vico 软件和英国的 Sychro 软件等,下文主要以广联达公司的 BIM 5D 软件进行展示。

3. 基于 BIM 技术的工程预算的特点

(1) 建模工程量大大减少。目前,工程量计算工作已普遍采用算量软件,极大地提高了工作效率。利用 BIM 技术,工程量计算模型可以通过国际建筑工程数据交换标准工业基础类(Industry Foundation Classes, IFC)复用 BIM 设计模型,大大减少重复建模的工作,极大降低因算量错误建模导致工程量计算不准的出错概率。

(2) 构件自动归类,工程量统计效率大大提高。BM 模型是被参数化的,各类构件被赋予了尺寸、型号和材料等约束参数,模型中的每一个构件都与现实中的实际物体一一对应,其所包含的信息可以直接用来计算。因此,基于 BIM 技术的算量软件能在 BIM 模型中根据构件本身的属性进行快速识别分类,提高了工程量统计的准确率。以墙体的计算为例,计算机自动识别墙体的属性,根据模型中有关该墙体的类型和分组信息统计出该段墙体的量,对构件进行自动归类。

(3) 工程量计算更准确。首先,内置计算规则和算法。基于 BIM 技术的工程量计算软件内置了各种算法、规则和各地的定额价格信息库。其次,对关联构件、异型构件的计算更准确。在进行基于 BIM 技术的工程预算时,模型中每个构件的构成信息和空间位置都被精确记录,对构件交叉重叠部位的扣减和异型构件计算更科学。最后,大大减少预算的漏项和缺项。由于基于 BIM 技术的工程预算利用了三维模型的可视化操作,大大减少缺项和漏项现象。

(4) 预算数据上下游共享。基于 BIM 技术的预算通过 IFC 数据格式复用上游 BIM 设计模型,同时还能导出 IFC 数据文件与上下游的施工管理软件进行预算信息共享,打通全过程成本控制的通道。

4. 基于 BIM 技术的工程算量步骤

(1) BIM 算量模型的建立。目前实际应用中,BIM 算量模型建立的方式主要有三种:一是直接在 BIM 算量软件中重新建立 BIM 算量模型。二是利用 BIM 算量软件提供的识图转图功能,将 DWG 二维图转成 BIM 模型。三是从基于 BIM 技术的设计软件中导出国际通用的数据格式(比如 IFC)的 BIM 设计模型,将其导入 BIM 算量软件中进行复用[11]。目前基于 BIM 技术的主流设计软件,包括 Revit、Tekla 和 ArchiCAD 等都支持将设计模型导出为 IFC 格式,即基于 BIM 技术的软件能够将专业的 BIM 设计模型,包括建筑、结构、钢结构、幕墙和装饰等 BIM 设计模型,以 IFC 格式导入基于 BIM 技术的算量软件,建立初步的 BIM 算量模型。该种方法从整个 BIM 流程来看最合理,可以避免重新建立算量模型带来的大量手工工作和可能产生的错误。

但是,目前 BIM 算量模型复用 BIM 设计模型存在以下两个问题:其一,设计和预算工作的割裂，设计模型缺少足够的预算信息。一般来说，设计人员只关注设计信息，一般不考虑预算;预算人员也不会参与设计，不对预算结果负完全责任。这些工作缺陷导致信息的断裂。因此，预算人员必须在设计早期介入，参与构建信息组成的定义。否则，预算人员需要花费大量时间对 BIM 设计模型进行校验和修改。其二，设计信息和预算信息不匹配，无法直接复用。设计模型一般仅仅包括几何尺寸，材质等信息，而工程预算不仅仅由工程量和价格决定，还与施工方法、施工工序和施工条件等约束条件有关，因此，如果复用设计模型，就需要综合考虑算量模型的需求，统一建模规范和标准。针对这样的问题，目前，国内已有软件公司在进行 BIM 设计模型与 BIM 算量模型数据复用的开发，制定了相应的建模标准和规范，并已在实际工程中进行了验证和使用，比如广联达公司的 BIM 算量软件，支持 IFC 格式，保证导入 BIM 算量软件的 BIM 设计模型完整和准确，实现土建、结构和机电等多个专业 BIM 设计模型的成功复用。创建 BIM 土建算量模型时，在 Revit 软件中涉及模型及构件信息的设置，如楼层、材质等信息，方便后续导出 IFC 格式的数据文件，实现 Revit 模型和 BIM 算量模型无缝转换。

在钢筋 BIM 算量建模方面，IFC 文件、PKPM 或 YJK 等主流结构设计软件的文件导入广联达结构施工图设计软件进行配筋设计，含配筋信息的结构模型继续导入广联达钢筋算量软件进行算量，算量结果能返回导入 Revit，也能继续导入下料软件进行钢筋下料设计，从而实现钢筋从设计计算、配筋设计、钢筋算量、钢筋下料的设计施工模型无缝衔接。

(2) 基于 BIM 技术的工程量计算过程。有了 BIM 算量模型就可以进行工程量的计算。

首先，基于 BIM 技术的算量软件内置计算规则，包括构件计算规则、扣减规则、清单及定额规则等支撑工程量计算的基础性规则，通过内置规则，系统自动计算构件的实体工程量。其次，关联构件扣减量更准确。BIM 算量模型记录了关联和相交构件位置信息，基于 BIM 技术的算量软件可以得到各构件关联和相交的完整数据，根据构件关联或相交部分的尺寸和空间关系数据智能匹配计算规则，准确计算扣减工程量。最后，采用基于 BIM 技术的算量软件，对于异型构件的算量更精确。BIM 算量模型详细记录了异型构件的几何尺寸和空间信息，通过内置的数学算法，例如布尔计算和微积分，能够将模型切割分块趋于最小化，计算结果更精确。

(3) 基于 BIM 技术的工程造价。基于 BIM 技术能够实现工程算量和工程计价一体化。BIM 算量模型除了包含计算工程量所需的信息，还集成了确定工程量清单特征及做法的大量信息。因此，基于 BIM 技术的算量软件通过构件上的属性信息自动合并统计出工程量的清单项目，实现模型与清单自动关联。依据清单项目特征、施工组织方案等信息自动套取定额进行组价，或与积累的历史工程中相似清单项目的综合单价进行匹配，实现快速组价，相比传统预算人员通过看图纸、列清单项的工作方式，大大提高了计价工作效率。

基于 BIM 技术的算量软件支持工程量增量导入。目前的算量软件和计价软件割裂，在计价工作完成后，如果发生工程量调整变化，无法实现变更的工程量增量导入计价软件，只能利用计价软件人工填入变更调整，而且系统不会记录发生的变化。基于 BIM 技术的算量软件和计价软件基于一致的 BIM 模型，当发生变更时，只需修改 BIM 算量模型，BIM 算量软件即可按照原算量规则自动计算变更工程量，然后基于BIM技术的计价软件中相关联的清单会自动调整清单工程量，重新计算综合单价。同时，模型的修改记录将被记录在相应模型上，方便后续的成本管理。

3.2.3 基于P6软件的费用控制

P6软件可以实现对项目投资预算使用情况和成本费用情况的跟踪分析。投资预算经审批后就成为项目的费用控制目标，一般不做调整，可以自上而下分解到EPS结点、项目结点和WBS结点中。而费用的支出是持续变化的，对费用计划中的每一项作业加载相应的资源和数量，并分配与资源无关的其他费用，P6软件会从作业层级自下而上汇总计算WBS结点、项目结点和EPS结点的资源和费用，P6软件相关图表可以直观显示项目资源、费用的具体分布以及分析资源是否超负荷，费用是否超出预算。完成编制的计划以及对应的进度、资源和费用的分配都符合项目目标的要求，就可以将该计划作为基准计划保存。基准计划是后续实施过程进度、费用管理的基础，通过与当前计划的对比分析，实现动态的管理。

对项目费用和计划进度的跟踪与控制是采用赢得值管理法(EVM)。赢得值管理法是一种能综合度量和监控工程进度、成本费用情况的方法，3个基本参数包括已完工作预算费用(*BCWP*)、计划工作预算费用(*BCWS*)和已完工作实际费用(*ACWP*)，其中*BCWP*是在某一检查时间点各项任务实际完成工作量的价值，也即赢得值。对3个基本参数进行分析可以得出赢得值管理法的4个评价指标：

(1) 费用偏差指标(*CV*)，$CV = BCWP - ACWP$；

(2) 费用绩效指数(*CPI*)，$CPI = BCWP/ACWP$；

(3) 进度偏差指标(*SV*)，$SV = BCWP - BCWS$；

(4) 进度绩效指数(*SPI*)，$SPI = BCWP/BCWS$。

当$CV<0$或者$CPI<1$时，表示实际费用超过预算费用，即超支；当$CV>0$或者$CPI>1$时，表示实际费用低于预算费用，即有节余；当$CV=0$或者$CPI=1$时，表示实际费用与预算费用一致。当$SV<0$或者$SPI<1$时，表示进度延误；当$SV>0$或者$SPI>1$时，表示进度提前；当$SV=0$或者$SPI=1$时，表示实际进度与计划进度一致。

定期对以上参数和指标及时分析，进行进度、成本费用综合的管理，帮助项目管理者尽早发现问题并采取相应的对策和措施，改善以往可能面临的被动控制局面，实现项目的动态控制。P6软件根据进度计划自动生成成本累积曲线(S曲线)，在管理过程中可以监控赢得值(*EV*)、计划值(*BCWS*)和实际值(*ACWP*)三者之间的相对关系，从而对项目执行状态进行评估。在项目管理过程中，可以根据前期设置的偏差执行范围，对项目的执行情况进行识别和分析，然后对项目执行情况进行综合评价(当前的完成情况相对计划进度是提前还是滞后，所需费用是超支还是节余)，可以实现快速追溯和跟踪。

P6软件中的成本管理：P6软件是目前市场上最流行的企业级项目管理软件，因其具有高度的组合分析功能，客观度量和项目评测功能，资源与项目正确匹配以及进度和费用的有效跟踪功能，被誉为项目管理的行业标准。P6 软件中成本管理实现主要通过预算管理和成本控制两条路径，涵盖了成本估算、成本预算、成本控制和成本分析等方面的具体内容。

P6 软件中的预算管理：P6 软件中的预算功能主要针对成本估算、成本预算以及在项目实施过程中的预算变更而设立的。预算是完成项目所需的费用估计，在项目正式开始前，由项目的管理层来决定。P6 软件中的预算实现的主要步骤有：第一，在项目的生命周期开始时，由项目经理与费用控制经理一起确定项目范围与预算要求，并设置相应的估计值，在每个企业项目结构（EPS）结点上设置估计值，将估算分摊到每个结点中的项目上，每月比较 EPS 结点和结点中所有项目的总计值。第二，在项目计划阶段或在项目进行记录时，对原定预算的变更，在保留原定数量的同时，持续跟踪这些变更。P6 软件中的预算管理具有以下优点：在计划阶段建立高层次的估计预算，可以跟踪资金支出汇总计划并查看汇总和当前预算的差值，最终决定利润率和投资回报率。

P6 软件中的成本控制：P6 软件中的成本（费用）控制与资源管理和费用科目设置有关。P6 软件中成本控制重点放在项目资源管理上。P6 软件中能定义企业项目结构（EPS）内包含的项目所需的所有资源，具有强大的计算、组织、查询和分析等功能。每个资源可设定用量限值、单价和日历，以及其标准工作时间与非工作时间；资源库管理可按编码组成资源体系（RBS），能满足资源多纬度的查询、汇总、分析；定额与资源时间分布有关，可自定义资源分布，可按最早或最晚时间显示 S 形曲线；资源的优化分为前推法、后推法，有时间限制、没时间限制，选定项目、选定任务、选定时段、选定资源综合考虑任务优先权、任务可拆分情况、任务间关系、工程间关系来进行资源调配。同时 P6 软件还可以创建资源分层结构，反映组织资源结构并能将这些资源分配到作业，可以设定无层级限制的资源分类码，用于资源的分组与汇总。P6 软件中费用科目设置功能主要解决成本核算需求。费用科目可用于在整个项目周期内跟踪作业费用与赢得值。费用科目包括：费用科目代码和费用科目名称以及对费用科目的说明，将费用分类码分配到作业和（或）资源，来跟踪已完成的工作量与已支出的资金和实际成本情况。

P6 软件中成本控制思路：在项目成本管理中，比较实际费用与预算费用是成本控制的一种简单方法。长期跟踪估量赢得值的 3 个指标，则可以查看项目。P6 中成本（费用）控制实现主要步骤有：第一，通过自上而下的费用估算将批准的投资概（预）算分摊到 EPS 结点、项目结点和 WBS 上，作为该 EPS 结点、项目结点和 WBS 结点的费用控制目标；第二，通过在作业上加载资源，得到作业的预算费用（具体应用于投资控制中，可以把工程量作为资源，预算费用 = 合同工程量 × 合同单价），再自下而上汇总到 WBS 结点、项目结点、EPS 结点，保存为目标计划后形成项目的计划预算曲线；第三，跟踪项目的实际进展，统计已完成的费用（实际值：已完成工程量 × 合同单价），并对剩余费用（剩余工程量 × 合同单价）进行估算；第四，不考虑变更等因素的影响，计算目标计划的完成值（赢得值）；第五，对项目的执行情况进行分析，评估当前时间（截止到最近更新的数据日期点）和项目完工时进度的提前、滞后情况以及费用超支、节余情况，可分别对比合同总价和分摊的投资概算造价。

在实际工作中相当复杂的成本管理问题，在 P6 软件中简化为预算管理和费用控制两个部分，而费用控制与资源管理又紧密挂钩，其强大资源管理功能保证了资源管理5个要素能得到具体应用，概括来讲，项目中成本估算和成本预算，在 P6 软件中主要通过预算控制功能实现，成本控制主要通过资源进度管理来实现[12]。

3.3 施工进度模拟管控

3.3.1 传统施工进度管理概述

传统的进度管理，就是严格地按照生产进度计划要求，掌握作业标准(通常包括劳动定额、质量标准、材料消耗定额等)与工序能力(通常是指一台设备或一个工作地)的平衡。根据生产能力负荷平衡进行作业分配，按照生产进度计划日程要求，发布作业指令。根据各项原始记录及生产作业统计报表，进行作业分析，确定每天生产进度，并查明计划与实际进度出现偏离的原因。

3.3.2 4D 模型概念及控制原理

1. 4D 模型概念

4D 模型是指在原有的 3D 模型 *XYZ* 轴上，再加上一个时间轴，将模型在成形过程中以动态的三维模型仿真方式表现。用户除了可以通过 4D 可视化的展示了解工程施工过程中所有重要组件的图形仿真，也可以依据施工的时程以及进度采用不同的颜色在 3D 模型上表现，来清晰表达建筑模型组件实际的施工进度状况[13]。不仅可以清楚地了解工程施工状态，还可以通过 4D 可视化仿真找出组件的空间施工冲突。工程中使用的 4D 模型是由美国斯坦福大学集成设施工程研究中心(Center for Integrated Facility Engineering, CIFE)于 1996 年提出相关成果后，引起国际上的关注，而后 CIFE 又提出的 4D-CAD 系统，4D-CAD 系统是指在 CAD 绘图软件上建立的 3D 建筑物组件模型与项目的各项时程相连接，并在 CAD 绘图平台中利用动态仿真，展现建筑物兴建过程。建筑产业逐渐将 4D 模型用于项目不同生命周期阶段上，使管理者通过 4D 可视化动态仿真来掌握管理所需要的信息，协助顺利完成项目，即称为 4D 建筑管理。

建筑工程生命周期可分为准备阶段、规划阶段、施工阶段和运营阶段。在工程准备阶段，4D 模型主要应用于招标作业与可行性分析中，以便了解项目开工后的施工进度，分析其项目的可行性。在规划阶段，4D 模型主要应用在组件或时程冲突分析上，通过设计时间建立的 3D 模型及时程规划结合为 4D 模型，可于施工前事先发现时间、空间上的施工冲突问题。并提早变更设计，修正错误。在施工阶段，4D 模型主要应用于项目管理绩效分析作业上，将规划阶段的数据进行比较，以进行项目管控作业，且可通过比对施工前后差异的资料进行统计分析，了解工程整体绩效。在运营阶段，4D 模型可应用于整合建筑设施，包含结构物及各项设备，在日后运营维护所需要的各项维护、保养和检修等信息，并结合智能型的信息查询与检索方式，提高工程维护管理作业的效率。

2. 4D技术的进度控制原理

施工进度控制是建设工程项目管理的有机组成部分，涉及工程施工的组织、资源等各个方面，基于4D技术的进度控制以4D模型为基础，将4D技术与传统施工进度控制理论与方法有机结合，在施工进度信息反馈、可视化模拟分析与动态控制方面具有突出优势。

(1) 进度信息反馈。施工进度的有效控制必须依赖及时有效的实际进度信息采集与反馈机制。目前常用的工程施工实际进度信息采集主要通过日报等方式实现。基于4D模型，可以实现日报等工程实际进度信息的跟踪与集成，将工程施工进度计划与实际进度有机地整合在一起，为后续基于4D模型的进度分析、模拟与调整奠定了基础。

(2) 可视化分析与模拟。基于4D技术的进度控制可实现工程施工计划(或实际工程进展)的三维可视化模拟，直观表现工程施工的施工进度计划(或实际工程进展)。同时，4D模型也可实现三维形式的工程进展、延误情况对比分析和工程进展统计等功能，通过直观的图形、报表辅助工程进度调整和控制的决策过程。

(3) 动态施工进度控制。施工进度控制是一个不断循环进行的动态过程，管理者以进度计划编制或调整为起点，通过实际进度跟踪与采集获取工程实际进展数据，利用关键线路或进度偏差分析来确定偏差产生的原因以及可能带来的影响，最终制订合适的进度计划调整方案。如此形成一个循环的动态过程，实现对工程施工进度的有效控制。基于4D模型可实现动态的进度计划调整，并可方便地集成工程实际进展信息，通过三维可视化的模拟与分析明确工程进度偏差、预测工程延误的影响。同时，4D模型还可以支持不同进度计划调整方案的模拟分析，为更加合理地调整进度计划、保障工期提供了有力的支持。

3.3.3 BIM技术在施工进度管理中的工作内容及流程

4D-BIM模型是将建筑工程施工现场3D模型与施工进度相连接，与资源、安全、质量、成本以及场地布置等施工信息集成一体所形成的4D-BIM模型。4D-BIM模型由产品模型、4D模型、过程模型以及施工信息组成，其中产品模型包含建筑物3D几何信息和基本属性信息，4D模型将产品模型与施工进度相链接，过程模型是工程建造的动态模型，是以WBS节点为核心，以进度为控制引擎，与产品模型相互作用形成在不同时间阶段的施工状态，并动态关联相应的资源、安全、质量、成本以及场地布置等施工信息。4D-BIM模型结构如图3-2所示。

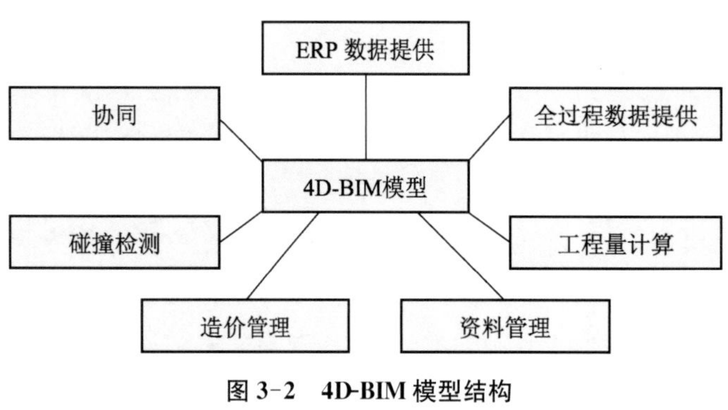

图3-2 4D-BIM模型结构

1. 基于 BIM 技术的进度控制工作内容

基于 BIM 技术的进度控制是通过应用基于 BIM 技术的施工管理或进度控制软件，以 4D-BIM 模型为基础进行进度计划的编制、跟踪、对比分析与调整，充分指导和调动项目各参与方协同工作，确保工程施工进度计划关键线路不延期和项目按时竣工的工程项目进度管理方法。其主要内容包括以下方面：

（1）建立协作流程。为满足建筑、桥梁、公路和地铁等不同工程项目的施工管理，应针对具体工程项目的特点和管理需求，面向建设方、施工总承包方及施工项目部等不同应用主体，明确不同项目参与方与职能部门的具体职责与权限范围，为不同参与方基于统一的 BIM 模型进行协同工作、保证数据一致性与完整性奠定基础。

（2）设计 BIM 建模。基于 BIM 技术进行施工进度控制，首先应解决模型来源问题。目前，模型的主要来源有两种：一是设计单位提供的 BIM 模型，二是施工单位根据设计图纸自行创建的模型。当前主要的设计 BIM 建模工具包括 Revit，ArchiCAD，Tekla，Catia 等 BIM 应用软件。考虑建筑造型等需要，也可利用 3D MAX、Rhino 等应用软件辅助建立 3D 模型。通过 IFC 格式及其他 3D 模型导出作为创建 4D-BIM 模型的基础。

（3）WBS 与进度计划创建。工程项目施工的工作分解结构（Work Breakdown Structure，WBS）及进度计划是工程进度控制的关键基础，工程施工前应按照整体工程、单位工程、分部工程、分项工程从粗到细建立工程项目的 WBS，对建筑工程可按照建筑单体、分专业、分层的方式进行划分。在 WBS 的基础上，根据工程规模、施工的人力、机械及材料投入情况，设定各项工作的起止时间及相互关系，从而形成工程施工的进度计划。在 WBS 与进度计划的编制过程中，可根据工程项目需求采用 Microsoft Project、P3/P6 等软件，快捷方便地建立工程项目的 WBS 与进度计划。前述软件建立的 WBS 与进度计划信息可通过相关的数据接口实现与基于 BIM 技术的施工管理或进度控制软件的双向数据集成；基于 BIM 技术的施工管理或进度控制软件也可提供相应的 WBS 与进度计划编辑功能，提供方便快捷的 WBS 与进度计划调整工具。

（4）4D-BIM 模型建模。由于模型划分、命名等的不同，设计 BIM 模型一般不能直接用于工程施工管理，需要对设计 BIM 模型进行必要的处理，并将 BIM 模型与 WBS、进度计划关联在一起，形成 4D-BIM 模型的过程模型。设计 BIM 模型的划分与处理应以工程施工的 WBS 为指导，并根据工程施工需求补充必要的信息，最后通过自动匹配或手动对应的方式建立模型与 WBS 和进度计划的关联关系，从而支持基于 BIM 技术的施工进度控制。同时，针对其他施工管理需求，应以 WBS 为核心将资源、成本、质量、安全等施工信息动态集成，形成支持工程施工管理的 4D-BIM 模型。

（5）实际施工进度录入。项目开工建设后，应通过日报等多种方式对工程的实际进展情况进行跟踪，并及时地录入基于 BIM 技术的施工管理或进度控制软件中，为后续实际进度与施工计划的对比分析、关键路线分析等提供必要的数据。

（6）施工进度分析。基于 4D-BIM 模型丰富全面的工程施工数据，可方便地把握整个工程项目或任意 WBS 节点的施工进度，对其进度偏差、滞后原因及影响进行分析，并可动态计算分析过程项目的关键线路，为采取措施合理控制施工进度提供决策支持。

(7) 施工进度计划调整。根据实际进度与计划进度对比和分析的结果，可在基于 BIM 技术的施工管理或进度控制软件中对进度计划进行调整和控制。可通过直接点选模型、选择 WBS 节点等不同方式调整工程进度计划。当施工进度改变后，4D-BIM 模型将自动更新与之关联的信息，并将受影响的任务及模型突出显示出来。同时，也可在 Microsoft Project，P3/P6 等软件中调整工程进度，并将数据同步到基于 BIM 技术的施工管理或进度控制软件中，从而实现对施工进度计划的调整。

(8) 基于 4D 模型的施工过程模拟。利用 4D-BIM 模型，基于 BIM 技术的施工管理或进度控制软件可实现对整个工程或任意选定 WBS 节点的施工过程的模拟，直观表现工程施工计划或实际施工进展情况，并可同步显示当前的工程量完成情况和施工详细信息。直观的 4D 模型施工过程模拟将为企业掌握工程进展、分析进度计划提供强有力的支持。

(9) 施工信息动态查询与统计。企业可基于 4D-BIM 模型，制定任意施工日期或时间段，实时查看整个工程、任意 WBS 节点和施工段或构件的施工进度以及详细的工程信息，生成周报、月报等各种统计报表。

(10) 施工监理协同监管。作为工程项目施工的主要监管方，施工监理可通过基于 BIM 技术的施工管理或进度控制软件，利用 4D-BIM 模型动态跟踪和监督工程项目的实际进展。对施工方的进度计划、施工方案进行可视化分析模拟和评价，协调各方工作，确保施工进度切实可行，保证工程项目按期竣工。

2. 基于 BIM 技术的进度控制工作流程

根据进度控制工作内容，基于 BIM 技术的进度控制工作流程如图 3-3 所示。

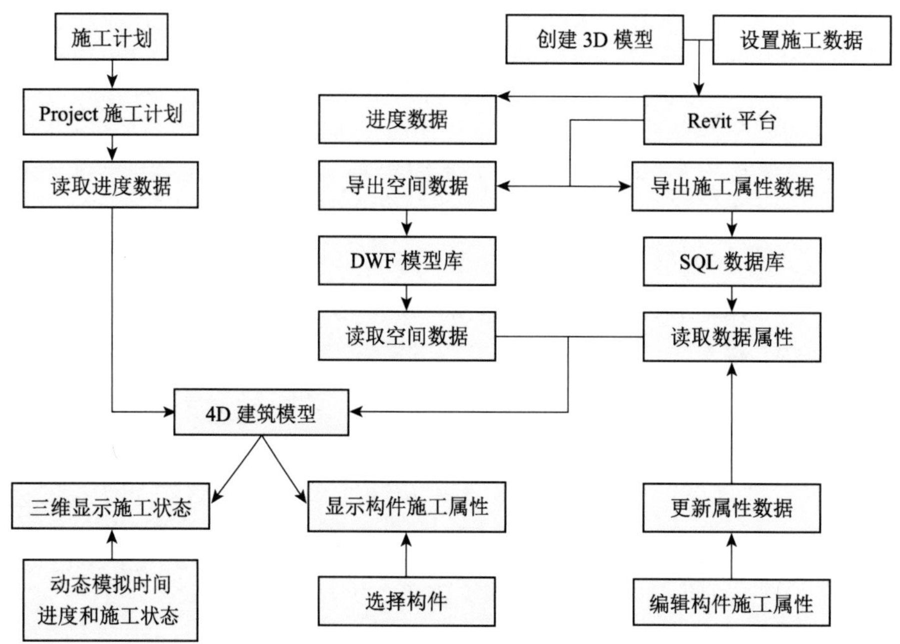

图 3-3　BIM 技术的进度控制工作流程

在建设项目确定采用 BIM 技术后，根据项目具体情况和工程项目 BIM 应用主体方的不同，首先制定基于 BIM 技术的施工进度控制协作流程，根据不同工作特点建立 BIM 模型。通过实际施工进度录入、施工进度对比和分析、施工进度调整、基于 4D 模型的施工过程模拟、施工信息动态查询与统计等工作环节，来实现基于 BIM 技术的施工进度控制。

3.3.4 BIM 技术在进度管理中的具体应用

BIM 技术在进度管理中的具体应用可分为 BIM 施工进度模拟和 BIM 建筑施工优化系统。

1. BIM 施工进度模拟

当前建筑工程项目管理中常用甘特图表示进度计划，通过将 BIM 与施工进度计划相链接，将空间信息与时间信息整合在一个可视的 4D(3D + Time)模型中，不仅可以直观、精确地反映整个建筑的施工过程，还能够实时追踪当前的进度状态，分析影响进度的因素，协调各专业，制定应对措施，以缩短工期、降低成本、提高质量[14]。

目前常用的 4D-BIM 施工管理系统或施工进度模拟软件很多，利用此类管理系统或软件进行施工进度模拟大致分为以下步骤：第一，将 BIM 模型进行材质赋值；第二，编制 Project 文件；第三，将 Project 文件与 BIM 模型链接；第四，编制构件运动路径，并与时间链接；第五，设置动画试点并输出施工模拟动画。运用 Navisworks 进行施工模拟的技术路线如图 3-4 所示。

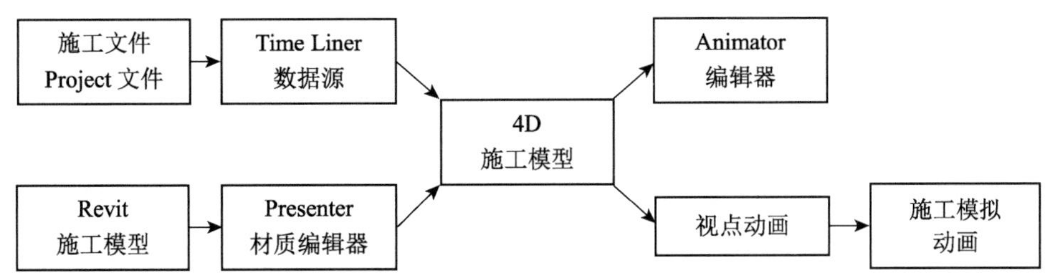

图 3-4 Navisworks 施工技术路线

通过 4D 施工进度模拟，能够完成以下内容：基于 BIM 施工组织，对工程重点和难点的部位进行分析，制定切实可行的对策；依据模型，确定方案、排定计划、划分流水段；利用 BIM 施工进度季度卡来编制计划；将周和月结合在一起，假设后期需要任何时间段的计划，只需在这个计划中过滤一下即可自动生成；每日做到对现场的施工进度管理。

2. BIM 建筑施工优化系统

进度管理软件数据模型基于施工优化信息模型，实现基于 BIM 和离散事件模拟的施工进度、资源以及场地优化和过程的模拟。

(1) 基于 BIM 和离散事件模拟的施工优化通过对各项工序的模拟计算，得出工序工期、人力、机械场地等资源的占用情况，对施工工期、资源配置以及场地布置进行优化，实现多个施工方案的比选。

(2) 基于过程优化的4D施工过程模拟将4D施工管理与施工优化进行数据集成，实现了基于过程优化的4D施工可视化模拟。

图 3-5 施工工艺三维技术交底
（来源：https://www.sohu.com/a/307908470_642516）

(3) 三维技术交底：针对施工技术方案无法细化、不直观、交底不清晰的问题，借助三维技术呈现技术方案，可使施工重点、难点部位可视化并提前预见问题，通过三维模型让工人直观地了解自己的工作范围及技术要求。主要方法一种是虚拟施工和实际工程照片对比；另一种是将整个三维模型进行打印输出，用于指导现场的施工，方便现场的施工管理人员拿图纸进行施工指导和现场管理。某工程施工工艺三维技术交底如图3-5所示。

(4) 移动终端现场管理。采用无线移动终端、Web等技术，全过程与BIM模型集成，实现数据库化、可视化管理。

3.3.5 P6软件在进度管理中的应用

P6软件仅提供了一个计划编制及进度控制平台，要实现对项目的精准控制，在项目执行中对P6软件的使用需遵循一定的标准，才能确保编制出充分反映项目具体特征的进度计划，从而可以进行有效的进度控制。

P6软件的特点主要有可视化、协同化和计算快速精准化。

计划工程师作为进度管理的主要负责人，负责编制和维护计划，建立和执行进度检测体系，如图3-6所示。项目经理总体指导，并协调设计、采购和施工各方向计划工程师获取所需基础数据和资料。计划编制阶段，计划工程师需要在所建WBS的基础上编制上千条甚至数千条作业，且每条作业需要分配角色、分类码、连接逻辑关系和加载资源等内容并确定各自工期；进度控制阶段，计划工程师需要定期更新每条作业的完成度，并完成进度报表。由此可见，计划工程师需要耗费大量的时间在进度管理过程

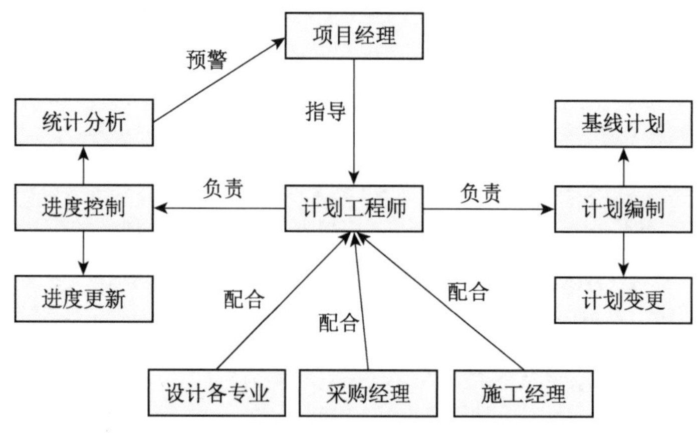

图 3-6 工程公司项目进度管理过程[15]

中。工程公司通常同时承接多个项目,每个计划工程师需要同时负责多个项目的进度管理。由于个人精力有限,计划工程师可能无法完善每个项目的进度管理体系,出现如编制的计划中作业不够细化、分配至作业的属性不充分、资源加载不充分或不加载等问题。最终可能会导致项目进度失控。为了平衡进度管理的有效性和进度管理过程所耗时间,通常采用的策略如下：项目三级计划采用 P6 软件编制,尽量囊括足够细化的作业;项目四级和五级计划采用 Excel 编制,利用 Excel 软件相对 P6 软件而言所具备的易操作性降低进度管理过程所耗用时间;设计、采购和施工各项作业的工期根据相似项目数据来估算,各项作业加载权重资源后更新各项作业的进展获得项目整体进展情况。其中,设计各项作业按所需设计工时确定权重、采购各项作业按综合设备价值和供货周期确定权重、施工各项作业按工程量确定权重;定期更新维护项目三级计划,并与目标计划对比,找出进度偏差所在。关注关键路径及关键作业的进展和变化,若与目标计划偏差较大时需调整三级计划并重新设定目标计划;定期报告项目进度情况,提出预警值。上述进度控制策略,基本能够实现项目进度管理。

但是,进度控制的有效性依赖于对已有相似项目数据的发掘和借鉴具有丰富经验的项目团队,同时,如果未在作业中加载具体资源而仅使用权重资源,将会导致在进度分析时无法直观地展示进度偏差原因,从而影响提出纠偏措施。除此之外,若承接的项目涉及新领域,易发生进度管理失控的情形。基于 P6 软件的进度协同管理可提出优化进度协同管理策略,如图 3-7 所示：优化的核心之处在于由设计、采购和施工各方共同分担一部分计划编制和进度控制的基础工作,确保计划工程师能专注于进度管理的核心工作,如资源加载、关键路径识别、进度报告分析及滞后预警等。P6 软件网络版具有云平台功能,可供多方协同作业,能够满足上述要求。具体的实施建议如下：第一,项目开工之初,由项目管理团队以及计划工程师研究合同内容,商讨确定项目进度管理策略,为后续计划编制和进度控制过程指明方向,同时确定项目 WBS。第二,确定设计、采购、施工和费用各部分参与 P6 软件的责任人,明确各自责任,计划工程师为相关人员开通 P6 软件权限并培训操作技能。第三,计划工程师按进度管理策略,在 P6 软件中创建项目 WBS 的作业分类码等。第四,项目管理团队和费用工程师确定执行项目过程所涉及的主要资源,并由费用工程师负责将项目涉及的资源录入 P6 软件。第五,设计、采购和施工各部分责任人分别在相应 WBS 下编制作业(包括连接内部逻辑关系、加载主要驱动资源等)并初步给出各项作业工期。计划工程师负责校核并补充项目管理作业,完善整体逻辑关系,加载资源。同时,利用 P6 软件的资源平衡功能,若有资源超限,则予以调整作业,确定初版计划。第六,初版计划经设计、采购、施工各方及多方项目经理审核并出具意见,由计划工程师依据相应意见进行修改完善,最终得到符合合同要求的目标计划并报业主批准。第七,进度控制阶段,设计、采购及施工各方管理责任人定期更新各自负责的作业(包括进度和资源),计划工程师负责审核并补充完善每期更新计划,并将其与目标计划进行对比。若关键路径作业和关键作业存在滞后,计划工程师应联系相关作业责任人获取滞后原因,同时向项目经理预警,并会同项目管理团队及相关责任人商议赶工方案,并将赶工方案体现在新调整的计划当中。第八,按合同要求,计划工程师在P6软件中制作月滚动计划、周滚动计划、资源直方图(进度曲线)等内容,以及人力、资源和费用消耗等报表,并形成周报和月报等定期向业主汇报项目进展。

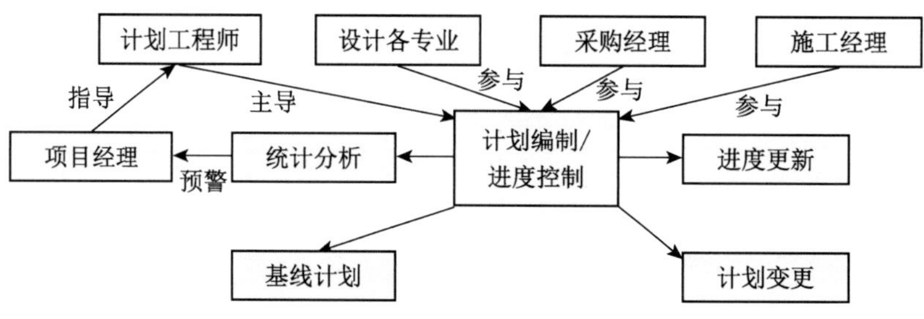

图 3-7 优化后的进度协同管理[15]

在项目执行过程中,对项目的动态管控是进度管理的核心。通过更新实际进度数据发现项目执行的偏差,对偏差是否影响整体工期目标进行评价,分析偏差出现的原因以及拟采取的补救措施,并调整进度计划。通过不停地循环这个过程,最终达到总体工期目标。所以要做的主要工作有进度更新、进度评价、延误分析、进度报告和进度计划修正[15]。

3.4 项目阶段性质量管控

3.4.1 施工质量管理概述

施工质量管理概述主要分为工程项目质量的概念、工程项目质量阶段的划分、工程项目质量的内容和工程项目质量的特点四方面。

1. 工程项目质量的概念

工程项目质量是指国家现行的有关法律、法规、技术标准、设计文件和工程合同中对工程的安全、适用、经济和美观等特性提出的综合的要求。

2. 工程项目质量阶段的划分

工程项目质量不仅包括项目活动或过程的结果,还包括活动或过程本身,即包括工程项目形成全过程。我国工程项目建设程序包括工程项目决策质量、工程项目设计质量、工程项目施工质量和工程项目验收保修质量。

3. 工程项目质量的内容

工程项目质量的内容包含工序质量、检验批质量、分项工程质量、分部工程质量、单位工程质量以及单项工程质量。同时,工程项目质量还包括工作质量。工作质量是指参与工程建设者为了保证工程项目质量所从事工作的水平和完善程度,工程项目质量的高低是业主、勘察、设计、施工、监理等单位各方面和各环节工程质量的综合反映,并不是单纯靠质量检验检查出来的,要保证工程项目质量就必须提高工作质量[16]。

4. 工程项目质量的特点

工程项目质量的特点由工程项目的特点决定，建筑工程项目特点主要体现在施工生产上，而施工生产又由建筑产品特点反映，建筑产品特点体现在产品本身位置上的固定性、类型上的多样性和体积庞大性三个方面，从而建筑施工具有生产的单体性、生产的流动性、露天作业和生产周期长的特点。

3.4.2 质量体系的建立与实施

质量体系的建立与实施主要分为质量体系的确立和质量体系的实施运行两个方面。

1. 质量体系的确立

领导决策，统一思想；学习培训指定工作计划；制定质量方针，确立质量目标；调查现状，找出薄弱环节；确定组织机构、职责、权限和资源配置。

2. 质量体系的实施运行

(1) 质量体系的实施教育。在质量体系建立之初，虽然已进行了培训，但是培训的重点是使人们对系列标准有个概貌了解，并未涉及自身工作。质量体系实施运行时，会涉及人们传统的认识、习惯和做法与技术、管理上的不适应，这要求制订全面的人员培训计划并实施培训，提高企业全体员工的思想认识、技术和管理业务能力。

(2) 组织协调。质量体系的运行是借助质量体系组织结构进行的。组织和协调工作是维护质量体系运行的动力。就建筑施工企业而言，计划部门、施工部门、技术部门、试验部门、测量部门和检查部门等都必须在目标、分工、时间和联系方面协调一致，责任单位不能出现空档，保持体系的有序性。这些都需要沟通、组织和协调来实现。实现这种协调工作的人应当是企业的主要领导。只有主要领导主持，质量管理部门负责，通过组织协调才能保持体系的正常运行。

(3) 质量信息反馈系统。企业的组织机构是企业质量体系的骨架，而企业的质量信息系统则是质量体系的神经系统，也是保证质量体系正常运行的重要系统。在质量体系的运行中，通过质量信息反馈系统对异常信息的反馈和处理进行动态控制，从而使各项质量活动和工程实体质量保持受控状态。质量信息管理和质量监督、组织协调工作是密切联系在一起的。异常信息一般来自质量监督，异常信息的处理要依靠组织协调工作，三者的有机结合是质量体系有效运行的保证。

3.4.3 施工项目的质量控制

施工项目的质量控制主要分为各阶段工程项目质量控制和工程项目施工的质量控制两方面。

1. 各阶段工程项目质量控制

(1) 项目决策阶段的质量控制。选择合理的建设场地，使项目的质量要求和标准符合投资者的意图，并与投资目标相协调；使建设项目与所在地区环境相协调，为项目的长期使用创造良好的运行环境和条件。

(2) 项目设计阶段的质量控制。选择好设计单位，要通过设计招标，必要时组织设计方案竞赛，从中选择能够保证质量的设计单位。保证各个部分的设计符合决策阶段确定的质量要求；保证各个部分设计符合有关的技术法规和技术标准的规定；保证各个专业设计之间协调；保证设计文件和图纸符合现场和施工的实际条件，其深度应满足施工要求。

(3) 项目施工阶段的质量控制。首先，展开施工招标，选择优秀施工单位，认真审核投标单位的标书中关于保证质量的实施和施工方案，必要时组织答辩，将质量作为选择施工单位的重要依据。其次，要严格按设计图纸施工，并形成符合合同规定质量要求的最终产品。

(4) 项目验收与保修阶段的质量控制。按照《建筑工程施工质量验收统一标准》组织验收，经验收合格后，备案签署合格证和使用证，监督承建商按国家法律、法规规定的内容和时间履行保修义务。

2. 工程项目施工的质量控制

(1) 事前质量控制。事前质量控制是在施工前进行质量控制，其具体内容有以下几方面：审查各承办单位的技术资质，对工程所需材料、构件和配件的质量进行检查、控制，对永久性生产设备和装备，按审批同意的设计图纸组织采购及订货。施工方案和施工组织设计中应含有保证工程质量的可靠措施，对工程中采用的新材料、新工艺、新结构、新技术，应审查其技术鉴定。例如：检查施工现场的测量标桩、建筑物的定位放线和高程水准点。完善质量保证体系，完善现场质量管理制度，组织设计交底和图纸会审。

(2) 事中质量控制。事中质量控制是在施工中进行质量控制，其具体内容有以下几方面：完善的工序控制；检查重要部位和作业过程；重点检查重要部位和专业过程；对完成的分部、分项工程按照相应的质量评定标准和办法进行检查、验收；审查设计图纸变更和图纸修改；组织现场质量会议；及时分析通报质量情况。

(3) 事后质量控制。按规定质量评定标准和办法对已完成的分项分部工程和单位工程进行检查验收，审核质量检验报告及有关技术性文件，审核竣工图，整理有关工程项目质量的有关文件，并编目和建档。

3.4.4 BIM 技术质量管理的先进性

BIM 技术是以建筑工程项目的各项相关信息数据作为基础，构建建筑模型，是将建筑本身及建造过程三维模型化和数据信息化，这些模型和信息在建筑的全生命周期中可以持续地被各个参与者利用，达成对建筑和建造过程的控制和管理[17]。BIM 的优势体现在：

(1) 建立了项目多方协作的 BIM 应用体系，减少了专业之间缺乏协作配合的情况，通过信息将整个建筑产业链紧密联系起来，根据实际工程经验，应用 BIM 技术可以减少专业之间协作配合的时间约 20%。

(2) 设计效果的虚拟可视化，使设计方案更优化。由于设计的可视化，能够直观地发现设计缺陷，利用 BIM 实体模型的特性进行分项工程的技术交底，减少了专业之间的冲突。经多项工程应用统计，利用 BIM 技术可以降低造价约 20%，减少变更约 40%，提升设计质量，有力地保证了工程质量。

(3) 施工阶段多维效果的模拟和施工的监控。施工进度模拟、施工场地的布置模拟以及施工方案和流程设计，可以对进度、造价和质量用 BIM 技术进行实时监控。在施工阶段利用 BIM 技术建立三维信息模型后得到项目建成后的效果作为虚拟的建筑，因此 BIM 为我们展现了二维图纸所不能给予的视觉效果和认知角度，同时有效控制施工组织安排，减少返工，控制成本，保证了工程质量，创造绿色环保低碳施工。

3.4.5 BIM 技术在质量管理中的应用

BIM 技术在质量管理中的应用可以分为基于 BIM 模型的设计深化及图纸审核、基于 BIM 模型设计图纸的三维碰撞检查、综合场布模拟及高大支模区域查找、三维可视化指导施工与技术交底，对砌体结构综合排布、复杂节点的处理、物料跟踪、物资编码及成本管理技术、外界数据库的质量管理。

1. 基于 BIM 模型的设计深化及图纸审核

BIM 团队在三维建模过程中对设计图纸进行校核和深化，对建筑、结构和机电安装各专业图纸进行碰撞审核，从而在施工前解决图纸的错漏问题。对机电安装进行管线综合，保证精准的管线综合布置。对地下室管线按照各自的标高和定位均出图交底，避免事后返工拆改；同时对预留孔洞提前定位出图，BIM 孔洞预留图解决了砌筑与安装之间的冲突问题，如图 3-8 所示。对设备机房深化设计，特别对地下室双速风机房、生活水泵房、消防水泵房、变电站、制冷机房、全热交换空调机组和地上空调机房等管线综合排布做了深化优化，保证了施工质量。

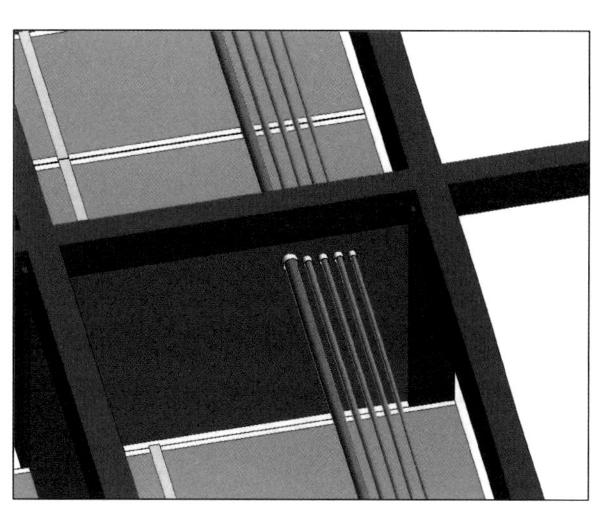

图 3-8 给水管及热水管穿墙预留洞
(混凝土墙体预留洞口定位)
(来源：http://www.chinarevit.com/revit-56157-1-1.html)

各专业人员借助三维可视化建立的 3D 模型及时发现问题，提高了施工方与设计各部门沟通效率。通过 BIM 多专业集成应用，查找楼层之间净高不足之处，提前发现净空高度不足问题。比如能够直观地发现楼梯梁设计净空高度问题，对此就需要做分析和调整，找出最优方案，如图 3-9 所示。如原设计为下翻梁，此位置的净高不满足实用要求，与设计部门沟通后，改为上翻梁，避免延误工期，大幅度减少返工。借助 BIM 技术模型，能够提前预见问题，减少危险因素，大幅度提升工作效率，提升建筑品质，提高业主满意度。

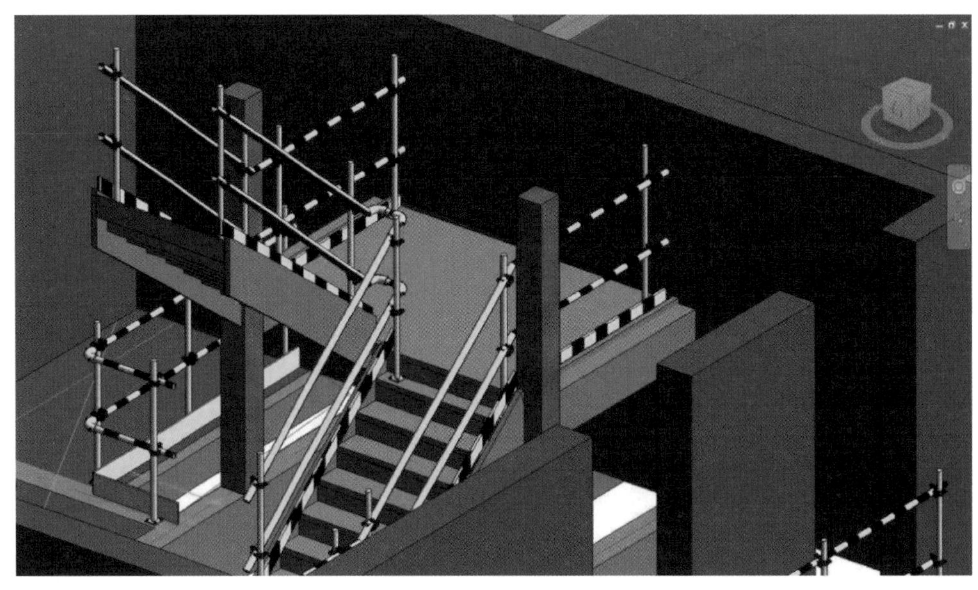

图 3-9 楼梯深化设计
（来源：https://view.inews.qq.com/a/20211018A0C2AR00）

2. 基于 BIM 模型设计图的三维碰撞检查

利用 BIM 模型设计图发现设计缺陷问题。例如，有些工程建筑图与设备图不同专业间的交叉问题，此类问题如果只靠单栋楼图纸并不容易被发现。通过各单体 BIM 模型的整合，可以非常直观地找到相应的设计缺陷问题，避免后期施工出现问题。利用各专业 BIM 模型，进行各专业空间碰撞检查，提前预知问题，并提前定位预留洞，包括混凝土墙体预留洞口定位，给水管及热水管穿墙预留洞定位，如图 3-10 所示。

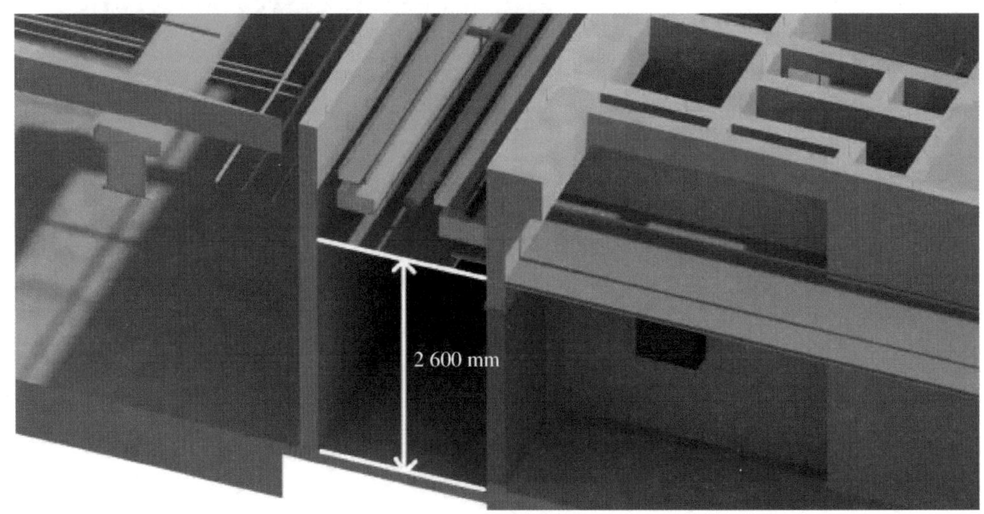

图 3-10 管线综合
（来源：http://www.precast.com.cn/index.php/subject_detail-id-3710.html）

现场技术人员利用三维模型进行交底，完成预留洞口的筛选之后，利用 BIM 碰撞检查系统自动输出相应的预留洞报告，完成施工过程中碰撞检查。通过 BIM 模型整合找到相关设计问题，交由项目总工审核，并由项目总工同设计院沟通，得到相关设计变更。将第一阶段完成的土建专业及设备安装专业 BIM 模型输出相应碰撞文件，利用碰撞系统集成建筑全专业模型进行综合碰撞检查，详细定位每处碰撞点。通过系统碰撞检查及管线优化排布后，经过筛选，系统自动输出相应的预留洞口报告，形成技术交底单，对施工班组进行技术交底。

BIM 团队在二次深化设计的基础上，建立三维 BIM 模型，对模型内机电专业设备管线之间、管线与建筑结构部分之间和结构构件之间进行碰撞检测，根据检测结果调整设计图纸，直至实现零碰撞。发现碰撞后，在结构施工前，绘制一次结构留洞图，解决碰撞与精装控高的问题。

3. 综合场地布设模拟及高大支模区域查找

综合场地布设模拟是对不同阶段的施工现场进行材料堆放、吊装机械和临时设施进行科学合理排布，从而提高工作效率，提升建筑质量。

高大支模区域的施工难度大，如图 3-11 所示，安全风险高，将施工过程中要采用高大支模处的位置从 BIM 模型中自动统计出来，并辅以截图说明，为编制专项施工方案提供数据支撑。

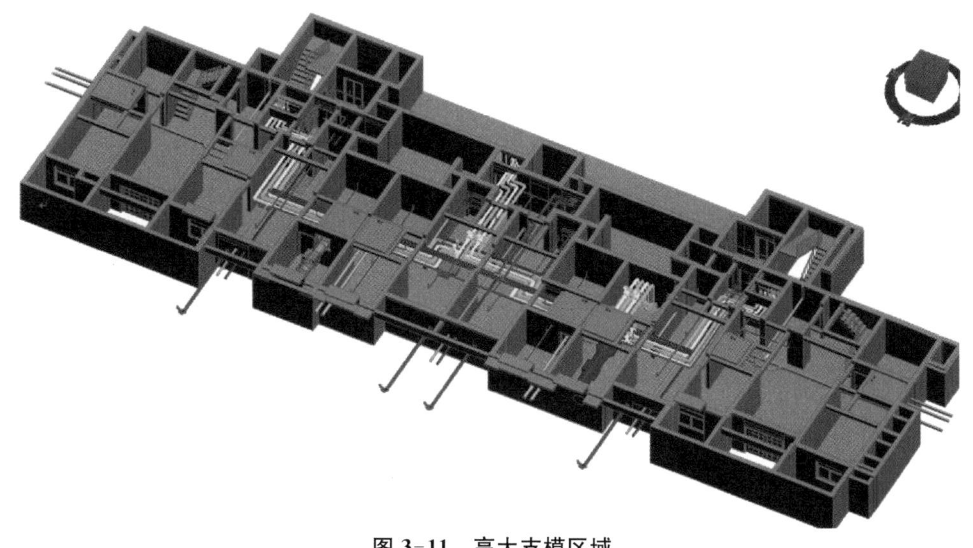

图 3-11 高大支模区域

（来源：http://xjz.glodon.com/f/view-832bc9a3cd314eabacffa00339364674-8ac32e761c3244bda94a4b7dd53038e4.html）

4. 利用三维可视化指导施工与技术交底、优化砌体结构综合排布

由于可以把多种规范经验的数据库形成一个后台的支撑，为前端的项目管理人员提供强大的数据支撑和技术支撑。

例如可利用三维可视化 BIM 模型对现场的砌体排布进行优化，做出相应砌体墙的砌体排布图，如图 3-12 所示，精确控制砌体的材料用量、具体位置，解决通过二维平面图纸空间想象的缺陷。同时利用 BIM 模型便于明确二次结构构造柱的具体施工部位，并且可以利用 BIM 模型来完成有关二次结构构造柱及门洞过梁等构件涉及工程量信息的统计。

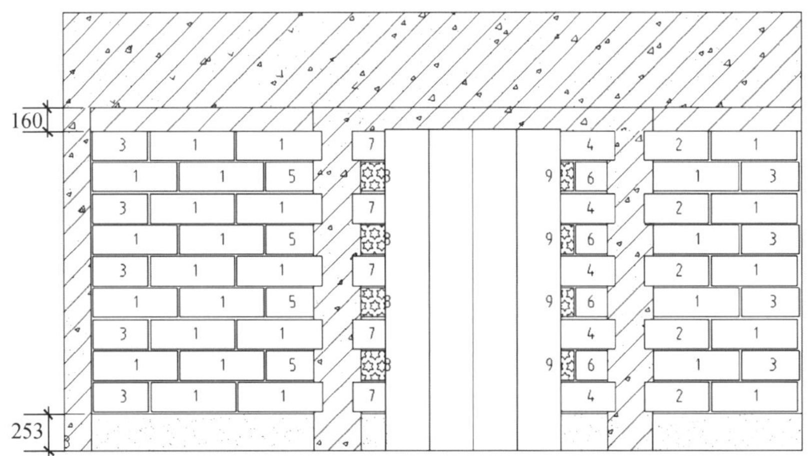

图 3-12　砌体排布

（来源：http://www.lubansoft.com/bimcase/show/151）

5. 复杂节点的处理

复杂节点如钢筋与型钢节点的方案模拟，如图 3-13 所示，运用 BIM 软件对现场实际下料情况进行复核，对比分析，既确保了钢筋工程的质量，又避免了钢筋浪费。通过交底人和被交底人的沟通大幅提升了效率，并不断积累项目信息，形成了项目数据库，有权限的人员可以随时调取查看，可以有效地提高复杂节点的质量管控。

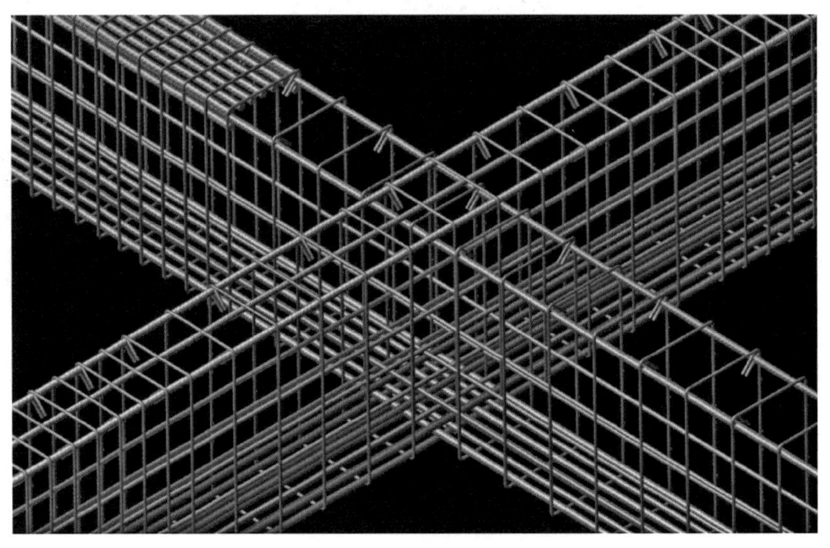

图 3-13　节点方案模拟

（来源：https://www.sohu.com/a/313859726_271640）

6. 物料跟踪、物资编码及成本管理技术

项目 BIM 团队运用 BIM 技术进行工程施工总体组织设计编制和施工模拟，确定施工所需的人、材、机资源计划，减少施工损耗。对项目的资源进行物料跟踪，并对材料编码，利用插件进行材料管理，再与施工进度计划相结合，导出对应计划所需的物料清单，根据清单准备材料进场，并能通过多个进度计划的比对，实现材料进场与人员、机械及环境的高效配置。

通过 BIM 导出的清单与手工计算的工程量进行对比，再与物资管理结合，对物资申请计划进行校核，可以规避手工计算的工程量的失误。以月为单位对劳务验工的工程量进行核算，快速完成劳务工程款的校核及审批。对物资管理实行编码管理，编码反馈到 BIM 模型，编码后的物资导入仓库软件进行管理，当物资进场时打印编码、贴编码，对现场物资盘点及跟踪(扫码)，然后物资再入库，确保全程对物资进行数字化管理。运用 BIM 技术建立工程成本数据平台，通过数据的协调共享，实现项目成本管理的精细化和集约化。

项目团队利用 BIM 模型的各项数据信息，对安装构件快速放样，实现工厂预制，将模型应用到现场放线控制中，满足了施工精度要求。通过模型与现场实物对比，采用数字化验收，实现施工质量的事后控制。

7. 外界数据库的质量管理

在工程项目质量管理中，不同的参建主体所要得到的质量信息不同。例如，施工方主要关注的是构件的用料和制作方式方法是否符合规定；监理方主要关注的是构件的质量是否满足相关质量验收规范；而业主关注的焦点是项目整体质量的综合情况。在质量管理过程中，信息表达是否正确与传递是否迅速对提高整个项目的质量管理非常重要。传统的质量管理方法主要通过现场采集照片、事后文档分析和表格整理等形式在相关人员手中传递和交流，这不仅造成沟通不及时，且由于资料繁杂，更易使信息缺漏。基于 BIM 技术外接数据库的质量管理方法，可将质量信息保存在建筑模型属性中，供相关人员查阅，以便提高质量管理效率，保证信息阅读的快速性和准确性。

3.4.6 P6 软件在质量管理中的应用

在质量管理中主要利用 P6 软件编制质量控制与安全施工计划。

工程的建设管理对工程质量控制和安全文明施工都有十分严格的要求。因此，工程质量控制和安全文明施工管理也可以纳入 P6 工程管理的范畴。可以通过设置质量标准分类码，安全级别分类码的形式，对有质量要求、安全要求的工序，在编制计划时赋予相应的质量标准分类码和安全级别分类码。在工程跟踪过程中就可以过滤出有考核质量要求的作业，以便做好质量施工的技术准备和人力、物力上的安排。提前做好现场验收的准备工作，就可以提前过滤出易发或容易忽视的有安全或质量隐患的作业，提前给予特别的提示和预警，引起有关各方的重视，从而确保工程施工在保证质量，安全和文明有序的情况下完成。

3.4.7 主题公园工程施工质量控制

主题公园工程施工具有一定的复杂性，施工管理包括了多方面的内容，涉及的内容具有多而杂的特点，由于管理的专业性强，施工管理的难度较大，要保证管理的效果需要借助科学的方法。在传统的施工管理中，对于项目质量检查采用抽查的方式，这种管理方式在施工质量难以保证，质量管理存在遗漏，难以保证质量管理的效果，因此在施工管理中需要有合理的管控模式。

1. 结合施工方案进行管理

主题公园工程的现场管理中，施工方案发挥着关键作用，它是现场管理的依据和原则，在制定施工方案时，要综合考虑主题公园工程的施工特点、地形情况、投资情况等多方面的因素。施工方案的制定要能达到业主的要求，还要能保证主题公园工程实施的可行性。施工方案合理可以保证施工质量的全面受控，保证现场的物料合理使用，人员规范操作。在施工过程中，要注重发挥监理的作用，借助监理保证施工方案的合理性和科学性。比如针对亚克力玻璃施工，监理人员要参与物料的验收，对施工过程加以监督。特别是吊装，是质量控制与安全管理的难点。亚克力玻璃既没有设置的吊点，又是易碎品，且摩擦系数低，所涉及的安装范围大，单件重量大，既影响整个施工进度又包含了较高的技术水准，是一项危险性较大的分项工程。

2. 施工中的相互协作

主题公园工程具有施工周期长、工序多样、技术要求高等特点，在现场管理中，要最大限度地消除各种影响施工稳定进行的不良因素，这需要现场人员的相互协作配合。协作内容包括现场管理人员与操作人员之间的协作，操作人员相互间的协作。监理与设计共同对整体效果跟踪进行审查，发现问题立即要求整改，避免大面积返工，为保证施工的质量和安全创造条件。如安装亚克力玻璃，涉及土建、装修、主题包装、玻璃幕墙、暖通和消防等专业，需要各专业进行配合让路，极大地体现了现场的组织水平和协调能力。通过相互协作，还可以及时发现各类隐患，防止事故扩大化，可以有效降低各类隐患。主题公园工程施工中，现场协作的效果可以作用于施工管理人员、施工技术人员以及施工现场的各类操作人员，通过协作可以保证施工安全管理的效果，实现与质量、成本和安全的共同作用，可以为主题公园工程施工高质量、高效率地完成创造条件。

3. 管理机制的完善

在主题公园工程施工前，先要进行图纸会审，对施工管理人员和技术人员进行技术交底，参与施工的人员要明确各自的任务，明确各个项目完成的时间节点。施工人员要结合各自的任务进行准备。比如主题公园中的维生系统除系统自身的管线布置外，其与土建、防水和包装都有着非常密切的关联。土建提资、预埋穿管、打压检测、防水堵孔、防腐处理和隐蔽验收等环节要相互衔接，紧密配合。施工管理中，要结合项目特点优化质量、安全的管理，采用全面控制的方式。要结合质量标准检查施工项目的完成效果，对于施工中存在的问题要积极采取措施予以解决。质量管理是主题公园工程管理的重点，因此在施工中需要健全质量管理措施。针对施工中的各个方面，要完善施工质量控制体系，特别是施工的关键工序，要有配套的质量管理措施。要强化施工人员的管理，要加强质量意识和安全意识的提升。不能只注重施工进度而忽视施工人员的管理。施工项目管理要结合施工项目的特点，在施工中要保证技术交底和安全交底的效果，对于可能发生的质量问题和安全问题预判，提醒施工人员牢记质量和安全。

3.5 安全教育与危险源识别管控

3.5.1 施工安全生产

多年来，我国在建筑工程安全生产和管理方面做了大量工作，取得了显著成绩。逐步建立了以“一法三条例”为基础的法律法规制度体系，建立了企业自控、监理监督、业主验收、政府监管和社会评价的质量安全体系，着力强化企业的主体责任，增强企业质量安全保证能力，建立了覆盖全国的工程质量安全监督机构，对限额以上工程实施监督，严肃查处工程质量安全事故和违法违规行为，有效地预防和控制了安全事故的发生。

随着建筑产业规模持续增长，建筑工程项目规模越来越趋于大型化、综合化、高层化、复杂化和系统化。施工技术和新型机械设备在不断更新，施工环境和条件日趋复杂，建筑施工的安全生产形势面临更加严峻的挑战[18]。

3.5.2 基于BIM技术的施工安全管理的优势

建筑工程项目施工安全管理是指在施工过程中为保证安全施工所采取的全部管理活动，即通过对各生产要素的控制，使施工过程中不安全行为和不安全状态得以减少或控制，达到控制安全风险，消除安全事故，实现施工安全管理目标。

基于BIM技术的施工安全管理的优势主要体现在：精细化管理、协同一体化管理和事前动态控制的管理。

1. 精细化管理

基于BIM的项目管理通过三维表现技术、互联网技术、物联网技术和大数据处理技术等方面使各个专业设计协同化、精细化、施工质量可控化、工程进度和安全技术管理的可视化成为可能，同时能更方便和有效地对安全问题进行追溯和查询，从而达到施工过程的精细化管理[19]。如上海中心大厦项目，通过对相似项目的管理实例进行多次分析比较，决定采用建设单位主导、参建单位参与的基于BIM技术的“三位一体”精细化管理模式。

2. 协同一体化管理

基于BIM模型的项目信息管理，可以将项目的建设、设计、施工和监理等各建设相关单位及决策、招投标和施工运维等阶段的信息进行整合和集成存储在BIM平台中，方便信息的随时调运，从而加强项目各参与方、各专业的信息协调，减少因为项目建设持续时间长、信息量大而带来的管理不便的问题。同时在施工阶段，利用相关的软件可以有选择地采用设计阶段建立的3D模型，建立项目综合信息模型数据库。除了能获得设计阶段的关键信息和数据，还能为施工阶段的安全、成本、进度和质量目标的实现提供依据和保障。

施工单位作为项目建设的一个重要的参与方，在施工阶段如果能处于这样一个信息共享的平台和一体化协同工作的管理模式，那么项目的安全、进度、质量和成本目标的实现将会更加容易。

3. 事前动态控制的管理

在项目中，项目部管理人员利用 BIM 建立的三维模型提前对工作面的危险源进行判断，在危险源附近快速布置防护设施模型，直观地提前排查安全死角，利用布置的防护设施模型给施工进行模型和仿真模拟交底，确保现场按照布置的防护设施模型执行；利用 BIM 及相应灾害分析模拟软件，提前对灾害发生过程进行模拟，分析灾害发生的原因，制定相应措施避免灾害的再次发生，并编制人员疏散、救援的灾害应急预案。基于 BIM 技术将智能芯片植入项目现场劳务人员安全帽中，对劳务人员进入施工现场时间、所在位置等方面进行动态查询和掌握。

BIM 技术在安全管理方面可以发挥其独特的作用，不仅可以帮助施工管理者从场容场貌、安全防护、安全措施、外脚手架和机械设备等方面建立文明管理方案，指导安全文明施工。更可以从施工前的危险源辨识到施工期间的安全监测以及建筑工人施工时的实时监控和安全预警，保证施工环境信息定时更新，从而最大程度降低现场安全事故发生的可能。

西方发达国家很早就把 BIM 技术应用到建筑工程的项目管理上。利用 BIM 技术，可以清晰地看到整个项目的质量安全、形象进度、模型浏览、成本分析和项目文档等内容，甚至施工现场每一名工人的工作状态、运动轨迹和工作成果等，都可以很清楚地记录下来，取得了很好的效果，如伦敦奥运会主体育场、美国陆军诺克斯堡项目等。近年来，国内也有很多项目应用 BIM 技术进行现场的施工管理，如深圳平安金融中心、上海中心大厦等。

实践表明，把 BIM 技术运用到建筑工程项目施工安全管理中，可以为项目安全管理提供更多的思路、方法和技术支持，极大地提高项目安全管理水平。管理模式的改善可以避免项目实施过程中的安全事故。不仅如此，如果在一个项目的全生命周期使用 BIM 技术，同时进行设计阶段、施工阶段、运营阶段的安全策划和安全管理，推行信息化、协同化的管理模式，必能达到预先排除安全隐患、减少事故发生的目的，最终使项目总体目标达到最优。

3.5.3 BIM 技术在施工安全管理中的具体应用

BIM 技术被用于施工现场的安全管理中，解决当前施工过程中的安全问题，探索基于 BIM 的建筑工程施工安全管理研究的理论和实践，必会带来巨大的社会效益和经济效益。

BIM 技术在施工安全管理中的具体应用：

1. 危险源识别

危险源是指在一个系统中，具有潜在释放危险的因素，在一定的条件下有可能转化为安全事故发生的部位、区域、场所、空间、设备、岗位及位置。为了便于对危险源进行识别和分析，根据危险源在事故中起到的作用不同将其分为第一类危险源、第二类危险源。

第一类危险源是指生产过程中存在的，可能发生意外释放的能量或有害物质；第二类危险源是指导致约束能量或有害物质的限制措施破坏或失效的各种因素，主要包括物的故障、人的失误和环境因素等。建筑工程安全事故的发生，通常是由这两类危险源共同作用导致的。

尽管项目的施工企业各不相同，施工现场环境千差万别，但如果能够事先识别危险源、风险因素，找出可能存在的危险，并对所存在的危险和危害采取相应的防范措施，从而大大提高施工的安全性。

BIM信息平台上的安全管理信息通过BIM模型与进度等信息相关联，可实现对每个进度节点上危险源信息的自动识别和统计，同时在模型上直接标记，如图3-14、图3-15所示。

图3-14 危险源标注

（来源：https://www.sohu.com/picture/433191712）

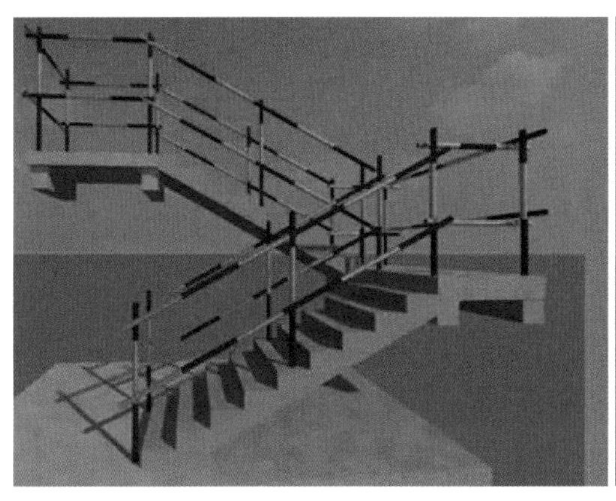

图3-15 危险源自动识别和防护

（来源：http://www.cnicct.com/h-nd-309.html?groupId=-1）

项目管理人员通过 BIM 模型预先识别洞口和临边等危险源，利用层次分析、蒙特卡罗、模糊数学等安全评价方法进行安全度分析评价，如果可靠则可以执行，如果超过安全度将返回安全专项施工方案设计，重新修改安全措施，并调整 BIM 施工模型，再次进行安全评价，直至当下施工操作符合安全要求。

专职安全员在现场监督检查时，可以预先查看模型上对应现场的位置，有针对性地纠正现场施工人员操作不合理处。同时管理人员可以利用移动端设备将现场质量安全问题以图片的形式实时上传到平台服务器中，挂接在模型和现场对应的位置上，让项目管理人员在工作室就能实时把握施工进程，观察施工状况，查看施工现场的安全措施是否到位，有利于及时跟踪和反馈。

2. 动态的安全监控

建筑施工过程涉及多方责任主体，包括项目业主、施工单位、设计方和监理单位等。建筑工人流动大，施工作业立体交叉和施工环境复杂多变，现场安全监控因素多、难度大。通过目测和人工检查、督促整改的方法进行安全监控，并不能及时有效地预防、控制事故的发生。

用于施工现场安全监控的技术手段不断进步和更新，采用 GPS、视频摄像等技术，在一定程度上缓解了人工监控的压力，提高了管理水平和效率。但是监督人对于安全监控状态的判断还是主要依靠管理人员的经验，监控信息依然通过手工录入，监控状态反映不及时、不准确，受主观影响较大，且监督人员很难做到对施工现场所有人进行实时跟踪，不能实现安全监控的实时性、自动化与信息化。此外，信息的传递与沟通多采用纸质文件和口头的形式，信息传达滞后且利用效率低下。一旦发生事故，现场可能会出现不利于及时处理与致因追溯的情况。因此，传统的安全监控方法已不适用于目前的建筑施工现场的安全管理。所以如何提高现场安全监控效果，实现可视化、自动化与信息化的实时监控，如何有效地对施工现场建筑工人的施工行为进行实时监督，提高安全管理效率，必须在技术与方法上深入探索与创新。

目前国内外的文献资料研究表明，关于建筑施工安全预防与监控主要集中于安全风险评价、安全状态的识别以及安全监控的方法和技术研究等方面。国内外研究学者也一直致力于采用更先进的方法对施工现场安全状况进行精确分析和监督管理。在施工现场安全监控上，BIM 技术支持各阶段不同参与方之间的信息交流和共享，三维可视化在安全监控危险源上通过实例验证效果显著。在施工过程中将 BIM-4D 模型和时变结构分析方法结合，可有效捕捉施工过程中可能存在的危险状况。

如可以利用三维激光扫描仪，在现场选定关键的检查验收部位进行扫描实测，扫描完成后，经过软件处理生成点云模型，将其与 BIM 模型进行对比，找出施工误差并进行结构验算，保证施工安全。

在施工过程中，现场管理人员还可以利用移动端设备将现场危险部位及时传送到 BIM 数据平台，专人负责进行跟踪和反馈，有利于及时采取施工安全维护措施，避免事故发生，如图 3-16 所示。

图 3-16　施工安全状况实时捕捉

（来源：https://aeroiot.cn/a/Project/chengshigonggonggongcheng/2018/0803/11.html）

无线射频识别技术(Radio Frequency Identification, RFID)是一种非接触式的自动识别技术，用于信息采集，通常由读写器、RFID标签组成。RFID标签防水、防油，能穿透纸张、木材和塑胶等材料来识别，可储存多种类信息且容量可达数十兆以上。RFID技术与ZigBee技术结合，构建安全信息管理模式，可以主动预防高空坠物。利用RFID技术标记重型装备和建筑工人，当工人和设备进入危险工作领域时将触发警告并立即通知工人及相关管理者，因此RFID标签十分适合应用于施工现场这种复杂多变的环境。

将RFID技术与BIM技术相结合，构建施工现场安全监控系统，有助于解决目前施工现场安全监控、手工录入纸质传递、施工方一方主导、凭经验管理、信息传递不及时和沟通不顺畅等问题，更有助于实现现场施工安全的自动化、信息化、可视化和全过程高效监控。

3. 施工现场平面布置

目前，施工项目的周边环境往往场地狭小、基坑深度大，与周边建筑物距离近、施工现场作业面大，大型项目各个分区施工存在高低差，现场复杂多变，容易造成现场平面布置不断变化，同时对绿色施工和安全文明施工的要求又比较高，给施工现场合理布置带来很大困难，越来越考验施工单位的组织、管理和协调能力。

项目初期，通过把工程周边及现场环境信息纳入BIM模型，可以建立三维施工现场平面布置图，如图3-17所示。这样不仅能直观显示各个静态建筑物之间的关系，还可以全方位、多角度检查场地、道路、机械设备和临时用房的布置情况。通过施工现场仿真漫游等功能，及时发现现场平面布置图中出现的碰撞、考虑不周的地方，从而提高施工现场管理效率，降低施工人员的安全风险。

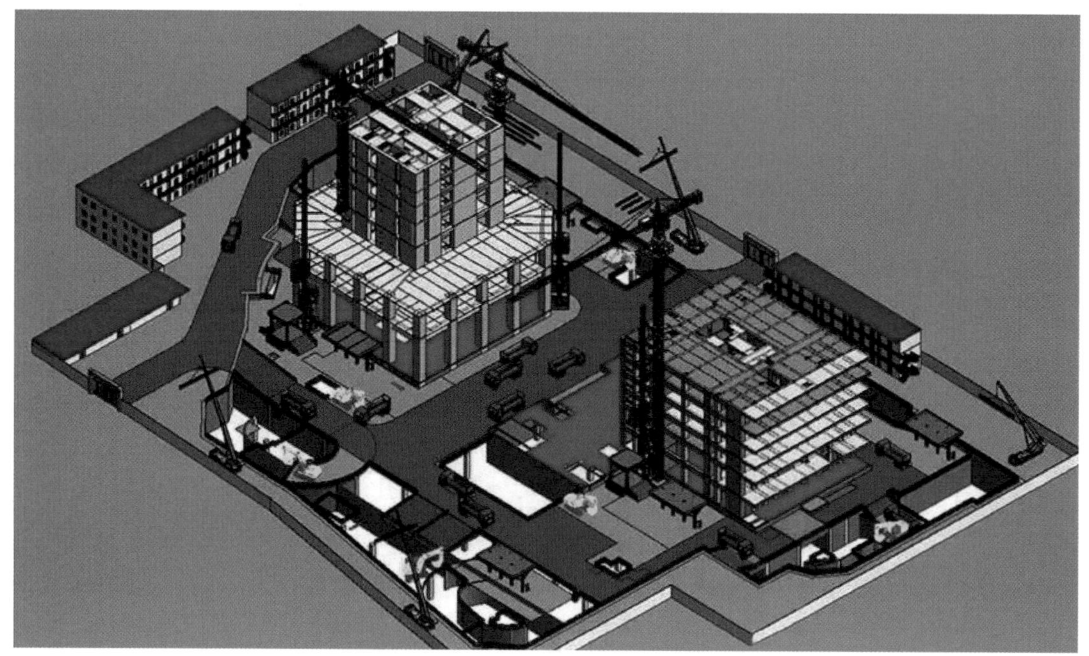

图 3-17　基于 BIM 技术的施工平面布置

（来源：https://www.sohu.com/a/497722084_100237201）

利用 BIM 技术在创建好工程场地模型与建筑模型后，结合施工方案和施工进度计划建立 4D 模型，可以形象直观地模拟各个阶段的现场情况，围绕施工现场建筑物的位置规划垂直运输机械和塔吊的安放位置、材料堆放和加工棚的位置、施工机械停放、施工作业人员的活动范围和车辆的交通路线，对施工现场环境进行动态规划和监测，可以有效地减少施工过程中的起重伤害、物体打击和塌方可能性等安全隐患。

4. 施工过程模拟

BIM 技术的 4D 施工模拟在高、精、尖特大工程中发挥着越来越大的作用，BIM 技术的运用大大提高了施工管理的工作效率，减少了施工过程中出现的质量和安全问题，为越来越多的大型和特大型建筑的顺利施工和质量安全提供了可靠的保证。把 BIM 模型和施工方案集成，通过模拟来实现虚拟的施工过程，譬如对管线的碰撞检测和分析、对场地、工序和安装模拟等，进而优化施工方案，预先对施工风险进行控制，施工期间加强实时管理，能有效提高项目整体施工管理水平。

如福州奥体中心工程工期紧，交叉施工优化难，临时管网布置难，塔吊选点难，通过建立 BIM 模型进行 4D 仿真施工模拟，可以更准确有序地安排施工进度计划，有效控制各作业区的工序搭接，如图 3-18 所示。

图 3-18　4D 模拟施工

（来源：https://zhuanlan.zhihu.com/p/77860217）

塔吊作为建筑工程施工必不可少的施工机械，极易导致碰撞和起吊安全事故。因此在布置施工现场时，除了要合理规划塔吊位置，还要使其满足施工安全和功能需要。

在 BIM 技术模拟施工过程中，从模型中可以清楚看到施工过程中塔吊的运行轨迹，结合测量工具得出施工时机械之间、机械和结构之间的距离，以及施工人员的作业空间是否满足安全需求。根据施工模拟的结果，调整存在碰撞冲突隐患的施工方案，然后再进行施工模拟，如此反复优化施工方案直至满足安全施工要求。3D 模型和 4D 施工模拟提供的可视化现场模拟效果让管理者在计算机前就可以掌握项目的全部信息，便于工程管理人员优化施工方案和分析施工过程中可能出现的不安全因素、可视化的信息交流沟通。

图 3-19 为某项目部利用 BIM 技术，结合进度和资源投入等情况绘制的全工况模拟。图 3-20 为多台塔吊作业防碰撞模拟。塔吊的位置可以根据塔吊运行轨迹模拟来确定，避免塔吊之间作用区域冲突和碰撞。

5. 数字化安全教育培训

无论施工人员的年龄教育背景和技术素养如何，合适的培训模式和培训课程内容都可以改善工人施工行为的安全性。BIM 三维模型的信息完备性、可视化和模拟化的特点，可以预演施工中的重点、难点和工艺复杂的施工区域，多角度、全方位地查看模型。这样在施工前，集中相关专业施工人员，以 BIM 三维模型投放于大屏幕的方式进行技术和安全的动态交底。直观可见的交底能使施工人员快速、高效地明确在施工过程中应注意的问题以及预防安全事故应注意事项，极大地提高了交底工作的效率，还便于施工人员更好地理解相关的工作内容。

图 3-19　利用 BIM 技术绘制的全工况模拟

（来源：http://m.chinarevit.com/revit-63892-1-1.html）

图 3-20　多台塔吊作业防碰撞模拟

（来源：http://www.tuituisoft.com/bim/14661.html）

3.5.4　上海迪士尼度假区项目的安全管理

上海迪士尼度假区项目安全管理的主要做法如下所述。

1. 组织机构和体系

上海迪士尼度假区项目施工现场形成以项目管理公司、监理、施工总承包及分包单位为主的安全监督管理组织机构，施工总承包以及各分包单位按照 50：1（工人与安全人员之比）配备专职安全人员。总承包单位设置安全经理、安全副经理各 1 名，施工现场实行区域化安全管理，依据项目特点将现场划分为若干大的区域，各设 1 名安全主管，每个区域又分为若干小的片区，各设 1 名安全人员。各分包单位依据总承包单位安全分区情况及自身管理特点进行区域划分，配合总承包单位安全管理，相互之间通过对讲机现场沟通协调。现场所有专职安全人员统一配备明显的安全监管马夹，同其他工作人员区分开来，极大地提高了辨识度，便于现场其他人员反馈安全隐患。根据项目特点制定了一套完善的安全制度和安全程序，同时又严格遵守国家有关规范、行业有关安全规定等，依据其中的“高标准”执行。

2. 完善的安全会议制度

每周召开一次安全生产周例会，各分包单位班组长必须参加，反馈上周安全生产例会问题整改情况，并对近期施工现场存在的安全问题和周检查问题等进行通报，制定整改措施，对下一步如何预防提出要求，加强与各班组长的沟通，每天召开一次安全例会。项目管理公司安全人员分别通报当天施工现场发现的问题，并限定整改期限，要求总承包和各分包单位制定防范措施、做出承诺。对某些班组、某个区域或某工种在施工中发生的较严重的违章行为，及时召集相关施工人员、班组长和作业人员召开一次安全短会。在会上指出违章行为，明确如何进行改正并就相关安全知识进行培训，落实处罚措施。

3. 安全教育培训

入场安全教育培训是针对新进场的职工进行的安全培训，新进场职工首先经过承包商的三级安全教育，再经过项目入场培训、考核合格后，方可办理现场出入证。对于临时入场人员，必须及时向总承包单位备案登记，经过临时入场教育后方可入场，且必须有总承包或分包单位相关人员陪同、监督。在进行受限空间、起重吊装、挂牌上锁和开挖作业等特殊作业前，相关管理人员、班组长和作业人员等均必须经过项目的专项作业培训，这种培训更具有针对性和实用性。

4. 工作安全分析

工作安全分析是一种用于辨识相关工作危害的方法。在每项工作开始前能够准确地预测这项工作中存在的危险，预先制定出相应的防范措施，做好充分的准备并在施工过程中进行有效控制和实施。工作安全分析由总承包或分包单位施工主管人员或专用工程师、安全经理和班组长等开会讨论确定，工作安全分析制定完毕后需对相关作业班组人员进行安全交底，落实所有相关作业人员并签字确认，然后经过总承包、管理公司相关人员审核和签字后执行。针对工作安全分析的安全交底，每周进行一次。

5. 作业许可证制度

为控制作业过程中存在的潜在危险，度假区项目实行了工作许可证管理。工作许可证包括通用许可证、特殊作业许可证和夜间加班许可证。申请人提出申请，经分包单位、总承包、监理、管理公司等各级分管及主管人员逐级审核、签字。特殊作业许可证必须附带相关的工作安全分析及作业平面图等。现场所有作业若无作业许可证或作业许可证未办理好，均先停止作业，待作业许可证办成后方可施工。对于擅自修改、伪造作业许可证，无证作业，作业许可证内容与实际工作内容严重不相符的行为，执行“零容忍”政策，并追究相关人员责任。

6. 现场安全检查

现场安全检查分为日常安全巡检、周安全检查、月度安全检查和专项安全检查等。日常安全巡检是对现场安全状态的动态控制。五一节假日期间安全人员在现场进行安全巡查，必须做好同项目管理公司安全人员的沟通协调，在安全巡检中发现问题并及时解决，将安全隐患消除在萌芽状态。每周定期开展一次周安全检查，对施工现场及时全面安全检查，对于发现的问题，落实到相关责任人，限期整改，并在周安全例会中通报跟踪。每月进行一次机械设备、临时用电和消防设施等的月度安全检查，对检查的对象及时更换检查色标。专项安全检查是每周对现场某一特定的作业和设施进行的检查，如每周定期安排脚手架、机械设备、安全带和消防等专项安全检查。

7. 可视化管理

施工现场可视化管理可以使现场人员清楚了解现场存在的潜在风险，避免他们在现场施工或从事其他活动时受到伤害，同时也方便管理人员加强对现场的安全管理。

8. 劳动保护用品

劳动保护用品是对进入施工现场的所有人员人身安全的基本保证，人人必须配备。安全帽、防护眼镜、反光背夹和安全鞋(靴)是进入现场的所有人员必须配备的基本保护用品。在从事特殊施工作业时作业人员必须配置相应的特殊劳保用品，如进行切割打磨作业时必须佩戴防护面罩；高空作业必须系挂安全带。度假区项目施工现场必须使用全身式、双挂钩安全带，并带有缓冲包；气焊、气割作业必须佩戴焊接面罩、焊接服和手套；油漆工作业时必须戴防毒口罩等。正确合理地使用质量良好、配置齐全的劳保用品是度假区项目在施工中避免受到伤害的基本保障。

9. 安全奖励和惩罚

度假区项目通过组织活动、宣传、培训等方式传达 SHEILSS 目标，奖励对目标有促进或者对项目 SHEILSS 成绩有贡献的个人或集体，同时对造成负面影响的个人或集体给予相应的警告或者罚款。为个人或集体值得表扬的安全行为、积极参与 SHEILSS 建设设置的奖项有：周优秀个人表现奖、月度优秀班组、“新工人关怀”最佳师傅奖等。度假区项目分配一定数量的特制纪念币给管理公司安全人员，他们在现场日常检查过程中发现工人的优秀行为时，将纪念币奖励给员工，员工用一定数量的纪念币可以兑换相应的奖品。同时，总承包单位准备了日常生活用品作为对工人的奖励。安全惩罚是对现场发生的严重违章、屡次出现的不良安全行为、重大安全隐患和事故的集体和个人进行处罚。员工入场后将获得实名通行证，如果违反相关安全规定，安全管理人员将对其进行口头警告；二次口头警告后还有违规行为的，将在其通行证上打孔或剪角，根据员工违规行为决定打孔个数；打孔或剪角 2 个必须重新接受度假区项目入场安全教育或专项安全教育；最终打孔或剪角达到 3 个后将被拉入黑名单，承包商不得再安排该人员进入施工现场。处罚措施还包括停工(全场停工，局部停工)、罚款等，但承包商不得将罚款转嫁给违规员工。

10. 应急管理

项目施工现场配备了基本的医用药品和器材，如消毒酒精、创可贴、防暑降温药品和担架等，免费提供给有需求的员工使用。度假区项目设有紧急救援电话，配备必要的医疗设施并编制了紧急医疗救护流程。现场医疗设施包括救护车、医务室，配备医生和护士。医务室负责对看病人员的病因进行统计，将结果上报，度假区项目安全管理部门分析统计结果，采取措施并编制相应宣传材料，发放给各承包商，经常性地组织紧急救护演习，以验证紧急医疗救护流程的实效性，熟悉施工现场救援线路。施工现场和各单体设定有应急逃生路线图和紧急集合点，一旦发生紧急情况，必须立即动员全体人员有秩序地撤离到紧急集合点。当现场发生事故或未遂事故时，必须全面调查清楚事故发生的原因，并采取必要的行动以防止事故再次发生。同时，利用周教育大会、班前会等，通报事故调查结果和处理措施，对现场的全体人员进行安全教育，防止事故的再次发生[20]。

3.6 基于物联网的信息化技术在建设工程管理中的应用

物联网技术最早出现在 1991 年，是美国的凯文教授最先提出的。他认为所有物品都是由自己的频道发出信号，将所产生的数据信息和物联网相结合，这样就能将所有物品实现智能化的控制。随着全世界信息技术的不断改革和完善，物联网技术的相关理念和应用得到很大提升。在信息化时代的今天，我国人民的生活水平不断提高，人们将一些感应设备和识别设备都融入物联网系统中，将物质和信息完全融为一体。从我国物联网发展的实际情况来看，可以将物联网分为感知层、网络层、处理层和应用层 4 个层次。随着物联网技术在各个领域的广泛应用，给建筑工程带来很大的帮助，如可以为建筑工程收集各种施工现场的信息，将这些信息进行分析和整理，找到信息中的问题并及时给予优化，建立跟踪进度、检测转台和管理调控等集为一体的信息网络平台[21]。

在建筑工程施工过程中，由于大部分施工现场的技术人员流动性较大，机械设备出现的次数较多，建筑材料的种类和数量繁多。因此，一旦某一处出现问题，就会对施工质量产生负面影响。因此施工过程对环境的安全管理和监督有严格要求，传统的管理方式已经不能满足建筑工程的管理需求。针对这一现象，物联网技术能够完美地解决这些问题，比如可以加强对建筑工程的实时管理，满足共享性、全面性等要求。物联网技术给解决建筑工程问题带来巨大的帮助，因此在建筑施工中是非常有必要存在的。

建筑工程施工按照发展的状态分为七个阶段：第一阶段为以人工为主的人抬手搬的工程施工，该阶段人工为作业主体，作业效率相对较低，安全风险高。第二阶段为“人工为主＋机械辅助”的工程施工，该阶段大幅提升了作业效率，但设备费用相对较高，优势不明显。第三阶段为以机械为主的机械化施工，该阶段机械化成了主体，人工作业成为辅助，也是当前的主要阶段。第四阶段为自动化施工，该阶段分为半自动化和自动化，主要在工厂化、既定化的程序和工序上采用。第五阶段为工程施工数字化建造，目前项目施工中部分工序已经实现，该阶段在国内还没有统一的定义。第六阶段为工程智能化施工，还处于研究阶段，在国际上该阶段定义也各不相同，结合现状从人工辅助到机器具有自行改进学习的趋势，主要分为半智能化施工、基础智能化施工和高端智能化施工，最终的趋势达到可以与开发者互相探讨问题，可以代替开发者工作的程度，但无法超越开发者的智慧。第七阶段为工程智慧化施工(探讨阶段)。智慧化也称为超智能化，具备自主创新和创造，不按既定的规律发展，具备自主创新的能力。

3.6.1 物联网智能建筑施工技术的优势

物联网智能建筑施工技术的优势主要表现在提高施工安全、控制施工成本、完善施工质量和提高施工效率。

1. 提高施工安全

安全问题一直是建筑施工过程中的主要问题，建筑工程施工环节众多，施工量较大，同时作业过程比较复杂，施工现场大型机械设备较多，因此施工危险系数较高，而物联网智能建筑施工技术可以加强对施工过程的细节控制，通过数据分析可以及时发现施工过程中的安全隐患，并根据具体的情况进一步完善施工技术，加强施工过程控制，从而消除工程中的安全隐患，提高施工安全。

2. 合理控制施工成本

建筑工程一般施工周期较长，投资金额较大，因此，应合理控制施工成本，以保证资金的连续性。资金的成本控制一直是建筑行业的突出问题，在实际施工过程中经常会出现实际成本与预期成本不一致的情况，实际成本超过预估范围，缩减了企业的利润空间，减少了企业的竞争优势，而物联网智能建筑施工技术可以对施工过程中所需要的人、财、物进行科学合理的调配，确保资金的用途合理、资源优化配置，从而合理控制施工成本。

3. 完善施工质量

施工质量是建筑施工的根本，只有施工质量得到加强，建筑行业才能增强社会影响力，从而提高其在行业内的竞争力，在建筑行业施工过程中也经常存在施工质量不合格的情况，这与建筑施工人员的素质、施工用料和施工过程监管都具有一定的关系，因此应该进一步完善施工细节控制。物联网智能建筑施工技术可以加强对施工过程中人员和所需材料的进一步监管，根据施工过程中的各种物料消耗和人员管理，及时发现不足之处，进一步编制完善的施工措施来提高施工质量。

4. 提高施工效率

施工效率不仅牵扯到工程的具体完工问题，还牵扯到资金的回收问题，因此应该做好施工效率的控制，但是在具体施工过程中会出现工程变更或者其他因素等，导致施工效率比较低下，甚至会影响完工时间，这样不仅增加了资金风险，同时也不利于施工质量的控制，因此应该在保证施工质量的情况下，提高施工效率。物联网智能建筑施工技术可以根据施工的具体情况，合理调配施工中的各种要素，促进资源的优化配置，同时还可以对施工过程中的项目施工进度进行分析，查看影响施工进度的因素，从而编制合理的方案。

3.6.2 物联网技术在建筑工程施工中的应用

物联网技术在建筑工程施工中的应用主要体现在作业人员监督方面、材料进场和库存管理方面、质量监控方面、环境监测和大型机械远程监控方面以及安全监督方面[21]。

1. 在作业人员监督方面的应用

通过对物联网技术的应用,可以将实名制系统和后台计算机管理系统相融合,能够全面了解施工人员的信息情况,防止出现非法务工人员工作的情况,还能了解全部人员,便于合理安排工作,将施工人员的作用发挥到极致。

2. 在材料进场和库存管理方面的应用

在材料进场时,可以将建筑的原材料数据作为微电子芯片的载体,将它安装在其他建筑材料上,通过物联网对其数据进行监控。建筑行业是现如今发展最快的行业之一,建筑施工是建设房屋的重要组成部分。为将管理问题在最大程度上降低,将物联网技术融入建筑工程当中,可以采用微电子芯片。微电子芯片能够为所有材料提供专属二维码,通过仪器进行识别,一旦材料出现在射频范围内,就能够立刻被识别出现,并在同一时间对数据进行信息转化,信息会直接存储在系统共享平台上,相关的工作人员只要对系统共享平台上的数据进行对比,就能生成材料需要的数据信息,从而达到材料库存的零库存概念。

3. 在质量监控方面的应用

在建筑施工过程中,实测作为质量检测的重要组成部分,能够直接影响产品是否合格。因此在进行质量方面的检测时,可以通过物联网技术创立的 App 系统,对施工现场的工程质量进行检测,只要工程相关负责人登录 App 系统,工程质量的详细情况就能够通过图片和其他方式展现在眼前,这方便工程负责人及时掌握工程施工中的信息数据,查看测量方式是否满足测量标准,建筑施工是否需要整改,能够做到及时发现建筑施工中的问题,实时把控施工质量。

4. 在环境监测和大型机械远程监控方面的应用

对工程质量产生重大的影响因素有很多,其中,重要的影响因素有温度、湿度和地质。通过对噪声、扬尘等方面的环境问题进行监控,就能将环境变化及时传递到处理中心,并根据环境变化的风险情况,向管理人员发出警示,有利于管理人员及时采取相关的解决措施,将环境风险降到最低。大型机械远程控制实现了这一目的,在很大程度上优化了人员配置。从传统的环境因素的检测到现在通过电脑或者手机实现大型机械施工的监控,做好随时随地指挥大型机械施工,这样可以加强大型机械作业的效率。

5. 在安全监督方面的应用

物联网系统解决了隐患和危险作业管理的难题,及时关注施工进度情况,在很大程度上降低了安全事故的发生概率。安装自动报警系统,即在无线传感系统内设置多个传感器,能够识别施工的状态,把实际情况通过信息数据向外传递,将感应器安装到电梯、脚手架等施工设备当中,通过对设备的振动频率、温度等变化,分析和整理这些信息,找到信息中的问题并及时给予优化，建立于管理相关的信息网络平台，对设备实时全面的管理和控制，最大限度地保证施工人员的安全，降低施工作业的安全事故概率，加快工程建筑的进度。

工程安全物联网是通过信息传感设备对工程全面感知，通过网络实现建筑工程安全影响要素的广泛互联，实现智能化识别跟踪管理的一体化计算平台。工程安全物联网结构框架包括感知层、应用层与处理层。建筑工程施工安全管理物联网系统可以实现考勤定位功能，目前系统软件可设计为安装版与网络版，可满足安全管理需求。建筑工程施工安全物联网管理系统由施工外部、施工内部与施工人员组成。施工外部包括监控室、室外 LED 显示屏、读卡器和声光报警器等；施工内部包括天线线缆、光纤转换器等；施工人员戴有源标签的安全帽，源标签只能发送自身身份号码，监控中心可向施工人员发送信息，遇到危险情况，施工人员可按下紧急按钮。例如施工现场出现特殊的安全管控，施工人员按下紧急按钮；监控中心可向施工人员发出出现异常的信号。根据施工现场情况在特殊监控区域安装读卡器，识别跟踪系统根据读卡器位置定位，阅读器距离可通过软件调节。要考虑读卡器距离确定定位精度。转换器系统采用 RS485 传输方式，通过串口线与监控中心电脑相连。LED 显示屏安装在过道口附近，其显示内容包括标签号、时间等内容。

建筑工程施工安全物联网管理系统具有应用广泛，稳定性高，操作方便等特点，可以分为如下几点。

(1) 门禁智能技术。门禁既满足了人们对隐私的需求，同时增加了安全性，智能建筑门禁技术集识别、报警、防盗和监控于一体，功能性较强，一般门禁技术主要通过一卡通技术或者人脸识别技术进行管理，通过刷卡或刷脸进入，撤去其他特定的防守、防盗功能，同时在拔下门禁卡或进门以后重新进入联防状态。

(2) 照明节能新技术。照明节能新技术的运用是贯彻节能理念的重要手段，施工场地一般都安装较多的照明设备来满足人们的实际需求。在施工场地设计中，可以通过总线式布线方式，对施工场地内公共照明进行按需求启停控制，同时还可以根据环境变化调节光照设备的照明亮度，实现场景控制、人体感应控制、手动或遥控控制。在满足人们需求的同时，通过多种控制系统降低照明设备的电力能源消耗，推动建筑行业向绿色建筑发展。

(3) 劳务实名制管理系统。建筑人员技术水平存在差异，企业对施工人员进行实名制登记管理，对建筑人员的年龄、工作经验、技术水平等进行汇总，建立有效的数据管理信息库。在后期的工作分配中可以根据各自的情况分配工作，未登记人员不可进入施工现场，这可保障监督管理工作的有效开展。

(4) VR 安全教育系统。施工人员操作的专业性是减少安全事故发生的关键，结合建设项目的运行情况，对施工人员进行安全教育非常必要。VR 虚拟现实技术已较为成熟，应用于建筑行业，通过三维动态模拟施工现场，使用 VR 眼镜对施工中安全事故进行模拟体验，使施工人员能够学习紧急情况的处理措施，加强施工人员的感受，降低安全事故发生的概率。

(5) 安全帽智能管理系统：在施工现场，安全帽是施工人员的首要防护用品，传统的安全帽防护主要依靠坚硬的外壳和减震设计。安全帽智能管理系统是与RFID技术、无线通信技术、BIM技术和语音通信技术结合的智能化、现代化管理系统,可对佩戴人员进行身份识别,管理者可通过该系统及时掌握工人的工作情况和分布情况等。施工现场的安全管理人员可定期将信息上传至管理系统,分析并预防施工现场的风险。施工人员处于危险区或者操作不规范时,安全帽可以自主发出警报,及时有效避免高空坠落风险。

(6) 塔吊安全监控系统。塔吊安全监控系统指在塔式起重机上安装监控系统以及无线传输设备,对设备运行记录、设备参数等进行分析和输出,实现塔吊的动态监控。在塔吊运行过程中发生操作违章时,塔吊安全监控系统会发出报警信号,通过及时报警来提示司机。司机可以根据报警信号选择适当的措施,避免发生安全事故。

(7) 深基坑监测系统。深基坑监测系统是利用土压力盒、锚杆应力计等智能化传感设备,监测基坑开挖、支护施工和周边设备或建筑稳定情况。将互联网和信息进行整合,利用监测仪器测得数据并将数据及时发送到监测平台,分析后可将结果反馈到相应的工作人员,一旦数据出现异常,深基坑监测系统会立即报警,可使技术人员及时发现并解决问题,提高了基坑监测的准确性。

(8) 智能建筑的给排水系统。智能建筑给排水系统主要通过增加一些泵类装置,并对泵类装置进行智能调速,通过部分施工场地空旷的优势对雨水进行收集、分离,并且加入污水一体化的处理设备,满足施工场地日常某些方面的生活用水。采用智能建筑给排水系统,充分结合计算机技术和数据采集技术,不仅可以实现智能水表读取,同时对水质进行分析,根据具体情况实现自动启停。既促进了用水过程中水资源的合理利用,达到节约水资源的目的,还能进一步节省人力资源,使智能建筑的理念与节能建筑的理念融合在一起。

3.6.3 物联网技术在建筑工程成本控制中的应用

物联网技术不仅在建筑施工中有广泛应用前景,在建筑成本控制中也有较高的地位。

1. 建筑工程成本控制中物联网技术的应用优势

物联网技术包含传感器技术、RFID标签、嵌入式系统技术、人工智能技术和云计算技术等,其在建筑工程项目中的应用,有助于实现虚拟信息系统和物理基础设施的相互融合,为建筑工程项目实施各环节信息收集、传输和处理等提供支撑,有利于企业充分掌握建筑工程项目实施的各环节的成本消耗。建筑工程成本控制中物联网技术的应用优势具体表现在以下方面[22]:

(1) 实现对材料费用的精确控制。建筑工程项目实施过程中需要投入大量的物资材料,物资材料在采购、存储以及运输等环节所耗费用在建筑工程成本中占据较大比重,利用物联网技术能够对建筑工程物资材料费用实施精确管理,从而有效降低工作落实过程中所消耗的成本。RFID技术可以借助无线射频方式读写电子标签,达到识别目标和数据交换的目的,物联网环境下,借助RFID技术可以为建筑工程项目所涉及的物资材料贴上电子标签,实现对物资材料的智能化识别、定位、跟踪、监控和管理,有利于企业能够及时掌握建筑工程项目物资材料使用情况、库存情况以及需求状态等，便于企业制定科学合理的物资材料采购决策，即根据建筑工程物资材料实时需求信息，适时采购材料进场，有效降低物资材料的仓储成本。另外，物联网技术的应用使得采购更趋信息化，物资材料需求方在企业信息系统中录入电子采购订单，大大缩短了物资材料供需双方间信息交流所消耗的时间。

(2) 实现机械设备的预测性维护。建筑工程项目实施过程中需要采用一定的机械设备，设备故障维修需要消耗大量费用，同时也会因停机事件发生导致工期拖延，进而增加建筑工程成本。相比设备出现故障后维修所消耗的费用而言，在设备未出现故障前进行正常维护所消耗的费用相对较低，而且能够有效避免因设备故障所导致的工期拖延问题。物联网环境下，为机械设备配备传感器，传感器能够借助温度波动、过度震动等指标了解设备性能，以确定是否需要检修，并通过物联网系统向维护人员的计算机、平板电脑和智能手机发出预警信号，以便于机械设备维护人员在发生重大故障之前及时发现并解决问题。

(3) 提升数据及时性及准确性，保障成本核算的顺利开展。建筑工程项目本身复杂程度较高，在实施过程中需要多部门和多工种密切配合，涉及内容和工序众多，且难以保障项目严格按照既定目标和流程组织实施，对建筑工程项目实施所产生的直接和间接成本进行全面核算的难度较大。而随着物联网技术的应用，在建筑工程项目实施过程中，物联网能够对相应活动所产生的资源消耗数据进行汇总，并将产生的所有费用按照对应会计科目进行记录，建立对应的成本账簿，然后将所有信息传输至企业成本会计信息系统中存储。负责成本核算的部门通过查询系统即可确定整个流程的所有作业内容，及时获取与建筑工程项目相关的准确成本数据，保障成本核算的高效开展。

(4) 推动业财一体化深入开展。物联网能够充分利用各类先进技术及设备开展信息收集整理及交换。在将物联网技术应用于成本控制中，相应数据能够在经过整理后传输至成本管控系统中。财务人员则对系统生成的费用进行审查，建立具体的建筑工程成本数据信息表，并将相应信息存储于数据库中。管理者能够利用系统生成的成本费用表对建筑工程项目各环节进行管控，从而更准确地制定行为策略，有效开展各项管理活动。在物联网技术支持下，企业管理人员能够对管理流程、财务流程及业务流程进行统一协调，建立基于业务驱动的财务一体化信息处理流程，推动业财一体化深入开展。

2. 物联网技术在建筑工程成本控制中的具体应用

例如重庆市某商业住宅小区一期工程(以下简称“A 工程”)设计建筑面积 26.3 万 m^2，主要由 3 栋商业楼、15 栋别墅和 7 栋高层住宅及地下车库组成。在具体建设过程中，建设单位 H 公司积极采用物联网技术对建筑工程成本进行管控，以期达到降低建筑工程成本的目的。

(1) 物联网技术在建筑工程成本控制中的应用步骤。H 公司在提升建设质量的同时有效控制项目建设成本，积极引入物联网技术，在办公区、施工现场及出入口等位置安置了监控及信息传感器，对建设物资材料进行编码并标注标签，利用射频识别技术进行识别，通过微机电系统获取、初步处理和执行操作建筑工程项目相关信息。通过大量数据信息的收集来进行成本控制参量的设定，然后在此基础上确定目标模型，并构建成本控制分析模型，再利用云计算对数据进一步处理分析，明确具体工程量并合理预估工程成本，从而有效开展全过程成本控制。

① 设定成本控制参量。在建筑工程项目成本管控工作中应用物联网技术，第一步便需要利用物联网技术收集大量建筑工程相关的数据信息，并在对施工规划、交通和外界环境等会对建筑工程项目实施造成影响的因素进行综合考虑的基础之上设定成本控制参量。如在案例项目中，施工企业安装使用红外感应器设备、激光扫描设备、定位设备和射频设备等，并借助网络链接全部设备，打造物联网技术下智能监控、跟踪、定位和识别于一体的管理体系，从而使施工企业获取与 A 工程相关的大量数据信息。在此基础上施工企业通过综合考虑 A 工程施工规划、所处的外界环境、施工对外交通和材料价格等设定了 A 工程成本控制参量，即市场耗材价格、项目造价控制链中各种市场耗材所属未采购品类的成本需求量、项目造价控制链中各种市场耗材所属能够发挥实际作用耗材价格的成本控制约束量、管控体系中工程预算增长指数增加所创造的收益、物资最优价格、监控系统贡献参量、施工全局效率和土地交易价。另外在项目实施过程中，施工企业在建筑物内安设楼宇自动控制网络，其应用了 BACnet，Lonworks，TCP/IP 三种通信协议，明确三种协议的量化指标并对其进行效益评估，以此为整个建筑工程项目实施提供有益的决策支持。

② 确立目标模型。按照相关规章要求，建筑项目开展过程中需要有效分配各类施工物资，从而合理确定具体工程成本。在明确成本控制参量的基础上，施工企业财务人员将成本控制参量代入成本控制链，从而获得不定开销及成本开销，并按照《建设工程预算定额标准》相应内容分配建筑耗材，从而构建项目成本控制目标模型，然后预测结构寿命并基于以往经验进行测估，从而获得最优成本测算模型，通过合作博弈控制函数对所有物资进行成本测算，经过计算约束向量特征函数，获得参数控制模型。

③ 构建成本控制分析模型。实施成本控制除了设定成本控制参量和目标模型之外，还需要借助物联网技术构建完善的成本控制分析模型。施工企业为实现建筑质量和成本最优配比，在综合考虑建筑施工成本、设施管理和安全保障成本等因素基础上，以约束参量贡献度加权的方法构建建筑工程成本控制分析模型，形成最佳博弈函数，在不断提升建筑工程质量的同时控制成本。在物联网技术基础上，为对建筑工程性能状态实施更合理的评估，以分数阶差分函数进行约束控制，并在综合考虑建筑工程成本影响因素的基础上进行线性最小二乘法拟合计算，如土地价格、物资材料价格等，由此科学打造物联网技术下建筑工程成本量化评价参数模型。对建筑工程成本进行有效控制，还需要通过连续性条件构建完善的建筑工程建设效益量化控制模型，以适应非线性特征方程的连续性条件。另外，在实施成本控制过程中，为实现工程建设质量、效率以及成本之间的平衡，以累计方差为基础，相关技术人员对 A 工程项目成本约束参数实施自适应加权处理。

(2) 物联网技术在建筑工程成本控制中的应用效果。施工企业根据 A 工程项目具体建设内容及《建设工程预算定额》等相应标准，在 Matlab 仿真软件基础上，利用上述参数和模型对物联网技术在建筑工程成本控制中的应用效果进行仿真试验，并将其与传统方式下建筑工程项目成本控制效果相比较。试验结果显示，在同等建设质量下，建设单位应用基于物联网技术的成本控制模式能够对建筑工程项目成本进行估算，明确其中成本控制要点，并在具体建设过程中对各项建设物资进行合理调控，减少不必要的成本支出。

3.7 设计平台化管理

3.7.1 BIM+施工数字化管理应用

BIM+施工数字化管理应用主要体现在计划管理数字化、人员、物资、环境数字化管理、现场管控数字化、知识共享数字化、BIM+交付数字化管理应用和BIM+运维数字化管理应用。

1. 计划管理数字化

为了提高项目进度管理水平，解决项目管理过程中出现的计划编制周期长、标准化水平差等问题，项目可采用基于EveryBIM协同管理平台进行计划的集成管理。每天录入现场实际进度情况，通过模型对比计划进度与实际进度的偏差，在生产例会及进度分析会上，根据模型可视化进度对比结果分析工期滞后原因，调整现场部署，最终可以节约工期。

2. 人员、物资和环境数字化管理

通过移动终端、智能传感器等，实现数据采集的无纸化、实时化和数字化，提高管理互动效率以及管理数据的真实性。

(1) 利用劳务实名制系统，采用人脸识别技术，实现人员进出场信息实时记录。建立人员数据模型，实现劳动力自动统计，并进行劳动力分析及各工种配置分析。另外，翔实的考勤数据可作为工人工资结算的有效证据，并辅助薪酬结算。

(2) 利用智能地磅验收物资，仅需手机等移动端即可完成收发工作。在线上完成电子签单审批，无须签单，可有效降低现场材料浪费，实现混凝土无纸化验收。

(3) 利用环境监测、入侵报警等传感器，自动采集周边环境数据，并且实现与自动喷淋系统、项目总控中心联动，及时对环境因素进行干预。

3. 现场管控数字化

通过BIM、物联网等技术的应用，推动现场管控手段的变革，实现现场管理数字化、智能化。

(1) 通过现场平面BIM建模，辅助施工现场可视化平面布置，提高现场平面布置的合理性。

(2) 利用BIM+3D打印技术，使项目整体及复杂节点可视化，能更加直观地交底。

(3) 利用BIM建立虚拟质量样板，并以此作为交底。较传统实体样板，其展现形式更加直观，并且节省材料及人力。

(4) 利用BIM+VR技术，进行技术方案评审、交底和安全教育等，效果更加直观，交底效果更好。

(5) 利用鹰眼及无人机，对高支模、动火作业等危险源进行监督，对混凝土浇筑、回填土等重要工序施工旁站，通过对讲机进行现场协调指挥及隐患整改。

(6) 利用塔吊“防碰撞+可视化”，实现驾驶室及总控中心双监督，加强塔吊运行监管，全面降低现场塔吊设备的运营风险。

(7) 通过建立周界防范及入侵报警系统，防止闯入者盗窃财物、窃取情报和窃取影像等，实现全天候布防，弥补人员巡视间隙漏洞。

4. 知识共享数字化

通过知识成果积累，逐步充实完善数字化管理平台，可为企业提供标准化、数字化知识成果，有利于提升企业现场管理的规范性。比如当前项目建立的 BIM 安全模型库、质量样板库等，今后可逐步成为企业共享的知识成果。

5. BIM+交付数字化管理应用

随着数字技术的快速发展，对于产品交付，项目计划不仅进行实物建筑产品的交付，同时进行基于 BIM 的数字建筑产品交付。目前，项目计划在施工过程中，将机电设备信息、竣工验收信息、BIM 辅助验收报告、全景相机资产盘点等信息录入竣工交付模型中，形成运维信息模型，并尝试将运维信息模型与智慧园区平台关联，成为后期资产和运维管理的基础。

6. BIM+运维数字化管理应用

根据项目设计及使用单位需求，与专业厂家进行智慧园区建设，架设园区内部专线，并对所有接入硬件进行测试，定制开发针对本项目的内网智慧园区平台，具有设备维护管理、物联网数据集成管理、BIM 业务数据融合和数据分析管理这四大模块功能。推动 BIM 模型与智慧园区系统融合，将前期设计思路和理念延续到后期运维和管控当中，实现 BIM 模型与运维管理数据的完美融合，其特点如下：

(1) 各系统设备在 BIM 模型中可直观地进行空间定位，方便运维人员管理。

(2) 在模型中可直观地对设备生产信息及维护信息进行查询，遇到故障时自动生成设备维护方案，方便运维人员快速排除故障，及时维修。

(3) 三维显示及分析能耗信息，依托模型进行分区统计，可直接发现异常区域，并针对性地进行设备检修及参数调整。

(4) 设备运行监控，将 BIM 模型与能源管理系统、楼宇控制系统和智慧建筑运维管理平台相结合，将整个建筑的运行状况在 3D 模型上通过特定标识进行展示，使运维人员能准确高效地进行安全管控、能耗分析、节能改造等工作。

最终，通过 BIM+IOT 等技术，打造“管—控—营”一体化平台，实现运维数字化管理的目标[23]。

3.7.2 基于 BIM 360 的设计平台化管理

1. 概述

BIM 360 最初由 Autodesk 公司发布，是一款将云计算应用于 BIM 技术的新型软件，其目的是借助计算机为项目各参与方提供协同工作的平台，增加项目各方的沟通交流，实现"随时随地"访问项目信息，使BIM技术贯穿项目从设计、施工到运营的整个流程。基于云计算的BIM软件可解决传统BIM软件应用出现的问题，被认为是BIM技术应用的重大变革。

随着BIM技术与云技术在建筑行业的不断发展，如何将二者结合更好地应用于项目全过程，实现高科技之间的相互对接，成为建筑领域的最新研究点。建筑项目全生命周期过程中会产生大量信息，从时间维度看，传统BIM技术多用于设计和施工阶段，在设施管理阶段并没有很好地与其他阶段整合，业主或管理人员(Facility Management, FM)也没有从BIM模型中得到其他项目参与者的协同或信息共享，导致项目水平信息流的断裂；从空间维度讲，在建筑日常使用过程中，使用者掌握着建筑项目的实时信息，而FM团队与使用者之间缺乏及时沟通，导致设施运营维护仅靠日常巡逻检查，不利于突发事件的处理。云计算简称为"云"，它通过计算机网络实现资源存储、分配和应用的基础架构，还可以提供便捷的网络访问并建立可配置的计算资源共享库，通过设置多个客户端实现资源的共享、分配，以供需求者调取使用。而BIM 360软件的出现，不仅避免了传统BIM技术存在的弊端，并结合了云计算强大的运行功能，其优势显而易见。

2. BIM 360的应用优势

(1) 为团队协同合作提供平台，提高项目质量。针对多专业合作项目，建立BIM中央模型并上传至云端，各个项目参与进行权限设置，参与者使用BIM 360进行交流，在云端查看模型并在相应修改位置处进行批注，通过电子邮件通知相关人员。相关人员接收邮件后，点击电子邮件的链接直接访问云端，模型自动跳转至批注位置，可直观、准确地找到对应的构件信息，便于多方沟通交流。采用此软件，可缩减项目工期，减少返工次数，满足了业主的实际需求。

(2) 进行权限设置，便于跟踪项目内容的变更及修改。BIM 360可根据每个项目参与者的角色对其进行权限设置，每个客户端都有特定的登录账号与密码，当一方对模型进行修改，添加或更新信息，其上层领导者将接收相关信息，当上层领导者批复确认后，项目才真正得以调整。在云端的任何操作都将被记录至模型中，便于跟踪项目变化的内容，查询相关责任人，一旦出现问题，将避免出现责任划分不清、相互推卸的现象。

(3) 可应用于移动终端，随时随地访问载有项目信息的BIM模型。BIM 360强化了BIM技术与云技术的结合，提供移动终端应用功能，为团队成员提供了及时访问项目信息、查看项目文件的工具。BIM建模软件(如RVT格式)数据量较大，通过Revit或Navisworks专用接口直接将RVT,NWC等格式模型文件上传至BIM 360内，项目参与者可直接在移动终端查看载有项目信息的模型，检查信息的准确性，提出修改意见或及时掌握项目变更情况，降低信息不对称带来的弊端。

3. 基于BIM 360在项目各阶段的信息整合

BIM 360提供了协同工作平台：设施管理人员作为项目运维管理的操作者，而业主则是项目服务的对象，满足其需求是设施管理的最终目标。因此，设施管理人员和业主需从项目决策阶段就参与进来，贯穿项目的始终。BIM 360 在云技术的基础上进行 BIM 管理，将项目全生命周期各个阶段的参与者集中在同一平台，简化项目管理流程，实现人员之间协同合作的管理模式。它不仅满足各项目参与者横向的沟通，还为各阶段相关技术人员的纵向交流提供平台。在项目的各个阶段，根据人员角色的不同对其进行权限设置（等级划分），相关技术人员可对模型进行编辑，而其他辅助人员通过 BIM 360 查看只读 BIM 模型，提出修改意见并以邮件方式及时发送给相关技术人员，不具有编辑权限。这种方式确保了项目技术方面的可行性，还最大程度满足了模型使用者的需求，确保项目信息的有效性与准确性。同时，它能够简化模型文件的存储容量，将模型全部信息存储至客户端，借助移动设备可随时随地访问关键项目数据的 BIM 模型，实现高效的信息管理。

（1）项目决策阶段。项目决策阶段主要是对拟建项目进行概括性描述，建立项目空间数据表单。首先，选择合适的项目参与人员，成立项目团队并定期召开研讨会。从项目全生命周期角度，业主或使用者是项目服务的对象，设施管理人员则是项目运营的操作者，为确保每一项新建设施都能为项目后期提供服务，发挥其使用价值，业主或使用者、设施管理人员应作为决策阶段的重要参与人员。从专业技术角度，项目建筑师、专业咨询人员具有丰富的项目经验，能够根据业主或使用者提出的需求来判断项目可行性，并对项目空间特征及服务对象等进行定位。BIM 技术人员主要用于 BIM 模型的建立及维护，确保模型正常运行。由此可见，项目决策阶段的主要参与人员为业主或使用者、设施管理人员、建筑师、设计师和 BIM 技术人员。其次，各项目参与人员在 BIM 360 提供的平台上协同作业，采用 Revit 建模软件建立 BIM 初始模型。由业主或用户提出项目需求，建筑师、咨询师根据其需求进行讨论，从专业技术角度分析如何最大限度满足业主需求，进而确定项目的空间特征，并由 BIM 技术人员建立 BIM 初始模型。最后，根据 COBie 标准将项目信息添加至模型中，并传递至设计阶段。在 COBie 标准下，每一类型的空间及设备的名称、属性等信息均可直接为设计人员所使用，大大缩减了信息重录、少录等现象。由于项目的多样性和复杂性，各项目参与人员需借助协同平台查看模型数据，及时提出修改意见并掌握项目信息，为后期项目进行奠定坚实的基础。

（2）项目设计阶段。在项目设计阶段，设计师、建筑师及工程师是图纸设计的主要实施人员，他们依据决策阶段对项目进行定位，从专业技术分析角度最大程度地满足业主提出的项目需求，直至完成施工图设计模型。将 BIM 初始模型作为中心文件上传至云服务器，按照专业划分标准分别由建筑设计师、结构设计师和机电设计师等建立单专业 BIM 设计模型，然后进行碰撞检测以消除各专业之间设计冲突的部分，最终合并成完整的 BIM 设计模型。鉴于不同的设计师根据行业习惯或个人喜好来建立资产数据表单和相关说明，单个专业模型之间难以进行信息整合，故采用 COBie 为设计师提供一组标准的信息录入格式。在设计阶段，COBie 格式下的信息类型有两种：一是由设计师单独提供的信息类型，如建筑的楼层、空间、区域等，是设计进度管理的关键因素；二是由设计师和施工人员共同提供的通用信息，如合同文件等。

（3）项目施工阶段。针对建筑工程项目，其施工过程较为复杂，持续时间较长，产生的信息量也相对较大，是设施管理公共信息的主要来源。在此阶段，项目参与人员较为复杂，不仅包括业主、设施管理人员，还包括施工现场管理人员、承包商、分包商及设备材料供应商等，其中，设施管理人员需根据后期运营管理要求提出意见或建议，及时与其他各方沟通交流，共同参与完成 BIM 施工模型的建立。BIM 施工模型的信息来源较为广泛，现场管理人员负责整体施工管理控制、现场签证、竣工验收资料存储等，总包/分包商掌握大量的合同文件、项目施工进度计划、变更签证和设备材料采购记录等，而设备供应商具有详细的产品序列号、属性和生产日期等，为后期设备定期维修、更换等提供依据。

因项目信息量庞大，可借助 BIM 360 协同平台，为项目各参与者提供专用客户端并进行权限设置，由信息发生方按照 COBie 标准直接进行信息录入，由 BIM 技术人员进行集中管理。这种方式不仅确保了信息的准确性，还节省了后期信息重新录入的时间与成本。

(4) 项目运营阶段。设施管理模型并非设计和施工模型的整体继承，而是依据设施管理需求，在施工模型的基础上对其进行删减、增加等，直至满足自身管理需求而建立的模型。首先，完成竣工交付的 BIM 模型继承了设计和施工阶段的完整信息，这些信息并非全部为设施管理所需，为避免过多的建筑信息对 BIM-FM 系统造成不必要的影响，可由 BIM 团队和 FM 团队共同对模型中的数据进行大规模筛选，删除运营阶段冗余的信息，达到项目全过程的信息整合。其次，为实现模型在设施管理中的功能，设施管理模型需在保留的公共信息的基础上添加设施管理的基本信息，如建筑空间位置信息、用户档案存储、物业管理合同文件等。最后，在完成设施管理公共信息和基本信息的基础上，根据项目特征和实际应用情况添加辅助信息，组成完整的 BIM-FM 数据库，并载入 BIM-FM 系统。

3.7.3 基于 BIM+Web 的设计平台化管理

协同平台的 BIM 模型管理模块为管理及施工人员提供统一的模型查看平台。用户将转换好格式的 BIM 模型上传至 BIM 模型管理模块，信息所需者通过网站平台查看建筑 3D 模型及内部构件位置、材料等信息。

在平台数据库中，将 XML 文档关联构件信息，点击 BIM 三维模型构件时可查看构件信息，用户可在平台生成带有模型信息的二维码，扫描二维码获取信息后对比实际施工与设计模型，直观高效。

1. 基于协同平台的项目前期管理

在前期管理模块中，用户可上传项目前期所需文件，如施工组织设计、施工方案等。任何需要保存的文件均可上传至云端，避免文件丢失或难以查找。协同平台中的文件可供施工人员及业主方随时查看，用户可随时在线编辑文件内容，提高管理效率。

2. 基于协同平台的合同管理

BIM + Web 协同平台根据不同类别的合同制订相应的合同表单并设置权限，用户只需按类别填写合同相关内容，即可上传平台供所需人员了解。当合同内容有变时，平台管理员可进入后台进行调整。用户可直接根据类别或签署时间查找相应合同，节约时间。

3. 基于协同平台的施工进度管理

BIM + Web 协同平台可提供施工进度计划表。项目负责人根据不同任务类别填表，以月份为大周期，每周期按实际情况划分小周期，整体把握施工进度。在协同平台中，施工人员可随时登录查看施工计划，调整施工进度，以减少工期延误。通过多个单向工程间的施工进度对比记录，可找出施工难点和耗时部分，更准确地分配时间。

4. 基于协同平台的投资控制管理

投资控制管理即管理控制建设活动所需资源。在 BIM 协同平台中，项目信息应及时更新上传，确保相关人员在建设各阶段均可接收现场实时情况，从而进行资源计划和控制，并不断修正。随着工程信息文件不断增加，文件类别和管理方各不相同，BIM + Web 协同平台提供工程信息交互平台，可及时记录涉及的信息增减情况，提高信息处理效率，并在多方监控下减少错误率，实现协同平台的信息高效流通，使投资控制管理更便利。

5. 基于协同平台的变更管理

应用 BIM 碰撞检查技术可检测模型碰撞，检测项目需要变更时，可在协同平台中填写项目变更管理表进行变更申请，在申请表中记录项目名称、变更时间和变更缘由等内容，相关管理员通过平台查看变更申请，了解变更情况，直接进行线上变更审批，待审批通过后，申请人进行相关变更，便于管理人员进行变更管理和备案。

6. 基于协同平台的物资设备管理

在物资设备管理方面，协同平台制订设备管理表单。物资管理人员购买的任何设备均可上传至云端进行保存。设备管理表单包含设备名称、购买日期、设备价格、保管人员和存放地点等信息。通过及时上传购买的设备信息，可减少设备物资购买重复及遗漏的情况。设备管理表单可直接查找设备存放地点，减少设备所需者与购买者间因负责区域不同、互不熟知造成的沟通延误，保障施工顺利进行[24]。

3.7.4 施工组织协调管理方案

工程施工过程是通过业主、设计、监理、项目部、分包、供应商和其他标段承建商等多家合作完成的，如何协调组织各方的工作和管理，是能否实现工期、质量、安全和降低成本的关键之一。

1. 与业主关系的协调

(1) 三个服从:

① 业主要求与项目部要求不一致时，业主的要求不低于或高于国家规范要求时服从业主要求;

② 业主要求与项目部要求不一致但业主要求可改善使用功能性时，服从业主要求;

③ 业主要求超出合同范围但项目部能够做到时，服从业主要求。

(2) 定期例会制、预告汇报制以及合理化建议制的三制，其原则如下。

① 定期例会制: 定期召开与业主的碰头会，讨论解决施工过程中出现的各种矛盾及问

题，理顺每一阶段的关系。

② 预先汇报制：每周五将下周的施工进度计划、主要施工方案和施工安排，包括质量、安全和文明施工的工作安排都事先以书面形式向业主汇报，便于业主监督，如有异议，项目部将根据合同要求和“三个服从”原则及时予以修正。

③ 合理化建议制：从施工角度及以往的施工经验来为业主考虑，及时为业主提供各种提高质量、改善功能、降低成本的合理化建议，积极为业主着想，争取使工程以最少的投资产生最好的效果。

(3) 项目部与业主配合措施：

① 认真遵守招(投)标文件和施工总承包合同的各项约定。

② 协助业主选择优秀的分包商和供应商。

③ 积极配合业主进行现场检查，接受业主的监督和指导。

④ 积极为本工程出谋划策，做好业主的参谋。

⑤ 认真核定工程进度，为业主工程款的拨付提供准确依据。

2. 与监理关系的协调

(1) “三让”原则：

① 在监理要求高于国家规范标准时，项目部意见让位于监理意见。

② 在监理要求可改善使用功能时，项目部意见让位于监理意见。

③ 在监理要求与项目部要求效果一致但做法不同时，项目部意见让位于监理意见。

(2) 与监理的配合措施：

① 积极参加监理工程师主持召开的每周一次生产例会或随时召集的其他会议，并保证三名能代表总承包方当场做出决定的高级管理人员出席会议，同时确保有关分包负责人参加。

② 严格按照监理工程师批准的施工规划和施工方案进行施工，并随时提交监理工程师认为必要的关于施工规划和施工方案的任何说明或文件。

③ 按监理工程师同意的格式和详细程度，向监理工程师及时提交完整的进度计划，以获得监理工程师的批准。无论监理工程师何时需要，保证随时以书面形式提交一份为保证该进度计划而拟采用的方法和安排的说明，以供监理工程师参考。

④ 严格使用按设计要求的品牌、质量和规格的材料，并上报监理公司及业主认可后方可进场投入施工。

⑤ 在任何时候如果监理工程师认为工程或其任何区段的施工进度不符合批准的进度计划或不符合竣工期限的要求，则保证在监理工程师的同意下，立即采取任何必要的措施加快工程进度，以使其符合竣工期限的要求。

⑥ 总承包范围内的所有施工过程和施工材料、设备，接受监理工程师在任何时候进入现场进行他们认为有必要的检查，并提供一切便利。

⑦ 当监理工程师要求对工程的任何部位进行计量时，保证立即派出 1 名合格的代表协助监理工程师进行上述审核或计量，并及时提供监理工程师所要求的一切详细资料。

⑧ 确保在总承包范围内所有施工人员在现场绝对服从监理工程师的指挥，接受监理工程师的检查监督，并及时答复监理工程师提出的关于施工的任何问题。

3. 与设计单位关系的协调

(1) 定期向设计方介绍施工情况及采用的施工工艺。

(2) 在每个分部分项工程施工前提交与设计有关的施工方案或作业指导书，并听取设计方的意见。

(3) 定期交换各参建方对设计内容的意见，用各参建方丰富的施工经验来完善细部节点设计，以达到最佳效果。

(4) 如遇业主改变使用功能或提高建设标准或采用合理化建议需进行设计变更时，施工方将积极配合，若需部分停工，施工方及时改变施工部署，尽量减少工期损失。

(5) 企业将配置设计人员深入现场绘制施工详图，进行节点设计，参与施工图纸设计的协调，为二次装修提供设计建议。

(6) 项目部将积极组织分包协同设计人认真做好图纸会审工作，完善施工图设计。

4. 与分包单位的协调

(1) 同业主对拟选定的分包单位予以考察，并采用竞争录用方法，使所选择的分包单位(含供应商)无论是资质、管理还是经验都符合工程要求。

(2) 责成分包单位所选用的设备、材料必须在事先征得业主和项目部的审定，严禁擅自使用代用材料和劣质材料。

(3) 责成各分包单位严格按照施工进度计划和施工组织设计进行施工，建立合理的质量保证体系，确保施工目标的实现。

(4) 各分包单位严格按照项目部制定的施工平面布置图“按图就位”，且按项目部制定的现场标准化施工的文明管理规定，做好施工现场的文明施工。

(5) 组织各分包单位进行科学施工，协调施工中所产生的各类矛盾，以合同明确责任尽可能减少施工中出现责任模糊和推诿现象，避免贻误工期或造成经济损失。

(6) 项目部应不断加强对各专业班组和分包单位的教育，要求各专业班组和分包单位对产品进行成品保护，做到上道工序对下道工序负责。

第4章

国际化多专业管理与整合

4.1 国际工程项目风险

风险普遍存在，国际项目自身突出的特征，造成了国际项目开展过程中应对的风险和其他项目相比特别烦琐，但是风险彼此存在非常明显的差异，不同国家风险同样存在明显差异。所以，应在各个角度、各个方面开展科学合理的分析研究产生不利影响的风险。在承包商方面，开展国际工程承包研究，关键研究政治风险、经济风险、社会和文化风险、自然风险、技术风险等因素。

4.1.1 政治风险

政治风险表示国际工程项目开展地区能够保持的环境也许将给承包商开展工作埋下严重的隐患。

(1) 国际政局动荡。国际政局动荡会使当事国社会无法保障安定，这对建设工程可能是致命的。如两伊战争期间，伊朗在建筑工程方面遭受的破坏达到惊人的程度。所以，建设方要谨慎评估国际政局，避免被国际政局动荡累及。

(2) 国与国关系紧张风险。如果所在国与周边国家关系紧张，而项目又毗邻紧张地区，就可能导致周边国家的各种制裁情况出现，这将严重影响项目的顺利展开。

(3) 所在国政策不稳定风险。因为国际项目规模庞大，耗时耗力，如果所在国政策无法保持稳定，承包商可能因政策突变而陷入被动。如某些国家突然改变政策，冻结国际项目资金，无法顺利回笼资金，甚至导致资金链断裂。

(4) 税收歧视风险。目前，大多数国家都能给境外企业以国民待遇，不过仍有部分国家设置了较高的保护壁垒，对境外企业实施歧视性税收政策，这也给承包商带来了一定风险。

4.1.2 经济风险

经济风险表示项目实施地区经济基础、经济局面可能给承包商造成的严重影响。

(1) 外汇风险。从国际项目内流通的资金往往是工程实施地区通用货币，在产生外汇管制、外汇波动但又无法按照相关技术手段应对，工程也许会遭到严重破坏。

(2) 利率风险。因为国际项目比较耗时耗力，项目往往受存款利率、税率的影响，导致不确定风险增加。

(3) 通货膨胀风险。通货膨胀在世界范围内非常普遍，在部分发展中国家内非常常见。通货膨胀往往将造成项目实施地区薪酬水平及物价水平明显提高，远远超出预订标准。假如协议内不具备调价内容，则会给项目带来严重后果。

4.1.3 社会风险

社会风险如图 4-1 所示。

(1) 社会治安风险。社会无法维持良好秩序，违法乱纪现象猖獗，承包商需在保卫工作方面投入大量的人力物力财力，造成工程费用持续提高。

(2) 文化差异风险。国际项目往往跨国、跨文化。比如部分地区，宗教势力强大，文化生活方面的差异特别突出，承包商如果忽视文化差异，将会给工程带来不可估量的负面影响。

(3) 语言差异风险。国际项目内通常要借助不同语言还有文字开展沟通工作，特别是书面文件。所以，语言上的隔阂也是影响工程的一个因素。

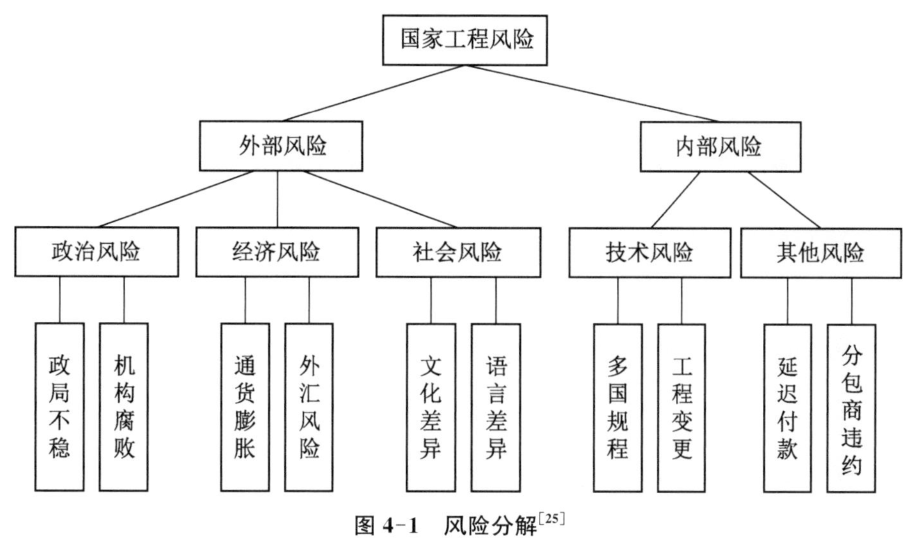

图 4-1 风险分解[25]

4.1.4 技术风险

(1) 多国规范标准的不同带来的风险。往往国际工程项目具体操作环节内资源、装置、手段通常涉及了很多国际标准以及项目实施地区的标准、步骤。比如黄河小浪底水利枢纽项目内浇筑混凝土实际活动，除了中国标准及要求，同时还借助了很多国际的标准及要求。

假如没有清楚地掌握全球范围内不同标准及要求，就可能导致质量事故，增加费用开支。

(2) 采用新技术的风险。由于科技水平的迅猛提高，各种科技手段层出不穷，假如承包商无法和现阶段实际标准保持一致，一定会被淘汰。同时，科技水平提高也推动其复杂水平快速提高，这也造成了工程技术风险不断提高。

(3) 工程变更风险。所有工程项目难免出现一定的调整，这也带来了一定的风险。因为承包商按协议内提供不同服务，所以，在业主、规划师、工程师要求进行调整后，相关施工也进行调整，即使部分情况下能够要求赔偿，但无法抵御所有的风险。比较普遍的项目调整风险如项目图纸问题、在协议内能够涵盖的实际规模、调整方案所消耗的资源等。

(4) 地理差异带来的风险。也就是地基承载力、地基处理等风险，如果不能有效处理，对工程也会造成严重后果。

(5) 报价风险。国际项目竞标过程中应获取各种信息，但是由于时间紧张，所以出现对招标文件解读不够、业务量庞大而处理不全等现象。

4.2 国际工程合同管理

4.2.1 工程项目合同的概念及特点

合同也称为契约，工程项目合同是指有关当事人之间为了实现某个工程项目中的特定目的而签订的确定相互权利和义务关系的协议。合同文件包括在合同协议书中指明的全部文件，一般包括：①通用合同条件；②专用合同条件；③标书、标书附录与投标保证协议书；④协议书；⑤技术条款；⑥图纸；⑦填写了价格的工程量清单；⑧中标通知书或称中标函；⑨其他明确列入中标函和合同协议书中的文件，例如劳务费、材料供应协议、补遗、招标期间业主和承包商的来往信件、澄清会议纪要、现场条件资料、水文地质以及气候资料等[26]。

国际工程项目合同是指不同国家的有关法人或个人之间，为了实现在某个工程项目中的特定目的所签订的确定相互权利和义务关系的协议。国际工程是跨国的经济活动，因而国际工程项目合同远比一般国内工程项目合同复杂。大国际工程项目合同一般具有如下特点：[27]

(1) 国际工程项目合同管理是工程项目管理的核心。

(2) 国际工程项目合同文件内容全面，包括合同协议书、投标书、中标函、合同条件、技术规范、图纸和工程量表等多个文件。

(3) 国际工程有一批比较完善的合同范本。如国际咨询工程师联合会(FIDIC)、国际会计师公会(AIA)等国际知名机构都编制了标准的合同范本，可供学习和借鉴。

(4) 每个国际工程项目都有各自的特点。国际工程项目处于不同的国家和地区，具有不同的工程类型、不同的资金条件、不同的合同模式、不同的业主和咨询工程师以及不同的承包商，因而可以说每个项目都是不同的。研究国际工程合同管理时，既要研究其共性，又要研究其特性。

(5) 国际工程项目合同制订时间长，实施时间更长。一个合同实施期短则 1～2 年，长则 20～30 年（如 Build-Own-Transfer，Build-Operate-Transfer 项目，BOT 项目）。因而合同中的任何一方都必须十分重视合同的订立和实施，依靠合同来保障自己的权益。

(6) 国际工程项目往往是综合性的商务活动。大量的国际工程项目管理实践表明，合同管理是整个国际工程管理模块的核心，所有的国际工程项目管理工作都是围绕着如何圆满地完成合同而展开。合同管理的成功与否，直接决定着项目的成败，决定着业主与承包商"双赢"的合同目标能否顺利实现。

合同管理因其自身特点而与其他诸如进度管理、成本管理、质量管理、安全管理等项目管理子模块有所不同，主要表现在：第一，合同管理强调全过程管理。即从最初业主与承包商的商务接洽、投标报价、合同签订、合同实施到最后项目完成之后合同文件归档为止，合同管理渗透到项目进程的各个阶段。第二，合同管理强调全员管理。以 EPC 总承包合同为例，其涉及设计管理、采购管理、施工管理、培训管理等项目实施的方方面面。合同管理的参与人并非仅限于合同管理部门，而是囊括了所有的项目参与人。也正因为如此，合同管理成为包含内容最复杂的项目管理子模块。除了处理项目各阶段形成的合同文件、应对各种由于变更、索赔、分包等发生的合同事件之外，还涉及内部与外部多层次、多角度的协调管理[28]。

4.2.2 工程项目合同签订阶段、履行阶段、收尾阶段的管理

工程项目合同主要分为签订阶段、履行阶段和收尾阶段。

1. 合同签订阶段的管理

(1) 合同谈判准备。开始谈判前，一定要做好准备工作，只有这样才能在谈判中取得主动。合同谈判的准备工作主要包括以下几个方面：第一，做好谈判的组织准备；第二，注重相关项目的资料收集工作；第三，拟订谈判方案；第四，进行谈判演习，安排谈判会议。

(2) 合同谈判主要内容包括合同工作内容、合同价格、合同工期、合同工作内容的验收、保证的条款以及其他合同条款。

① 合同工作内容：是指承包商（或分包商）所承担的工作范围，包括施工、材料和设备的供应施工人员的提供、工程量的确定质量要求及其他责任和义务。工作内容是合同成立的前提、谈判的基础，也是商定合同价格的基础。因此，工作内容在合同谈判中一定要做到明确具体、范围清楚和责任分明。

② 合同价格：价格是合同最主要的内容之一，是双方讨论的关键。它包括单位价格、总价、工资、加班费和其他各项费用，以及付款方式和付款的附带条件。价格主要受工作内容、工期和其他各项义务的制约。

③ 合同工期：工期是影响合同价格的一项重要因素，也是违约罚款的唯一依据。

④ 合同工作内容的验收：验收是指一方（业主）对另一方（承包商）按合同规定承担并已完成的工作内容进行检验，检验合格后正式接收。

⑤ 保证的条款：国际工程项目合同中有关保证的条款，涉及的内容很多。从广义上说，工期保证，各种付款保函和履约保函，以及各种保险等，都属于保证。

⑥ 其他谈判内容：包括违约责任，施工人员，机械设备和材料等。

(3) 合同签订。只有具备了生效条件，并符合法定签订原则的合同，才是有效合同。

2. 合同履行阶段的管理

(1) 关键节点清单通过合同履行分析，可形成合同关键节点清单，如表 4-1 所示，同时对风险进行分析，如表 4-2 所示。

表 4-1　工程项目合同关键节点清单

序号	关键节点	具体规定
1	时间节点定义	
2	合同生效条件	
3	项目范围	
4	双方权利、义务	
5	项目资产权属	
6	履约担保	
7	投资规模及其构成	
8	融资方案及监管	
9	工程建设	
10	项目验收	
11	项目移交	
12	合同终止补偿	
13	违约处理	
14	争议解决	

表 4-2　工程项目合同风险分析表

项目	风险点	是否考虑
合同主体	合同相对人不具备相应资质、能力	
	合同相对人为法人的职能部门、未办理营业执照的分支机构或直属机构，缺乏履约能力	
	合同相对人无权代理、超越代理权或代理权过期	
合同标定	合同标的不合法	
	合同标的不可能给付	
	合同标的不确定	
	实际交付与合同约定不符	

（续表）

项目	风险点	是否考虑
合同权利义务	合同权利义务约定不清，对标的物数量、质量、包装、运输、风险、检验标准缺乏明确约定	
	对法律规定的义务认识不清	
	对自身权利没有充分认识，无法保护自身利益	
合同履行	没有按照约定全面履行义务	
	没有充分利用合同履行中的抗辩权	
	合同变更转让或解除时没有履行相关法律程序	
违约	合同中违约责任条款缺失或约定不全面	
	未按合同约定的时间、金额支付价款	
	逾期交付	
	未按约定的方式、地点、数量、质量等履行合同	
	未尽到通知、保密、协助等附随义务	
	对方违约时，未采取合同措施防止损失扩大	
	未充分行使违约救济权利	

(2) 合同交底。合同交底是以合同分析为基础、以合同内容为核心的交底工作，因此涉及合同的全部内容，特别是关系合同能否顺利实施的核心条款。合同结构分解程序如图4-2所示。合同交底的目的是将合同目标和责任具体落实到各级人员的工作中，并指导管理及技术人员以合同作为行为准则。

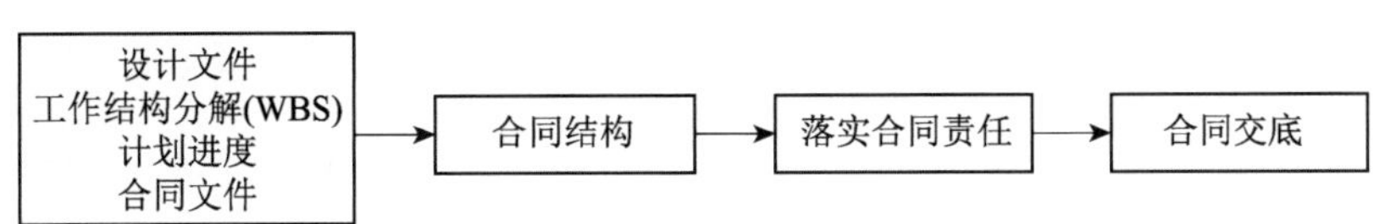

图 4-2　合同结构分解程序示意图

3. 合同收尾阶段的管理

(1) 合同关闭的标准。由于合同终止的原因不同，合同关闭的标准也不尽相同。《中华人民共和国合同法》第九十一条规定，有下列情形之一的，合同的权利、义务终止：债务已经按照约定履行；合同解除；债务相互抵消；债务人依法将标的物提存；债权人免除债务；债权债务同归于一人；法律规定或者当事人约定终止的其他情形。

在国际工程项目中，因完全履行合同致使合同关闭的标准主要分两类：一类以合同中约定的有效期为标准，合同的有效期截止，合同的权利、义务均告终止，合同关闭；另一类以合同中的权利、义务履行完毕为标准，当合同相关方已完成施工作业、土建工程、设备安装和电器仪表安装等工作后，承包商正式提出验收申请，经委托方验收合格并办理完全部付款后，可以办理合同关闭。不过，这类合同通常都有质保期和质保金条款，在未付质保金或未逾质保期的情况下，该合同不能办理关闭。

(2) 合同关闭管理的内容。国际工程项目合同关闭管理的内容主要包括以下几个方面。

① 合同实际履行内容的审查是指合同履行完毕后，通常要对该合同的实际履行情况进行审查，重点审查以下四个方面：第一，合同的合法性；第二，合同履行是否与合同约定相一致，有无未完事项或其他附随义务，如合同履行时产品规格型号发生变化，双方应当办理合同变更而未办理变更，一旦产生纠纷，无相应的书面资料做支撑，不利于后续问题的处理；第三，合同付款是否按照合同约定的金额、比例或进度，质保金是否在质保期满后支付；第四，合同是否正常履行，如履行过程中，合同相对方有无违约情形，是否有相应证据，有无未追究的违约纠纷事项等。

② 书面资料的收集归档应当坚持三个原则：第一，全面系统原则，凡合同订立、履行过程中形成的各类书面资料均应收集归档。第二，原物、原件原则：收集归档的书面资料必须为原始的文件或资料，以符合证据要求。第三，归口管理原则：合同主办单位、合同执行单位以及合同管理部门是合同书面资料收集归档的责任主体，在合同管理制度中应明确各自的书面资料收集归档范围。

③ 合同履行后评价：合同履行后评价就是根据以上书面资料的收集归档，对进入关闭环节的合同进行总结、分析，形成书面意见，为今后合同相对方的选择以及合同管理水平的提升奠定基础。

(3) 合同关闭程序。为了避免合同关闭的随意性，承包商须完善合同关闭程序。通常合同关闭程序包括以下步骤：承包商书面通知业主工程已经完成，可以最终验收；业主、工程师制定合同关闭验收清单；业主、工程师及承包商共同验收工程；工程师准备销项清单并发给承包商；承包商根据销项清单进行整改，并再次提交业主确认；对工程的接收可以是整体接收，也可以是根据实际情况部分接收；在承包商退场之前，要拟定一个退场验收清单；在合同关闭要求的所有验收都已经完成后，工程师向承包商下发最终接收证书，同时向承包商下发最终付款证书；如果是部分接收，则向承包商下发部分付款证书；承包商在接到最终付款证书后，要准备最终发票等活动；业主对经确认的款项进行支付，包括返还保留金，在工程接收时保留金只返还一部分，在缺陷责任期结束后返还剩余部分。

(4) 合同关闭检查清单。国际工程项目合同关闭检查清单的内容包括三个方面。

① 合同义务的履行方面清单内容包括：

a. 是否完成销项清单所列的所有尾项工作；若否，陈述原因。

b. 是否完成缺陷期内的缺陷修复工作；若否，陈述原因。

c. 是否向业主签发最终付款证明(如要求)；若否，陈述原因。

d. 是否向业主签发最终责任解除证明(如要求)；若否，陈述原因。

e. 是否完成相关保险投保工作(如要求)；若否，陈述原因。

f. 工程项目合同要求的其他合同义务。

② 合同权利的行使方面清单内容包括：

a. 是否就所有变更索赔事项向业主提出请求并达成一致；若否，陈述原因。

b. 是否请求业主签发最终接收证书;若否,陈述原因。

c. 是否请求业主释放履约担保与保留金保函;若否,陈述原因。

d. 工程项目合同赋予的其他合同权利。

③ 法律责任的解除方面的内容包括:

a. 是否与工程项目合同有关的争议(诉讼及非诉讼)均已处理完毕;若否,陈述原因。

b. 是否已在所在国税务部门获得完税证明;若否,陈述原因。

c. 是否已在所在国海关部门销清工程临时进口施工机械设备记录或办理临时施工机械设备不能按期出口的合法手续;若否,陈述原因。

d. 是否已在所在国劳务部门销清人员劳动许可记录;若否,陈述原因。

e. 项目所在国法律要求承担的其他责任。

4.3 国际工程项目施工成本控制

4.3.1 国际工程项目施工成本特点

国际工程项目施工成本是指整个项目工程从施工设计到竣工验收这整个环节中所产生的各项费用的总和。主要包括人工成本、材料成本、设备成本以及其他成本,但是受到其他外界因素影响,不同的工程所涉及的具体费用也有所差异。

(1) 人工成本。任何一项工程的施工都离不开人工,无论工程的机械化、自动化与智能化的程度如何,人工是必然存在的,也是施工中的一项重要支出。而对于国际工程而言,人工成本主要分为中方员工成本与外方员工成本两部分。在施工中需要大量的专业管理人员与技术人员,为了保证施工质量与施工进度,国内企业一般会委派国内专业的管理人员和技术人员。这样能够顺利地协调或解决在国外施工中的各种问题,但也会导致人工费用增多,其费用高于额定人员所需要的费用。人工成本是控制施工进度的关键,人工费用过高则国际工程的总成本过高,因此人工成本控制成了项目成本控制的核心。

(2) 设备费用。设备费用在国际工程设备中分成可变成本和不可变成本,其中不可变成本包括设备折旧费、修理费、安装费与拆卸费以及辅助设施费等。可变成本则包含油料费与培训费,这些是受到地域与市场价格波动影响的。

(3) 建筑费用。国际工程大部分都是需要同当地的建筑公司进行合作的,因此其费用也必然会受到当地的人工费用、建筑材料价格以及天气情况的制约。此外,当地建筑工程业中所涉及的一些法律法规、技术投入、机械使用等也会在一定程度上对建筑成本造成影响。因此为降低国际工程施工成本,会分成两部分来制作,在国内实施工程中非主体部分的制作与建设,主体部分则不得不在国外建设。

(4) 安装费用。国际工程中尤其是在一些发展中国家的项目,当地原材料的供应能力不足,因此施工材料有些是在国内采购,有些则委托第三方国家采购。因此安装费用一般会涉及两个方面，其一是材料本身的费用，其二是为了运输材料涉及的运输费。此外，如果在建设过程中还需要一些大型的特殊设备，则还需要支付一些进出口费用与税金。

(5) 其他费用。国际工程项目中会涉及工程项目代理费、银行融资费、总承包管理费以及国外运输等其他费用[29]。

4.3.2 国际工程项目施工成本控制目的

(1) 帮助企业获取更多利益。项目管理当中，施工项目成本是关键的构成内容。之所以要研究控制施工成本方法，是希望建筑企业能够在当前愈加激烈的竞争环境中获得更大的竞争优势。项目施工成本是否准确且客观，对于企业的投资者以及财务成果所产生的影响很大。成本若是多计算，利润则会少计算，继而减少可分配的利润。反之，成本少，利润会更多，可分配利润出现虚增实际亏损的情况。因此，必须要科学控制成本投入，最大化利用消耗的资源，让企业得到的收益可以大于成本，最终获得利润。

(2) 为施工成本价格合理制定提供依据。建筑施工的过程本质上属于商品生产过程，包含了活劳动，也包含消耗物质过程，建筑企业必须对生产成本价格进行合理核算，完成有效的投资行为。企业还可以借助产品成本的方式对产品的生产费用进行有计划地核算和监督，最大限度减少生产消耗，希望获得比较高的经济效益。

(3) 国际工程项目复杂性的迫切需求。众多实践结果显示，国际工程项目和国内工程项目存在比较大的差别。国际工程项目的参与主体是不同国家，受到不同国家相关制度和文化习俗等方面的影响，让原本就比较复杂的工程成本计算变得更加繁杂。工程项目施工成本控制在整个工程管理中的地位本就很重要，加之国际工程的复杂性，这就要求更及时开展国际工程项目的施工成本控制管理，采取各种有效措施帮助促进国际工程项目施工成本的有效控制，减少施工成本，帮助企业获取更大的经济效益[30]。

4.3.3 国际工程项目管理施工成本的具体控制流程

(1) 制定标准。结合施工承包合同具体的种类以及项目管理的实际水平，采用合理的施工成本措施，也需要结合实际施工情况制定可行的控制标准。在整个施工成本控制当中，确定施工成本控制标准是其中最关键的环节。制定的标准直接会影响控制施工成本的最终成果，甚至还会对整个工作的成败产生比较显著的影响。

(2) 做好记录。施工成本控制其中一个环节是做好专门的记录工作。想要做好记录，首先对施工情况进行仔细观察，记录的内容应当完善和详细。需要对人工成本、材料以及施工设备的消耗量、现场管理情况、施工工艺情况以及工作面等情况、施工准备项目、场地布置等情况进行记录，还要记录人工、施工设备进入和退出施工现场的时间、休息与闲置时间，设备的维护与保养时间等。这也是施工成本控制当中的重要基础。

(3) 整理分析记录。记录好相关数据后，采取科学合理的统计学加工处理方法得到统计结果。这样做使结果变得更加具有条理性和系统性。把资料整理完成后，还需要检查资料的结构特点、及时性和逻辑性，使结果可以反映出施工水平和管理水平。再结合之前制定的施工成本控制标准和实际施工成本控制结果进行对比，结合实际工程施工中的情况，撰写施工成本分析报告，总结施工成本控制的经验和教训。

(4) 落实措施。针对在施工成本总结报告中得到的成功经验合理借鉴并进一步推广，针对出现的问题要及时改正[30]。

4.3.4 国际工程项目成本管理的策略

1. 中外方员工成本控制

中方人工成本的控制。中方人工成本中有两个可以节约的地方，即翻译与培训人员，想要节省这一部分支出，就要提升施工人员素质。在招聘时要优先选择具有出国务工经验的施工人员，同时还需要在出国务工之前对其进行语言、技术的培训，增强其基本技能。要尽可能实现一人多岗的人员管理模式，减少管理人员数量，相应地缩减了人工成本的支出，但是也要注意做好依据工程实际进展调整的工作。中方工作人员薪酬计算方式也应当进行调整与优化，采用基本工资＋绩效的方式来发放，基本工资是结合员工具体岗位来确定的，而绩效工资则要依据员工工作量完成情况、完成质量、有无特殊贡献等，还可以附带一定的生活补贴。如此薪酬绩效方式既能够保证薪酬的公平性，还体现出了企业对员工的关爱，落实了人性化管理的要求，更重要的是可以激发员工的工作热情。

外方人工成本控制。在国际工程项目中不可避免地会聘请一些当地的工作人员，这部分支出是不可避免的，但是其薪酬费用却能进行控制。结合工程所在国家的法律法规，合同工与临时工之间的薪酬是有差异的，临时工的薪酬明显要低，可以聘用部分临时工。为了保证工作质量，可以采用临时工＋合同工的方式来聘请外方工作人员，如此就可以实现保证施工质量与控制人工成本的双重目标。鼓励多劳多得，针对聘请的外方临时工则按照小时结算工资，其中工资标准由人力资源部门负责人来制定，具体工作时长则由工长来认定。一般包括工时＋加班工时两个方面，多劳则多得，如此可以较好地发挥外方员工工作积极性。有效管控本地员工数量，如施工过程中由于对人员管理不严格，外方工作人员可能存在虚报人数的情况。对此项目部门负责人需要建立用工档案，所有进入施工现场的人员都要登记，项目部门经理还要提升自身的监管能力。关于工资的发放，外方工作人员尤其是临时工，工资必须发放至本人手中，禁止他人代领，以避免出现克扣工资的情况[29]。

2. 施工设备成本的控制

关于国际工程施工设备成本的控制可以从以下两个方面来进行。

(1) 设备的采购与调配。在国际工程施工中由于对设备的型号、设备智能性要求不同，可以结合具体要求分两大类实施设备采购，即国内与国外设备采购。在采购的过程中施工企业不单单要考虑设备的价格、质量，还要考虑设备与施工现场的实际距离，以及设备的性能、维修与配件。综合上述因素来制订出合理的采购计划，然后再选择合适的设备，实现对设备成本的有效控制，同时发挥出设备的最大作用。

(2) 培训设备操作人员。施工机械设备的使用率、维修率等与操作人员的规范性有直接关系，也同日常维护保养有关。因此要考核设备操作人员基本的技能，取得证书方可上岗，并且在施工过程中还要定期组织培训。提升操作人员对设备机械的维保，提升其日常维护、保养设备的能力，延长机械设备的使用寿命[29]。

3. 控制施工材料成本

材料价格的控制：国内建筑工程中的建筑材料采购一般会采用招标的形式来确定材料供应商，这样材料的价格、质量以及供应商信誉等都能获得保证。但是国际工程中，尤其是在一些经济不发达国家，其工程材料往往是由一家或多家供应，这样就难以保证材料质量。所以国际工程在选购材料时要坚持货比三家的原则，从众多的材料供应商中选择质优价廉且信誉好的商家进行长期合作。要注意搞好双方关系，注重长期合作，如此才能确保在施工中能够有稳定、质优价廉的材料供应，保证施工的正常进行。

材料用量的控制：施工过程中对材料的存放管理不严格，会出现一些难以避免的情况，因此要完善材料存放与使用制度，实施限额领料、计量管理。限额领料是指在正式施工之前，工程技术人员要结合设计图纸、施工现场实际情况等给出每个部门、每个施工环节大约需要的材料用量。施工人员根据技术人员所出具的材料用量说明到材料存放处按照相关的规格、数量等领取材料。库管人员要认真核对数据以及出库材料量，保证二者的一致性，避免出现虚报数额、量不对数的情况。计量控制则是指在施工的过程中对材料的使用数量、材料的下发以及剩余材料的回收等都做到登记检查，如实上报并回收材料[29]。

4.4 国际工程项目施工资源管理

在国际工程施工中，各种施工资源的组织、管理也极其重要。施工资源组织、管理不到位，不仅不能按时、保质地完成项目目标，也可能使项目遭受巨大的损失。这一点在非洲的国际工程项目中尤其要注意。非洲一些国家，经济相对落后，当地工人纪律性不强，同时整个国家工业体系也较薄弱，各种施工资源都极其有限，很难满足中资建筑施工企业对项目快速建设施工的需求。因此，如何合理地组织、管理好项目的施工资源，对项目的正常履约具有非常重大的意义，同时也是能否使项目效益最大化的关键所在[31]。

4.4.1 人力资源

国际工程项目施工的人力资源的分类和来源十分广泛，就分类而言，施工人力资源分为专家、部门管理人员、施工管理人员、普通劳务。就来源来讲，如图 4-3 所示，这些人力资源的来源又分为公司总部、公司内其他项目、国内人力资源市场、国际工程专家队伍、当地人力资源招聘市场、当地劳务分包市场、第三国人力资源市场，项目施工的人力资源在这些来源地和项目内部部门、工区之间进行流动。不同种类的人力资源其流动性有所不同，同一种类的人力资源在不同流动渠道中的流动能力也不相同，相同种类的资源、相同的流通渠道对不同公司的不同项目其流动性也有区别。

对于国际工程项目施工资源而言，不同种类的人力资源在项目中的数量、单位成本、总成本、重要性、可替代性是不一样的，专家在项目人力资源中数量很少、成本和重要性很高、可替代性很低。部门管理人员和施工管理人员在项目人力资源中的数量较多，单位成本较高，总成本所占比重较大，单个人员的重要性较大，但可替代较高，普通劳务在施工项目人力资源中所占的比重最大，单个人员成本较低，总成本所占的比重最高，单个人员的重要性最低，可替代性很高[32]。

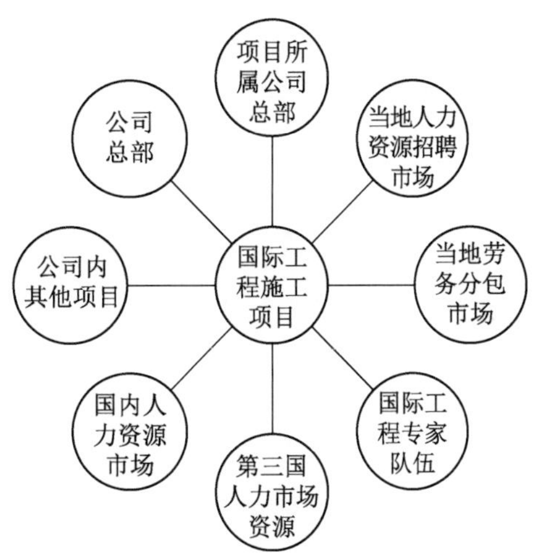

图 4-3　人力资源流动示意图[32]

4.4.2　工程机械设备资源

在机械化大生产的今天，设备资源质量的好坏、成本的高低、流动速度的快慢，对一个工程的成本和进度有着直接的影响，国际工程项目施工的机械设备资源的分类十分复杂，根据功能的不同可以把工程机械分为运输机械、隧道施工机械等十几类，这些分类比较细致，难以统计出流动性的普遍规律，可以根据流动性的不同，把施工项目的机械设备分为通用设备、专用设备和特有设备。通用设备是不同工程上常用的设备，比如说推、挖、装设备，一般的工程都用得到；专用设备是由于工程本身的特殊性而需要的专用设备，这些设备只有特定的工程项目才能够使用，比如门塔机；特有设备是针对某一工程的特殊性特别设计的设备，只适用于某一工程而其他工程难以应用的设备。通用设备替代性比较强，专用设备替代性比较差，特有设备无法被替代。

工程机械设备资源流动示意图如图 4-4 所示，根据机械设备的来源设备采购市场可分为国内设备采购市场、当地设备租赁市场、当地设备采购市场、第三国购租市场、集团内其他项目、公司内其他项目、二手设备市场等，项目施工的机械设备资源在这些来源地和项目内部工区之间流动。不同种类的机械设备资源其流动性有所不同，同一种类的机械设备资源在不同流动渠道中的流动能力也不相同，相同种类的机械设备资源、相同的流通渠道对于不同公司的不同项目其流动性也有区别。

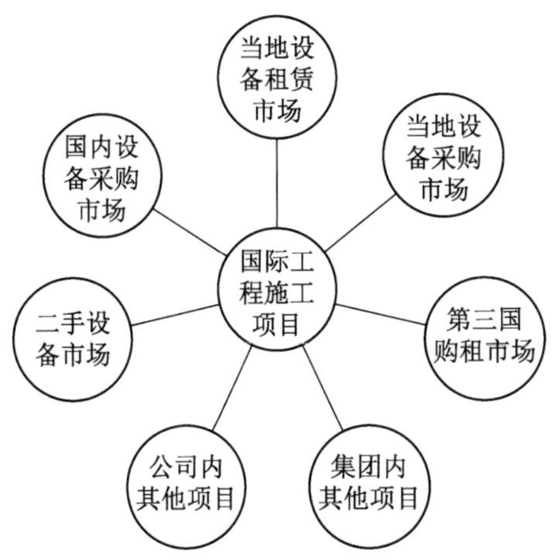

图 4-4　工程机械设备流动示意图[32]

对于国际工程项目施工资源而言，不同种类的机械设备资源在项目中的数量、单位成本、总成本、重要性、可替代性是不一样的，通用设备在项目机械设备资源中单位成本比较低，但是由于其数量最多、因此其总成本所占的比重较高，而且通用设备有很多功能比较相似，可替代性很高。专用设备在项目机械设备资源中大部分的单位成本是比较高的，其数量额比较多，因此其总成本所占的比重较大，但是专用设备的可替代设备很少，可替代性较低。特有设备在施工项目机械设备资源中数量极少，单位成本很高，总成本所占的比重根据不同的项目比重有所不同，不可替代[32]。

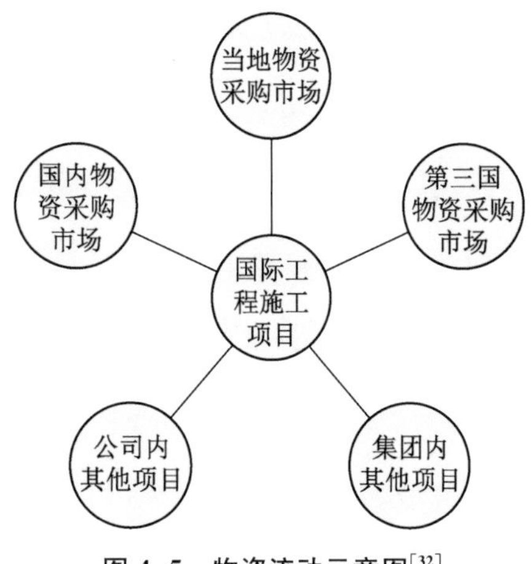

图 4-5　物资流动示意图[32]

4.4.3　物资资源

国际工程项目施工的物资资源的分类和来源十分广泛，就分类而言，施工物资资源分为主要材料、结构件、火工产品、周转材料、燃料、机械配件、劳保用品、五金、其他材料等，物资流动示意图如图 4-5 所示，这些物资资源的来源又分为公司内其他项目、集团内其他项目、国内物资采购市场、当地物资采购市场、第三国物资采购市场等，项目施工的物资资源在这些来源地和项目内部部门、工区之间进行流动[32]。

4.4.4　国际工程项目资源管理的相关措施

1. 加强用工管理，优化中、外工人比例

对于国际工程施工中的人力资源管理，首先要加强对当地工人的管理，按照当地的法律法规聘用、解雇工人，尤其是零星用工的雇佣，千万不可图一时省事，因小失大，给项目带来不必要的损失。其次，优化中方与当地工人的用工比例。最后，对于项目劳务用工需结合当地的实际情况进行属地化管理，用当地人去管理当地人，即培养当地的工班组长和当地专业的劳务队伍，优化项目劳务人员结构，降低项目人力资源成本。

2. 强化材料进场组织，充分考虑材料进口过程中的不确定因素

对于材料资源的组织与管理，因国外工程中的大部分材料都要进口，在编制材料采购计划时必须周详、有效、可行，要充分考虑材料的进口周期、清关等不确定因素。在结构施工时，对于地材、水泥、钢筋等当地可采购的材料，要向咨询工程师报送两种以上品牌，避免出现某一厂家供货不足，临时更换其他品牌材料，在材料的报审、报批上浪费时间，耽误施工进度。在装修及机电工程施工中，因当地部分咨询工程师对项目装修及机电安装材料的报审、报批非常挑剔，对中方往往不信任，需要很长的时间才能确定一种材料，故此部分报审、报批工作需尽量提前，一般在结构施工初期就需进行，确保项目所需材料可按时采购、进场，并且在资金允许的情况下尽早采购，减小因当地货币贬值带来的损失。另外，某些国家海关人员在清关费中裁量权较随意，尤其在中资企业清关时表现较为明显。因此，在材料采购时，如当地有相关材料代理商，尽量按货到现场的模式进行合同约定，由当地公司自行清关，降低项目在清关过程中的不可控因素。

3. 增进机械设备管理的计划性，加强机械设备的定期维护保养

对于国际工程项目施工中机械设备资源的组织、管理必须具有前瞻性，相关的机械设备及备品备件的采购必须充分考虑其进口周期。在项目刚启动时，必须依据施工组织设计中的机械设备使用计划，为机械设备编制确实可行的采购计划、进口计划、租赁计划、维护保养计划等，以保证其按时进场，不影响现场的施工。首先，在日常使用中，定期对机械设备进行维护保养。结合备品备件的生产、进口周期，编制相关采购计划，并按时采购，保证机械设备正常使用。其次，在进口机械设备时，必须充分考虑该品牌的机械设备在当地是否有代理商这一因素，有代理商的机械设备，在其将来的使用、维护、保养过程中具有更大的可靠性、便利性。同时当有多个项目采购同一类型机械设备时，必须保证所采购的同类产品源于同一厂家，这样有利于不同项目之间机械设备的周转使用，同时也减少零部件采购种类，降低采购难度，保障机械设备的高效运转。

4. 积极消化项目技术、规范，适当引入当地技术力量

因语言、技术、规范的不同，国际工程项目更加注重技术资源的组织、管理，因其时刻影响着项目的质量、进度、安全及成本。首先，在项目启动初期，组织相关技术人员对重要施工项目的质量标准、材料标准等进行详细对比，不能仅浮于对比标准名称。其次，国际上很多项目的合同图基本相当于国内的初设深度，需进行二次深化，设计详细的施工图，以达到最终可施工的层次。中方企业往往使用国内的团队进行深化设计，然而国内的设计团队对欧洲标准、美国标准等不熟，绘图表达方式也不同，再加上语言、驻场时间的问题，导致在图纸报批时不得不与项目的咨询工程师反复沟通、确认，甚至很难被批复，效果不佳。为此，项目可单独聘请当地的深化设计团队与国内团队互相配合，由国内团队进行深化、设计，国外团队按当地规范标准进行转图，与咨询工程师交流、沟通等，往往能起到非常好的效果。最后，对于 EPC 项目，更是建议聘请当地的设计团队，配合设计、深化、沟通、工程图报批等，以达到最优的效果。

5. 加快项目现金回流，确保现金流有效循环

对于项目资金管理，现金流能否有效循环将格外重要，一旦现金流出现问题，将使项目工期延误及成本增加，给项目造成重大损失。在合同谈判时，最好在合同中明确当材料到达现场后业主先行支付全部或部分材料款这一合同条款，这能在很大程度上缓解项目现金流的压力。在材料采购时需严格依照材料采购计划，按施工顺序进行相关材料采购，避免采购过于集中，使项目现金流断裂，无法有效循环，给项目带来重大损失[31]。

4.5 可视化管理

4.5.1 基于 BIM 技术的管理系统设计

随着城市化进程的加快，人们对工程建设提出了更高要求，现阶段复杂度较高的工程建设项目，以工程图为核心，以 CAD 技术为主体的工程管理和设计模式，已经难以满足要求。随着计算机技术的不断发展，在工程建设项目中，逐渐形成了以工程数字模型为核心的管理模式和全新设计方法，提出了 BIM 技术。B1M 技术基于三维数字技术和计算机技术，提高了项目运营维护、策划、施工和设计等工作效率[33]。

1. 整体架构设计

在计算机中引入传统复杂工程建设即为工程可视化管理系统。其利用可视化技术模拟整个工程项目的施工过程，根据模拟结果，修正工程设计方案以及方案中存在的各种参数，为工程设计和管理人员提供可视化环境，从而直观获取工程项目的相关信息和数据。基于 BIM 技术的工程项目可视化管理系统的整体架构如图 4-6 所示。

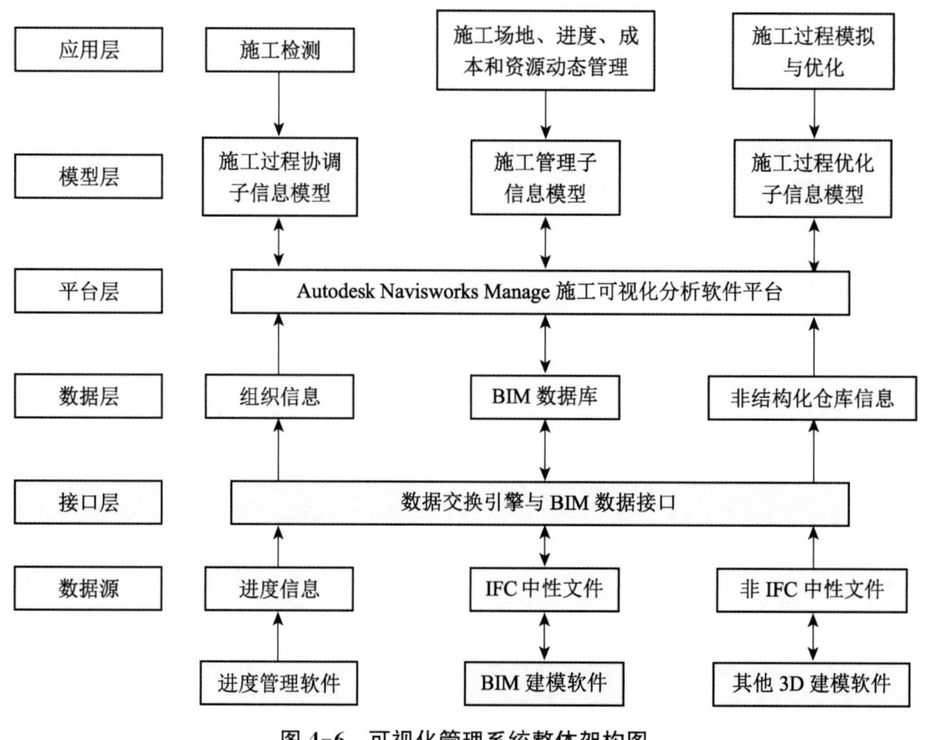

图 4-6 可视化管理系统整体架构图

基于 BIM 技术的工程项目可视化管理系统由以下五部分构成。

(1) 数据接口层：考虑工程项目的建设要求，通过 BIM 软件获取项目信息，将各种数据通过交换引擎和数据接口转变为结构化的数据结构。

(2) 数据层：在系统中，数据可以划分到 BIM 数据库和非结构信息数据库中，即在系统中可以获取与项目工程相关的数据和信息。

(3) 平台层：实现数据的集成与共享，是基于 BIM 技术的工程项目可视化管理系统平台层的主要目的。该层可以验证、储存和读取数据中存在的各类信息。

(4) 模型层：集成 BIM 软件设计的所有模型是该层的主要作用，以便在项目工程可视化管理中调用各种模型。

(5) 应用层：该层的主要目的是通过可视化界面，将基于 BIM 技术的工程项目可视化管理系统仿真结果传送给项目的管理者，以便对工程项目做出相关决策，其中包括施工优化、施工进度管理、碰撞检查、沟通协调和成本管理等。

2. 系统功能模块设计

应根据工程项目可视化管理系统的需求，分析设计系统的功能模块。通过用户角色分析和业务流程分析等，明确与细化软件功能实现要素，促进程序开发。基于 BIM 技术的工程项目可视化管理系统中包含如下 8 个功能模块。

(1) 计划编制模块。在该模块中，可以进行进度计划的导出工作和输入工作，可将进度计划直接输入工程项目可视化管理系统中，实现与 P6、MS Project 等项目进度管理软件的数据交互。可在专业进度计划软件中编制并优化进度计划，工程项目可视化管理系统中的进度计划编制模块如图 4-7 所示。

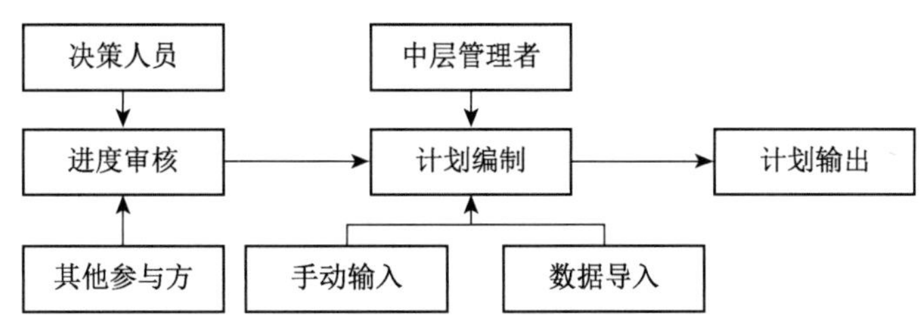

图 4-7　进度计划编制模块

(2) 计划查询模块。通过基于 BIM 技术的工程项目可视化管理系统的计划查询模块，施工班长可以获得施工模拟动画或图像。工程项目可视化管理系统中的进度计划查询模块如图 4-8 所示。

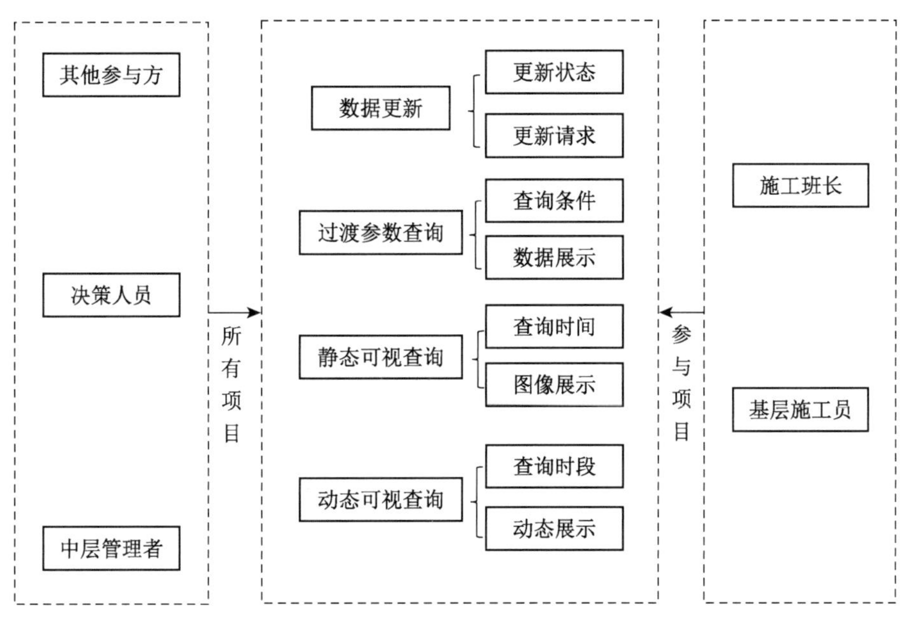

图 4-8　进度计划查询模块

(3) 信息采集模块。在进度监控过程中,进度信息采集是较重要的组成部分,准确、及时获取实际进展数据的前提是有效的进度信息采集,可为后续的进度预警和偏差分析提供数据和信息。在获取工程项目进度信息时,需要采集设备信息、工作状态信息、单位时间内工作量、开始工作时间等信息。工程项目可视化管理系统中的进度计划查询模块如图 4-9所示。

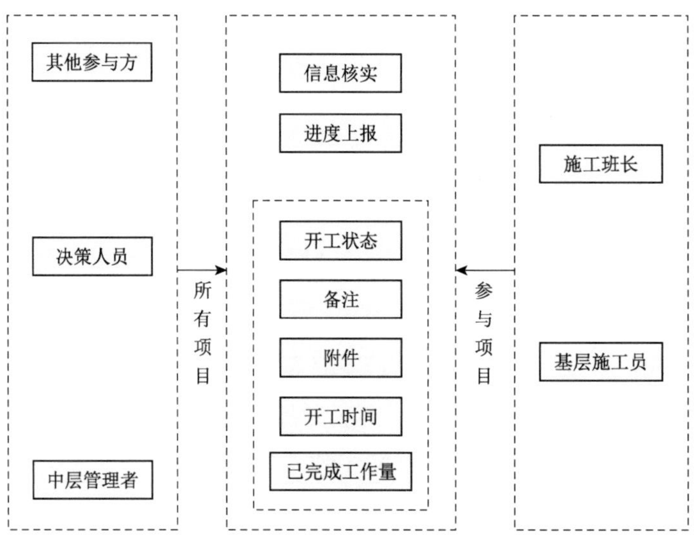

图 4-9 进度计划查询模块

(4) 实际进度模块。为参与者展示当前工程项目的进展情况是实际进度模块的主要功能,工程进度可以利用不同方法进行展示,管理者不在施工现场时,可以通过工程项目可视化管理系统的实际进度模块,快速了解工程的整体进度。通过观察实际进度模型的更新,施工班长可以对是否完成进度数据的上报进行确认。各参与者还可以通过动态工作进展展示,全面了解工程进展速度。工程项目可视化管理系统中的实际进度模块如图 4-10 所示。

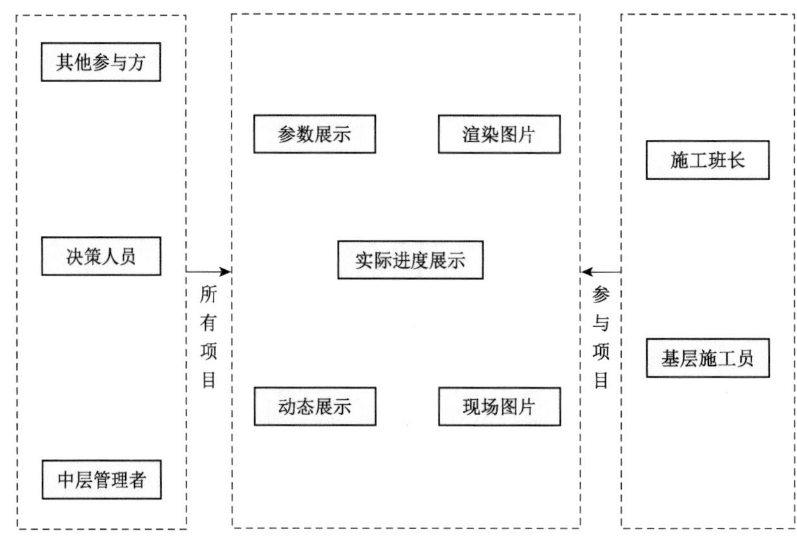

图 4-10 实际进度模块

(5) 偏差分析模块。分析并展示进度的偏差情况，是工程项目可视化管理系统进度偏差模块的主要功能。通过对比实际进度与进度计划，计算并分析二者之间存在的差异，是偏差分析模块的基础工作。进度偏差分析在偏差分析模块中，主要通过 3 种方式呈现数据，包括 3D 模型、甘特图和表格对比的偏差展示。

实际进度与进度计划的各项参数通过表格的形式进行对比，对获得的偏差数据是否存在偏差进行判断，从而获得高精度的进度偏差分析表。通过实际工程量比较，可在甘特图中描述工程进度的偏差。在建筑 3D 模型中，3D 模型的偏差展示用不同颜色对出现偏差的工作部位进行标识，用户能够直观在图像中获得出现偏差的位区。通过 4D 形式动态展示过程中呈现的进度偏差。基于 BIM 技术的工程项目可视化管理系统的偏差分析模块如图 4-11 所示。

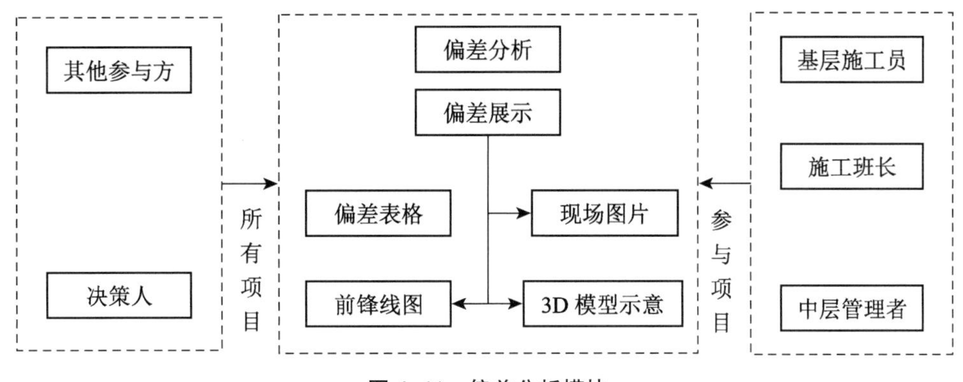

图 4-11 偏差分析模块

(6) 进度预警模块。在工程项目可视化管理系统中，进度预警是根据进度预警模型和进度偏差数据进行的。预警管理和警情状态显示，主要通过警情处理模块和警情发布模块完成。警情信息通常分为两个部分，分别是具体数据和预警状态数据，用户可以通过整体进度状态获得当前进度的实时状态。具体数据通常通过相关影响、延误工作和预警指示对预警情况进行说明。相关的实施人员和管理者可以利用预警管理中的警情处理功能和发布功能实现警情消除和预警信息处理。

(7) 进度调整模块。调整进度是进度调整模块的主要功能，在进度调整模块中可以确定进度调整数据和调整方法，并对流程进行审批，通过审核后可以修改进度计划数据。工程项目可视化管理系统的进度调整模块如图 4-12 所示。

(8) 用户管理模块。用户管理模块在工程项目可视化管理系统中，用于为用户提供用户权限管理、密码管理和个人信息管理等功能。用户可以在用户管理模块中修改基本信息，并对密码进行修改。系统管理员在用户权限管理中可以进行用户删除、添加和查询等操作，保障工程信息的安全。

基于 BIM 技术的工程项目可视化管理系统设计方法，可以高精度模拟项目，提高了系统的安全性，促进了工程项目可视化系统的发展。

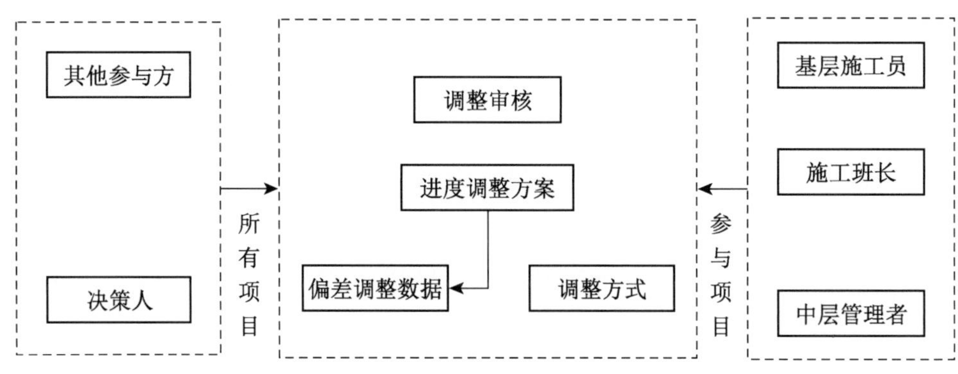

图 4-12　进度调整模块

4.5.2　基于大数据的可视化技术

人们运用合理且科学的方式在庞大数据中挖掘更有价值的数据，构建数据之间的联系，分析数据之间联系的结果，以便为决策者提供参考。数据可视化技术即为此而生，该技术可以将信息数据转变为视觉形式，借此强化数据关联所产生的效果，使得用户能够更直观地分析数据之间存在的关系[34]。

1. 数据可视化概念及其价值

数据可视化技术最早产生在 1950 年，是在计算机图形学正式提出后出现的技术。数据可视化可以理解为运用电脑图形理论以及图像处理方式，借助图表、地图以及视频等其他类型可以令大数据内容转为便于理解的图像，以表现数据之间的关联性。可视化模型中的数据信息可以分为如下三个数据转变的过程：从基础的庞大的大数据转化为数据表，进而转变为一种可视化数据结构，从而绘制为数据视图。

2. 大数据环境下的数据可视化技术发展方向

随着计算机技术开始在可视化技术之中得到合理运用，研究者构建了多种类型的可视化技术，且既有的可视化技术也得到优化。随着数据可视化技术研发人员数量的持续增加，加快了智能数据可视化设备技术的发展。目前，大数据背景之下，数据可视化技术未来发展方向主要集中在如下几个方面。

(1) 多维度信息可视化。一般高维度的可视化算法，代表为 Inselberg 所创建的平行坐标技术。然而，该技术存在一定的劣势，其将高维度数据在二维或者三维空间之中表示，算法整体难度较高，且需要消耗大量时间，且在实用性方面表现不佳，所以无法满足大数据可视化的实际需要。有学者试将数据聚集之后的平行坐标予以可视化处理，该方式的理论基础在于利用 K-means 算法针对庞大的数据内容予以聚类处理，然后再次对类区间宽度予以划分，针对各种类区间依照其权重大小予以顺序排列并绘成图。相较于一般平行坐标可视化技术，以类区间为基础的平行坐标可视化技术可以明显解决数据线段过于繁杂的问题，令数据线段布局更为明晰，使得用户对数据信息能全面地了解，为用户数据可视化技术运用提供了便利。

(2) 层次信息的可视化。层次信息属于相对多见的结构信息之一,例如生活中相对多见的系谱图、计算机文件系统以及组织结构图等。层次信息可视化最常见方式即为树图布局算法。然而,在大数据层次信息之内,该类型可视化表示方式存在许多漏洞。由于横向各个层次节点数同纵向的树深层数扩展比例失衡以及分支拥挤等多种问题使得层次结构表示出现模糊现象。因此,有学者以层次信息可视化方式为基础创新可视化方式,并提出大众标记层次可视化算法,该算法依靠整体信息结构对信息所处位置进行定位,向用户即时、直观地展现目前位置层次结构,使得空间利用率得到最大程度提高。但该算法也存在较为明显劣势,即无法达到跨层级以及多级层数据方面的需求。

(3) 时序信息的可视化技术。就目前大数据信息视觉可视化技术而言,时序信息实现可视化一直是难以解决的问题。究其原因在于,时间信息同其他属性的信息数据之间存在较大差异,最主要的特征便是其具有无法更改的顺序性。有学者创建了多变元时序数据可视化方式,该可视化技术具体流程如下:利用时间维度予以分段,采用视觉聚类,运用合适的颜色予以绘制,以此实现对时序信息数据的可视化处理。通过该技术,用户也能够明确观测到信息数据变化趋势以及出现突变的时间,而数据遮挡问题也得到有效解决。

可视化对数据的反映使得庞大数据得以聚集展现,使得信息运用者能够在短时间内发掘数据的关键点。

4.5.3 数据可视化技术应用

数据可视化技术作为数据科学的理论基础之一,能够将复杂的数据转换成更容易被用户理解的形式,传统的表格可以通过数据可视化技术转化为易于理解的图形符号,并将一些难以发现且又有价值的数据联系起来并加以利用。通过将项目数据图形化处理能够精准高效地表达出项目管理过程中的关键信息,发掘数据之间的隐藏联系,提供用户科研项目管理过程中的决策分析能力[35]。

1. 基于分析模型的数据可视化

数据可视化是关于数据视觉表现形式的科学技术研究。数据可视化是一个不断演变的概念,其所代表的范围及边界随着技术的发展在不断地扩大。主要是利用计算机图形学和图形处理技术对数据表达、建模以及图形显示等可视化进行解释。典型的可视化分析模型如图 4-13 所示。T_0 代表该模型的起点,即该模型的数据输入点,T_1 代表该模型的终点,也即该模型产生的知识。可视化分析是从输入到模型的数据再到知识,从知识到数据,再从数据到知识的循环过程。从输入模型的数据到知识的过程可细分为有用户交互的可视化方法和带有参数改进的数据挖掘方法。其中 a_1 代表用户交互的可视化方法产生的中间结果,b_1 代表带有参数改进的数据挖掘方法产生的中间结果。用户可通过可视化方式对模型产生的可视化结果进行修正,也可以根据模型产生的可视化结果通过参数改进的方式修正可视化模型。

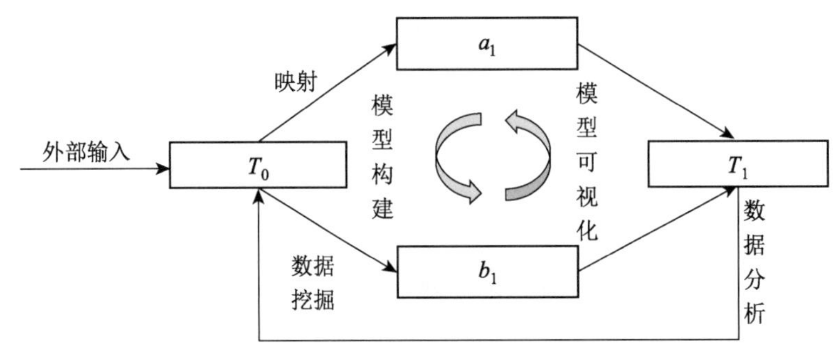

图 4-13 典型的可视化分析模型

2. 应用领域及可行性分析

数据可视化的应用领域随着计算机技术和图形学技术的发展而不断被拓宽，除了传统的医疗、教育、航天、气象和海洋等领域，其重要的应用领域表现在科学、系统、金融、互联网、社交媒体、物联网与智慧城市等。伴随着可视化技术的应用，各行各业尤其是数据量较大的行业如金融、航天等，可以发掘数据中隐含的内在规律，从而为决策者提供决策支撑。可视化技术的应用场景将随着技术的发展而不断地被扩展，其与其他学科的边界也逐渐模糊。

在技术架构上，基于浏览器和服务器(Browser/Server, B/S)体系的软件结构是目前可视化应用主流的体系架构，区别于传统的客户机和服务器(Client/Server, C/S)模式，具有分布性强、维护方便、开发简单、成本低等先天优势。随着计算机技术的发展以及项目精细化管理的要求，使得以往的项目管理数据展示方式不再能满足人们对项目管理的预期。项目数据可视化展示可以让项目决策者在获取项目信息的同时，了解到更多的隐藏在数据背后的有效信息，多角度的可视化展示能够使项目决策者更全面地了解数据之间的关联关系。

3. 系统架构及关键技术

系统采用高内聚、低耦合、多层次且面向服务的体系结构，具备响应及时，复用性强、扩展性高的多重优势。在多源异构数据情况下，对数据源进行数据抽取、数据清洗以及数据转换，建立基于项目管理的数据仓库。借助商业智能(Business Intelligence, BI)可视化分析工具，以科研数据仓库为基础，输出表现力强的科研主题类可视化组件。J2EE 平台在科研主题类可视化组件基础上，输出具备决策分析能力的可视化大屏，形成项目管理系统的展示要素。项目管理系统的系统架构如图 4-14 所示。

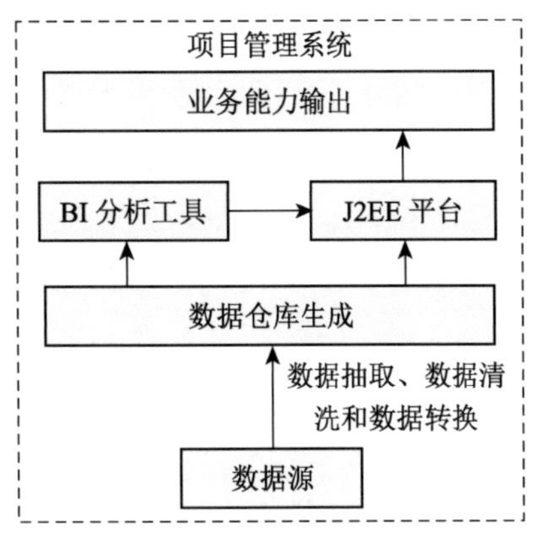

图 4-14 系统架构图

数据可视化技术关键是解决以下几个关键点。数据空间是指 n 维属性和 m 个元素组成的数据集所构成的多维信息空间；数据开发是利用一定的算法或者工具对数据进行清洗和计算;数据分析是对上述的多维数据进行剖析,从多个角度、多个侧面观察数据;数据可视化是以图形、图像等形式展示多维数据,利用数据开发及分析工具发现图形、图像信息中的未知元素。可以具体地划分为项目管理系统中的以下几部分。

(1) 元数据生成。为适应多源异构数据,按照标准化方式,建立可适配多源异构数据源的接入模式,并从科研项目管理角度对元数据进行描述管理,以此为基础构建数据管理,从而进行数据发布,为科研主题类可视化组件输出提供基础。

(2) 数据抽取、清洗。在多数据源的情况下,借助数据抽取、转换、装载(Extract Transform Load, ETL)等工具对数据进行抽取清洗,生成可用的数据并放入数据仓库,提供给各个业务模块使用。

(3) 可视化组件生成

在前端 FreeMarker 架构基础上采用 Echarts 4.0 对数据表进行条件过滤、多表关联等处理方式,通过简单配置即可生成多种可视化图表组件。

4. 基于可视化技术的项目管理系统

数据可视化技术为项目管理系统决策分析提供技术支撑。

项目管理系统决策分析模块组成如图 4-15 所示,抽取项目概况、组织架构、计划管理、合同管理、质量管理以及风险管理模块中的数据,借助 ETL 工具将清洗好的数据放入数据治理平台。数据可视化分析工具以数据仓库中清洗好的项目数据作为数据源,通过可视化配置方式配置出项目管理主体类可视化组件,以项目管理主题类组件为基础构建决策分析模块的项目综合态势大屏。用户通过展示出的大屏不断调整数据源及可视化组件,最终达到用户期望。

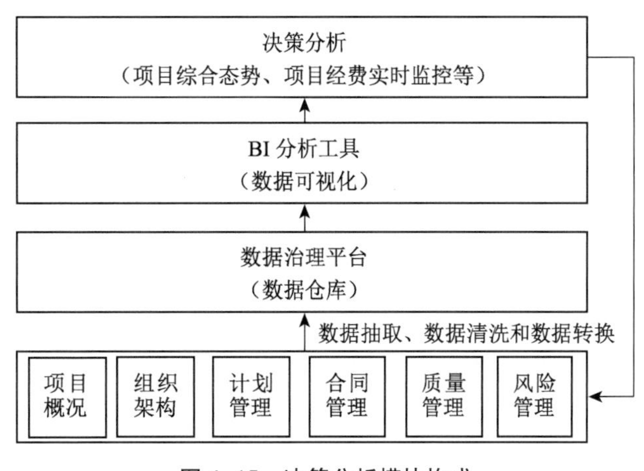

图 4-15 决策分析模块构成

随着系统复杂度及项目精细化管理的要求越来越高,如何有效地从大量的业务数据中抽取用户关注的信息并以合理有效的方式展示出来,从而获取数据中隐藏的价值成为现阶段项目管理系统急需解决的问题。借助数据可视化技术实现的项目管理系统可将项目管理过程中产生的数据进行清洗和整合,并进行有效分析和可视化输出。经过实际使用的反馈,该系统为项目决策提供了有效的技术支撑。

第5章

文旅项目管理与实践

5.1 文旅项目与常规住宅项目

5.1.1 文旅项目的特点

文旅是以人文资源为主要内容的旅游活动，包括历史遗迹、建筑、民族艺术和民俗以及宗教等方面，使旅游者深度参与旅游体验。文旅以文化的碰撞与互动为过程，以文化的相互融洽为结果，富有民族性、艺术性、神秘性、多样性和互动性。成功的文旅项目具有如下特点。

(1) 布局为首。打造文旅项目，首先要解决规划布局问题，规划布局要重视长期效益，做到整体规划，滚动开发、梯次建设。应尊重当地的生态环境、文化生态和生活方式，做到融入、融合以及彼此适应。

(2) 文化为魂。文旅项目与普通商业项目的根本差异在于"文化"。文旅项目可分为两种，一种为历史人文旅游景区，另一种则是新开发的文化旅游景区。前者拥有更强烈的历史背景和先天积聚的文化资源；后者则需要依托项目所在地的历史，深度去挖掘它的文化内涵。无论哪一种形式，"文"与"旅"都是紧密相连，没有文化内涵支撑的"文旅"是空洞并且缺乏趣味性的。

(3) 品牌为基。一个好的文旅项目，需要有一个好的品牌形象和一个响亮的品牌名称。文旅项目的品牌建设，从某种意义上讲就是为文旅项目编故事、讲故事、传故事，通过故事的方式将文旅项目的品牌传播出去。

(4) 产业为链。文旅产业链，从最初单一的文化产品到最后成为内容丰富的文旅产业，要经过一系列引导、加工、宣传和集聚的演变过程。文旅项目的建设必须寻求和注入支撑性产业，通过支撑性产业效应，带动相关产业的发展。文旅产业可纵向或横向延伸，纵向延伸主要针对上游产业的深度开发，横向延伸重点则在新媒介的宣传渠道方面。文旅产业链构建意义重大，是促进产业链内部的各项产业的协同发展、实现区域旅游经济和谐发展的关键所在。发展文旅项目，要重视往产业链上下游延伸，并向高端领域衍生发展，形成自身的产业链闭环。

(5) 整合为网。如今是一个跨界与整合的时代，只要与文旅地产生态圈相关联的都可以大力整合，通过整合不断地了解其实质，并最终会选择价值取向高的部分，从而积淀品牌。在未来，拼的不仅仅是智力、实力，还有整合力。

(6) 商业为源。一个成功的文旅项目，势必要将客流资源转变为强大的消费资源。文旅和商业是相互依托的，商业能给旅游添加趣味性，但纯粹的商业功能被弱化。将商业自然过渡到旅游当中，根据项目的文化特色引进新颖的业态和品牌，实现品牌创新，将产品融入旅游中，也可将购物与旅游相结合，注重顾客的参与感，让顾客在欢乐中产生消费，才是更高层次的文旅商业形态。文旅项目商业的培育，应从满足居民及游客多元休闲消费需求出发，通过食、住、行、游、购、娱等产业相关要素的业态化创新组合，创造多元化的消费场景并打造一站式服务结构，升级文旅项目体验质量，并通过文旅产业带来的人气聚集与创意聚集，带动当地商业规模化发展，形成文、旅、商一体化综合发展结构。

5.1.2 文旅项目与常规住宅项目智慧管理平台

1. 文旅项目

文旅项目常用的智慧管理系统为基于 BIM 协同平台的智慧施工管理技术。

(1) 概述。BIM 协同平台是指由三维建模解决工程建筑设计领域的全新解决工具，BIM 协同平台是解决工程建设全生命周期中数字化、可视化和信息化而产生的，是更高层次的 BIM 应用。

BIM 协同平台可以使项目各参建方、设计、施工总承包、监理单位以及专业分包等都在 BIM 平台上进行管理共享，并且建立与工程项目管理密切相关的基础数据支撑和技术支撑，大大提升项目协同管理效率。

为提高各方的信息交互效率，提高专业与专业间工作的协同效率，使参与各方在同一平台上进行信息交流、工作协同和执行工程管理，项目引入 BIM 技术、互联网技术和二维码技术，搭建 BIM 协同平台，通过全新的工作模式、三维可视化功能和信息互用方式高效准确地将工程信息及时共享，减少了信息传递过程中的损耗，不同专业之间的协作沟通效率大幅提高，实现了项目的协同管理和管理水平的整体提升。

(2) 基于 BIM 的协同平台如下所述。

① 基于协同平台的 BIM 模型管理。协同平台的 BIM 模型管理模块为管理及施工人员提供统一的模型。转换好格式的 BIM 模型被上传至 BIM 模型管理模块，查看信息所需者通过网站平台查看建筑三维模型及内部构件位置等信息。在平台数据库中，将 XML 文档关联构件信息，点击 BIM 模型构件时可查看构件信息，用户可在平台生成带有模型信息的二维码，扫描二维码可实现对比实际施工与设计模型，直观高效。

② 基于协同平台的项目前期管理。在项目前期管理模块中，用户可上传项目前期所需

文件。任何需要保存的文件均可上传至云端，避免文件丢失或难以查找。协同平台中的文件可供施工人员及业主方随时查看，用户可随时在线编辑文件内容，提高管理效率。

③ 基于 BIM + Web 协同平台的合同管理。BIM + Web 协同平台根据不同类别的合同编制相应的合同表单并设置权限，用户只需按类别填写合同相关内容，即可上传至平台供所需人员了解。当合同内容有变时，平台管理员可进入后台进行调整。用户可直接根据类别或签署时间查找相应合同，节省时间。

④ 基于 BIM + Web 协同平台的施工进度管理。BIM + Web 协同平台可提供施工进度计划表。施工人员可随时登录查看施工进度计划，调整施工进度，以减少工期延误。通过多个单向工程间的施工进度对比记录，可找出施工难点和耗时部分，更准确地分配时间。

⑤ 基于 BIM + Web 协同平台的投资控制管理。投资控制管理即管理控制建设活动所需资源。在 BIM 协同平台中，项目信息应及时更新上传，确保相关人员在建设各阶段均可接收现场实时信息，BIM + Web 协同平台提供工程信息交互平台，可及时记录涉及的信息增减情况，提高信息处理效率，并在多方监控下减少错误率，实现协同平台的信息高效流通，使投资控制管理更有效。

⑥ 基于协同平台的变更管理。项目需要变更时，可在协同平台中填写项目变更管理表进行变更申请，在申请表中记录项目名称、变更时间和变更缘由等内容，相关管理员通过平台查看变更申请，了解变更情况，直接进行线上变更审批，待审批通过后，申请人进行相关变更，便于管理人员变更管理和备案。

⑦ 基于协同平台的物资设备管理。在物资设备管理方面，协同平台编制设备管理表单，设备管理表单包含设备名称、购买日期、设备价格、保管人员和存放地点等信息。通过及时上传购买的设备信息，可控制设备物资购买重复或遗漏。设备管理表单可直接查找设备存放地点，减少设备所需者与购买者间因负责区域不同、互不熟知造成的沟通延误，确保施工顺利进行。

2. 常规住宅项目

常规住宅项目常用的智慧管理系统为智慧工地。

(1) 概述。智慧工地系统是指在工程项目管理中，科学合理地应用信息化技术手段，如物联网技术、云计算技术、智能化技术、人工智能技术、信息传感技术和工地监控装置等，构建一个系统化的平台系统，全面地收集、整理和分析施工建设中的数据信息，对工程项目施工建设实施全过程、动态化、全生命周期的管理，有效地提高整个工程项目的管理效率和信息化管理水平，确保工程项目的规范化与顺利进行。智慧工地系统主要由信息感知层、网络传输层、应用处理层构成。其中信息感知层能够采集施工人员、设备、材料和施工活动等信息；网络传输层能更快速地实现各相关主体之间的信息交换、各层级信息的传递；应用处理层主要借助大数据等技术对信息数据进行智能化处理，为工程项目的管理、安排等提供依据和支撑。智慧工地系统在项目施工现场管理中发挥着重要作用，具有以下明显的优势：①提高施工现场管理的效率。②降低施工中的安全隐患。③优化施工方案。④实现工程效益最大化。

智慧工地系统的公共平台是一个行业平台，以工地为研究对象，可将工地要素划分为人员、物资材料、机械设备、施工场地和智慧项目。通过标准化数据接口，将市场上落地的软硬件系统进行数据集成，根据项目部的具体和特定需求，将集成后的数据进行统计和分析。对于施工现场存在而市场上没有的问题，可以进行软件差异化自主研发。通过自主研发和系统集成使智慧工地系统公共平台更加智能，并能被生产一线接受。例如，市场上有大量劳务实名制的服务商，其功能的适用性和易用性等都各不相同，通过研发的标准数据接口，可以接收所有实名制服务商的基础信息数据。一方面，不同的项目部可以自由选择实名制服务商的软硬件系统；另一方面，可以通过标准接口获得基础数据后，按照项目部的需求进行二次分析，满足本项目的具体需求。公共平台由Web端、App端和小程序端组成，分为工地人员管理、物资材料管理、机械设备管理、施工场地管理和项目管理五个子系统。公共平台将分散的应用点通过数据接口形式进行集成，提供一套真正意义上的智慧＋互联＋协同的平台，突破行业壁垒，让各应用点及智能工具从零散杂乱转变为实时可控，节约了项目管理成本。公共平台自下而上打通信息通道，在所有数据对接、共享的基础上，可针对工程实际情况，自由配置模块内容，灵活调取底层数据，高度定制智慧工地，从而开展智慧工地数据分析，实现数据驱动的项目管理。通过智能化的软硬件系统，生产一线部分应用场景下的数据可实现自动化采集。比如住宅分户验收智能工具及管理系统、基于智慧地磅的移动式物料称重管理系统、实测实量系统及配套智能工具和物料收发存系统等。

(2) 智慧工地系统在房建施工现场管理中的应用。

① 构建完善的施工质量安全管理平台。借助该系统平台全面地收集影响工程项目质量、安全和进度的相关因素，系统地分析收集的信息数据，发现施工中存在的问题和不足，并及时调整和完善。该平台系统，强化施工信息的传递，确保各施工工序间的沟通顺畅，减少因信息孤岛、信息传递不准确和工程衔接不到位而造成的损失，实现整个工程项目施工现场的动态化监督和管控，整改施工中的偏差问题，避免施工中的不规范操作，确保施工的规范性、有序性，保障施工顺利进行。

② 构建完善的施工监督网络系统。要根据施工现场管理工作的需要，构建完善的施工监督网络系统，实施动态化的监督管控，有效提高工程项目施工管理的效率，减少施工中的风险隐患和不必要的费用支出，实现工程项目施工建设综合效益最大化。例如，打造人员智能化系统；引入监控设施，对施工现场实施全方位监督；建立预警防范机制。此外，合理地利用三维动态技术等模拟施工现场，帮助设计、施工人员更准确地把握施工的流程、施工的重点，确保施工作业的规范性。

5.1.3 文旅项目与常规住宅项目的区别

文旅项目与常规住宅项目的区别主要体现在智慧信息管理平台不同、理论基础不同、客户不同、招商与运营前置不同和开发流程不同。

1. 智慧信息管理平台不同

文旅项目用到的智慧管理软件涉及 BIM 协同平台(如 BIM 360、EBIM 等)、P6 软件等。主要依靠 BIM 360 软件对项目进行智慧管理,统筹协调业主、设计院、分供方和承包方等各方,确保信息传递的通畅。BIM 360 的作用有:第一,降低风险,提高质量,并按时按预算交付项目。还可以预测安全隐患,主动管理质量,自动化下载任务并可以减少返工,以便可以控制成本并按计划进行。第二,加快和改善了决策方式,与团队联系并预测项目成果,集中项目数据并随时随地实时访问所需信息,因此可以跟踪项目并在现场进行决策。第三,从 BIM 设计到施工全都在一个平台上,受控的工作共享使多学科团队可以共同创作共享的 Revit 模型,可视化每个更新,并在整个项目生命周期中管理设计数据。第四,在推动业务创新的同时提高可预测性和盈利能力。并建立数字策略,以连接和构建各个项目的数据,创建可操作的信息,以推动创新和更好的业务决策。

常规住宅项目:常规住宅项目的施工场地比较小,而且建造过程往往只涉及设计院、承包方和发包方,涉及的人员较少,信息交互简单,因此往往在工地所应用的管理平台为智慧工地。智慧工地的主要作用有:AI 识别分析、人员定位、用水监测、能像监测、烟雾监测、环境监测、视频监控和大型起重设备监控。智慧工地往往用来对施工人员、设备、材料和施工活动等信息进行采集,快速地实现各相关主体之间的信息交换、各层级信息的传递。这类项目也会用到 BIM 技术,但还停留在较为浅显的层面,比如用 BIM 展示三维图以及施工图,而非利用 BIM 的其他平台来实现更深层的管理。

2. 理论基础不同

住宅地产开发的理论基础是产品供需理论,文旅地产则是审美理论。

(1) 住宅地产的本质是商品,而文旅地产的本质是有长期收益权的金融工具。

(2) 住宅地产定位的依据是供需理论,文旅地产则要求大家为精神家园买单,即对于人性的文化挖掘。

3. 客户不同

地产服务的客户往往只是国内用户。文旅项目则属于无国界产品,交通范围只是物理距离,完全不受限制。所有的消费均为强目的性消费,很少受到替代品影响,如上海迪士尼度假区、北京环球影城主题公园等,避免了无效投资。文旅项目面向的客户极为广泛,因此在建设时要考虑各个国家的文化要求并有相应的体现,这样才能吸引国外客户。

4. 招商与运营前置不同

文旅项目的规划设计,必须在招商与运营的基础上进行,并伴随着整个招商和运营过程,才能避免因规划设计不当带来的投资损失。

5. 开发流程不同

文旅项目的选址过程更严谨。文旅项目的调研过程更复杂。文旅项目开发定位比住宅项目开发定位更系统化。文旅项目的推广比住宅项目的推广更具有针对性。文旅开发比住宅开发多出开业、运营和管理三个环节。

5.2 案例——北京环球影城主题公园项目

5.2.1 整体施工部署

1. 项目施工总目标(来源:中建二局华东公司)

项目施工目标内容如表 5-1 所示。

表 5-1 项目施工目标

序号	目标	内　容
1	总目标	业主满意,施工管理和施工技术达到国际领先水平
2	工期目标	以尽快完成结构施工,尽早为各专业提供相对比较独立的作业面为原则,总工期为 831 日历天。即开工日期为 2018 年 7 月 23 日,完工日期为 2020 年 10 月 31 日
3	质量目标	合格
4	安全文明施工目标	(1) 严格执行《质量管理体系》(OHSAS18000)及《职业安全健康管理体系》(GB/T 28001),实现"五无"目标,即:无死亡、无重伤、无倒(坍)塌、无中毒、无火灾; (2) 争创获得北京市安全文明施工工地; (3) 争创获得全国建设工程项目"AAA 级安全文明标准化诚信工地"
5	绿色施工目标	严格执行《环境管理系列标准》(ISO 14000)及《环境管理体系规范与使用指南》(GB/T 24000)、《施工绿色施工评价标准》(GB/T 50640—2010)、《绿色施工导则》,确保获得全国绿色施工示范工程
6	项目管理目标	(1) 严格执行《建设工程项目管理规范》(GB/T 50326); (2) 全面进行对外协调,确保项目外部施工环境零障碍; (3) 做好工程竣工后培训、保修、回访工作,确保对客户的服务满意度 100%

2. 项目管理机构

根据以往文旅项目经验,挑选具有丰富现场经验的管理人员组成项目经理部。各部门及公司下派总指挥提供相应指导,明确各部门、各职员职责,通力协作,为项目顺利竣工提供强有力的保障。

3. 整体施工顺序

(1) 整体施工原则。根据文旅项目特点,制定先单体后室外,先地下后地上,先立面后地面的整体施工原则。

(2) 整体施工顺序。根据工程量及复杂程度,712 区域的 201,205,701,704 四个单体为重点施工单体,其中 201 单体为大跨度穹顶结构,毗邻 49 m 高的大型钢结构假山,内部有骑乘设备穿行单体和假山中;205 单体为大跨度桁架结构,内部有超平地坪及骑乘,设有 12 个场景;701 单体为造型复杂的钢结构,跨度较大,毗邻潟湖,内部设有 2 个骑乘设备;704 单体为影院,结构设备多,内部声光影系统及配套机械设备比较复杂。712 区域的 201,205 单体施工顺序如图 5-1 所示。

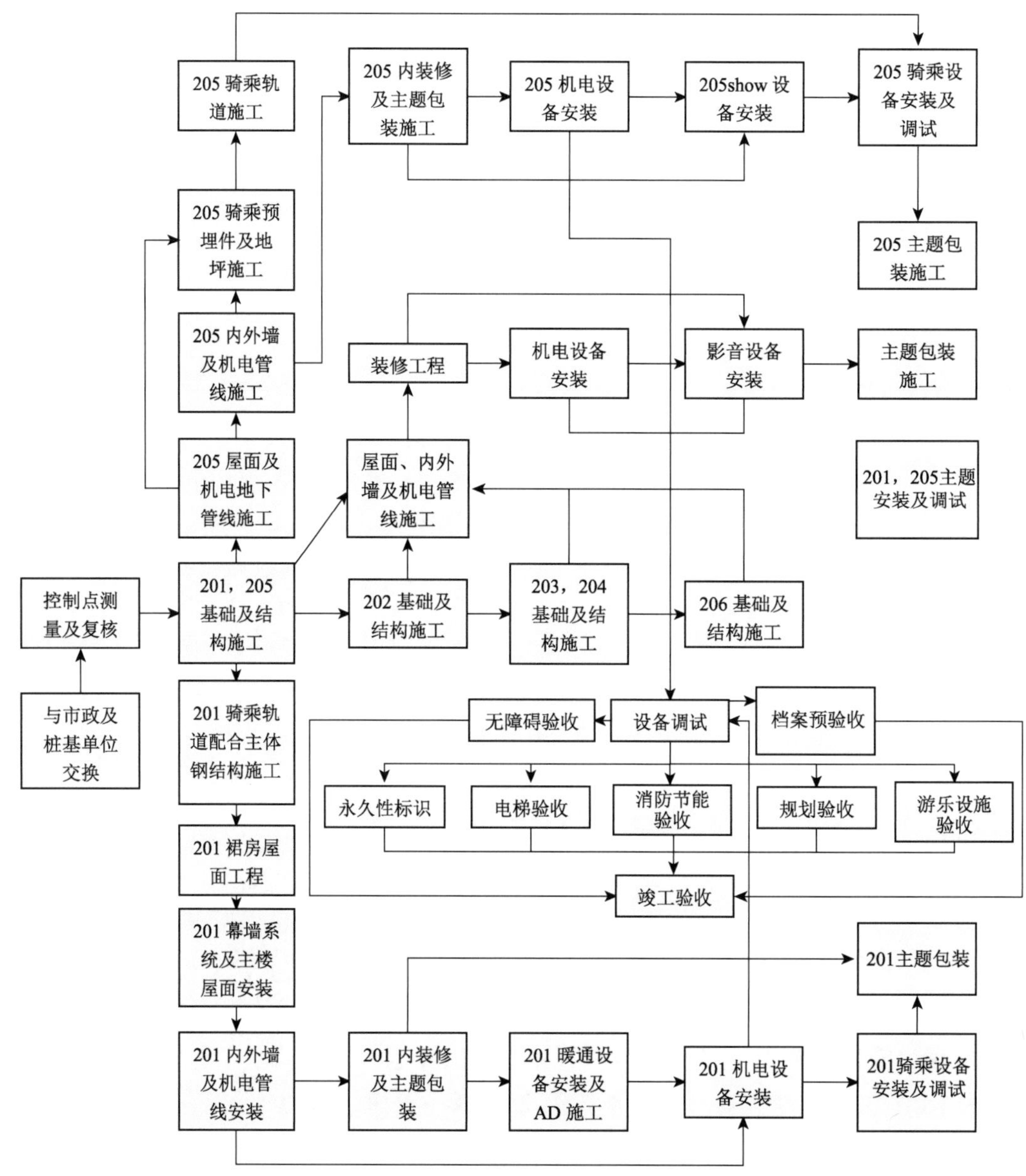

图 5-1　712 区域的 201,205 单体施工顺序（来源：中建二局华东公司）

(3) 各阶段施工工况综述如下：

① 基础结构施工。基础结构施工主要分为地下独立基础及条形基础、承台、筏板和混凝土桩施工等，施工期间注意钢结构施工和机电施工的预留预埋工作以及骑乘专业的预留预埋工作，将预埋作业纳入施工验收的重点控制对象。

② 主体结构施工。主体结构主要为钢结构和钢筋混凝土结构，主要配合装饰及机电的预留预埋工作，钢结构需要做好前期的深化设计，并且对材料进场的顺序及成品保护着重控制，保证安装按计划顺利进行。

③ 机电专业的施工顺序。在土建结构施工期间，主要工作内容是预留预埋构件施工；

在地下结构验收之后，各专业陆续进场进行主干管线的施工；在主干管线施工后期，开始室内部位的设备及控制柜的安装；设备安装完毕后进入单机调试、系统衔接及综合调试阶段；然后进入验收阶段。

④ 装饰与安装的配合顺序。结构与粗装修阶段：土建专业要将室内涉及机电工作较多的部位的工作内容放在首要位置，尽早完成，按照机电专业要求完成该部位的墙体安装，完成设备基础的浇筑、地面的及洞口的处理，完成门窗的封闭，确保机电专业及早施工。机电专业要随土建的二次砌筑和粗装修安排施工工序，完成墙体部位的施工，做好墙洞部位的处理和配合，避免对墙体及墙面造成二次破坏，影响施工质量。

4. 施工总平面布置原则

现场平面布置应充分考虑确保交通顺畅、安全生产、文明施工，减少二次搬运以及环保等管理目标的要求，根据工程施工用地的实际情况及业主对用地的具体要求，顺利实现对现场进行科学、合理布置，同时要优先考虑现场的硬化、绿化、亮化、环保（防尘、降燥、净化排水）及现场管理。

（1）现场平面布置随着工程施工进度进行调整，阶段平面布置要与该时期的施工重点相适应。

（2）施工材料堆放均设在垂直运输机械（塔吊）覆盖的范围内，以减少二次搬运。人工湖区域安装施工时拟使用履带吊进行材料运输。

（3）中小型机械的布置要处于安全范围，避开高空物体打击（与主体结构外缘不小于20 m）。

（4）电源、电线敷设要避开人员流量大的楼梯口、安全出口以及容易被坠落物体打击的范围，电线敷设尽量采用架空方式。

（5）应着重加强工程现场安全管理力度，严格按照《项目安全管理手册》进行管理。

（6）要重点加强工程环境保护和文明施工管理的力度，使工程现场永远处于整洁、卫生、有序合理的状态，使该工程在环保、节能等方面成为名副其实的绿色环保建筑。

（7）控制粉尘设施和排污、废弃物处理及噪声设施的布置。

（8）设置便于大型运输车辆通行的现场环形道路并保证其可靠性。

5.2.2 多专业管理与整合

北京环球影城主题公园项目多专业管理与整合主要分为：钢结构分包工程的管理、整合措施；幕墙分包工程的管理、整合措施；装修分包工程的管理、整合措施；通用机电设备及信息弱电系统的管理、整合措施；对骑乘设备，SHOWSET 及道具，演艺主题照明的管理、整合措施。

1. 钢结构分包工程的管理、整合措施

总承包对钢结构专业分包的管理贯穿于整个钢结构的前期准备、详图设计、原材料采购、工厂制作、预拼装、现场拼装、高空安装、整体验收直至最后交工的施工过程，在各个施工阶段中钢结构施工的安全管理、质量管理、工期管理和投入管理均需要纳入总承包的管理体系，总承包的深入管理在钢结构的不同施工阶段具有不同的侧重点。

（1）钢结构深化设计阶段。在深化设计阶段，对设计模型进一步深化，形成可交互的钢结构深化设计模型，提交给总包模型管理团队进行统一协调。此深化模型应在深化图报审时同步提交。

该阶段的管理主要体现为对钢结构施工详图的质量跟踪和详图出图进度的管理。本阶段的钢结构工作大多不在施工现场完成，但是该部分的工作却是确保后期整个钢结构工程顺利进行的可靠保证，详图的制图质量和制图表达是后期加工制作、现场安装顺利进行的重要依据，并且是原设计意图最直接的体现，也是评判钢结构施工企业综合施工能力的主要依据。总承包需协助业主、设计等单位对详图的绘制质量进行监督。

（2）钢件加工、采购阶段。钢结构原材料的采购，需要有详细的采购计划，并在材料到达加工制作厂前，派驻总包单位的监造代表，对各批次的材料按规范规定的要求进行检验，并在上报监理单位验收后允许投入使用。其他原材料的质量控制，坚持先检验、再入库的方式，在投入使用前即把好材料的质量关。

（3）工厂制作和工程预拼装阶段。该阶段标志着钢结构工程进入正式的施工阶段，在严格控制前期准备的基础上，应当敦促加工制作厂尽早开工，并且按照业主单位的大节点计划，排定构件的制作计划。在制作过程中，当前钢结构制作中通常存在资料和实物进度存在较大脱节的情况，要配合监理单位，尽早确定相关的验收表格和验收体系，确保加工制作资料的同步进行。例如，工程 205 单体的桁架结构体系，受运输条件的限制，势必需要在现场进行拼装工作，为确保整榀桁架的制作精度和加快现场的拼装速度，应要求制作单位进行整榀桁架的工厂整体预拼装，以切实控制构件分段对接的间隙和错口。

（4）现场拼装和安装阶段。在安装阶段，主要做好以下总承包服务：整个钢结构现场安装过程中，现场的场地管理应纳入总承包的统一规划，确保场地达到文明施工的条件，并且对于需要设置的大型履带吊开行范围进行必要的处理和预留。

（5）钢结构工程最后的质量验收和交付。该阶段工作应在总承包的统一组织下，对钢结构的整体实物质量和资料完备情况进行全面的验收，达到业主规定的条件后，标志钢结构施工阶段性的结束。在该阶段中，总承包的管理要点主要体现在对实物质量的最终检查，并落实钢结构施工后的场地退让。由于资料的管理贯穿整个钢结构施工过程，本阶段对施工资料完备情况的检查，主要体现为按照当地组卷存档的要求进行施工。

（6）总包和钢结构工程的配合措施如下：

① 为钢结构单位提供书面的测量定位交底。

② 对总包单位的钢结构预埋件进行交接检查，对定位误差不能满足规范要求的预埋件负责进行处理。

③ 为钢结构现场拼装提供拼装场地，尤其是 205 单体和 201 单体钢结构可能需要较大拼装场地，在现场场地规划中提前考虑，并根据钢结构单位的需要进行调整。

④ 协调好钢结构高空作业脚手架的需求。

⑤ 提供结构施工阶段的塔吊给钢结构单位，在钢结构吊装完成后才拆除塔吊。

⑥ 在钢结构施工期间，现场的安全管理归总承包管理，总承包对钢结构单位的文明施工、环境保护施工等进行管理和配合，为钢结构施工提供所需的其他现场管理。

⑦ 在钢结构施工验收、资料制作和整理期间，技术人员提供全面指导，提供样板，并在验收完成后交接资料，将钢结构施工资料统一归档。

2. 幕墙分包工程的管理、整合措施

(1) 深化设计。做好幕墙的二次深化设计图，由设计单位签认。在幕墙工程施工前，与业主、监理共同商定好幕墙工程施工方案并报批。施工班组遇到所需解决的设计及现场存在的问题，须统一由项目部技术负责人与设计单位商讨解决，不能自行处理。

在深化设计阶段，形成可交互的幕墙深化设计模型提交总包模型管理团队统一协调。

(2) 对工程进度、质量的管理和协调如下：

① 对幕墙工程的施工质量，应由项目经理部质检员对各道工序进行监控。项目部技术人员根据每个分项的设计思想、具体做法、要求以及要达到的设计及施工效果，对分包单位进行详细的书面技术交底，并在施工过程中监督，检查施工效果，如果质量达不到要求，及时指出并整改。

② 对于可能发生的质量问题，要协同监理和设计对施工方法做出更正，以满足施工质量的要求，保证工程按时、按质完工。

③ 对外装所用的材料和附件都必须有产品合格证和说明书以及执行标准编号，对于玻璃幕墙的防雷、防震、气密性和水渗性等必须满足设计规范的要求，保证建筑安全。

④ 实行对外装质量全过程的检测，包括现场材料的检测和安装现场的检测，坚决杜绝质量隐患。

(3) 与测量定位的配合、协调。幕墙施工前，土建项目部需以书面形式将各建筑层标高、轴线和各专业的设计变更向幕墙分包单位移交，各专业对其进行复核，切实做好各专业会签工作。

(4) 消防、保卫配合服务如下：

① 对幕墙分包单位的材料应当放置指定位置并码放整齐，并做好安全防护工作。对于从事特殊作业的人员必须按照安全管理规范要求，如进行电焊之前必须先备好动火证，高空作业人员必须系好安全带等。

② 实行严格的工作证制度，各单位施工人员通过总承包申报并办理进场施工人员的工作证，施工现场所有人员必须佩戴工作证。

③ 在现场的各大门安排二十四小时值勤，严格落实人员、车辆出入检查登记制度。并在工地范围内进行日夜巡逻，负责看管各单位材料、设备(不能免除各单位看管本单位材料、设备的工作和责任)。

④ 需组织各施工单位成立义务消防队，经常性地开展防火教育、防火演练，预防火灾事故的发生，并在主要场所配置灭火器。

3. 装修分包工程的管理、整合措施

装修工程是体现建筑效果最直接的部分，特别是旅客能看到的外立面区域，施工质量尤为重要。为达到各专业分包精装修工程的协调统一，所有精装修分包单位必须做到“六统一”，即：统一深化设计（节点图）、统一材料标准、统一施工方案、统一施工工艺、统一验收标准和统一允许偏差。

（1）深化设计要求及总包单位配合措施。在深化设计阶段，形成可交互的装饰和建筑深化设计模型并提交总包模型管理团队统一协调。

① 对深化设计过程及图纸的功能性要求：装修深化设计前，必须详细参阅机电等专业安装图纸，既要充分考虑到设备机房、办公区、游客公共区和卫生间等功能用房对净空的要求，又要满足机电设备、管线所需要的吊顶上方空间，同时考虑机电末端装置在装饰块材上的分布。深化设计的总体原则为在满足使用功能需求前提下尽量保证美观。

按照工程设计图纸和效果图要求，进场后完成深化设计。材料、色彩要满足原有施工图要求，充分展现此工程文化建筑的独特的风格。其建筑技术、建筑构造、建筑材料、设备尽可能采用成熟的新技术成果。根据工程实际和建筑施工图，了解市场材料、设备供应和半成品以及成品加工情况。考虑施工的经济合理并达到理想的设计效果。

针对工程的具体情况进行具体细部设计，按照业主的技术要求，将施工阶段各个节点细部做法进行认真研究，选择最佳的设计方案。并安排足够设计力量，满足业主对深化设计的进度要求。除提供全套的施工图外，每个重点空间至少要有一张效果图或三维表现图。

保证图纸深化设计质量。在深化设计时，应尽最大可能发现和解决图纸中存在的问题，减少或消灭漏查项目，减少施工中因图纸而造成的施工障碍。

深化设计人员要积极与业主、监理和设计院沟通、联系，在最短的时间内对深化的设计图确认，保证不影响施工。

② 总承包深化设计部应组织分包单位做好深化设计，施工前与设计单位和分包单位共同会审图纸，核对各专业图纸间需要统一的尺寸、标高等，保证各专业图纸间无冲突。并会同分包单位就施工图缺陷、施工图做法不明的及时向设计单位咨询，并完善原设计，经设计确认后实施。

③ 由于室内精装的新材料、新工艺比较多，施工难度较大。总承包应要求分包单位在图纸会审后提前做出特殊施工工艺部分的施工方案。

④ 施工技术人员及时到位，准备好施工材料。要求分包单位在施工现场达到技术与施工的充分衔接。在装修前，了解设计意图和业主的要求。

⑤ 根据施工工程分区、段展开的前后顺序，提前确定施工工序和各分项工程的具体做法。施工管理人员必须将现场实测尺寸在相应的图纸上标注清楚，由项目深化设计部统一调整做法。施工班组遇到所需要解决的设计问题，须统一由项目经理部技术负责人与设计单位商讨解决，不能自作主张。

⑥ 机电专业及骑乘专业需要调试及定期检修，总承包项目经理部应协调各装修分包单位为之预留检修口。

⑦ 装修期间成立“成品保护小组”，向各分包单位下发“装修期间成品保护制度”，保护

制度明确并与经济利益挂钩，同时对操作人员进行教育提高成品保护意识。

(2) 提供其他配合服务。装修时所用材料品种多、价值昂贵。总承包项目经理部应提供现场全天候的保安保卫服务，配备足够的保安人员和保安设备，未经批准的任何人、材料和设备等均不得进出场。保安人员全天、全现场巡逻，防止盗窃，禁止在现场内打架斗殴。对已完工的项目进行成品保护。提供临时办公、辅助设施及储存仓库。各层设置垃圾堆放点，并负责垃圾清理、外运工作，各层设有临时厕所，并派专人看护及清理。

4. 通用机电设备及信息弱电系统的管理、整合措施

机电工程安装存在系统多，安装量大，作业面广的特点。同时信息及弱电系统中的综合布线系统、火灾自动报警系统、消防联动控制系统、消防广播系统、楼宇设备控制管理系统、安检系统和信息查询系统等与通用机电专业各系统存在多专业交叉施工，接口界面多而且难处理的矛盾。总承包方要对分包单位统筹安排和全面管理，全面控制工程全局，高效、优质地完成工程目标。同时还要积极、主动地支持、服务和管理好各分包单位，协调各分包单位的工序计划安排以及相互之间的工序衔接和交接，确保工程有序进行。

其中机电深化模型是各专业协调施工的重要介体，需要在主体和基础施工之前完成模型的碰撞检测和专业间的协调，尽可能多地将专业之间的问题在深化设计阶段解决。

工程实施过程中，总承包方将重点做好对各分包单位的技术协调工作，主要包括以下方面：

(1) 施工前做好土建专业与机电专业配合、服务的总体规划，合理安排各专业施工顺序，互创互留工作面，并留置大型机械设备运输通道及吊装洞口。

(2) 总承包方组织土建专业、通用机电设备专业和弱电系统各专业进行管线布置的深化设计，绘制二次结构留洞图。

(3) 管线施工期间总承包方应优先安排土建专业进行设备管线、主要电气设备机房、强(弱)电间的土建施工，尽早提供机电安装作业面，便于机电、设备管线及时插入施工。对有吊顶装饰的走道、房间，土建专业负责弹出吊顶内管线标高控制线，便于机电专业进行管线综合布置，对局部不满足标高控制的部位，与设计单位协商，采用吊顶迭级、管线移位等方式解决。总承包方还要协调土建与机电专业对设备间、竖井内、吊顶内的阀门和控制开关等的布置，根据机电专业要求留置检修门、检修口。

(4) 设备安装期间总承包方根据设备，实际决定货物规格、型号，及时安排设备基础施工。有贵重设备的机房和设备间应及时安装临时门，做好成品保护，防止设备损坏、丢失。对于贵重设备用房，土建装饰与机房安装必须形成交叉作业，总承包方应提前做好协调工作，保证作业面的移交。

(5) 在末端设备安装期间，总承包方及时提供土建深化设计图纸，提供土建施工的基点、基线，便于机电专业末端设备定位、安装。精装单位及时配合做好吊顶板、墙面装饰板、地面块材上的开孔和开洞等工作。做好末端设备的成品保护工作。

(6) 在通用机电设备各系统和弱电系统的调试期间，总承包方要统筹安排提前规划，预先组织各专业编制系统调试方案，成立调试工作领导小组，统一安排、协调。按时实现航站楼的供水、供电，为设备调试提供水源、电源地保证。

5. 对骑乘设备、SHOWSET 及道具、演艺主题照明的管理、整合措施

工程中，骑乘设备、SHOWSET 及道具、演绎主题照明专业安装周期长，与通用机电设备专业及弱电专业交叉施工较多，且调试运行周期较长，这就要求总承包方在组织施工时，必须围绕骑乘系统等优先组织相关区域内各专业施工，及时为其施工提供作业面，并使之成为相对封闭的区域，为其展开施工创造条件。其中，SHOWSET 及道具许多属于甲方采购而且属于国外进口，插入时间晚，但也具有设备集中、安装难度大的特点，总承包方在统筹考虑时，也要为该专业的安装创造相对独立的空间。

总承包方在做好与分包单位施工合同的签订及劳动安全、文明施工的教育后，工作重点应放在解决土建、机电安装。各专业尽早为骑乘等系统提供作业面，为骑乘系统尽早插入施工创造条件，争取更长的调试时间。

另外，骑乘专业的模型是各专业深化设计协同的重点，如与骑乘专业出现碰撞，应优先保证骑乘设备的运行。SHOWSET 模型先合并入建筑和装饰专业的模型进行复核，而后进行全专业复核，主题照明模型先并入机电模型，然后进行全专业复核。骑乘系统插入施工后，总承包方要做好如下工作：

(1) 为了保障骑乘系统大型机械设备的运输，还应开辟专用大型车辆运输通道，并采取挂警示牌并派专人看守的方式保证运输通道畅通。

(2) 总承包方要协调土建、机电安装等各专业为骑乘系统提供基础设备、临时照明等服务，督促土建专业对预埋在结构内的预埋件进行复核检查。同时，骑乘系统安装与机电专业管线、设备位置和标高发生矛盾时，在不影响使用功能的前提下应先对通用机电设备进行调整，保障骑乘系统施工需求。

(3) 骑乘系统的调试及试运行时间长，为了满足其要求，应及时提供正式电源，加强骑乘系统施工区域内的安全、消防管理，确保骑乘系统调试正常进行。

SHOWSET 及道具施工时，总承包方应根据总进度计划，及时安排 SHOWSET 基础施工，清理周边场地，按照厂家的要求及时进行基础施工，协调通用机电设备与 SHOWSET 的自有系统、土建装饰的施工顺序，为施工创造有利条件。

主题照明施工时，总承包方应督促土建专业及机电专业对设备基础、预埋机电管线进行检查、定位，对于安装区域加强安全保卫工作，确保系统的正常施工，保证成品安全。趁早为其安装、调试提供必要条件，并做好装修与其穿插施工的协调工作。

参考文献

[1] 盛兆斌. 文旅地产项目开发模式评价与选择研究[D]. 西安：西安建筑科技大学，2020.

[2] 卢志瑜，邓恺坚，王志强，等. 基于新一代信息技术的工程建设数字化转型实践[J]. 国企管理，2021(15)：60-69.

[3] 邱菲,贺伟.数字化赋能下工程项目管理的探索与实践[J].智能城市,2021,7(21):92-93.
[4] 陈质毅.P6软件在大型主题公园建设中的应用[J].建筑技术,2021,52(2):145-150.
[5] 韩国波,崔彩云,卫赵斌,等.建设工程项目管理[M].重庆:重庆大学出版社,2017.
[6] 李飞,李伟,刘昭,等.基于BIM的施工现场安全管理[J].土木建筑工程信息技术,2015,7(5):74-77.
[7] 时松,赵坤.BIM在施工过程精细化管理中的应用[J].中国新技术新产品,2016(13):179-181.
[8] 张金军.BIM技术在施工总承包项目管理中的应用研究[J].建筑技术开发,2021,48(6):39-40.
[9] 孙恒,吕哲琦.基于BIM的项目全生命周期成本管理研究[J].智能建筑与智慧城市,2021(10):37-38.
[10] 郭朝君,陶雨航,辛宁越,等.基于RFID技术和BIM技术的施工人员、设备及成本管理[J].居舍,2021(26):139-140.
[11] 汪璐.BIM技术在工程造价算量软件中的应用[J].住宅与房地产,2020(29):108-112.
[12] 蒋立忠.项目管理软件P6在成本管理中的应用[J].石油化工建设,2012,34(2):38-40.DOI:10.16264/j.cnki.1672-9323.2012.02.007.
[13] 杨党锋,蒋雅丽,郭园,等.基于BIM 4D的工程项目施工进度管理研究及应用[J].施工技术,2018,47(S4):1047-1051.
[14] 张爱琳,刘巧灵,王琨.BIM技术在工程项目施工进度管理中的应用[J].工程建设,2020,52(3):70-72, 78.
[15] 谭泽涛.基于P6软件的工程公司项目进度协同管理研究[J].工程经济,2019,29(4):24-27.DOI:10.19298/j.cnki.1672-2442.201904024.
[16] Tang S L, Ahmed S M, Aoieong R T, et al. Construction Quality Management[M]. Hong Kong University Press, HKU: 2005.
[17] 吕河辰.探析BIM技术在建筑工程管理中的应用[J].建筑与预算,2021(9):5-7.
[18] 沈德法,施炯,赵敬法,等.建筑施工标准化管理[M].浙江:工商大学出版社,2018.
[19] 唐传平,侯庆,胡庭婷,等.建筑施工组织与管理[M].重庆:重庆大学出版社,2016.
[20] 汪阳春,单波.深入探究迪士尼工程安全管理之道[J].建筑安全,2017,32(9):18-21.
[21] 周美容,张雪梅.物联网技术在建筑工程中的应用[J].建筑与预算,2021(11):8-10.DOI:10.13993/j.cnki.jzyys.2021.11.002.
[22] 张宪.物联网技术在建筑工程成本控制中的应用研究[J].建筑经济,2021,42(5):106-108.DOI:10.14181/j.cnki.1002-851x.202105106.
[23] 常彪,齐志豪,岳久杰,等.智慧工地系统在项目数字化管理中的应用[J].建筑施工,2021,43(6):1173-1175.DOI:10.14144/j.cnki.jzsg.2021.06.065.
[24] 王军虎,丰馨泽,王华,等.BIM协同平台在超高层建筑施工管理中的应用[J].施工技术,2021,50(12):11-13, 16.
[25] 谌丰毅.国际工程的项目管理研究[D].南昌:南昌大学,2012.
[26] 李启明,邓小鹏,吴伟巍,等.国际工程管理[M].南京:东南大学出版社,2019.
[27] 陆惠民,苏振民,王延树.工程项目管理[M].南京:东南大学出版社,2015.
[28] 浅谈国际工程管理之合同管理[J].中国招标,2012(34):41-43.
[29] 崔识鹏.国际工程管理中成本控制策略研究[J].科技风,2021(25):168-170.
[30] 彭辉彬,邵继红.浅析国际工程管理的施工成本控制[J].现代企业,2021(10):12-13.
[31] 陈国桢.国际工程施工资源管理浅析[J].福建建材,2020(7):102-104.

[32] 李志伟.国际工程项目施工资源流动性问题及应对措施研究[D].北京：清华大学,2016.
[33] 陆彦,成虎.工程项目组织理论[M].南京:东南大学出版社,2013.
[34] 曹小琳.工程项目管理[M].重庆:重庆大学出版社,2017.
[35] 刘泽俊,周杰,李秀华,等.工程项目管理[M].南京:东南大学出版社,2019.

第3篇

数字化设计理论与实践

本篇从文旅项目场景设计理念、建筑艺术设计方法和结构数字化设计方法三个方面进行展开. 其中,文旅项目以其主题化、娱乐化、多元化、可持续化等诸多优势,改变了传统的公园设计手法。建筑艺术是公园主题化的重要体现,涉及了总体规划、氛围营造、空间协调、单体设计、景观营造、交通组织和生态环境等诸多设计方法。结合中建二局在其承建的主题公园项目中的实际案例,以钢支架薄壳假山塑石、大跨度穹顶以及非线性异型曲面建设等结构设计技术,阐述了合理的数字化结构设计,对主题公园形象策划、经济管理等方面都有着至关重要的作用。项目中涉及众多的特殊专业,他们的介入使主题公园建造过程变得更加复杂。

第6章

文旅项目场景设计理念

主题公园是指以营利为目的兴建的，占地、投资达到一定规模，实行封闭管理，具有一个或多个特定文化旅游主题[2]，为游客有偿提供休闲体验、文化娱乐产品或服务的园区。主要包括：以大型游乐设施为主体的游乐园，大型微缩景观公园，以及提供情景模拟、环境体验为主要内容的各类影视城、动漫城等园区[2]。政府建设的各类公益性的城镇公园、动植物园等不属于主题公园。[3]其主要特征为长期商业运营，有大量资金投入，建有游乐、餐饮、零售和其他综合服务设施，有固定经营场所，是室内、室外或室内外结合的封闭式园区[1]。

6.1 主题公园发展趋势

我国的主题公园市场需求增长迅速，在可预见的未来仍将保持稳健成长的态势。现有公园将通过再投资和扩大规模以维持或提高游客量。同时，随着国际品牌和运营商陆续进入，主题公园数量不断增加，市场竞争也将加剧。

主题公园市场在短期及中期内仍有空间可容纳更高品质的主题公园项目。在建与拟建主题公园项目类别、规模和内容将更加多样，目标市场也不再局限于一、二线城市，将扩展至同样拥有百万人口的三、四线城市。现有连锁主题公园运营商通过持续扩张，有望进一步扩大市场份额。

当游览主题公园的次数增加后，游客对追求更好的体验、服务以及设施的期望也将提高。主题公园游客注重园区的互动体验、摄影机会以及优质的餐饮服务。主题公园必须从内容、体验、环境和服务等方面提升吸引力，才能在激烈的市场竞争中占据一席之地。

政府相继出台了主题公园的管理规定，例如：2003 年发布的《关于加强主题公园建设审批管理的通知》，要求大型的主题公园都要由国务院核准，目的是规范全国范围内的主题公园建设。2010 年出台了《关于暂停新开工建设主题公园项目的通知》，进一步加强主题公园行业的监管，规范国内主题公园旅游市场，目的是抑制主题公园房地产化倾向，规范产业发展方向。2013 年发布了《关于规范主题公园发展的若干意见》，规定了主题公园的建设必须符合土地的利用、环评、节能以及社会风险的要求，要求合理规划和建设主题公园，主题公园迎来新一轮的建设热潮。2018 年颁布了《关于规范主题公园建设发展的指导意见》，该意见从丰富文化内涵、提高科技含量、壮大市场主体三方面给出了转型升级质量提升的方向，促进了主题公园产业、促进和发展主题公园领域的制度创新(图 6-1 中国主题公园政策历史沿革)。同时该意见还指出应避免过度建设和增加债务。任何投资超过 500 亿元人民币(7.26 亿美元)且占地至少 133 hm^2 的项目都被视为“大型主题公园”，并受到部级发改委的最严格审查。

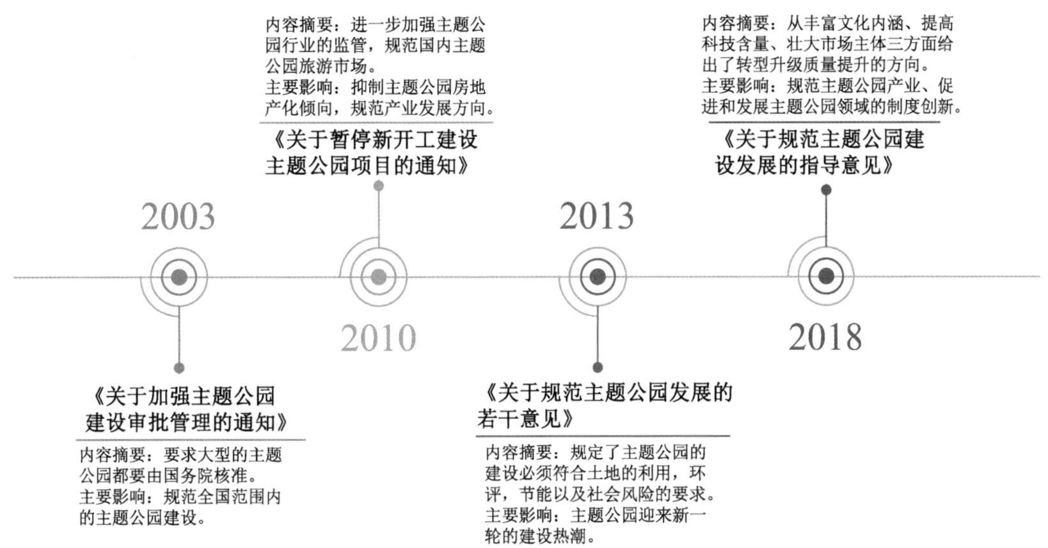

图 6-1　中国主题公园政策历史沿革

由于新冠疫情在世界范围内的大流行和中美贸易战的不断升级，中国的旅游娱乐业正面临着显著的挑战。中国旅游研究院预计，2020 年国内旅游人数将下降 43%，国内旅游收入将下降 52%。不过，中国旅游研究院发布的《2021 年国内旅游发展报告》预计，2021 年下半年国内旅游业将出现反弹。8 月初，国内航空旅游从去年 8 月开始恢复到 98% 的旅游水平。

截至 2020 年 8 月，中国约有 160 个主题公园，但只有少数是自主知识产权的品牌公园。国内主题公园开发商正在积极寻求自己的产权并与知名品牌竞争。尽管国内产业正在蓬勃发展，以满足不断增长的市场需求，但中国主题公园开发商仍然严重依赖来自领先且值得信赖的外国游乐设备制造商的进口游乐设备。因为，经过验证的外国品牌所展示的产品质量和安全性，是大量采购的关键因素。

未来城市主题公园向着更实用、更容易成功的微型化方向发展。城市中的小型主题公园虽然没有大型主题的公园内容丰富，但建设投资少、周期短，若能深入地挖掘每一个主题，并根据公众品位的变化迅速调整方向，还是有其发展空间的。主题公园的小型化并不意味着主题内涵容量的降低，因此要完善主题形式，还需要深入主题进行探索。城市主题建设大多受到资金、规模、设施类型和技术水平的限制。因此，要在题材开发上避免短板，充分利用当地丰富的文化资源，依托地方文化载体体现社会层次和内涵。

迪士尼乐园作为世界主题公园的典范，多年来一直坚持“三三制”的原则，即淘汰三分之一的硬件设备，建立三分之一的新概念项目。在某大型主题公园周围，建造了许多主题酒店、高尔夫俱乐部和网球场、游泳池、餐馆和购物中心，大大增强了主题公园作为旅游目的地的吸引力。因此，未来城市主题公园的发展，必须要有实力雄厚的经济企业集团进行产业扩张，走规模化经营、产业化经营和多元化经营的道路。“民族的就是世界的”，中国的主题公园一定要选择具有中国文化特色的主题，突出中华文化的核心价值，才更合乎国内游客的欣赏品位，同时也能以其独特的魅力吸引更多的国外游客。

6.2 娱乐化

随着技术的进步和人们对娱乐预期的变化，主题公园需要跟上时代的步伐。主题公园不能再只是过山车和主题嘉年华游乐设施的集合，可以包含虚拟环境和模拟装置以及一系列令人兴奋的、新鲜的高科技景点。特别是虚拟现实技术、增强现实技术和混合现实技术在高科技景区开发中的应用等。游客关心他们在参观主题公园时获得的体验，这些体验形成了游客评估主题公园是否物有所值的标准。然而，这些感知价值因人而异，通常包括感受兴奋，体验一些新的游乐设施，包括游行、烟花表演和特别活动，如图 6-2 所示。

图 6-2　北京环球影城主题公园（来源：中建二局华东公司）

主题公园的开发商、投资者和经营者开始采用新的策略来应对这些新的挑战，同时这些策略也对中建二局在世界上打造的主题公园带来了很大的影响。

6.2.1 沉浸感的塑造

在主题公园的设计中，游客的体验是第一位的。最好的公园能够让游客完全融入其中，随时随地感受到乐趣，并通过巧妙的创意让游客产生难以忘怀的一种远离尘世的感觉。为了做到这一点，优先考虑的方面往往要重新设计建筑，从而使建筑完全满足游客对舒适度和娱乐性的要求。因此，既要让游客有一次难忘的体验，又要让公园顺利运营。

在主题乐园"沉浸式娱乐"的组成部分中，建筑承载着乐园主题氛围及世界观营造的主要作用，这里建筑的主旨是还原真实，这里所谓的真实不只是说把现实中的物体做像，而是做成主题故事中描述的样子，还原一个真实的主题世界(图 6-3)。

大型主题公园的建筑物、构筑物有着复杂的艺术造型和场景。大型主题公园的建造不仅要满足建筑设计规范，其建造过程往往需要通过创新建造技术与艺术创作相结合，才能实现还原复杂的主题造型。比如上海迪士尼乐园宝藏湾项目中，主题化装饰艺术、塑石假山、特色主题立面、主题屋面、硬景铺装、木制品做旧、建筑预制品(AO/MAI)等，都对主题装饰和包装提出了前所未有的挑战。为给游客营造出一个可以全身心、浸入式体验的幻觉世界，如加勒比海盗生活小镇，所有室内外游客所见区域均采用以假乱真的做旧主题表现手法，艺术创意复杂且工程量大，仅沉船宝藏之战和特技表演场中涉及的艺术类饰面总量约 19 000 m^2。

图 6-3 上海迪士尼乐园宝藏湾项目(来源：中建二局华东公司)

不论是什么年龄段，什么文化程度的人都喜欢听故事，故事是每一个主题公园的基础，故事不仅能够吸引公园内的游客，还能为业主在设计和运营公园时所做的每一个选择提供有力支持。室内设计将公园的主题延伸到餐饮服务、零售空间、娱乐设施和公共场所之中。

室内设计往往是故事讲述的决定性场所，此外，它还能够使许多服务和辅助功能发挥其最大的效率。

6.2.2 宏大的主题环境与景观

景观环境是旅游者的游乐空间和情感体验对象，奠定了主题公园品位效应和品牌形象的基础。在大型主题公园中，景观环境必须根据主题的需要丝丝入扣，尽量还原优美和引人入胜的环境，这里的景观环境不仅只是风景。景观建筑需要考虑公园的所有户外空间规划，包括交通、聚集、开放和动线区域，并且对这些区域进行相应的绿化、铺设或水景布置等其他装饰，细节往往决定成败。景观建筑包括围墙、栅栏、桥梁、道路铺设、音响、灯光、特殊道具、喷泉和标牌等，加上那些郁郁葱葱的绿地，这些打造的装饰景观能够在不影响舒适性的前提下，给游人留下深刻的印象，同时还深化了公园的主题。比如北京环球度假区内的绿化覆盖率超过了40%，整个园区通过丰富多样，错落有致的植物配置，营造出的主题景观，给游客带来身临其境，流连忘返的沉浸式体验。其在有限的用地内共栽植乔灌木超过50万株，绿化面积近4.8万 m^2，草坪3.8万 m^2，使主题公园三季有花，四季常绿(图6-4)。

图6-4　主题公园包装及装饰艺术

6.2.3 紧张刺激的游艺设施

除了建筑之外，大型主题乐园的各种设施有着特殊的专业功能要求，很多构件更需要体现艺术性、游艺功能，才能实现主题场景氛围的营造。

通常，机械游艺类设备包括以下方面[5]。

(1) 非水上类设备：轨道类游艺机、回转类游艺机、垂直回转摆动类游艺机、极限运动类、高科技产品类、数字化电动娱乐类、儿童类游乐设备、参与类游乐设备。

(2) 水上类设备：水上世界、峡谷漂流、激流勇进、大舟冲浪、潜艇和游船类。

(3) 康体设备：体育休闲健身系列、体育场设施系列；

(4) 高尔夫设备：小型高尔夫、迷你高尔夫等。

一个主题公园最吸引人的地方，毫无疑问，就是它的游乐设施。因此，如何在复杂的主题建筑物、构筑物之中设置过山车、地面轨道车、海盗船等游乐设施，对设计、施工和管理都提出了极高的要求。大型主题公园的各种设施有着特殊的专业功能要求，需要各种声光电专业和游艺设备的配合(图6-5)。

另外，在全球范围内，水上公园继续保持着强劲的增长趋势，游客人数增长了3.6%，进入前20名。现有的公园表现良好，新的公园正在建设中(图6-6)。这在一定程度上反映了这一特定景点类别的进入门槛较低。排名前20位的水上乐园今年的参观人数再创新高，达到1.08亿人次，超过以往的纪录。虽然疫情、天气和交通等问题使近两年的旅游业受到一定影响，但通过一些令人兴奋的新投资和运营改善，加上全球强劲的休闲消费，就长期而言，该业务将继续其特有的稳定增长模式。

图6-5　上海迪士尼乐园创极速光轮过山车游乐设施

图6-6　北京环球影城主题公园大型水上项目效果图

6.2.4　动感特效呈现

除了机械游乐设施，充分调动游客的感官，展示其主题故事的互动体验也广受游客欢迎。主题景点和娱乐体验越来越依赖新技术来推动消费者体验。视觉是人类获知外界信息最重要的途径之一，因此主题公园可以通过银幕呈现方式被观众感知。其中，物体本身诸如形状、位置、颜色和亮度等也是“视觉语言”的载体。

从某种意义上说，视觉层面的设计更趋向于图像式的设计，它直接决定了呈现在画面中建筑场景元素的基本样貌[6]。因此视觉为主导的设计方法是一个动感特效呈现的视觉思维过程，它需要丰富的视觉想象力，贯穿于包括场景设计、场面调度等影像制作过程中。具体而言，电影是可以直接在时间和空间中表现动感特效的艺术，主题公园越来越多地采用3D、4D甚至5D电影技术(图6-7)。此外，主题公园还引入虚拟现实和增强现实方面的体验。电影场景能够让游客很快沉浸到虚拟的主题情节中去，具有多媒体性、视错觉性、参与性、情节性。不仅包括鬼屋(古堡幽灵、异

图6-7　上海迪士尼乐园宝藏湾项目表演大厅

度空间)、魔幻镜厅等封闭形态的室内场景,也包括开放或者半开放的室外场景,如古镇街景、恐龙园或者灾难场景模仿。在主题游乐园分区景观构建过程中,设计师需要控制所有和游客感受有关的每个细节,包括影像质量、故事发展节奏、情节逻辑、参与率、刺激程度,等等。这种设计要求与电影导演的职责非常接近,而且主题游乐园分区景观与电影场景都具有主题性、仿真性、场景性、视觉性、表演性、运动性、多媒体性(声光电)等。因此借鉴电影在摄影、场面调度、运动、剪辑、声音、表演、故事等成熟的语言系统,针对主题游乐园景观分区采用不同类的电影设计表现手法。

主题活动也是增加动感多样性的有效工具,因为如果游客下次参观时能期待新的东西,他们更有可能再次光临。为了容纳不同类型、不同品位的游客,现场应该有各种各样的景点,从乘坐游乐设施到由人或机器表演的娱乐表演,应有尽有。如今,主题公园不仅提供现场景点,还提供独特的氛围服务,以提升游客体验。

6.3 多元化

经营较好的主题公园运营商正在努力影响参观模式,同时增加公园的入园率。在假日和其他时间的入园率可能会有非常大的差异,假日或周末可能会达到数万人,但平日的平均只有几千人。运营商使用有针对性的营销来帮助平衡入园率并取得了一些成功,定期通过微信和类似的在线论坛进行推广。门票通常是现场使用移动设备购买的,当游客到达主题公园时,他们通过扫描设备上的二维码支付并获得门票。除了美食优惠和特价门票等促销活动外,还可以从内容角度举办活动。比如华侨城(OCT)运营商就增加了某些娱乐节目。一些公司正在利用与国内知识产权的品牌捆绑来吸引家庭市场。例如,北京环球影城主题公园与当地广受欢迎的动画片《小黄人》《侏罗纪公园》达成了协议,允许其在公园里拥有该系列中的卡通人物形象(图 6-8)。

图 6-8　北京环球影城主题公园卡通人物形象

6.3.1 互动性

主题公园旅游作为一种旅游产品，具有其生命周期，在经过了前期的探查阶段和参与阶段后，其旅游产品的吸引力难免会下降，发展停滞或遇到瓶颈期。美国迪士尼乐园从1955年营业至今，仍具有无限的市场潜力和游客吸引力。要延长产品的生命周期，运营商需要有创新的精神，同时还要善于吸引游客，使游客成为潜在的客户，带动主题公园持续发展，所以主题公园发展中提高游客的互动性及参与性显得尤为重要[7]。主题游乐园与主题乐园最大的区别就是主题乐园是“静态景观”，而主题游乐园通过“动态景观”实现了与游客之间的互动关系，并不断地吸引游客。游客不再是被动地参观主题公园，他们期待更具互动性和参与性的体验，比如给动物喂食物，与公园里的卡通人物合影，参加野生动物公园的“走近动物”，如上海迪士尼乐园的“冰雪奇缘：歌唱庆典”。

随着科技的进步，一些主题公园为游客提供了3D以外的多感官互动电影体验。他们提供由视觉、声音、嗅觉、触觉和身临其境的运动和刺激体验组成的五维(5D)电影。5D电影的一个恰当的例子是珠海长隆海洋王国5D城堡剧院的《卡卡的大冒险》。

另一个应用技术提高游客互动体验的例子是在美国佛罗里达州奥兰多环球的哈利·波特魔法世界。随着哈利·波特魔法世界的开业，主题公园为游客创造了一种新的方式来体验对角巷的哈利·波特魔法世界：互动魔杖。这些魔杖允许客人直接影响游客周围的环境，并在对角巷中“施展魔法”带给游客魔法世界的效果。

虚拟现实(Virtual Reality，VR)、增强现实(Augmented Reality，AR)和混合现实(Mixed Reality，MR)技术的快速发展很可能成为主题公园为游客提供一系列令人兴奋的互动体验的重要力量。

什么是虚拟现实？它是一种计算机支持的媒介，让人们在数字空间中探索新的世界，分享想法和获得新的体验。VR是一个将现实世界拒之门外的数字环境。通过佩戴眼镜或护目镜，VR将房间隔开，并打破现实与幻觉的界限。在美国加利福尼亚州的六旗魔幻山，该公司为乘坐新建过山车的游客提供VR头戴式眼镜(图6-9)。这是VR如何增强游客的互动体验，并为主题公园的景点增加一个多维度的体验案例。

图6-9 美国六旗魔幻山过山车VR体验

什么是AR？它是靠计算机生成的内容，把文本、图像、视频、音频或触觉信息，叠加在物理的视图上，并将数字内容放在游客周围看到的现实场景中。AR用数字媒体补充了人们在现实世界中可以看到的东西，从而增强了现实体验感。在这方面，AR技术可以融合数字和真实世界，并且可以给游客带来更加真实和兴奋的互动体验。

AR 可能更适合被主题公园采用，因为游客参观主题公园的初衷可以很容易地被 VR 技术取代。若在主题公园佩戴 VR 眼镜，那么游客也可以在家里获得相似的真实体验。因此，增强现实是未来主题公园的关键技术，VR 眼镜则完全屏蔽了虚拟世界。

此外，MR 的应用在各大主题公园也变得非常流行。MR 作为 AR 和 VR 的混合体，它比虚拟现实更加先进。它结合了几种技术的使用，包括先进的光学传感器、雷达传感器等技术手段。事实上，这是一种将现实世界和虚拟世界的物体一起呈现在显示器中的技术。在主题公园中，MR 通常应用在各类主题的室内空间中，通过使用高清 IMAX 屏幕，融入各类视觉艺术、动画人物、可变照明、运动座椅等设备，来增强游客沉浸在充满惊喜和娱乐故事中的感觉。

6.3.2 寓教于乐

游客在参观主题公园时，不再只是寻找乐趣和刺激。一种日益增长的趋势是在主题公园中学习新事物。如果开发和管理得当，集教育和娱乐于一体的主题公园将具有竞争优势。从比较成功的城市主题乐园中发现，文化融入是至关重要的，无论是地方文化还是自然景观本身，都是旅游文化产品的精神标志。而文化本身就是游客学习新知识的重要方面。因此在城市背景下，城市主题乐园通过发展地域性文化标识，展现城市文化，形成具有强文化辐射能力的文化发展理念，发展具有较强影响力的文化旅游产品。例如迪士尼主题乐园，通过展现童话、自然、科幻和人性，从精神文化和现实角度不断追求文化的渗透性，感染和吸引游客，这都与寓教于乐有着密切的联系（图 6-10）。

图 6-10　迪士尼主题乐园儿童寓教于乐项目

儿童主题公园作为专门面向儿童的发展而设立的公园，具有很强的专业性色彩。它不仅是人们日常生活的不可缺少的一部分，同时，是人们对正在成长的下一代进行教育的重要组成部分。通过在儿童公园里组织大量形式多样的文化教育活动，培养儿童对集体主义的感情，扩展儿童的眼界，加强他们的求知欲和读书的爱好。在这里，儿童可以找到感兴趣问题的答案，模拟经营游戏，并以引人入胜和儿童可以接受的形式使他们认识不同的学科知识和技术，体验各个时期和各个民族的文化习俗，感受美妙的艺术世界。同时，它提供了足够的公共活动场地，作为青少年课余时间进行游憩、娱乐、文化教育和体育运动的主要场所。

香港海洋公园就是一个很好的实例，它的运营方设计了一个动物主题公园，游客在享受娱乐的同时，还了解了动物的习性，并接受到人与动物和谐共存的主题教育。热带雨林项目则包含了激动人心的冲浪冒险之旅，同时还教育了游客要保护极其多样化的世界。此外，它还为参观者，特别是儿童和学生提供培训，使参观者获得相应的学习体验。

6.3.3 多元化经营

在迪士尼乐园周围建造了许多主题酒店、高尔夫俱乐部和网球场、游泳池、餐馆和购物中心，形成了配套齐全的整体服务，大大增强了迪士尼乐园作为旅游目的地的吸引力。因此，未来城市主题公园的发展，需要有实力雄厚的经济企业集团进行产业规划，走规模化经营、产业化经营和多元化经营的道路。

迪士尼乐园经营者正在改造其香港主题公园，这是其 6 年总体计划的一部分，目的是引入一系列新的主题体验区和卡通人物形象。该改造投资价值 109 亿港元，旨在解决陷入困境的经营状况。漫威在香港迪士尼乐园的业务也显著扩大了，在明日世界片区推出了以蚂蚁人、大黄蜂等为特色的新体验。漫威主题区域还将增加钢铁侠体验区，打造“亚洲漫威震中效应”。热门影片《海洋奇缘》女主角莫阿娜卡通形象也在迪士尼乐园首次亮相，并为其开辟了一个新的娱乐区，莫阿娜将以现场表演的形式出现，游客们还将有机会与莫阿娜直接面对面互动。整个“冰雪奇缘”主题区也将于近期亮相(图 6-11)，这将是迪士尼乐园的第一个主题，重建的阿伦德尔乐园将以湖泊、冰山、两个游乐设施、商店和餐馆为特色。游客们还将见到艾尔莎和安娜。迪士尼的城堡也将是“超大型”的。漫威主题和冰雪奇缘主题在亚洲市场广受年轻游客们的欢迎，因此新的扩建项目将极大地增强主题公园的吸引力。

图 6-11 香港迪士尼“冰雪奇缘”乐园效果图

第7章

建筑艺术设计方法

7.1 主题公园规划设计方法

一个主题公园从概念设计到竣工交付，总体规划采用图形的方式描述了园区的组织结构、动线模式和各个功能分区，以及各个部分之间的联系。各部分主题区域的大小和细节可能会随着时间的推移而发生变化，但总体规划的基本结构一般保持不变。因此总体规划设计将逐渐演变成设计和施工的重要参考，以及竣工项目的验收标准，并最终成为未来园区扩建的依据。

无论主题公园的园区是何种规模，一定要确保其成为一个能够为项目投资带来长期经济效益的旅游目的地。一个能够发现市场潜力和自然资源，并考虑了与周边商业、零售、酒店和交通等因素之间联系的总体规划，一定会给主题公园提供更大的舞台，带来更多的机会。

良好的地理位置对主题公园的生存和可达性至关重要，因为主题公园具有易重复的服务特点，因此吸引大量游客的同时，充分利用土地所具有的容量也是至关重要的。

一个良好的地理位置应该位于受欢迎的旅游目的地，交通便利，可以利用周边已有的旅游市场，并有可能增加潜在的一日游人数。此外，主题公园应该便于游客乘坐公共和私人交通工具到达。根据高力国际的一份报告，越靠近市中心或容易到达市中心的主题公园，将会有更高比例的日间游客量。

主题公园项目选址应当符合当地土地利用总体规划和城市、镇总体规划以及相关专项规划的规定[3]。对主题公园应进行空间环境影响和交通影响评价。主题公园的设计应依据设计日游客量指标确定各类用地规模、游乐空间需求和功能空间尺度。空间协调设计中根据运营方提供的设计日游客量结合游乐区的特点，进行紧急救援系统设计，包括紧急救援流线规划、医疗救治用房、安全集散场地、紧急救援后勤保障用房等。

主题公园的规划设计应符合相关防火规范的规定，满足安全疏散要求。室外主题公园内的烟花燃放活动应符合当地法规。主题公园应符合国家现行卫生和安全防护标准的规定。主题公园公共区应充分考虑儿童、老年人和行动不便人士的特点，进行无障碍设计，并符合《无障碍设计规范》(GB 50763—2012)的规定。

主题公园建筑的建筑材料物理性能、构造设计，应满足使用的安全性、耐久性和日常维护的便利性要求。对主题公园应根据用地特点进行防洪设计和雨水调蓄设计；应控制雨水径流量，通过植被浅沟、下沉绿地、透水铺装等生态设施减少外排雨水量；并符合国家海绵城市要求。

主题公园应设置标志系统并应符合《旅游景区公共信息导向系统设置规范》(GB/T 31384—2015)。游乐设施区应根据游乐设备和活动特点设置游乐活动的警示标志。

7.1.1 总平面设计

主题公园建设用地应选择无地质灾害、自然灾害、洪水等危险的安全地段；用地内如有岩壁、边坡等自然地貌，应进行地质灾害评估并采取安全防护措施。宜选址于城市边缘或近郊的平坦地带。与危险化学品及易燃易爆品等危险源的距离应满足有关规定。存在电磁辐射、土壤氡浓度超标危害的地区，应采取相应安全防护措施。土壤曾被污染检测不合格的，应采取有效措施对土壤进行无害化处理。应避开城市污染源和城市高压输配电架空线，如有电力架空线路穿越应符合《公园设计规范》(GB 51192—2016)中4.2.16条的规定。应不占耕地，减少拆迁等土石方工程量。应避免与学校、医院等功能相邻，减少噪声影响。应综合规划近、远期发展需求，预留远期发展用地。

主题公园应选择交通便利区域进行建设，配套公共交通设施宜符合表7-1的规定。

表7-1 主题公园配套公共交通设施

主题公园规模等级	公交站点	公交首末站	轨道交通站点	轨道交通首末站
超大型	无	有	无	有
大型	无	有	有	无
中小型	有	无	有	无

主题公园为大规模人流聚集区域，便利的交通条件尤其是公共交通配套设施将会降低停车场用地，并缓解人流高峰时的交通拥堵。参考国内外案例，主题公园大多由城市配套相关的公交车，超大型主题公园多配置有轨道交通首末站点。

建设项目的容积率、建筑密度、建筑高度、绿地率、配套设施及有关城市设计应符合所在地控制性详细规划的规定。地下空间的开发利用应适度。主题公园建筑物及其服务设施应统一规划、同步建设、同期交付使用。

总平面设计应符合下列要求：

(1) 总平面布置应满足城市总体规划要求，应合理布局、分区明确、交通顺畅、界限清晰。

(2) 应妥善处理园区近期用地与远期用地的需求。

(3) 远期用地应统一规划，减少远期建设对已运营园区的影响，并使扩建时不影响已建建筑物、构筑物、管线和运输线路的使用。

(4) 出入口应符合城市规划及交通行政主管部门的有关规定。

(5) 应满足园区内外客流、货流的运输。

(6) 应适应自然地形，符合场地工程地质及水文地质条件。

(7) 应考虑城市和主题公园之间的噪声影响。

(8) 应结合主题公园风格进行环境和绿化设计，绿化与建筑物、构筑物、道路、管线之间的距离应符合相关规定。

以中建二局承建的上海迪士尼度假区为例，其位于浦东新区川沙黄楼镇，坐落在上海浦东的上海度假区中心，园区占地面积约 1.13 km^2。园区北临迎宾大道(S1)，西临沪芦高速(S2)公路，东临唐黄路，南临规划航城路。乐园分多期建造，第一期涵盖主题乐园(A-1 地块)和游客停车场(F-1 地块)。该项目建设成一个世界级国际“旅游胜地”度假区。主题乐园结合景点、演出及世界其他迪士尼主题乐园使用的成熟技术，创造出一种独特的娱乐体验，既新颖又富于传统。

中建二局承建的北京环球影城主题公园落户在北京通州区(城市副中心)的文化旅游区内，作为“一核五区”的重要组成部分，整个文化旅游区位于通州区南部，位于北京市的东南部，六环路与京哈高速的交界处，是北京通往天津、唐山、东北的东大门，距离北京市中心约 20 km，距北京国际机场约 24 km，规划面积约 1 200 hm^2。其中约 400 hm^2 (325.4 hm^2 建设用地和 71.43 hm^2 市政用地)为以环球为主题的旅游度假区占地面积，该区域位于“文化旅游区”的东侧，东至六环路，南至京哈高速(G1)，西至云景东路和九德路，北至群芳南街。

主题公园用地内包括了游乐区、停车区、集散区、后勤区等，合理布局、分区明确、交通顺畅、界限清晰(图 7-1)。建设项目的容积率、建筑密度、建筑高度、绿地率、配套设施及有

图 7-1 某主题公园总平面图

(来源：中建二局华东公司)

关城市设计符合所在地控制性详细规划的规定。主题公园分为 5 个工程包，包括 8 个区域，其中 7 个为基于诸多知识产权的主题化景区，它们围绕在中央潟湖周围，适应自然地形，符合场地工程地质及水文地质条件。出入口符合城市规划及交通行政主管部门的有关规定。

7.1.2 主题公园功能分区

主题公园依据若干个特定主题，集诸多娱乐内容、休闲要素和服务接待设施于一体，这些设施按性质的不同，大体可以分为以下四个功能区：游乐区、停车区、集散区、后勤区等。这四个区域为主题公园的基本功能区，所有的交通流线及配套设施应基于这四个区域进行设计。

(1) 游乐区是主题公园中的主要设施区。其建筑面积可占总建筑面积的一半以上，其中包括游艺设施、展示设施、表演设施、体育设施等。这类设施随着科技含量的增加，其专业性愈显强烈，一般由专业公司主导设计。

游乐区在设计时应依据设计日人数配置商业零售、餐饮设施、公共卫生间、休息区等配套服务设施。游客(设计日人数)人均占有游乐区陆地面积不应低于 15 m^2，在《公园设计规范》(GB 51192—2016)第 3.1.2 条，市、区级公园游人人均占有公园面积以 60 m^2 为宜，居住区公园、带状公园和居住小区游园以 30 m^2 为宜；近期公共绿地人均指标低的城市，游人人均占有公园面积可酌情降低，但最低游人人均占有公园的陆地面积不应低于 15 m^2。第 3.1.3条水面和坡度大于 50%的陡坡山地面积之和超过总面积的 50%的公园，游人人均占有公园面积应适当增加，其指标应符合规定。此外，游乐区景点宜均匀布置，避免人流过分拥堵。当设置花车巡游活动时，应在巡游路线上设置游客观赏空间。炎热地区休息区还宜设置遮阳或喷雾降温设施。设置吸烟区时，应远离游客聚集区域，采取有效隔离措施，且不应设置任何有顶建(构)筑物。

(2) 集散区主要承担主题公园园区管理、游客集散、功能解说、旅游购物、信息交流、安全救援、物流集散等功能。

集散区在设计时应按照规模、城市公共交通配置条件等合理确定集散区面积。出入口布置应明显，不宜少于两处，并以不同方向通向城市道路。游客出入口有效宽度不宜小于 0.15 m/百人的室外安全疏散指标。园区应设置两处以上出入口，分别设置在地块不同的道路上；主入口为游客出入口，应当设置公共交通方便的地方，便于游客搭乘城市公共交通，次入口可结合后勤区设置。集散区应避免集中人流与机动车流相互干扰，其宽度不宜小于室外安全疏散指标。出入口处应留有疏散通道和集散场地，场地中每人不得小于 0.2 m^2 (设计高峰日人数)，可充分利用道路、空地、屋顶、平台等。应在靠近游乐区入口处设置广场，宜应包含安检区、排队区和休息区；炎热地区宜设置遮阳或喷雾降温设施。排队区宜按照每人 0.5～1 m^2 设计。

(3) 停车区是主题公园结合土地利用形态和功能，制定有针对性的停车发展目标，以实现停车规划，为游客提供泊车位以及兼顾出行过程中的社会车辆停车的双重功能。停车区按照车辆性质分为机动车停车场和非机动车停车场。特大型、大型主题公园停车场区应根据设计日人数和设计高峰日人数进行专项交通设计。停车场(库)面积指标应满足当地有关主管部门规定。停车场出入口应与道路连接方便。应设有大客车、出租车、小客车、无障碍小客车及非机动车的专用停车区。应设有满足当地城市规范要求的汽车充电设施。

(4) 后勤区是指游客接触不到的各类电力系统、通信系统、监控系统、供水系统、废物处置等系统的设备用房，以及库房、维修房和后勤办公区等。后勤区出入口应与园区游客主入口分开设置，从不同市政道路介入。应设置封闭设施，可以独立管理。应设置专用停车场。应有单独员工出入口，车辆、物流出入口，设置人员、车辆、物流安检点，与游乐区有道路连通。车行和人行通道的通道门应在紧急情况下可手动开启。应在交通便利区域设置医疗急救中心。应配置游客问询、信息服务、物品寄存、走失儿童认领处等公共服务设施。入口处应配置婴儿推车和残疾人轮椅租赁点。应制定相应安全措施，预防灾害发生，保证消防和疏散安全。应设置应急避险功能的场地及设施，满足城市综合防灾要求。

上述四类分区中，游乐区无疑是主题公园中最主要的设施，可以进一步细分为商业区和服务区，这两类也是规划建筑师参与度最高的设计环节。由于商业区是实现主题公园休闲、接待功能的直接载体，所以不容忽视。而服务设施是主题公园正常运营的保障，也是体现服务水平和人性化关怀的重要标志。

商业区一般同时布置在主题公园的内部及外围。外围的商业设施面积往往比园区内的更大一些。一般靠近停车场等交通集散地，设置在游客入园或出园的必经之路上。园区内的商业设施主要包括零售、餐饮等，往往集中布置在主入口或分区的中心附近。

服务区是指直接为游客提供服务而不营利的建筑物或构筑物，包括医疗救助站、售票厅、问询处、ATM 取款机、婴儿车及轮椅租赁站、失物招领和卫生间等。

主题公园中商业服务设施与城市中普通商业服务设施相比，由于服务对象不同、服务内容不同和服务环境不同，在规划设计方面有明显的不同之处。中建二局承建了上海迪士尼乐园宝藏湾和飞越地平线项目，项目位于主题公园游乐区东北部。片区总占地面积约 8.6 万 m^2，总建筑规模约 3.50 万 m^2，包括加勒比海盗、特技表演场等景点和设施。该项目创意新颖，设计复杂，工程结合景点、演出及世界一流主题公园使用的成熟技术，创造出一种独特的游乐体验(图 7-2)。

该片区内包含了上述所有分区。游乐区、服务区和商业区包含大型塑石假山的营造，主题立面的施工和铺装、建筑装饰构件和园林绿化施工、机电设备安装等。设置在大型主题公园内的商业设施，虽然建筑总量不大，与游乐区相比，只是后者总面积的 1/4～1/3，但是它们与广场、花园以及其他户外设施相配合，起着烘托主题气氛、引导空间转换、服务游客群体的重要作用。

大型主题公园内商业设施的总体布局具有几个特点。

图 7-2　上海迪士尼乐园宝藏湾和飞越地平线项目总平面图

（来源：中建二局华东公司）

1. 集中式布局

由于商业设施总量不大，所以在规划布局时宜集中成片布置，往往规划成“大街”或“小镇”的形式，一端连接入口广场，另一端连接承担着空间转换功能的中心花园或中心广场，通过注入一个特色鲜明的主题，营造出体验感极强的梦幻境界，使游客一走进主题公园就能迅速忘却喧嚣尘世。因此，“集中布置”是大型主题公园内的商业设施规划布局的最大特点。商业设施分为零售商店和餐饮建筑两类。零售商店一般都是单层建筑，售卖特色商品、纪念品和特色食品。在上海迪士尼乐园的规划设计中，几乎所有特色店铺都集中在游客导入片区布置，只有零星的小卖部或流动摊位(如销售推车等)为了合理服务半径的需要布置在其他主题游乐片区。餐饮建筑的分布相对可以分散一些，但多数餐饮店还是布置在游客导入片区，或沿大街或围绕中心花园布置，而且这个片区的餐饮建筑单体规模也较大，多为两层建筑，而布置在其他主题游乐片区的餐饮设施，规模相对较小。

2. 客货分离的交通流线

在商业服务设施集中的“大街”或“小镇”上，客流和后勤货运流线是严格分离的：客流从中间步道进入，后勤和货运流线则从基地侧边进入，互不交叉。对于处在大型主题公园内核位置的中心花园或广场，如果设置游客餐厅，由于园区周边货运车道无法直接连接餐厅后勤区，则很难彻底分离客流和后勤流线，为了避免干扰游客，往往采取错时运输的方法，闭园后再运送货物和废弃物。

3. “二低一高”的规划指标

从规划指标来看，主题公园整体呈现“二低一高”的特点，即低容积率、低建筑密度和高绿地率[10]。一般而言，主题公园游客活动区的容积率往往控制在0.5以下，建筑密度控制在20%以下，而绿地率则可以达到35%～50%。从各主题片区分布来看，商业设施集中的片区和其他主题片区又有所不同，由于单体商业和服务建筑体量较小，所以容积率相应会更低一些；由于建筑比较低矮，道路和广场面积较多，在商业设施集中的片区，其绿地率较其他片区则会明显偏低，一般在25%～33%[11]。主题公园中的服务设施布局主要有两种形式：一是集中在主入口内外布置；二是均匀在整个园区布点。上海迪士尼乐园属于二者结合的方式。

游乐区依据设计日人数配置商业零售、餐饮设施、公共卫生间、休息区等配套服务设施。游乐景点均匀布置，避免人流拥堵。设花车巡游活动时，在巡游路线上设置了游客观赏空间。靠近游乐区入口处设置广场，包含安检区、排队区和休息区，排队区设置遮阳和喷雾降温设施。

停车场面积指标满足本地区有关主管部门规定。停车场出入口与道路连接方便。停车场内设有大客车、出租车、小客车、无障碍小客车及非机动车的专用停车区，并设有满足当地城市规范要求的汽车充电设施。

后勤区出入口与园区游客主入口分开设置，从不同市政道路接入。后勤区封闭设施，可以独立管理并设置专用停车场。后勤区有员工独立出入口，车辆、物流出入口，并设置人员、车辆、物流安检点，与游乐区有道路连通。

在交通便利区域设置了服务区，服务区包含医疗急救中心，并配置游客问询、信息服务、物品寄存、失物招领、走失儿童认领处等公共服务设施。入口处配置了婴儿推车和残疾人轮椅租赁点。集中在主入口内侧布置的服务设施（除了卫生间和急救站外），大多数集中布置在紧邻主入口的道路空间内，在规划设计时往往将这段道路空间适当放大，形成小广场。

在园区均匀布点的服务设施卫生间和医疗急救站是需要在全园区按服务半径均匀布点的服务设施。医疗急救站的服务半径在500 m左右，一般由护士站、检查室和临时病房等构成，大型主题乐园中医疗急救站的规模指标在我国还没有十分明确的规定。2010年，上海世博会的医疗急救站规模指标是按照2 m^2 设置，上海迪士尼乐园则采用每千人不低于6 m^2 的设计指标，更加体现出人性关怀。

为预防灾害发生，设置了应急避险功能的场地及设施，保证消防和疏散安全满足城市综合防灾要求。大型主题公园的商业服务设施，其防灾规划除了设置消防车道外，还考虑了应急疏散和烟火燃放的影响。由于大型主题公园游客众多，短时间内难以全部疏散到园外，所以必须在园区中设置若干个室外应急疏散场地。其中大型应急疏散场地以中心花园和硬地广场为主，小型应急疏散场地则分布在各个主题片区中。

排队等候区往往附属于大型主题公园中的一些游乐设施和商业服务设施，由于游客量大，往往在游乐、售卖、服务柜台或窗口前布置排队等候区域，这在其他公共建筑中是不常见的。游客排队等候区分为室内和室外两类，室内的排队等候区需注意消防疏散设计；室外的需注意游客舒适性设计。室内游客排队等候区往往设置在餐厅、纪念品售卖店等游客集中的商业建筑内，在柜台前应留出一定区域，设置固定的栏杆式排队区，避免混乱。值得注意的是排队等候区也应纳入消防疏散设计的范围，而且在计算疏散人数时，单位面积疏散人数指标应与餐饮或商业区域分开，这一指标在我国现行防火规范中并无规定，根据测算以每平方米2人为宜。在核算疏散距离时，排队区的一段应按实际迂回路线进行计算，当最远点到疏散门的距离超过防火规范允许的长度时，可以在排队区栏杆的中间位置设置旁通门。室外游客等候区往往设置在游乐项目、问询、售票、轮椅出借等服务设施的窗口外，一般设有室外门廊或雨篷，夏季可以遮阳、用水雾降温。为抵御冬季的寒冷，可以在棚架或墙壁上设置辐射供暖装置，以此来提高游客舒适度。

主题公园规划设计的特点看似与普通公共建筑差别不大，但是无论在规划布局、城市设计、防灾规划等整体方面，还是在无障碍设计、排队区设计等细节方面都具有特殊性，值得研究总结，需要规划师和建筑师同心协力、悉心甄别、精心设计，也需要管理部门的协调配合，以此不断提升主题公园商业服务设施的设计水平，也可以为其他大型公共设施的规划设计提供借鉴。

7.2 建筑艺术设计方法

现代的主题公园集娱乐、休闲、教育、购物等复合型功能业态于一体，提供各个年龄层的游客以人性化、个性化的服务。因此，主题公园建筑通常具有多种功能属性，此类建筑往往以单个功能建筑的形式分散布局在园区中，按照不同的功能性质进行分类，大致可分为三种类型，如表 7-2 所示。

表 7-2 主题乐园建筑功能分类

功能类型	建筑举例
游乐主体建筑（游艺类）	娱乐游艺建筑、演艺建筑、展示建筑、排队等候
服务配套建筑（服务类）	售票、游客服务中心、医疗救助、公共厕所、母婴休息室、餐厅、零售店、咖啡茶座、员工休息室、物品寄存和失物招领处
后勤配套建筑（管理类）	办公管理、消防和疏散监控中心、广播、安保监控、设备机房、维修车间、游艺车库、库房、垃圾站、垃圾处理、中央厨房

各类建筑物设置还应符合表 7-3 的规定。

表 7-3 建筑物配置规模

建筑分类	建筑名称	规模（用地面积 hm^2）			
		小型（≤13）	中型（13.1～40）	大型（41～133）	特大型（>133）
游乐主体建筑（游艺类）	排队等候	○	●	●	●
	娱乐游艺	●	●	●	●
	演艺	○	●	●	●
	展示	○	●	●	●

（续表）

建筑分类	建筑名称	规模（用地面积 hm²）			
		小型（≤13）	中型（13.1～40）	大型（41～133）	特大型（>133）
服务配套建筑（服务类）	售票	●	●	●	●
	游客服务中心	○	●	●	●
	医疗救助	●	●	●	●
	公共厕所	●	●	●	●
	母婴休息室	●	●	●	●
	餐厅	○	●	●	●
	零售店	○	○	●	●
服务配套建筑（服务类）	咖啡、茶座	○	●	●	●
	员工休息室	○	○	●	●
	物品寄存处	○	○	●	●
后勤配套建筑（管理类）	办公管理	●	●	●	●
	消防和疏散监控中心	○	●	●	●
	广播	○	●	●	●
	安保监控	●	●	●	●
	设备机房	●	●	●	●
	维修车间	○	○	●	●
	游艺车库	○	○	●	●
	库房	○	○	●	●
	垃圾房	○	○	●	●
	垃圾处理	○	○	●	●
	中央厨房	—	—	○	○

注："●"表示应设，"○"表示可设。

各类建筑宜独立建造，与其他类型建筑贴邻建造时，应设防火隔墙或独立的防火分区。数座一、二级耐火等级的主体游乐、服务配套和后勤配套建筑，当建筑物的占地面积总和不大于 2 500 m² 时，可成组布置，但组内建筑物之间的间距不应小于 4 m。

游艺类建筑、观演类建筑应设置前厅或排队等候区，其建筑面积每平方米不应小于 3 人。建筑设计应按照现行国家标准《无障碍设计规范》（GB 50763—2012）中对公园绿地和文化建筑的要求设置无障碍设施，且应方便使用。游艺类、服务类建筑层数不宜大于 2 层，管理建筑层数不宜大于 3 层。建筑室内净高不应低于 2.4 m，游艺类建筑室内净高应满足游艺设施的工艺要求。楼梯的位置、数量应满足防火、疏散和使用方便的要求。应根据使用人数和通行要求确定楼梯宽度，用于安全疏散的楼梯宽度不应小于 1.40 m。游艺类、服务类建筑楼梯踏步宽度不应小于 0.28 m，踏步高度不应大于 0.16 m。管理类建筑楼梯踏步宽度不应小于 0.26 m，踏步高度不应大于 0.175 m。

游艺类、服务类建筑的出入口、平台、门厅或前厅、公共走道、餐厅、公共厕所、更衣、淋浴等地面应采取防滑措施。建筑设计应优化建筑形体和空间布局，遵循被动节能措施优先的原则，充分利用自然采光和自然通风，结合围护结构保温隔热和遮阳措施，减少建筑能耗。

7.2.1 游乐主体建筑(游艺类)

游乐主题建筑包括：主题游园、黑暗乘骑、主题展馆、主题剧场、标志性建筑、主题景观、主题雕塑、动力游乐设备、无动力游乐设备及各类主题包装设施等。

在北京环球主题公园具有各种主题化构配件装点着园区每个建筑单体。它们以玻璃纤维加强塑料、玻璃纤维加强混凝土、玻璃纤维加强石膏、金属构件为原料，经艺术工匠精雕细琢而成，每件装饰件都是精美绝伦的艺术品，或置于屋面屋檐、或装饰于墙面、或矗立于场地。有它们的点缀每座建筑物都充满了生机。

在北京环球主题公园项目中，每种外立面的艺术效果都是独一无二的。需要运用独特的技术来实现所期望的效果和设计意图(图 7-3—图 7-5)。用装饰砂浆和主题喷涂技术创造出积层、剥落、矿脉等地质运动的面貌；活苔藓、青苔、水流和矿脉留痕等风化效果；木质纹理、石材纹理、砖纹理、树根、藤条等各种纹理效果；用作旧技术来展现故事的时间脉络，让每个游客都有身临其境的视觉感受。

图 7-3　北京环球主题公园主题立面-1
（来源：中建二局华东公司）

图 7-4　北京环球主题公园主题立面-2
（来源：中建二局华东公司）

1. 娱乐游艺建筑

陆地娱乐游艺区主要包括游艺类、骑乘类等项目内容，应设置安全护栏分隔排队区和游艺区，排队等候区与游艺类、骑乘类设施设备应预留满足工艺要求的安全运行距离。游乐设施可与建筑紧贴或穿越建筑。容纳游客人数较多或可达高度大于 10 m 的游乐设施宜独立设置，与周边建筑的间距应满足游艺设施的安全要求。

图 7-5　北京环球主题公园主题立面-3

（来源：中建二局华东公司）

在确保安全的前提下，宜对游乐设备和游览交通工具等服务设施进行主题包装。娱乐游艺区的骑乘类项目应符合下列规定。首先，游艺区的空间高度和平面位置应满足机械设备安装和运营维护的要求。其次，上下客流线应避免交叉，应有明显标志分隔排队等候区与骑乘设备。骑乘轨道区域应设置应急疏散口、疏散通道或救援平台及马道。黑暗骑乘项目应在轨道一侧设置紧急疏散走道，且应直接通向就近的安全疏散门。最后，室内紧急疏散通道的疏散距离不应大于 22.00 m，当设置自动喷水灭火系统时，疏散距离不应大于 27.50 m，疏散通道净宽应按每 100 人不小于 1.00 m 计算确定，且最小净宽不应小于 1.00 m。

游艺项目应在整条游艺项目旁设置平行疏散走道。轨道车、航行船等游艺项目确有难度设置平行疏散走道时，应满足以下要求：车速较快的游艺轨道车应设置可就近到达的下车点，应通过疏散时间和烟气控制的模拟分析确定下车点疏散的可行性。车速较慢的游艺轨道车应在友谊线路旁设置固定疏散平台，应通过疏散时间和烟气控制的模拟分析确定疏散平台设置的可行性。

以儿童为主要游客群的游乐场所不应设置在地下室。建筑室内游艺区应为独立的防火分区，室内游艺区内不得使用明火。建筑内的维修区应采用 2.0 h 防火隔墙进行防火分隔，防火隔墙上的门应为乙级防火门。维修区内应设置独立的通风换气设备或自然通风设施；维修区与游艺区之间确因运行工艺中无法分隔时，设置耐火极限不小于 3.00 h 的防火卷帘。

宽度、面积较大且通风良好的室外高架平台可作为疏散安全区域，室外高架平台通往地面的楼梯或坡道的净宽应根据疏散人数计算确定，且最小净宽不应小于 1.00 m。相邻游乐设施的安全栅栏水平间距不应小于 2 m；游乐设施运行时，其最大旋转半径与乔木树冠外缘距离不得小于 2 m、与灌木距离不得小于 1 m。大型机械游乐设施运行范围周边、水边、构筑物内部和外缘，凡游客正常活动范围边缘等临空处均应设置防护栏杆，栏杆高度不应小于 1. 10 m。防护栏杆必须牢固，防护栏杆最薄弱处承受的最小水平推力不应小于

1.5 kN/m。栏杆应采取防止攀登的构造。

2. 演艺建筑

演艺建筑应分别设置观众出入口和演职人员出入口，观众区应设不少于 2 个直接对外安全出口。设置等候区的演艺建筑，等候区通往观众区的出入口，不得作为消防疏散的安全出口。室外演艺区宜设置固定舞台，设置活动舞台时，应预埋活动舞台的安全固定装置的连接构件。活动舞台的顶棚材料燃烧性能等级不宜低于 A 级，不应低于 B1 级。活动舞台与观众区之间应设安全通道，通道宽度不应小于 1.50 m。观众区外围应有安全疏散通道环绕，并应连通观众区疏散走道。

剧场的观众容量不宜超过 1 200 座。剧场应设等候厅，等候厅每个座位所占面积不应小于 0.3 m^2。大于 800 座的剧场舞台台口应设防火幕。应设无障碍座席，且不应少于 2 个。观演时间大于 30 min 的剧场或剧场就近处设有公共厕所时，应设置观众使用的厕所。剧场观众厅、舞台、后台、声学、防火、建筑设备等设计应符合现行标准《剧场建筑设计规范》的规定。设有 3D 影视和 3D 游艺项目场所，应设置 3D 眼镜消毒室。

7.2.2 园区服务配套建筑

园区服务用房与设施主要包括：游客服务中心、售票处、寄存处、失物招领处、医务室、警务室、广播室、公共厕所、母婴休息室、零售店及餐饮，设置数量应满足日常使用的需求。园区服务用房与设施应满足以下要求：

(1) 配套服务区为限定区域集中设置，与园区内主题娱乐区设出入口相连通。

(2) 医务室应直通主题游乐区，应临近主要出入口及室外疏散通道。

(3) 寄存处应设置存包及轮椅、童车存放处，且可合并设置。

(4) 广播室应直接通向游客，宜设置在游客游乐区且临近行政管理区。

(5) 应至少设置一间包含一套完善的卫生洁具及妇幼整理设施的母婴休息室。

(6) 公共厕所的厕位数量应按高于高峰时间游客量的 2%计算。

1. 公共厕所

园区内每个分区应至少设置一个公共厕所，公共厕所服务半径不应大于 250 m，餐厅、商店、剧场等游客密集区应设公共厕所，游乐设施附近，特别是刺激度高的游乐设施附近宜设置公共厕所。公共厕所的厕位服务人数按每个厕位每天 200 人计算。公共厕所女厕位与男厕位(含站位)的比例不应小于 2∶1。公共厕所的男女厕所间应至少各设 1 个无障碍厕位，无障碍厕位布置应方便使用。

公共厕所应设置第三卫生间，卫生洁具布置应满足行动不便者、儿童使用要求，设置位置应方便轮椅进出。公共厕所宜提供洗手热水，热水系统宜采用建筑一体化的太阳能热水系统。

2. 游客服务中心

游客服务中心占地面积不宜小于 500 m^2，应自成一区。游客服务中心应设置在主题公园主要入口处。游客服务中心应设置医务室、救援站、母婴室、广播室、厕所、办公、服务等功能区。还应设置信息咨询、自助查询、休息、纪念品出售等服务空间。应设置对外租借雨伞、轮椅、儿童推车等柜台及储存空间，并且办公区与服务区应避免相互干扰。

3. 母婴休息室

主题公园应设置母婴休息室，大型、特大型主题公园不应少于2个母婴休息室。母婴休息室不应设在公共厕所内，与公共厕所毗邻布置时应有独立的出入口，母婴休息室可独立建造，也可附设在游客服务中心建筑内，母婴室建筑面积不应少于 10 m^2。母婴室应设置儿童区、哺乳区和休息区。哺乳区应设采用围帘围合的哺乳隔间，且不应少于2个。应设置洗手盆、换尿布台及婴儿床、桌椅等家具。应设置奶具消毒、冰箱、微波炉、吸乳器、电热水壶及相应的电源插座等必要设施。应设置垃圾储存及清洁间。至少包含一套卫生洁具完善的卫生间。

4. 零售店及餐饮

独立单体的零售店、餐饮建筑宜靠近主题公园出入口或集散点区域设置，应设置不少于2个安全出口。附建在其他建筑内的零售店、餐饮建筑应有独立的安全出口。独立单体的零售店建筑面积不宜大于5 000 m^2，餐饮建筑面积不宜大于3 000 m^2。零售店建筑应设置营业区、库房区、办公区等使用空间。应设置垃圾储存空间。库房区、办公区应有单独出入口，应避免与游客交叉。

餐饮建筑应设置厨房加工区、备餐区、就餐区和公共区。厨房平面布置应遵守食品加工卫生流程。厨房加工区和备餐区上方不得设置公共厕所。应设置垃圾储存间或生化垃圾处理间，每 100 m^2 餐饮建筑面积的垃圾储存面积不应少于 1 m^2，且应采取措施避免厨余垃圾气味影响环境。厨房应设高出屋面的排油烟井道。

独立单体的零售店、餐饮建筑应设置公共厕所，其厕位数应根据顾客人数、就餐座位数配置。

7.2.3 后勤配套建筑

后勤配套建筑宜远离游客独立设置。配套建筑的管理用房应设置安防监控中心、消防监控和疏散指挥中心，可结合在一起设置。游艺车库、备用库房建筑面积不宜小于2 000 m^2。维修车间应满足工艺要求。维修车间内的油漆间面积不应大于维修车间总面积的5%，且应设置自动抑爆系统或独立的防爆排风系统。调漆和人工刷漆间及油漆存放间应靠外墙布置，应采用防火墙和甲级防火门与车间分隔。

7.2.4 防火设计

1. 基本要求

主题公园的消防监控和疏散指挥中心必须紧邻消防车道。人流密集区域或游乐游艺项目应设置专门的消防监控和疏散指挥点，配备基本的消防和疏散设施。建筑高度大于

24.0 m 的标志性建筑满足以下要求时，可定性为多层建筑。游客实际到达楼层顶面高度小于 24.00 m，或者建筑内 24.0 m 以上的空间无使用功能、无可燃物。

锅炉房、油浸电力变压器、充有可燃油的高压电容器和多油开关等用房不应与游艺类建筑贴邻布置。烟花仓库及燃放后烟花废品回收库与周围的道路、轨道及建、构筑物布置应符合表 7-4 的间距控制范围的要求。

表 7-4　烟花仓库及烟花废品回收库的间距控制线

<table>
<tr><th rowspan="2">控制线</th><th colspan="2">与烟花仓库及烟花废品回收库的距离/m</th><th rowspan="2">控制范围内布置要求</th></tr>
<tr><th>1.1 级烟花仓库</th><th>1.3 级烟花仓库</th></tr>
<tr><td>第一道</td><td>70</td><td>50</td><td>不得布置在主要道路及轨道</td></tr>
<tr><td>第二道</td><td>100</td><td>85</td><td>不得布置在员工人数在 50 名以上的后勤建筑、变电站</td></tr>
<tr><td>第三道</td><td>180</td><td>140</td><td>不得布置在有游客进入的建筑</td></tr>
</table>

地上游艺类建筑内游艺区防火分区的最大允许建筑面积不应大于 10 000 m^2，且应设置在一、二级耐火等级的单层建筑内或多层建筑的首层。应设置自动喷水灭火系统、排烟设施和火灾自动报警系统。内部装修应采用燃烧性能等级不低于 B1 级材料。直通室外的安全出口不应少于 2 个。

2. 安全疏散

主体建筑入口人行通道设置闸机时，通道和闸门宽度及其数量应按设计人流量确定，单个入口最小净宽度不应小于 1.20 m，且应至少设置 1 个宽度不小于 1.50 m 的紧急通道。当入口闸机或安检通道需作为安全疏散使用时，闸机或安检设备应具有自动和人工开启两种模式。主体建筑内游艺区、排队区的疏散门不应设置门槛，且紧靠门口内外 1.4 m 范围内不应设置踏步、坡道（坡度不大于 5% 的坡道除外）或阻碍人员疏散的设施。游艺类建筑单体内不同使用功能的区域宜分别设置安全出口。游艺区内直通室外的安全出口不应少于 1 个。游艺区内的疏散人数可按照表 7-5 的人员计算指标或人员密度计算。

表 7-5　游艺区内疏散人数或人员密度指标

<table>
<tr><th>类型</th><th colspan="2">场所、区域</th><th colspan="2">人员密度计算指标</th></tr>
<tr><td rowspan="5">演艺类</td><td colspan="2" rowspan="2">舞台</td><td colspan="2">1.4 m^2/人</td></tr>
<tr><td colspan="2">固定演出人数×1.1</td></tr>
<tr><td rowspan="3">观众厅</td><td>无固定座席</td><td colspan="2">0.5 m^2/人</td></tr>
<tr><td rowspan="2">有固定座席</td><td>单座式</td><td>按座席数</td></tr>
<tr><td>长椅式</td><td>0.46 m/人</td></tr>
<tr><td>骑乘类</td><td colspan="2">骑乘游艺项目</td><td colspan="2">按骑乘座位数</td></tr>
<tr><td rowspan="2">水上乐园</td><td colspan="2">水池区</td><td colspan="2">4.6 m^2/人</td></tr>
<tr><td colspan="2">游艺区</td><td colspan="2">按游艺设备载承游客数</td></tr>
</table>

观众厅的轮椅席位应设置在安全疏散通道附近，且不应占用公共通道。

主题公园内需要消防性能化设计的单体，系统排烟量及排烟方式按照消防性能化报告确定。主题公园中厨房区域的汽水间应设置 CO_2 监测及相应的排风系统。当 CO_2 浓度超过 3%时启动排风系统，排风风机设置双路电源。

7.3 景观空间营造方法

一个主题公园内的“景观”可能是主题公园内的一个特色或一处独立的设施。公园内的景观可以更好地拓展主题公园的主题。它们往往结合了高科技的骑乘系统、多媒体、互动剧场和身临其境的特效来创造令人振奋的体验。在设计这些景观环境的过程中，必须确保各个部分能够相得益彰。

主题公园景观设计包括景观水体、地形、植被、场地铺装、景观设施及景观构筑物等。

为了符合住建部《海绵城市建设技术指南》的要求，宜设置下凹绿地、生态草沟、雨水花园等生态方式进行雨水管理。

景观自然水体应依据现状条件，以生态修复为基本原则，结合上下游及当地的排洪要求，确定水体的常水位标高、洪水水位标高、驳岸及池底的设计形式以及工程做法，自然水体宜采用生态自然驳岸。

景观地形应依据总体设计确定的高程控制点，根据功能要求及效果需求，结合现状地形，确定景观地形的起伏形式及高度。地形坡度应满足雨水排放要求，宜结合围栏、挡土墙等达到维护、安全要求。

植物配置应根据当地气候状况、功能、自然环境条件选择适宜的乡土植物，宜采用常绿树种、宿根及多年生植被，降低运营、维护成本。应根据当地的环境状况，选择抗污染、抗逆性强的植物。下凹绿地内植物应选择抗污染的多种耐水性植物交错种植。停车场内道路两侧种植的乔木，不应在道路上方搭接。乔木搭接容易形成绿化“隧道”，不利于汽车尾气及时向上扩散。

室外休息区、排队等候区、就餐区等露天开敞区域应增加遮阴大乔木栽植；应在座椅周围增加防蚊、蝇、虫等的植物品种配置。水体驳岸及其周围的植物配置应选择根系发达且防蚊、蝇、虫的植物品种；不同水深区域宜合理配置植物种类。

场地铺装应合理控制建设用地内不可自然透水面积，保障雨水自然渗透，宜尽可能选择透水铺装。铺装材料应保证其透水性、抗变形及承压能力，车行区铺装厚度应根据当地气候情况，以及其承压要求选择材料的厚度，透水铺装的面积比例应符合当地雨、洪管理规范的要求。不同材料的场地铺装连接宜控制纹理、颜色的过渡，公共区域铺装宜风格统一，不规则材料应采用可靠的加工工艺。儿童活动场地应选择柔性、耐磨、透水、环保的铺装材料。水乐园、冰雪乐园等铺装材料应选择环保、防滑铺装材料，应根据其特殊功能选择透水性好、抗变形及防冻胀的材料及工程做法。

景观设施及景观构筑物应具有与主题文化相协调的艺术特色。宜根据使用需求设置植物生产温室及展览温室。主题公园功能特殊，对植物的需求通常较多，故建议适当增加生产温室及展览温室，生产温室宜位于公园的配套区或便于运输管理的独立区域，方便移苗或对临时性苗木的储存，同时应为修剪主题性植物造型提供修剪场地。主题公园内游览交通服务站宜具备遮阳和避雨功能。

7.4 室外景观工程结构设计

室外景观工程结构设计应遵照国家已有标准规范进行设计，但主题公园工程为了突出造景的观赏性、游乐项目表现力、游客体验感等因素，较多采用新材料、新工艺，设计荷载比较复杂，故需设计师对材料及其工艺熟悉，在设计文件中明确材料有关技术参数和检验标准，避免设计文件表述不清，对专业供应商失去监督管控，造成设计安全问题。

室外工程结构设计除应满足承载力、变形和沉降等要求外，还宜根据室外环境类别进行耐久性、防火及防腐蚀的设计。室外环境与室内环境的环境类别有很大不同，需根据确定的环境类别选择相应的建筑结构防腐和防火涂料，并应考虑材料的耐久性要求。

室外工程基础设计应满足室外冻土深度、耐久性和沉降控制的相关要求。水中设备立柱混凝土柱墩顶面标高高出水面最高水平面应不小于 200 mm；对于潮湿地面区域的设备立柱，其混凝土柱墩顶面标高高出建筑完成面应不小于 150 mm。对运动时产生振动的游艺设备基础应采取减少振动效应的措施。

建(构)筑物的各种游乐设备荷载标准值，应根据设备厂商及游乐工艺提供的数值，计算时应将其分解为永久荷载和可变荷载。附着于建筑物上的主题包装、造景等次结构宜与建筑主体结构建立联合模型进行结构受力分析。对于大面积堆土、置石和假山等造景场地附近的建(构)筑物，应考虑大面积堆土、置石和假山等造景场地荷载对建(构)筑物结构的影响。

假山结构设计宜根据假山表面的网片划分确定假山主体结构和次要结构形式。宜考虑假山施工顺序和施工措施对结构形式的影响。假山主体结构和次结构宜建立联合模型进行结构受力分析。内部带有游乐设备的假山结构需要与游乐设备结构分离，还应考虑游乐设备运行的安全距离。

主题包装结构设计应根据包装环境、包装效果、包装材料、施工工艺和下部主体结构，确定合理的结构形式。主题包装结构和连接节点设计使用年限应与主体结构设计使用年限相同。主题包装结构宜与建筑主体结构建立联合模型进行受力分析设计。主题包装结构设计应综合附属建筑构造条件，不应影响主体建筑防雷、防水、保温、变形等功能要求。

塑石小品、驳岸结构设计应按现行建筑结构设计规范进行设计，明确设计使用年限、材料要求、施工工艺、钢筋网计算、钢筋网与骨架连接做法。游乐设施等结构设计需符合现行相关特种设备结构设计规范。

7.5 生态理念的介入方法

城市主题公园的生态理念的介入是指在设计主题公园的同时，注重生态理念和可持续发展，以破坏植被最小、影响环境最小为基本原则，通过植被、水系等来丰富生态环境和景观空间。生态理念不是简单的绿化种植，而是通过设计来促进和维持自然生态系统并最终达到整体优化。

园区采用了透水铺装、下沉绿地、保障绿化率等措施降低园区径流系数，通过渗透池收集和利用雨水，并满足新开发区域年径流总量控制率不低于85%；满足新开发区域外排雨水流量径流系数不大于0.4。

7.5.1 海绵城市方案设计

1. 总体方案思路

在方案、设计、实施等各环节纳入低影响开发内容，并统筹协调规划、排水、园林、道路交通、建筑、水文等专业，达到低影响开发控制目标[14]。在园区开发建设过程中采用源头削减、末端调蓄等多种手段，通过渗、滞、蓄、排等多种技术，提高对径流雨水的渗透、调蓄和排放能力，维持园区的“海绵”功能。合理设定不同性质用地的绿地率、透水铺装率等指标，防止土地大面积硬化[15]。

2. 方案设计原则

方案设计因地制宜、经济有效、方便易行。充分结合园区现状地形、地貌进行场地设计与建筑规划布局。优化不透水硬化面与绿地空间布局，建筑、广场、道路周边布置可消纳径流雨水的绿地。建筑、道路、绿地等竖向设计有利于径流汇入。结合集中绿地设计渗透池，并衔接整体场地竖向与排水设计。

3. 雨水控制与利用规划指标

有效利用雨水资源，使其得到合理利用。控制雨水径流污染，减少污染物的排放，改善景观与生态环境。根据《雨水控制与利用工程设计规范》(DB11/685—2013)，执行低影响开发管理，通过渗蓄、收集措施控制雨水径流量的排放。

新建工程配建雨水调蓄设施，每千平方米硬化面积配建调蓄设施容积不小于30 m^3(也可采用雨水花园及湿地等形式)；凡涉及绿地率指标要求的建设工程，绿地中至少有50%为用于滞留雨水的下凹式绿地；公共停车场、人行道、步行街、自行车道和休闲广场、室外庭院的透水铺装率不小于70%。

4. 海绵设施规模及布局

雨水排除系统和雨水控制与利用系统二者有效结合、协调设置，不仅满足排水工程要求，还要重视环境保护和水土保持，防止水体污染，并与道路工程、绿化景观工程有机结合。

整个园区设置雨水管道收集系统，管道下游雨水先接入渗透池进行调蓄和渗透，在渗透池出水口设置雨水控制设施，即溢流闸门井，渗透池雨水通过溢流闸门井溢流至市政雨水系统。

雨水流量和管径按下式计算。

某主题公园第Ⅱ区设计暴雨强度 q 根据降雨历时和重现期的不同分别按下列公式计算。

$$q=\frac{2\,001(1+0.811\lg P)}{(t+8)^{0.711}} \tag{7-1}$$

式(7-1)适用范围为：$t \leqslant 120$ min，$P \leqslant 10$ 年。

降雨历时：t 按下式计算。

$$t=t_1+t_2 \tag{7-2}$$

式中　t_1——汇水面汇水时间,取 10 分钟;

　　t_2——管内雨水流通时间,分钟。

设计重现期为 $P=5$ 年。

雨水控制和利用方案示例：某主题公园在适当位置设置下凹式绿地、透水铺装、渗透池等方式,实现雨水控制与利用,排水组织流程如图 7-6 所示。

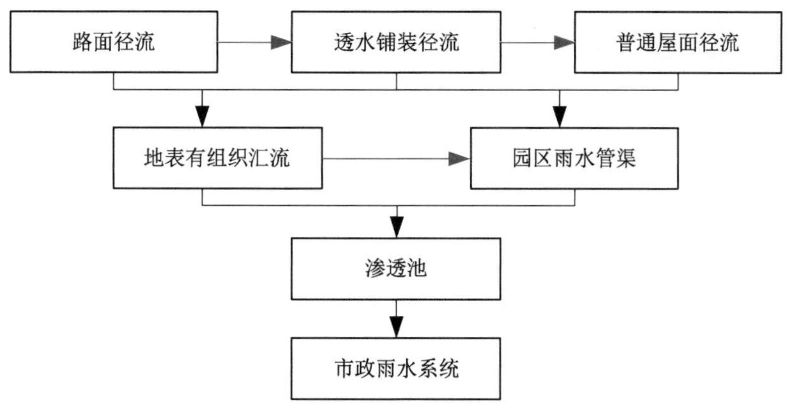

图 7-6　排水组织流程

(1) 下凹式绿地。一般在道路无建筑物侧设置下凹绿地,深 0.05～0.1 m,具体做法是场地内所有绿地均低于相邻道路 0.05～0.1 m,路面雨水通过路缘石开孔(设置于道路竖向低点处),进入绿地,绿地内过量雨水可通过设在下沉绿地内的溢流雨水口进入雨水系统(图 7-7)。

下凹式绿地内溢流雨水口做法：用于下凹式绿地内,设置于竖向低点处,篦面高于周边绿地约 10 cm,如图 7-8 所示。

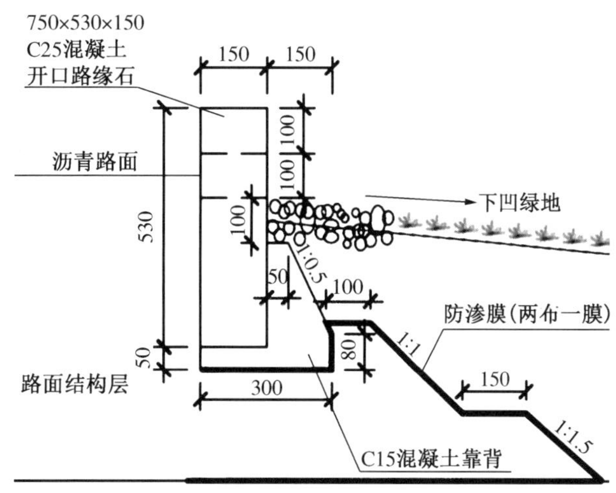

图 7-7　下凹式绿地与道路关系图(单位：mm)

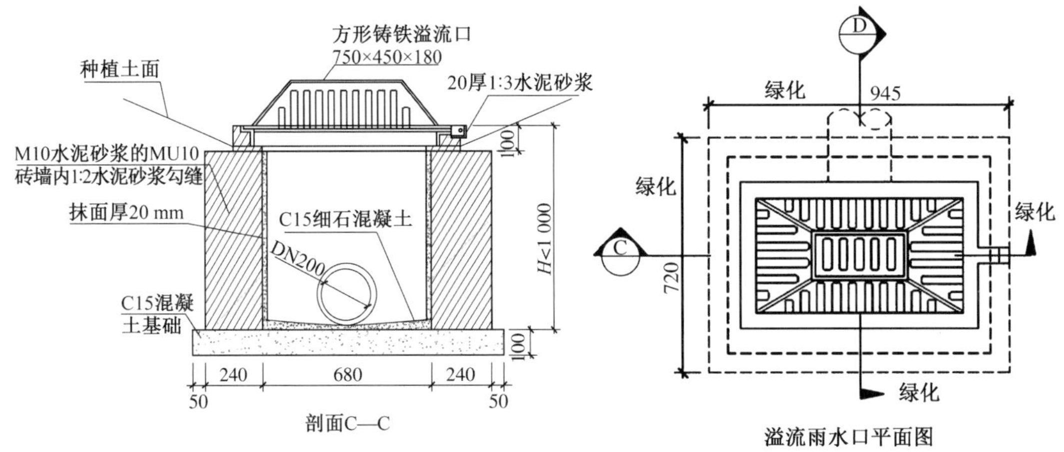

图 7-8　溢流雨水口详图

(2) 透水铺装。铺装地面采用透水铺装，具体做法是由地面向下，依次采用透水砖 60 mm厚、干硬性水泥砂浆 30 mm 厚、级配碎砾石 150 mm 厚(图 7-9)。结构层总厚度 240 mm，结构层底素土回填，满足透水要求。透水铺装用于班车站站台及人行铺装等处。

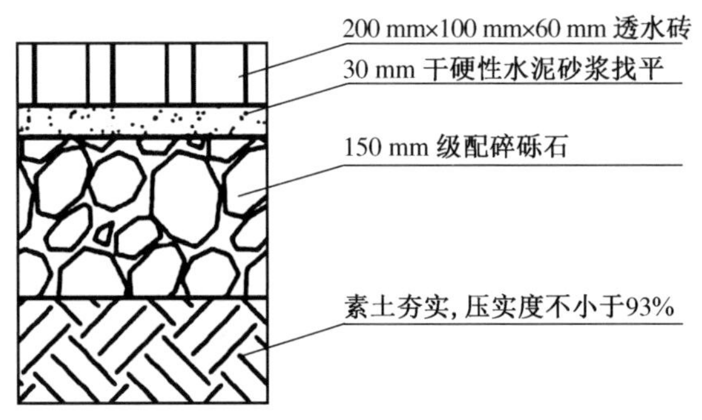

图 7-9　透水铺装地面详图

7.5.2　绿色施工

1. 绿色施工管理目标

绿色施工管理目标通常包括 4 个方面：

(1) 合同约定的质量、安全文明施工、工期、绿色施工等各项目标。

(2) 绿色示范工程。

(3) 施工预算中规定的各项主要资源消耗指标值。

(4) 将“四节一环保”(节能、节地、节水、节材，保护环境)作为施工实施过程中的总原则，各阶段工作围绕管理目标进行，力争实现可持续施工[16]。绿色施工现场控制要点识别如表 7-6、表 7-7 所示。

表 7-6 环境因素识别原则

项目	污染类环境因素															消耗类环境因素					
	A 影响范围			*B* 影响程度			*C* 发生频次			*D* 社区关注程度			*E* 法规符合性			*F* 消耗量			*G* 可节约程度		
状况	超出社区	社区内	场界内	严重	一般	轻微	持续发生	间断发生	偶然发生	非常关注	一般关注	不关注	严重超标	接近标准	符合标准	消耗量大	消耗一般	消耗量少	潜力很大	潜力一般	较难节约
分值	5	3	1	5	3	1	5	3	1	5	3	1	5	3	1	5	3	1	5	3	1
说明	污染类环境因素：当 $A=5$ 或 $B=5$ 或 $D=5$ 或 $E=5$ 或 $\sum=A+B+C+D+E\geqslant 14$ 时，为重要环境因素 消耗类环境因素：当 $G=5$ 或 $\sum=F+G>7$ 时，为重要环境因素																				

表 7-7 环境因素清单

序号	环境因素名称	活动区或现场	控制措施
1	化粪池	现场活动区	及时清掏
2	隔油池	现场活动区	及时清掏
3	洗车台	现场	—
4	沉淀池	现场	及时清掏
5	洒水车	现场	—
6	水消防系统-消火栓	现场	—
7	干粉灭火器	现场	按规定定期检验保证有效
8	声级计	现场	—
9	风速计	现场	—
10	废金属堆放场	现场	定期清理
11	一般垃圾堆分类放场(箱)	现场	及时清理
12	有毒有害垃圾堆放场(箱)	现场	—
13	其他	—	—

2. 绿色施工控制目标

绿色施工控制目标包括七个方面：

(1) 环境保护总目标。本工程绿色施工情况如表 7-8 所示，最大限度地保护环境和减少污染，防止扰民，节约资源(节能、节地、节水、节材)，在确保工期的前提下，贯彻环保优先的原则，以资源的高效利用为核心的指导思想，追求环保、高效、低耗，统筹兼顾，实现环保(生态)、经济、社会综合效益最大化的绿色施工模式[17]。

表 7-8 绿色施工情况表

工程名称	总承包单位	工程所在地	总建筑面积	建筑高度	基坑深度	结构类型	建筑类型
北京环球影城主题公园项目	中建二局	北京通州	4.95 万 m^2	见建筑说明	4 m	钢结构	见建筑说明

(2) 环境保护目标(表 7-9)。

表 7-9 环境保护目标

序号	项目	目标控制点	控制指标	项目内控指标
1	场界空气质量指数	$PM_{2.5}$	不超过当地气象部门公布数据值	不超过当地气象部门公布数据值
2		PM_{10}		不超过当地气象部门公布数据值
3	噪声控制	昼间噪声	昼间监测≤70 dB	昼间监测≤70 dB
4		夜间噪声	夜间监测≤55 dB	夜间监测≤55 dB
5	建筑垃圾控制	固体废弃物排放量	固体废弃物排放量不高于 300 吨/万 m^2,预制装配式建筑固体废弃物排放量不高于 200 吨/万 m^2	固体废弃物排放小于 1 500 t(建筑面积约 5 万 m^2)
6	有毒、有害废弃物控制	分类收集	分类收集率达到 100%	分类收集率达到 100%
7		合规处理	100%送专业回收单位处理	100%送专业回收单位处理
8	污废水控制	检测排放	污废水经检测合格后有组织排放	污废水经检测合格后有组织排放
9	烟气控制	油烟净化处理	工地食堂油烟 100%经油烟净化处理后排放	工地食堂油烟 100%经油烟净化处理后排放
10		车辆及设备尾气	进出场车辆、设备废气达到年检合格标准	进出场车辆、设备废气达到年检合格标准
11		焊烟排放	集中焊接应有焊烟净化装置	集中焊接应有焊烟净化装置
12	资源保护	文物古迹、古树、地下水、管线、土壤	施工范围内文物、古迹、古树、名木、地下管线、地下水、土壤按相关规定保护达到 100%	施工范围内文物、古迹、古树、名木、地下管线、地下水、土壤按相关规定保护达到 100%

(3) 节材及材料资源利用目标(表 7-10)。

表 7-10 节材及材料资源利用目标

序号	项目	目标控制点	控制指标	项目内控指标
1	节材控制	建筑实体材料损耗率	结构、机电、装饰装修材料损耗率比定额损耗率降低 30%	结构、机电、装饰装修材料损耗率比定额损耗率降低 30%
2	节材控制	非实体材料(模板除外)可重复使用率	不低于 70%	不低于 70%
3		模板周转次数	不低于 6 次	不低于 6 次
4	材料资源利用	建筑垃圾回收利用率	建筑垃圾回收再利用率不低于 50%	建筑垃圾回收再利用率不低于 50%

(4) 节水及水资源利用目标(表 7-11)。

表 7-11　节水及水资源利用目标

序号	项目	目标控制点	控制指标	项目内控指标
1	节水控制	施工用水	用水量节省不低于定额用水量的 10%	用水量节省不低于定额用水量的 10%
2	水资源利用	非传统水源利用	湿润区非传统水源回收再利用率占总用水量不低于 30%,半湿润区非传统水源回收再利用率占总用水量不低于 20%	非传统水源回收再利用率占总用水量不低于 30%

(5) 节能及能源利用目标(表 7-12)。

表 7-12　节能及能源利用目标

序号	项目	目标控制点	控制指标	项目内控指标
1	节能控制	能源消耗	能源消耗比定额用量节省不低于 10%	能源消耗比定额用量节省不低于 10%
2		材料运输	距现场 500 km 以内建筑材料采购量占比不低于 70%(指采购地)	距现场 500 km 以内建筑材料采购量占比不低于 70%

(6) 节地及土地资源利用目标(表 7-13)。

表 7-13　节地及土地资源利用目标

序号	项目	目标控制点	控制指标	项目内控指标
1	节地控制	施工用地	临建设施占地面积有效利用率大于 90%	临建设施占地面积有效利用率大于 90%

(7) 人力资源节约与职业健康安全目标(表 7-14)。

表 7-14　人力资源节约与职业健康安全目标

序号	项目	目标控制点	控制指标	项目内控指标
1	职业健康安全	个人防护器具配备	危险作业环境个人防护器具配备率 100%	个人防护用具包括:防毒器具、焊光罩、安全帽、安全带、安全绳,配置率达到 100%
2			对身体有毒、有害的材料及工艺使用前应进行检测和监测,并采取有效的控制措施	
3			对身体有毒、有害的粉尘作业采取有效控制	
4	人力资源节约	总用工量	总用工量节约率不低于定额用工量的 3%	总用工量节约率不低于定额用工量的 3%

3. 环境保护措施

(1) 扬尘控制。根据工程情况制定相应的扬尘控制措施，在地基基础及土方、结构施工、安装装饰装修、建(构)筑物爆破拆除等作业时，采取洒水、地面硬化、围挡、覆盖、封闭等控制措施。

在运送土方、垃圾、设备及建筑材料等物质时，不污损场外道路。运输容易散落、飞扬、流漏物料的车辆，必须采取措施封闭严密，保证车辆清洁。施工现场出口设置洗车槽，及时清洗车辆上的泥土，防止泥土外带。

对易产生扬尘的堆放材料应采取密目网覆盖措施；对粉末状材料应封闭存放；场区内可能引起扬尘的材料及建筑垃圾搬运应有降尘措施，如覆盖、洒水等；浇筑混凝土前清理灰尘和垃圾时利用吸尘器清理，机械剔凿作业时可用局部遮挡、掩盖、水淋等防护措施；高层或多层建筑清理垃圾应搭设封闭性临时专用道或采用容器吊运。施工现场非作业区达到目测无扬尘的要求。对现场易产生扬尘物质采取有效措施，洒水、地面硬化、围挡、密目网覆盖、封闭等，防止扬尘产生[18]。

场地的封闭及绿化：现场内所有的场地均采用 C20 的混凝土浇筑，车道范围 200 mm 厚，其余 150 mm 厚。难以利用的空地做成花池，种花来美化环境。

在土方作业阶段，宜采取洒水、覆盖等措施，达到作业区目测扬尘高度小于 1.5 m，不扩散到场区外[19]。结构施工、安装装饰装修阶段，作业区目测扬尘高度小于 0.5 m。

在构筑物机械拆除阶段，应做好扬尘控制计划。可采取清理积尘、拆除体洒水、设置隔挡等措施。

在混凝土施工阶段，所有混凝土均采用商品混凝土，由总包牵头，组织业主、监理考察选定综合实力强的全封闭花园式搅拌站。

散状颗粒物的防尘宜临时用密目网或者苫布进行覆盖，控制一次进场量，边用边进，减少散发面积。用完后清扫干净。运土坡道要注意覆盖，防止扬尘。

在现场设置一个封闭式垃圾站。施工垃圾用城市垃圾车运至垃圾站，对垃圾按无毒无害可回收、无毒无害不可回收、有毒有害可回收、有毒有害不可回收分类分拣、存放，并选择有垃圾消纳资质的承包商外运至规定的垃圾处理场[20]。

齿锯机切割木材时，在齿锯机的下方设置遮挡锯末挡板，使锯末在内部沉淀后回收[19]。钻孔用水钻进行，在下方设置疏水槽，将浆水引至容器内沉淀后处理。

大直径钢筋采用直螺纹机械连接，减少焊接产生的废气对大气的污染。大口径管道采用沟槽连接技术，避免焊接释放的废气体对环境的污染。洒水防尘：常温施工期间，每天派专人洒水，将沉淀池内的水抽至洒水车内，边走边撒。洒水车前设置钻孔的水管，保证洒水均匀。

结构施工期间，对模板内的木削、废渣的清理采用大型吸尘器吸尘，防止灰尘的扩散，并避免影响混凝土成型质量。

现场周边按照用地红线做围栏，高度 2 m，既挡噪声又挡粉尘。围墙外面按照标准设计。由于有一边围墙在城市绿化带上，在围墙施工期间尽量减少对绿化带的破坏，保持其原始形态。

保证运土车、垃圾运输车、混凝土搅拌运输车、大型货物运输车辆运行状况完好，表面清洁[21]。散装货箱带有可开启式翻盖，装料至盖底为止，限制超载。挖土期间，在车辆出门前，派专人清洗泥土车轮胎；运输坡道上设置钢筋网格振落轮胎上的泥土。在完全硬化的混凝土道路上设置淋湿地毡，防止车辆带土和扬尘。

(2) 噪声与振动控制。使用低噪声、低振动的施工机具，采取隔声、隔振措施。塔吊设备应保养良好，性能完善；运行平稳且噪声小。钢筋加工机械：本工程的钢筋加工机械全是新购置的产品，性能良好，运行稳定，噪声小。在木材加工场地切割机周围搭设围挡结构，尽量减少噪声污染。结构施工期间，根据现场实际情况确定泵送车位置，布置在远离人行道和其他工业区域的空旷位置，采用噪声小的设备，必要时在输送泵的外围搭设隔音棚，减少噪声扰民。尽量安排在白天浇筑混凝土。选择低噪声的振捣设备。减少噪声和工程费用。运输车辆进出现场严禁鸣笛，装卸过程轻拿轻放。

(3) 水污染控制。在现场内针对不同的污水，设置相应的处理设施，如沉淀池、隔油池、化粪池等[23]。基坑降水尽可能减少抽取地下。对于化学品等有毒材料、油料的储存地，应有严格的隔水层设计，做好渗漏液收集和处理[24]。

(4) 有害气体排放控制。与运输单位签署环保协议，使用满足本地区尾气排放标准的运输车辆，不达标的车辆不允许进入施工现场。项目部自用车辆均要为排放达标车辆。所有机械设备由专业公司负责提供，有专人负责保养、维修，定期检查，确保完好。施工现场严禁焚烧各类废弃物。民用室内装修严禁采用沥青、煤焦油类防腐剂、防潮处理剂等。施工中使用的阻燃剂、混凝土外加剂氨的释放量应符合国家标准。

(5) 光污染控制。合理安排作业时间，尽量避免夜间施工，如无法避免应在保证现场光照的情况下减少对周围居民的干扰。高处电焊作业采取遮挡措施，避免电弧外泄。

(6) 施工固体废弃物控制。施工现场、生活区设置封闭式垃圾(站)容器，施工场地生活垃圾实行袋装化，及时清运[20]。对建筑垃圾进行分类，并收集到现场封闭式垃圾站，集中运出[18]。在工程中按照“减量化、资源化和无害化”的原则。

(7) 环境影响控制。因施工造成的裸土，及时覆盖砂石或种植速生草种，以减少土壤侵蚀[23]；因施工造成容易发生地表径流土壤流失的情况，应采取设置地表排水系统、稳定斜坡、植被覆盖等措施，减少土壤流失。沉淀池、隔油池、化粪池等不发生堵塞、渗漏、溢出等现象。及时清掏各类池内沉淀物。该项目隔油池天天清理，排水沟和沉淀池每月清理两次。

对于有毒有害废弃物如电池、墨盒、油漆、涂料等应回收后交有资质的单位处理，不能作为建筑垃圾外运；废旧电池要回收，在领取新电池时交回旧电池，最后由项目部统一移交公司处理，避免污染土壤和地下水。

4. 节材与材料资源利用措施

(1) 节材与材料资源利用总体措施。图纸会审时，应审核节材与材料资源利用的相关内容；根据施工进度、库存情况合理安排材料的采购、进场时间和批次，减少库存；材料运输工具适宜，装卸方法得当，防止损坏和撒落；根据现场平面布置情况就近卸料，避免或减少二次搬运；现场材料堆放有序，储存环境适宜，措施得当，保管制度健全、责任落实；采取技术和管理措施提高施工中模板、架料等周转材料的周转次数；优化安装工程的预留、预埋，减少管线路径等方案[20]。

(2) 结构材料。使用预拌混凝土和商品砂浆，准确计算采购数量、供应频率、施工速度等，在施工过程中动态控制[27]。结构工程使用散装水泥、高强钢筋和高性能混凝土，减少资源消耗。采用专业化加工和配送钢筋，优化钢筋配料和钢构件下料方案，钢筋及钢结构制作前应对下料单及样品进行复核，无误后方可批量下料，优化钢结构制作和安装方法，大型钢结构宜采用工厂制作，现场拼装；宜采用分段吊装、整体提升、滑移、顶升等安装方法，减少方案的措施材料用量。

(3) 围护材料。门窗、屋面、外墙等围护结构选用耐候性及耐久性良好的材料，确保施工密封性、防水性和保温隔热性[28]。门窗采用密封性、保温隔热性能、隔音性能良好的型材和玻璃等材料。屋面材料、外墙材料具有良好的防水性能和保温隔热性能。当屋面或墙体等部位采用基层加设保温隔热系统的方式施工时，应选择高效节能、耐久性好的保温隔热材料，以减小保温隔热层的厚度及材料用量。屋面或墙体等部位的保温隔热系统采用专用的配套材料，以加强各层次之间的黏结或连接强度，确保系统的安全性和耐久性。

根据建筑物的实际特点，优选屋面或外墙的保温隔热材料系统和施工方式，例如保温板粘贴、保温板干挂、聚氨酯硬泡喷涂、保温浆料涂抹等，以保证保温隔热效果，并减少材料浪费。加强保温隔热系统与围护结构的节点处理，尽量降低热桥效应。针对建筑物的不同部位保温隔热特点，选用不同的保温隔热材料及系统，做到经济适用。

(4) 装饰装修材料。贴面类材料在施工前，进行总体排版策划，减少非整块材的数量[17]。采用非木质的新材料或人造板材代替木质板材。防水卷材、壁纸、油漆及各类涂料基层必须符合要求，避免起皮、脱落。各类油漆及黏结剂应随用随开启，不用时及时封闭。幕墙及各类预留预埋应与结构施工同步。木制品及木装饰用料、玻璃等各类板材等宜在工厂采购或定制。采用自粘类片材，减少现场液态黏结剂的使用量。

(5) 周转材料。选用耐用、维护与拆卸方便的周转材料和机具[29]。优先选用制作、安装、拆除一体化的专业队伍进行模板工程施工[30]。模板应以节约自然资源为原则，推广使用定型钢模、钢框竹模、竹胶板。施工前应对模板工程的方案进行优化。多层、高层建筑使用可重复利用的模板体系，模板支撑宜采用工具式支撑。现场办公和生活用房采用周转式活动房[30]。现场围挡应最大限度地利用已有围墙，或采用装配式可重复使用围挡封闭。力争工地临房、临时围挡材料的可重复使用率达到70%。

5. 节水与水资源利用措施

施工现场实行用水计量管理，严格控制施工阶段用水量。

(1) 提高用水效率。施工中采用先进的节水施工工艺。施工现场喷洒路面、绿化浇灌不使用市政自来水。现场搅拌用水、养护用水采取有效的节水措施，严禁无措施浇水养护混凝土[31]。施工现场供水管网应根据用水量设计布置，管径合理、管路简捷，采取有效措施减少管网和用水器具的漏损[32]。现场机具、设备、车辆冲洗用水设立循环用水装置[33]。施工现场办公区、生活区的生活用水采用节水系统和节水器具，提高节水器具配置比率。项目临时用水应使用节水型产品，安装计量装置，采取针对性的节水措施。施工现场建立可再利用水的收集处理系统，使水资源得到梯级循环利用。

（2）非传统水源的利用。有条件的地区和工程应收集雨水养护；大型施工现场，尤其是雨量充沛地区的大型施工现场建立雨水收集利用系统，充分收集自然降水用于施工和生活用水；施工中应尽可能地采用非传统水源和循环水再利用。优先采用中水搅拌、中水养护。处于基坑降水阶段的工地，采用地下水作为混凝土搅拌用水、养护用水、冲洗用水和部分生活用水。现场机具、设备、车辆冲洗、喷洒路面、绿化浇灌等用水，优先采用非传统水源，尽量不使用市政自来水。力争施工中非传统水源和循环水的再利用量大于30%。

6. 节能与能源利用措施

施工现场实行用电计量管理，严格控制施工阶段用电量。

（1）节能措施。采用能源节约教育：施工前对现场所有的人员进行节能教育，树立节约能源的意识，养成良好的习惯。并在电源控制处，张贴“节约用电”“人走灯灭”等标志，在厕所部位设置声控感应灯等措施。制定合理施工能耗指标，提高施工能源利用率。优先使用国家、行业推荐的节能、高效、环保的施工设备和机具，如选用变频技术的节能施工设备等。选择利用效率高的能源，如食堂使用液化天然气，其余均使用电能；根据当地气候和自然条件，充分利用太阳能、地热等可再生能源。

在施工组织设计中，合理安排施工顺序、工作面，以减少作业区域的机具数量，相邻作业区充分利用共有的机具资源。安排施工工艺时，应优先考虑耗用电能的或其他能耗较少的施工工艺。避免设备额定功率远大于使用功率或超负荷使用设备的现象。施工现场分别设定生产、生活、办公和施工设备的用电控制指标，定期计量、核算、对比分析，并有预防与纠正措施。设立耗能监督小组：项目工程部设立临时用水、临时用电管理小组，除日常的维护外，还负责监督过程中的使用，发现浪费水电人员、单位则予以处罚。设立耗能监督小组。

（2）机械设备与机具。建立施工机械设备管理制度，开展用电、用油计量，完善设备档案，及时做好维修保养工作，使机械设备保持低耗、高效的状态。选择功率与负载相匹配的施工机械设备，避免大功率施工机械设备低负载长时间运行。机电安装可采用节电型机械设备，如逆变式电焊机和能耗低、效率高的手持电动工具等，以利节电[34]。机械设备宜使用节能型油料添加剂，在可能的情况下，考虑回收利用，节约油量。合理安排工序，提高各种机械的使用率和满载率，降低各种设备的单位耗能。

（3）生产、生活及办公临时设施。利用场地自然条件，合理设计生产、生活以及办公临时设施的体形、朝向、间距和窗墙面积比，使其获得良好的日照、通风和采光。临时设施宜采用节能材料，墙体、屋面使用隔热性能好的材料，减少夏天空调、冬天取暖设备的使用时间及耗能量[28]。合理配置采暖、空调、风扇数量，规定使用时间，实行分段分时使用，节约用电。

（4）施工用电及照明。临时用电优先选用节能电线和节能灯具，临电线路合理设计、布置，临电设备宜采用自动控制装置[32]。采用声控、光控等节能照明灯具。照明设计以满足最低照度为原则，照度不应超过最低照度的20%。

7. 节地与施工用地保护措施

（1）临时用地指标。根据施工规模及现场条件等因素合理确定临时设施：临时加工厂、现场作业棚及材料堆场、办公生活设施等的占地指标。临时设施的占地面积应按用地指标所需的最低面积设计。平面布置合理、紧凑，在满足环境、职业健康与安全以及文明施工要求的前提下尽可能减少废弃地和死角。

（2）临时用地保护。对深基坑施工方案优化，减少土方开挖和回填量，最大限度地减少对土地的扰动，保护周边自然生态环境。红线外临时占地应尽量使用荒地、废地，少占用农田和耕地。工程完工后，及时对红线外占地恢复原地形、地貌，使施工活动对周边环境的影响降至最低。利用和保护施工用地范围内原有绿色植被。对于施工周期较长的现场，按建筑永久绿化的要求，安排场地新建绿化。

8. 职业健康安全

在施工方案中制定施工防尘、防毒、防辐射等职业危害的措施，保障施工人员的长期职业健康。根据实际场地合理布置施工现场，保护生活及办公区不受施工活动的有害影响。施工现场建立卫生急救、保健防疫制度，在安全事故和疾病疫情出现时提供及时救助。提供卫生、健康的工作与生活环境，加强对施工人员的住宿、膳食、饮用水等生活与环境卫生等管理，明显改善施工人员的生活条件[35]。

第8章

数字深化设计方法

在施工方面，常规施工方法几乎无法完成设计师的造型要求，因此需要进行大量施工技术的创新。此外，如何实现复杂、异型建筑物的预制构件拼装，以及如何实现各主题建筑物、场景和游乐设施的紧密契合，都为项目的定位精度和施工精度提出了新的高度[36]。以上海迪士尼乐园宝藏湾项目为例，其“沉船宝藏之战”主体钢结构包含约一万组拼装精度要求极高的复杂钢结构构件，建筑面积达 1.62 万 m^2（其中包括约 6 000 m^2 的塑石假山和大量的主题艺术喷涂）。

随着迪士尼、美国环球影城、英国默林娱乐知名品牌杜莎夫人蜡像馆等国际主题公园进入中国，外资主题公园项目在中国也越来越多。这些外资项目按照国际上通行的设计、采购、施工总承包 EPC 模式运行，其中深化设计对项目建造的成败起到至关重要的作用，但目前国内的总承包施工企业大多仍“设计弱、施工强”，深化设计是国内施工企业目前必需补强的短板。

本章结合某国际旅游度假区的总承包深化设计管理经验，从总承包深化设计管理、专业深化设计管理、深化设计综合协调三个方面对目前国内主题公园深化设计的管理技术进行深入剖析。

8.1 总承包深化设计管理

8.1.1 深化设计策划

深化设计策划是深化设计如何实施的决策性文件，关系到深化设计的成败，需公司及项目领导高度重视。深化设计策划的关键是选择合格的设计院，为了保证整个设计工作的顺利实施和最终结果，在与设计单位签订合同或协议时，要充分明确双方的义务、责任，根据双方的实际情况，对不同的项目不仅要明确设计计划进度节点控制目标，更要明确因工作量的差异所带来的效益变化的分配形式[37]，形成双方利益共享、风险共担的共存机制。利用合同条件的约束作用，充分调动设计人员的积极性，从根本上减少因设计变化带来的风险。

高素质的深化设计管理人才也是现阶段国内施工总承包公司所稀缺的，组织能力强的深化设计管理人员也是项目深化设计的关键之一。在某国际旅游度假区园区工程中采用聘用和与设计院合作的形式来组织管理设计人员。

8.1.2 设计管理组织

强有力的设计管理组织及流畅有序的设计管理程序是设计成败的关键，主要有以下几点：

(1) 项目设计管理组织机构图。

(2) 设计管理总体工作程序。

(3) 设计经理的职责和任务。

(4) 设计人员的配备计划。

(5) 各设计专业负责人、设计人、制图人、审核人、校核人的职责划分。

(6) 设计部与采购部、工程技术部等部门的接口管理规定。

(7) 设计标准、规范、基础资料的管理和控制规定。

(8) 设计变更管理程序。

(9) 设计各专业技术接口管理规定。

(10) 设计各专业工作流程图。

(11) 设计文件编码、标识管理规定。

8.1.3 深化设计计划

深化设计总的要求是承包商提出符合业主要求的设计，实施并交给业主运行[37]。为了达到这个目的，准确理解业主的要求非常重要。首先承包商和设计单位要认真研究“合同条件”“业主要求”“工作范围”“技术规程”以及其他相关文件中的规定，主要涉及设计范围、设计依据和技术标准、设计文件检查和审批、设计责任、竣工文件的编制等方面。与业主设计人员沟通后在充分考虑当地的市场、材料、习惯、人员能力的情况下，确定项目设计计划。设计计划应主要包括：

(1) 研究和消化合同文件，技术规格书及国家相关法律、法规，国家现行的设计规范的设计要求，确定设计工作的范围，明确设计的标准要求。

(2) 确定设计原则，主要涉及安全原则、经济原则、质量保证原则、设计进度与总工期匹配原则。

(3) 根据项目总工期确定总体的设计进度计划。设计进度必须满足总的项目进度要求，为此需明确项目中各单体及室外工程设计的先后顺序，然后理清各单体内部各专业的设计先后顺序。

(4) 确定设计阶段的人工时与设施、设备投入量。深化设计高峰投入人员 200 多人，设计用工作站，电脑，软件等 300 多万次。

(5) 设计工作分工，确定要对外分包的设计工作，界定各接口部门的分工与责任。

8.1.4 设计过程控制

设计过程控制主要包括设计进度控制、设计质量控制、设计成本控制。

设计进度控制主要包括设计进度计划的编制，设计进度计划的检查，设计进度计划的调整及纠正。设计质量控制主要是要满足合同文件中对设计深化图纸的要求，保证深化图纸能及时通过业主的审批。设计成本控制主要是做好设计索赔工作。设计过程中另一重要的协调工作就是深化设计各专业间的协调，这就需要各专业间紧密配合及时完成综合协调图，并由设计负责人依据需要每周定时召开各专业负责人的协调会，及时解决深化中各专业间的问题。

8.1.5 深化设计审批及索赔

深化设计图能否及时审批是检查深化设计质量及能否满足设计进度要求的关键，所以说是很重要的。严谨的内部审批是保证深化图质量的最终关卡，也是保证外部审批合格率的重要手段之一，另外与设计审核方的交流与沟通也是设计审批的关键。

某国际旅游度假区园区项目业主对审核程序要求严格，主要程序如图 8-1 所示。

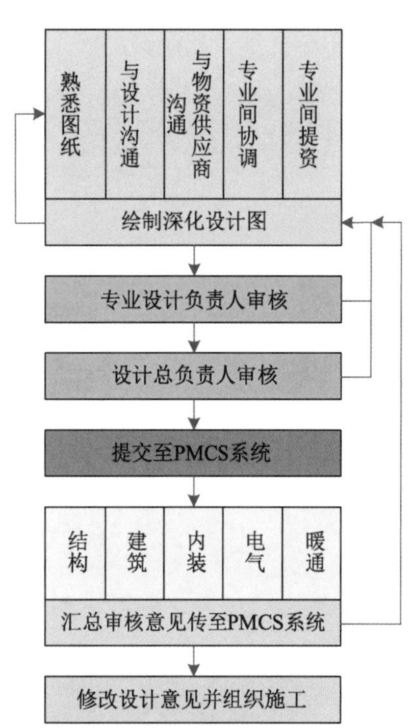

图 8-1 某国际旅游度假区园区项目审核程序

严谨的深化设计图内部审批是保证深化图质量的最终关卡，也是保证外部审批合格率的重要手段之一，另外与设计审核方的交流与沟通也是设计审批的关键。

因本工程变更量大，经常出现深化设计刚完成，业主又发出设计变更，又需重新进行深化。另外，有时业主会提出高于合同中对深化设计的或本不属于深化设计范围的设计要求，对此要及时收集证据进行相关的索赔。

8.1.6 设计交底及现场服务

在施工图设计通过审核后，在施工过程中主要是做好以下三方面的工作。

首先，做好设计交底工作，把最终的深化设计图要及时传递到施工各部门，并在施工前对施工人员进行设计交底，保证施工各部门的管理人员及操作人员能及时理解图纸要求，按深化设计图进行施工。

其次，加强沟通，及时解决施工中存在的问题。在施工过程中，深化设计单位应与现场施工单位进行沟通，对现场提出的技术问题和修改意见要认真研究，必要时可安排专门人员到现场解决，保证现场工作顺利实施。

最后，要搞好对现场的工作技术支持服务。这里所说的技术支持服务，除一般正常含义之外，还有对监理、业主的解释工作，以及对现场工程师提出的改进意见，按照总承包的指示进行分析并提出解释性意见。

8.2 钢结构安装深化设计管理

8.2.1 钢结构深化设计概述

钢结构深化设计即钢结构详图设计，在钢结构施工图设计之后进行[38]，详图设计人员根据施工图提供的构件布置、构件截面、主要节点构造及各种有关数据和技术要求，严格遵守钢结构相关设计规范和图纸的规定，对构件的构造予以完善。根据工厂制造条件、现场施工条件，并考虑运输要求、吊装能力和安装因素等，确定合理的构件单元。最后再运用专业的钢结构深化设计制图软件，将构件的整体形式、构件中各零件的尺寸和要求以及零件间的连接方法等，详细地表现到图纸上，以便制造和安装人员通过查看图纸，能够清楚地了解构造要求和设计意图，完成构件在工厂的加工制作和现场的组拼安装。

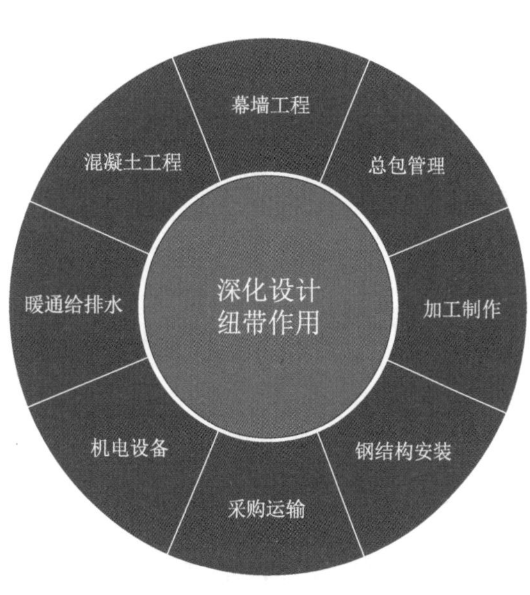

图 8-2 深化设计关系图

深化设计涉及满足制作工艺、过程运输、现场安装等要求，还涉及与土建、机电、装饰等专业的交叉配合。为了保证各项工作的顺利进行，确保工程质量目标，中建二局利用具有研发、设计、制作、安装、检测的产业一体化优势，同时，利用具有土建、钢结构、机电、装饰等各专业融合的有技术底蕴和经验丰富的技术人员，对于各工序之间的衔接配合能做到理解透彻、对各专业之间的交叉能合理协调(图 8-2)。

8.2.2 钢结构深化设计基本原则

钢结构深化设计应根据施工图设计方所提供的节点详图并在不改变结构形式、布置、受力杆件、构件型号、材料种类、节点类型的前提下进行，如在节点图中无相应的节点时，可按照国家钢结构设计规范进行深化设计，但必须提交设计方、总承包方、监理和业主认可。

深化设计包括但不限于支座及连接节点的施工和加工大样，焊缝坡口尺寸，杆件的编号、规格、下料长度，杆件的接长节点，杆件加工拼装顺序，以及设计图纸中要求深化的其他内容。深化设计图纸一经确认，必须按图施工，不得随意更改[39]；如需修改，须再次经总承包方、监理方和业主方确认，并经设计方审核、签字和盖章后方可实施。

深化设计的节点图应包括钢柱与基础、钢梁与钢柱、钢桁架与柱、主次梁节点、钢柱钢梁与混凝土构件、支撑杆件等连接详图[40]，以及为其他专业的工程提供的连接件或开洞补强等详图。深化设计的节点图内容还应包括各个节点的连接类型，连接件的尺寸、强度等级，高强度螺栓的直径、数量、长度、强度等级，焊缝的形式和尺寸等一系列施工详图设计所必须具备的信息和数据。

通过对主题乐园深化设计管理的研究，中建二局总结出从精心策划，规范管理的准备阶段，到过程严格控制，严格审批流程，紧盯设计审批的设计阶段，最后是索赔、收集积累及设计服务的收尾阶段的一整套深化设计管理方法，并详细对各专业深化设计需关注的关键点进行了详细叙述，并积累了一批设计院的合作人脉，相信对其他的类似项目有一定的借鉴作用。

8.2.3 总体工作流程

深化设计与总包协调管理关系图如图 8-3 所示。

1. 准备阶段

首先提供设计文件，正式版钢结构施工图及设计变更单等设计文件由业主方以蓝图的形式提供给总承包方，然后由总承包方分发至钢结构施工单位。再根据设计任务书要求编制深化设计图计划。

(1) 相关专业提交设计条件图。总承包单位应在规定时限内收集土建结构、机电各专业、幕墙及装饰分包商等对钢结构深化设计的要求，初审后以条件图或其他正式文件的形式提交钢结构施工深化设计单位实施。

(2) 构件分段分节方案及安装临时措施等资料的提交。构件分段分节方案和安装临时措施由安装单位根据安装方案并结合其施工方案进行编制，并报原设计批准后，以正式文件形式提交深化设计单位实施。

熟悉图纸、各专业要求、分段分节等技术资料，对发现的图纸错误或疑问，以书面形式提交设计方，待解决后方可进行深化设计。由业主方组织设计方进行结构设计技术交底，对交底内容做好记录，并形成书面的《交底会议纪要》。根据结构设计图、设计交底资料和工程合同等资料的相关规定和要求，依照相关规范编制《深化设计准则》。

2. 深化设计图的设计程序

应在充分熟悉原设计图纸的基础上，以保证深化设计图的进度和质量为目标，综合考虑工程自身的特点，选用适当的深化设计绘图软件；本工程采用 Tekla Structures 软件进行深化设计，AutoCAD 进行辅助设计。最后写入 Navisworks，与其他专业模型协同整合。

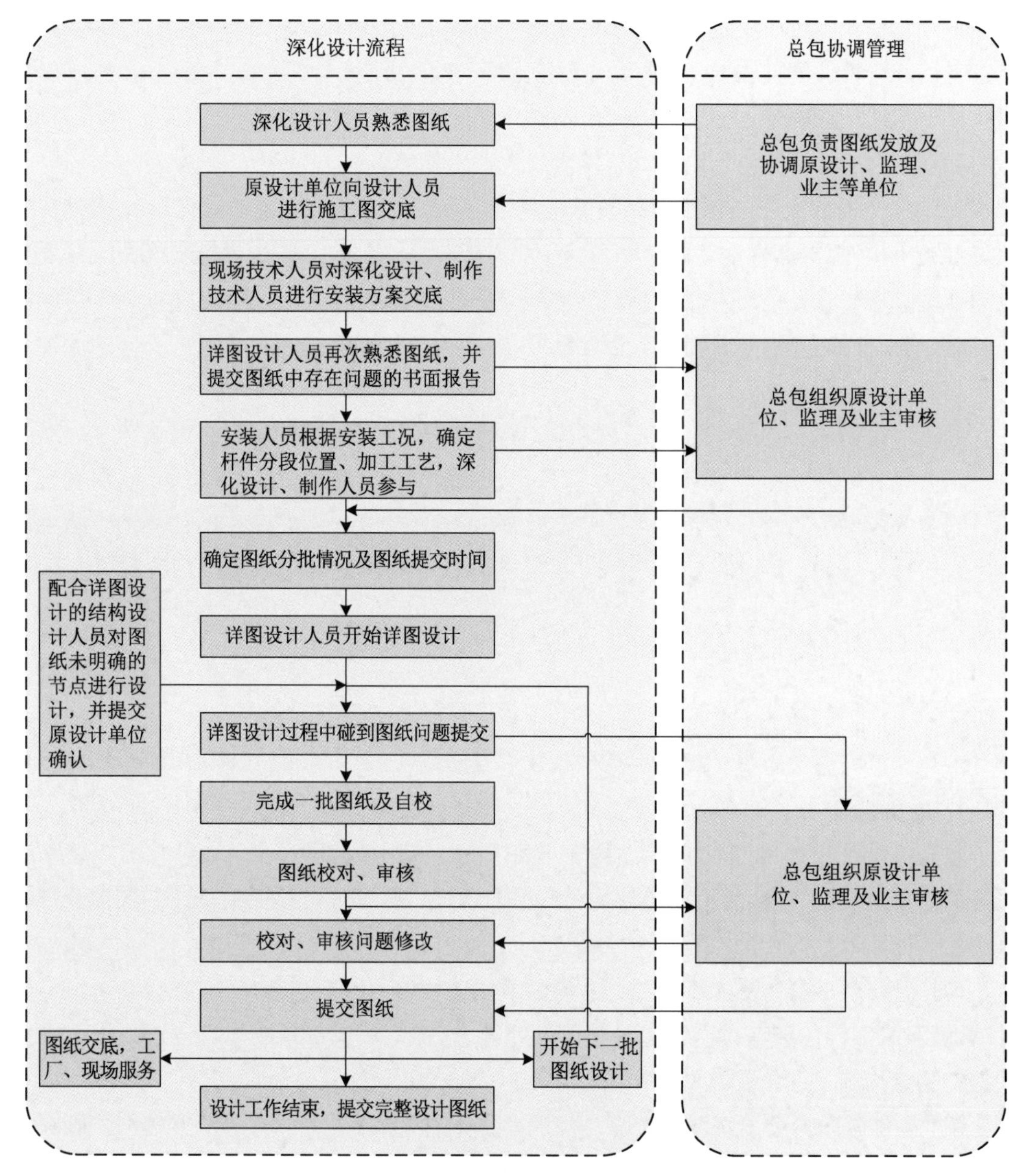

图 8-3　深化设计与总包协调管理关系图

设计人员必须按《深化设计准则》的规定进行设计和绘图，以保证深化设计图的正确性和整个工程项目深化设计图的图面统一性。深化设计图必须经指定的校对审核人员校对审核，经审核无误后报项目深化设计责任工程师审定。经审定批准的图纸，按程序分批提交设计方审批。

3. 深化设计图的发放

经设计方批准的深化设计图打印后按规定下发。

4. 深化设计流程图

深化设计流程图如图 8-4 所示。

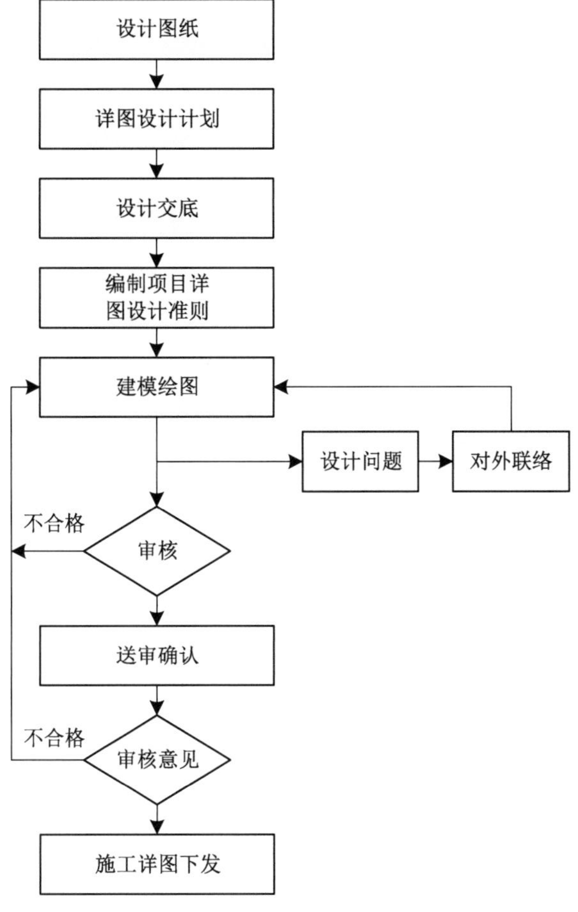

图 8-4　深化设计流程图

5. 建模出图步骤

制定"创建轴网"及"修改截面目录"的规则。操作对话框如图 8-5 所示。该命令分别用于创建轴线系统、创建并设定本工程中所要用到的截面类型、几何参数等，如图 8-6 所示。

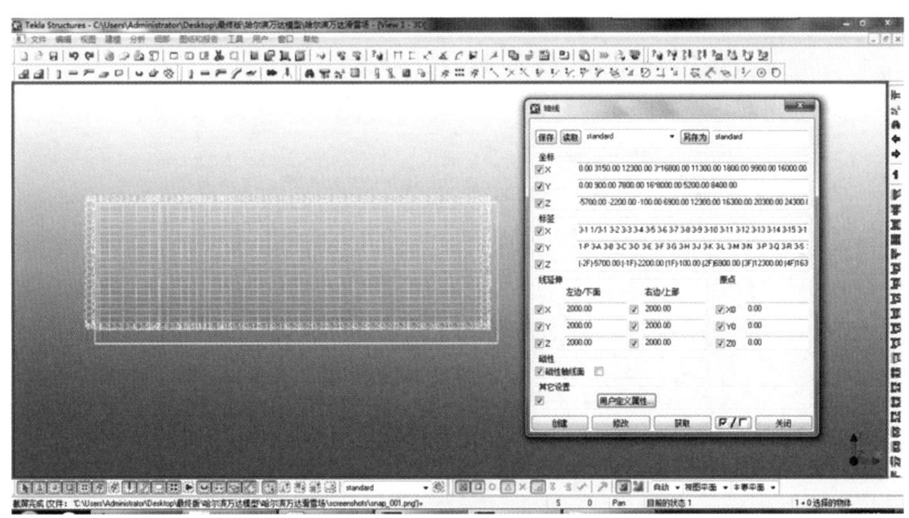

图 8-5　创建本工程的轴网

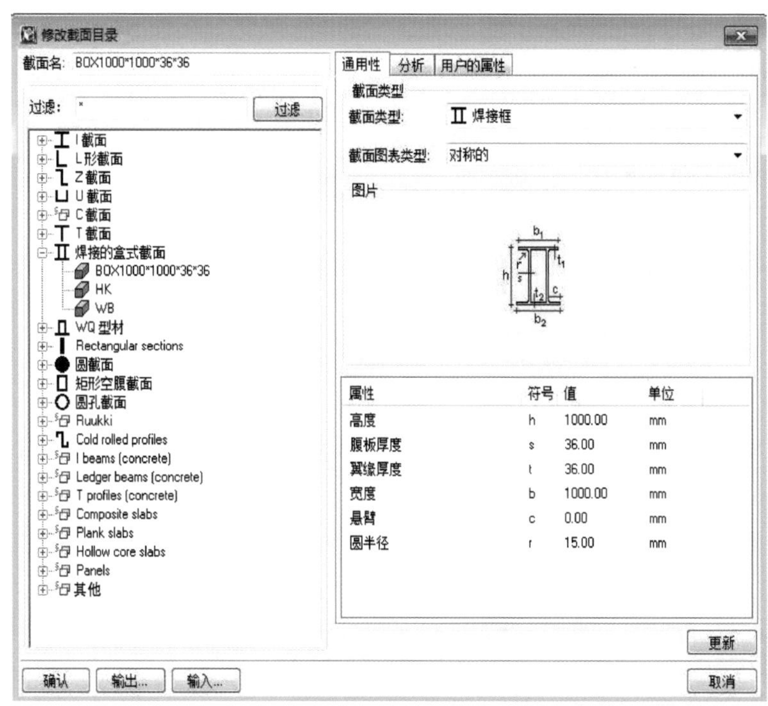

图 8-6　定义截面对话框

建立整体三维实体模型杆件如图 8-7 所示。

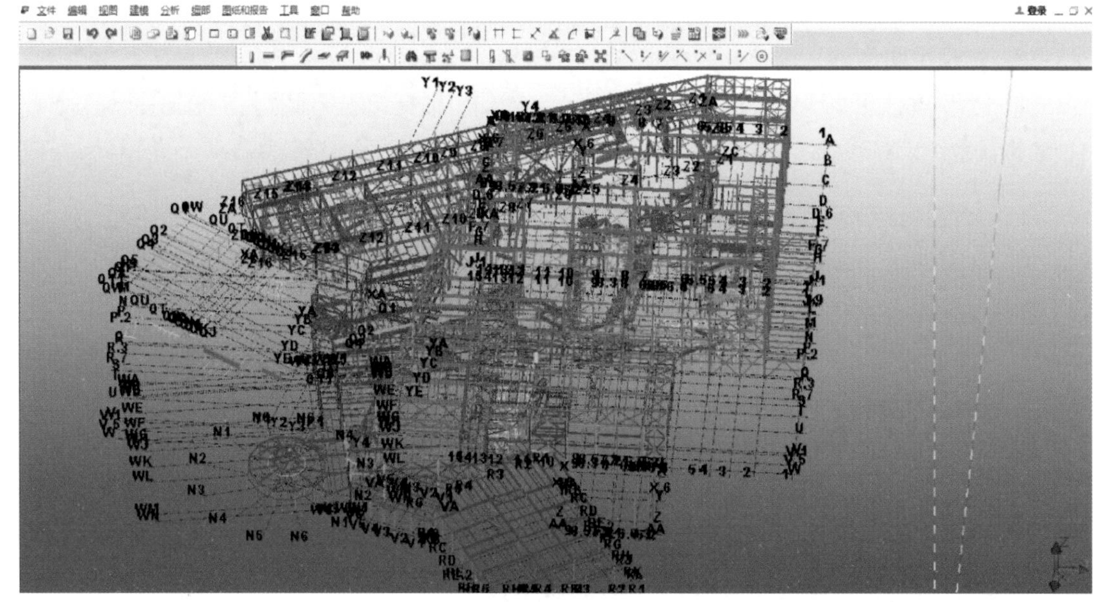

图 8-7　三维实体模型的搭建

在整体模型建立后，需要对每个节点进行装配，结合工厂制作条件、运输条件，考虑现场拼装、安装方案及土建条件[41]。建模时用到的典型节点对话框如图 8-8 所示。

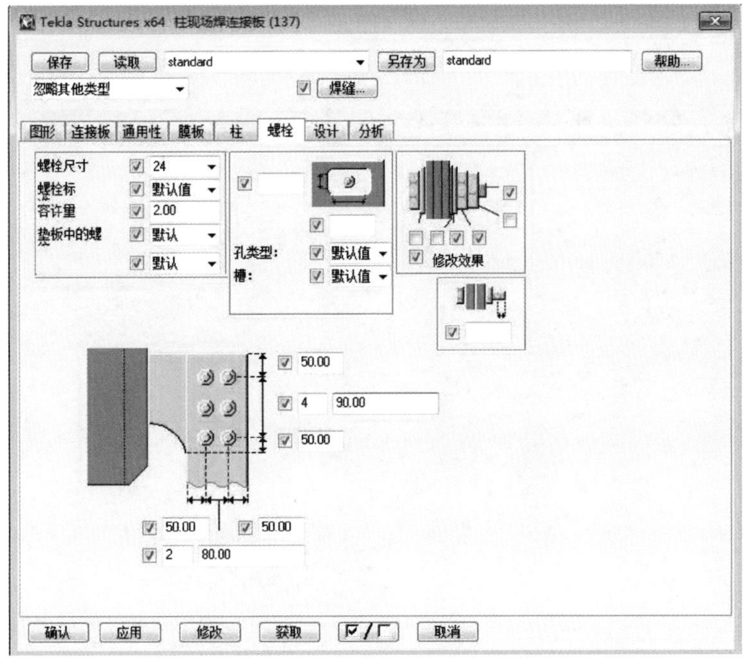

图 8-8　节点参数对话框

节点装配完成后，根据深化设计准则中的编号原则对构件及节点进行编号。构件及节点编号设置对话框如图 8-9 所示。

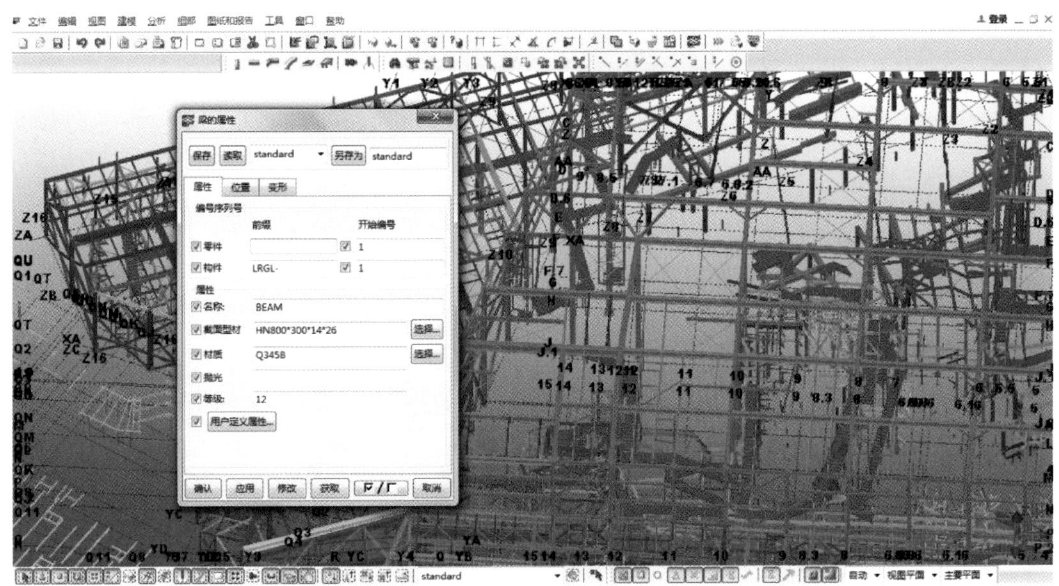

图 8-9　Tekla 构件及节点编号设置

将 Tekla Structures 布置图导入 Navisworks 中，并进行相应的校核检查，可以保证两套软件设计出来的构件在理论上完全吻合，从而保证了构件拼装的精度及其他专业的配合情况。对话框如图 8-10 所示。

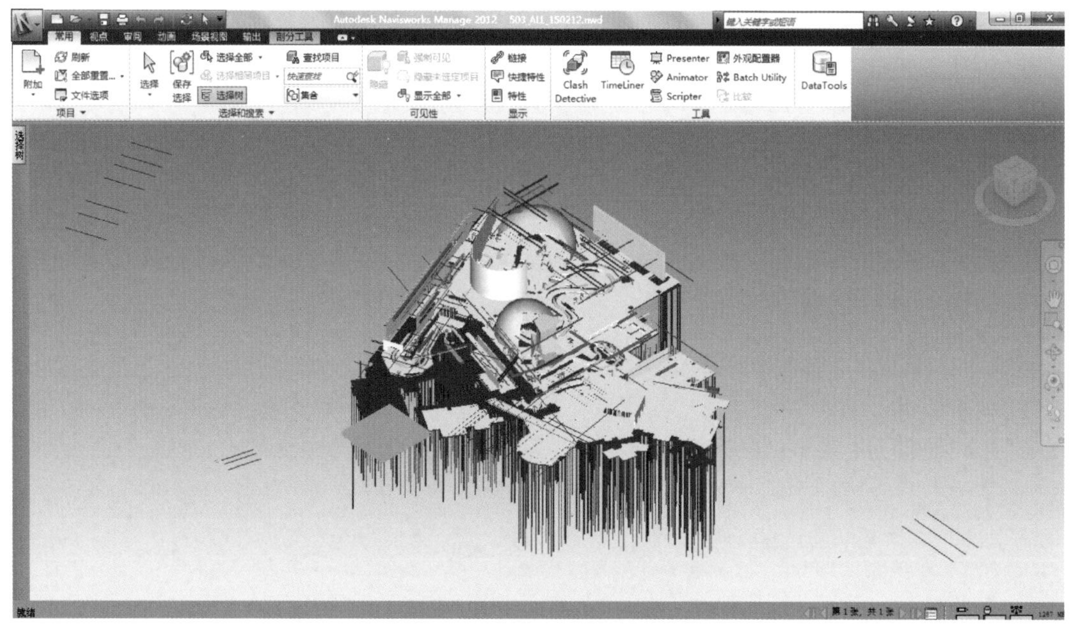

图 8-10　Navisworks 模型

编号后生成布置图、构件图、零件图等。图纸列表对话框如图 8-11 所示，在这个对话框中可以修改要绘制的图纸类别、图幅大小、出图比例。

图 8-11　图纸列表对话框

用钢量等资料统计。可以统计所选定构件的用钢量，并按照构件类别、材质、构件长度进行归并和排序，同时还输出构件数量、单重、总重及表面积等统计信息（图 8-12）。软件还能把表格内的统计信息转换为多种格式的文件，以便于制作各种材料统计报表（图 8-13）。

图 8-12　用钢量及其他统计报表对话框

清单

报告

BH500*500*16*25	Q345C	2	538	1.5	125.3
BH500*500*16*25	Q345C	2	538	1.6	130.8
BH500*500*16*25	Q345C	2	573	1.6	128.9
BH500*500*16*25	Q345C	2	588	1.7	138.2
BH500*500*16*25	Q345C	2	588	1.7	138.2
BH500*500*16*25	Q345C	2	625	1.7	141.9
BH500*500*16*25	Q345C	2	639	1.8	151.0
BH500*500*16*25	Q345C	2	639	1.8	151.0
BH500*500*16*25	Q345C	2	715	1.8	147.9
BH500*500*16*25	Q345C	2	6377	19.0	1609.2
BH500*500*16*25	Q345C	2	13784	40.9	3478.9
BH500*500*16*25	Q345C	2	15269	45.4	3856.8
BH500*500*16*25	Q345C	2	16003	47.5	4042.5
			218231	645.5	54746.7
BH600*600*20*30	Q345C	2	8172	29.2	3002.2
BH600*600*20*30	Q345C	2	14437	51.5	5299.2
			45217	161.3	16602.7
BH700*700*24*35	Q345C	2	13790	57.3	6925.9
BH700*700*24*35	Q345C	2	14844	61.7	7463.9
			57266	238.1	28779.6
BOX400*200*14*16	Q345C	1	2625	5.4	310.9
BOX400*200*14*16	Q345C	1	2625	5.4	310.9
BOX400*200*14*16	Q345C	2	508	1.1	61.4

确认

图 8-13　材料统计清单

所有加工详图包括布置图、构件图、零件图等利用三视图原理投影、剖切生成。图纸上的所有尺寸，包括杆件长度、断面尺寸、杆件相交角度均是在三维实体模型上直接投影产生的。因此，完成的钢结构深化设计图在理论上是没有误差的，可以保证钢构件精度达到理想状态。中建二局前期承担的多个大型钢结构工程中采用上述设计方法后，均能保证构件加工精度，一次安装成功。

8.2.4 设计变更流程

深化设计图的更改应采用编制《设计修改通知单》的形式或换版的形式。深化设计图作较大的修改，或同一图纸第三次更改时，应作换版。换版图纸由设计人员修改后，按深化设计流程进行审核、批准程序。无论何种原因需对原深化图修改，均须按图 8-14 的流程进行，第一步用云线圈出修改部位；第二步在修改记录栏内写明修改原因、修改时间；第三步更改版本号；最后，所有图纸换版，均须收回旧版，并盖作废章作废处理。

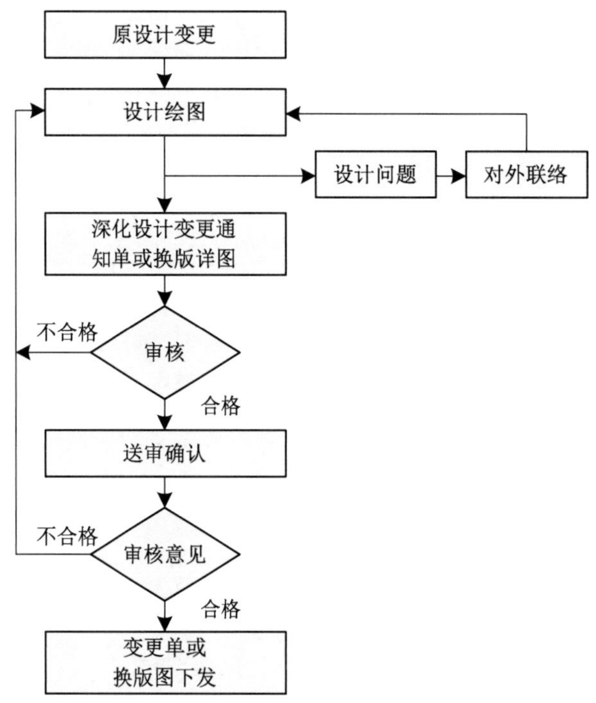

图 8-14　设计变更流程图

8.2.5 图纸问题解决流程

在深化设计过程中，一般性问题由深化设计单位直接与设计方进行沟通，达成非正式确认文件，不定期由总承包负责汇总整理成《图纸会审记录》文件形式，经各方签字后作为正式资料。

当设计问题比较集中且较多时，钢结构施工单位向业主方提出申请召开图纸会审会议，业主方、监理方、设计方等相关各方参加，集中讨论解决，会后形成《图纸会审记录》正式文件，作为深化设计的依据。

当深化设计遇到重大设计问题，需要召集多方进行开会讨论解决时，由钢结构施工单位向业主方或总承包方提出申请，由业主方或总承包方负责召集相关方约定时间地点后召开设计协调专题会予以讨论解决，达成一致意见后形成《会议纪要》，各方签字确认后，由深化设计单位按意见实施。

设计方应在图纸问题提出后2日内反馈解答意见，若2日内无法解决的问题，也应在2日内反馈解答问题的方式或时间。

钢结构深化设计图纸完成后，以电子邮件方式提交深化图电子版给设计方，同时抄送业主方、监理方及安装单位。设计方应在7日内反馈审核意见，审核意见也以电子邮件方式被反馈至深化设计单位，且需同时抄送业主方和监理方。若业主方、监理方及安装单位对深化设计图纸有特别意见时，也应在7日内反馈(图8-15)。

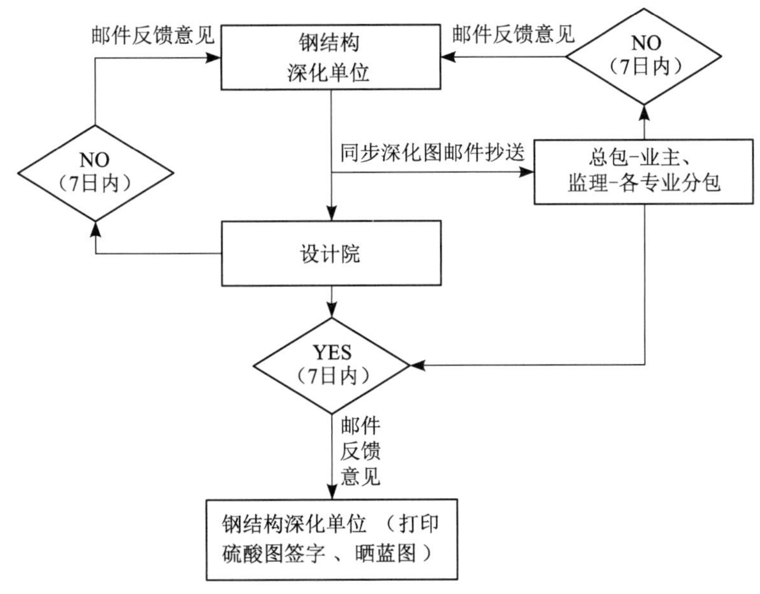

图8-15 图纸审核流程图

当深化设计图经设计方审核无异议后，由深化设计单位打印成硫酸图形式提交设计方，设计方在硫酸图上签字确认。

8.2.6 节点设计流程

1. 节点设计工作流程

对本工程结构施工图未提供详图的节点，深化设计单位向设计方提出节点设计所需资料等技术文件。通过业主协调设计院提供对应节点形式、杆件内力等设计条件给深化单位。由深化设计单位进行节点计算和节点详图绘制，完成后提交节点详图及计算书给设计方。经设计审批通过后，设计、监理、总包、业主签字后执行，节点详图及计算书的审批采用在节点详图上签字的方式。

2. 设计依据

设计依据包括结构施工图、设计方提供的节点形式及杆件内力报告等技术条件，以及现行相关国家规范、规程和图集。

3. 设计原则

节点设计应严格按照结构设计提供的杆件内力报告进行计算。若结构设计无明确要求时，所有节点按等强连接设计。节点的形式原则上采用结构设计给定的样式，若确需调整，应事先提交结构设计确认。所有节点的设计，除满足强度要求外，尚应考虑结构简洁、传力清晰、可操作性强的现场安装[42]。

8.2.7 深化设计交底实施

深化设计成果文件的发布实行“统一发布，统一管理”的原则，即深化设计成果文件经深化设计审批流程审批同意后，由总承包单位统一发布、统一管理，并按图纸管理办法的相关规定执行。

深化设计成果应在总包方组织下，召集所有相关单位，进行深化设计交底，交底内容应包括深化设计条件图、深化设计基本原则、主要施工工艺要求、材料要求、配合要求等。制作单位组织对工厂加工制作人员、运输人员、工程现场配合人员的深化设计专项技术交底。交底完成后，方可实施。

8.3 机电安装深化设计管理

目前，建筑物的功能越来越完善，与之相对应的则是管线系统的集成度越来越复杂[43]，这对施工单位提出了更高的施工技术与质量要求。管线布置和综合布置技术尤为重要。

管线综合布置技术是根据本工程实际情况，利用 BIM 技术协同，将问题在施工前解决，将返工率降低到零点的技术，有效缩短了施工工期，避免在施工中遇到管线碰撞等问题。采用管线综合布置技术，可提升施工工期、质量、成本观感等方面的要求[43]。最大限度合理地协调各安装专业、机电安装与土建、结构、装修之间的问题，满足业主等相关方的各项要求，缩短工期，从而增加安装工程的经济效益和社会效益。

机电通常安装在游艺设施有限的净空范围内，这里集中了机电强弱电、游艺、演艺、压缩空气、空调送风、回风、排风、排烟及正压送风、消防水、电、给水及排水系统[44]。由于系统众多、空间狭小，大量配电箱(柜)以及灯具等均位于马道层内，空间排布复杂，点位确认困难，且由于是边施工边设计，信息缺失量较大(图 8-16)。对此，应用 BIM 正向设计技术，对游艺、演艺等系统进行施工图纸设计，提高了设计图纸深度、精度，并提高现场施工准确率[45]。应用 BIM 与缩微模型结合技术，对假山等大型演艺结构上的音响、灯光等声光效果进行模拟及定位，在提升设计效率和施工可实施性的同时，保证了预期的声光效果。

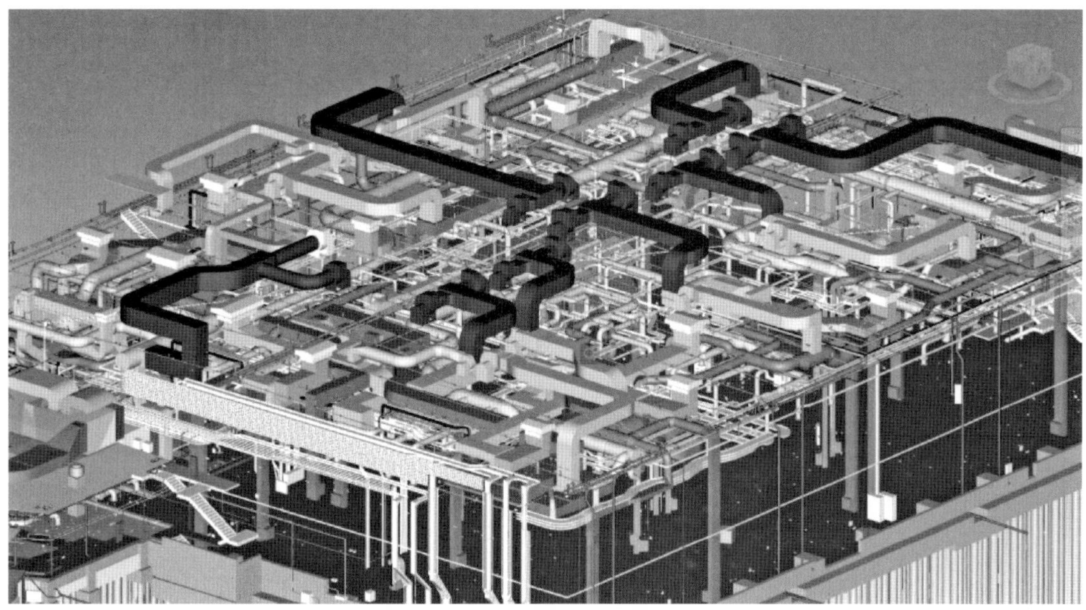

图 8-16 游艺设施机电安装

8.3.1 深化设计概况

上海迪士尼乐园项目机电系统图纸由美方设计，中方设计院进行施工图出图和翻译工作。机电系统共有约 27 个，其中常规系统 10 个，其余均为非常规系统，例如液压动力、演艺照明、演艺动力等。

8.3.2 深化设计任务及目标

1. 设计任务

根据业主提供的施工图以及业主技术说明文件要求，补充完善机电各专业图纸；应用 CAD MEP 软件进行设计，构建机电模型并与其他专业综合协调；提交模型文件及施工图纸供业主审批；根据机电深化图纸提资建筑、结构等专业，确定机电预留洞、吊顶及墙面末端定位；业主方与演艺相关人员沟通，确定演艺区末端的安装细节并绘制施工详图；将最终机电模型及深化设计图纸成果提交给业主。

2. 设计目标

协调机电各专业深化设计流程，控制深化进度，掌握深化设计审批程序，保证现场施工进度；审批图纸及时下发并进行设计交底，使现场工程师明确设计意图，避免施工冲突；根据业主变更及时更新图纸及模型，及时下发施工图纸，减少现场返工，推进现场施工进度；通过 BIM 模型的使用，对于某些特殊系统制作安装起到很好的指导作用。

由于主题公园各专业系统复杂，异型结构多，建造空间有限，立体交叉施工多，对施工吊装大型机械和材料场地布置要求高，施工难度大，因此从项目设计开始，就采用 BIM 技术进行三维设计，二维出图的设计方法，提供模型数据构建，漫游、碰撞、时间轴、工程量统计、结构分析的应用，并在深化设计、施工建造、运营管理等阶段全生命周期内应用 BIM 技术[45]。

通过 BIM 虚拟仿真施工技术在大型游乐项目的应用，中建二局对承建重大、超复杂的项目，又增加了一种技术手段。BIM 技术是信息化技术在建筑业的直接应用，服务于建设项目的设计、建造、运营维护等整个生命周期，同时也提升了中建二局在重大、复杂工程的技术、进度、成本、质量的综合能力。为项目各参与方提供交流、协同工作的平台，为避免失误、提高工程质量、节约成本、缩短工期等作出极大贡献，同时 BIM 技术为精细化的施工创造了条件，也是为各种方案的制定提供了工具，BIM 应用在以后的施工中会逐渐形成一种新的标准化，全面提升项目全过程精细化管理水平，为项目创造巨大价值。

8.3.3 深化设计组织架构

项目专业众多，系统复杂，为了更好地完成深化设计工作，项目成立了以项目技术负责人为首的深化设计团队，组织架构如图 8-17 所示。

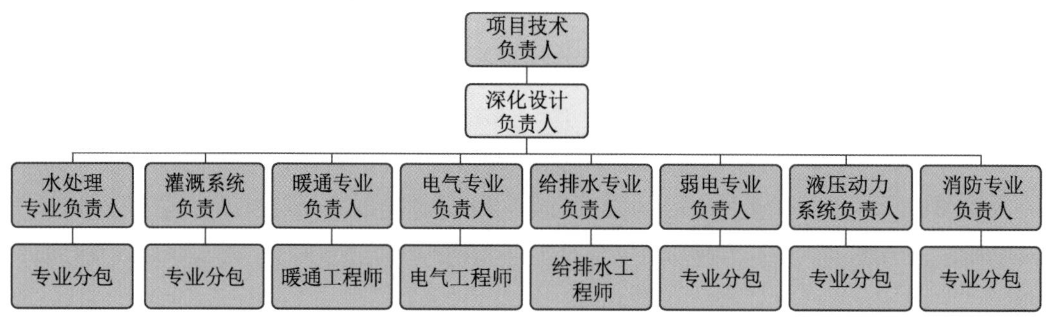

图 8-17　深化设计组织架构

机电总包负责项目协调各专业的深化设计工作，根据项目需求制订合理的深化设计计划并监督各分包执行。各专业工程师及专业分包严格按照计划进行深化设计，并将信息及时汇总到机电总包，由总包统一对外处理。

8.3.4 深化设计图纸审批程序

内部审批流程。机电部完成图纸设计，提交建筑结构及装饰等专业审批，再根据反馈意见修改图纸后再次提交审批，审批通过后由资料员提交总包资料员正式报审。

业主审批流程。完成单体机电深化模型并整合后，提交深化模型，通过每周专业技术会议审核深化模型。模型审核通过，补充尺寸标注等信息正式出图。然后提交业主设计审批，根据业主意见修改图纸并重新申报，审批通过后存档并下发施工。深化设计图纸审批流程如图 8-18 所示。

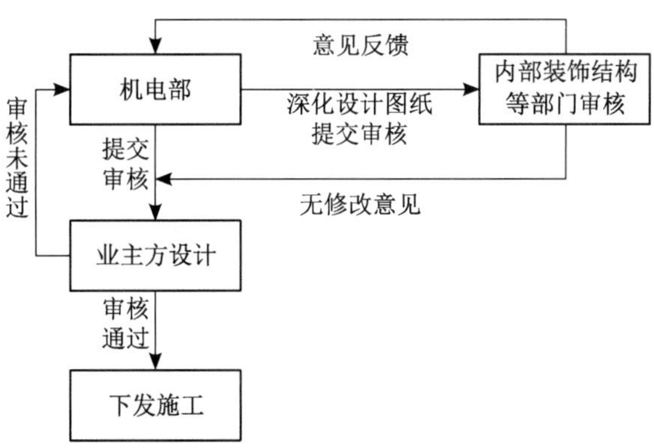

图 8-18　深化设计图纸审批流程

8.3.5　深化设计管理

深化设计管理工作主要包含进度管理、质量管理以及信息管理三个方面。

1. 深化设计进度管理

项目深化设计困难多，任务重，为保证项目正常施工进度采取了如下措施。

(1) 依据总包深化设计总计划要求，制订详细的机电深化设计计划并报总包审核，通过后遵照执行。

(2) 充分利用业主方的机电专业设计例会，提前提交问题清单，在例会中解决设计问题并索要设计资料，有效促进深化设计进度。

(3) 编制提交图纸状态追踪表，及时掌握图纸状态，每周召开机电设计例会，敦促各专业设计进度。

(4) 建立总包内部各专业沟通渠道，建立资料传递流程，保证专业间信息共享，避免设计返工。

(5) 建立设计变更及合同指令传递流程，确保变更指令的及时传达并反馈到设计当中。

(6) 建立设计变更及合同指令台账，及时组织工期索赔。

2. 深化设计质量管理

为保证施工图通过质量检查，机电总包及时与业主沟通，制定了统一的出图形式、图纸大小、出图比例、统一的图框、统一字体大小以及各专业颜色等，保证出图格式统一，清晰明了。

各专业图均经过层层内部审核后再经深化设计负责人整体校核，保证各专业以及专业间施工图质量。施工图在报审前提交结构、建筑专业审核，保证出图不与其他专业冲突。深化设计人员定期巡视现场，对于现场工程实施情况进行核查，随时纠正项目施工过程中的问题，保证施工图在现场的落地实施。

3. 深化设计信息管理

项目深化设计部配备了两名资料员，一名资料员负责业主变更及合同指令的整理收集及下发，一名负责翻译以及图纸报审，同时负责编制图纸报审状态清单。项目主要技术文件集中放置于网络硬盘中，并定期更新，供各专业共享使用。

技术负责人负责与其他专业负责人对接，接收并整理其他专业提供的资料并下发相应专业深化设计人员，供深化设计使用。各专业负责人负责收集整理批复通过的深化设计图，并负责下发工程部以及给其他专业提资。机电模型文件由各专业工程师绘制，由深化设计负责人整合并提交总包，由总包整合后集中放置于网络硬盘，供全项目相关单位共享使用。

8.3.6 深化设计难点分析

1. 系统多复杂及变更量大

机电系统众多，包含给水系统、排水系统、雨水系统、直饮水系统、处理水系统、效果水系统、高压水雾系统、动力系统、照明系统、演艺照明系统、演艺动力系统、骑乘系统、综合布线系统、楼宇自控系统、安防系统、消防喷淋系统、消火栓系统、消防水炮系统、消防报警系统、空气采样系统、燃气报警系统、送风系统、排风系统、消防排烟系统、厨房排油烟系统、喷淋灌溉系统、液压动力系统共27个系统，其中大部分为非常规项目系统，设计复杂。项目边施工边设计，变更量非常大，共收到机电相关变更320余项。

2. 全系统全区域采用 BIM 设计

项目建筑结构复杂，业主要求采用欧特克公司的二维设计工具AutoCAD和三维BIM设备设计MEP软件进行设计。MEP软件设计对于所有深化人员是一个新的挑战，在此之前很少接触。项目聘请培训专家对所有深化设计人员（包括分包深化设计人员）进行了软件培训，同时寻求公司总部技术部的支持，建立了一支具备应用MEP软件进行深化设计的团队，很好地完成了设计任务。

深化设计配合协调量大，需要与演艺、假山团队、骑乘动力等其他系统进行紧密配合和协调。项目系统众多，与演艺、假山、骑乘动力、装饰、结构等系统交接面多，信息交流量大，许多设计信息均需由其他专业提供。在项目前期，由于演艺等专业进入较慢，且许多信息确认较慢，这降低了设计效率。针对此点，项目积极寻求解决途径，建立了深化设计图出图台账，每周二召开内部例会，总结问题清单并分清紧急程度，在每周技术例会中提交业主方解决。对于悬而未决及紧急问题，深化组将清单提交给项目经理，由项目经理在项目例会中提出，敦促业主方解决。有效推进了项目深化设计进度。同时，对于业主方的影响，中建二局收集证据，及时发函向业主进行工期索赔。

8.4 消防深化设计与方法

作为娱乐巨头的迪士尼公司之所以会有今天的发展规模，必有其特色，那就是“SCSE”理念，即安全（Safe）、礼貌（Civility）、表演（Show）和效率（Efficiency）[46]，其内涵可以理解为：

首先要保证客人舒适安全;其次要保证员工彬彬有礼;再次是保证演出充满神奇;最后是在满足以上三项准则的前提下保证工作高效率。

迪士尼主题公园将"保证每一位游客的安全"放在了首位,是因为主题公园是一个人多且密集的地方,而人多且密集的地方又容易引发火灾,如果消防设施没有做好,可能会影响人们的人身安全。因此在迪士尼项目的施工中,消防工程的深化设计已成为必不可少且非常重要的一部分,包含了火灾报警系统深化设计、消防广播及对讲系统深化设计、消防喷淋系统深化设计、消火栓系统深化设计、大空间智能灭火系统深化设计、空气采样报警系统深化设计、消防排烟系统深化设计及通风系统深化设计等。

1. 火灾报警系统

火灾报警系统由探测器、手动报警装置和报警控制器组成。探测器包含感烟探测器、感温探测器、火焰探测器。报警控制器采用分区控制,包括区域报警、集中报警、控制中心报警。

当火灾发生时,探测器将火灾信号传输到报警控制器,通过声光信号表现出来并在控制面板上显示火灾发生部位,从而达到预报火警的目的。同时,也可以通过手动报警按钮来完成报警。

2. 消防广播及对讲系统

消防广播及对讲系统包含扩音机、扬声器、切换模块和消防广播控制柜。当消防值班人员得到火情后,可以通过电话与各防火分区通话了解火灾情况,用以处理火灾事故,也可通过广播及时通知有关人员采取相应措施,进行疏散。

3. 消防喷淋系统

消防喷淋系统由闭式喷头、水流指示器、湿式报警阀、压力开关、稳压泵、喷淋泵、喷淋控制柜组成。

系统处于正常工作状态时,管道内有一定压力的水,当有火灾发生时,火场温度达到闭式喷头的温度时,玻璃泡破碎,喷头出水,管道中的水由静态变为动态,水流指示器动作,信号传输到消防控制中心的消防控制柜报警装置,报警。当湿式报警装置报警,压力开关动作后,通过控制柜启动喷淋泵为管道供水,完成系统的灭火功能。

4. 消火栓系统

消火栓系统包含消防泵、稳压泵(稳压罐)、消火栓箱、消火栓阀门、接口水枪、水带、消火栓报警按钮、消火栓系统控制柜等。

消火栓系统管道中充满有压力的水,如系统有微量泄漏,可以靠稳压泵或稳压罐来保持系统的水和压力。火灾发生时,首先打开消火栓箱,按要求接好接口、水带,将水枪对准火源,打开消火栓阀门,水枪里立即有水喷出,按下消火栓按钮,通过消火栓启动消防泵向管道中供水。

5. 大空间智能灭火系统

大空间智能灭火系统包含消防水炮、电磁阀、模拟末端试水装置、水炮控制柜等。火灾发生时,消防水炮前端探测器自动采集火灾现场红外图像,通过中央控制器自动侦测及定位火灾位置，启动电磁阀直接对起火位置进行喷洒，直至火源熄灭。智能消防水炮系统实现了自动探测火灾位置、自动定位火灾位置、自动喷水灭火等强大功能。

6. 空气采样报警系统

空气采样报警系统由空气采样探测主机、采样管、采样孔组成。探测器由吸气泵通过采样管对防火分区内的空气进行采样[47]。空气采样由主机里面的激光枪进行分析，得出空气中的烟雾粒子的浓度[48]。如果超过预定浓度，主机会发出报警信息。一般报警分四个阶段：警告、行动、火警 1、火警 2。高灵敏度烟雾探测器是仪表级的悬液计，它可以在 360°范围内接收激光照射到烟雾粒子上而产生的散射光。其实际灵敏度为 0.001 obs/m，是传统探测器的 2 000 倍[48]。主机通过继电器或通信接口将电信号传送给火灾报警控制中心和集中显示装置。

7. 消防排烟系统

消防排烟系统包含排烟阀、手动控制装置、排烟机和防排烟控制柜。火灾发生时，防排烟控制柜接到火灾信号，发出打开排烟机的指令，火灾区开始排烟，也可通过手动控制装置进行人工操作，完成排烟功能。

上海迪士尼度假区宝藏湾项目整个消防工程主要包括消防水系统和消防报警系统。

8.4.1 消防水系统深化设计

1. 系统功能简介

消防水系统分为消防喷淋系统、消火栓系统及自动跟踪定位射流灭火系统。其中消防喷淋系统按照喷淋分类又分为标准型喷淋系统和快速响应型喷淋系统。消火栓包含室内消火栓和室外消火栓。

2. 系统调试的主要内容

系统调试的主要内容包括水源测试、消防水泵调试、稳压泵调试、报警阀调试、排水装置调试、消火栓水压测试方法（采用消火栓检测水压接头进行测试）、喷淋系统调试方法（采用水喷淋系统专用试验接头进行测试）、水炮系统调试。

3. 系统调试程序和方法

（1）水源测试。按设计要求核实消防水箱的容积、设置高度及消防储水不作他用的技术措施。按设计要求核实消防水泵接合器的数量和供水能力，并通过移动式消防水泵做供水试验进行验证。

（2）消防水泵调试。以自动或手动方式启动消防水泵时，消防水泵应在 5 min 内投入正常运行。以备用电源切换时，消防水泵应在 15 min 内投入正常运行。

（3）稳压泵调试。稳压泵调试时，模拟设计启动条件，稳压泵应即时启动，当达到系统设计压力时，稳压泵应自动停止运行。

（4）报警阀调试。湿式报警阀调试时，在其试水装置处放水，报警阀应及时动作；水力警铃应发出报警信号，水流指示器应输出报警电信号，压力开关应接通电路报警，并应启动消防水泵。干式报警阀调试时，开启系统试验阀，报警阀的启动时间、启动点压力、水流到试验装置口所需时间，均应符合设计要求。

(5) 排水装置调试。启动一只喷头或以0.94～1.5 L/s 的流量从末端试水装置处放水，水流指示器、压力开关、水力警铃和消防水泵等应及时动作并发出相应的信号。

(6) 消火栓水压测试方法。采用消火栓检测水压接头进行测试。由水带接口、短管、压力表和闷盖组成，可在消火栓出口形成一个测压环。当与消火栓和水带、水枪连接时，检测枪口出水压力。当与消火栓和闷盖连接时，检测柱口静水压。

测试时，将测压接头与消火栓栓口连接，旋转短管使压力表处于便于观察的位置，在出口装上闷盖打开消火栓即可测量栓口静水压，在出口接上水带和水枪，打开消火栓即可测量栓口出水压力。消火栓栓口的出水压力不应大于 0.3 MPa，其栓口静水压不应大于 0.8 MPa。

(7) 喷淋系统调试方法。采用水喷淋系统专用试验接头进行测试。该试验接头可模拟一只喷头开放时管道内的水流状态，以检验系统及其组件是否启动和动作。测试时，将试验接头与系统管道末端试验阀连接，开启开端试验阀可对系统及其组件进行下列项目的检测：系统最不利点处末端试水装置进行放水试验，流量、水压应符合设计要求。

(8) 水炮系统调试要点。水炮系统的检测是在整个系统调试前对设备和系统进行一次全面的检测。控制系统的检测系统接通电源后，开始对系统进行自检，自检后对水炮火灾探测器探测点进行地址码编写，编好后再进行一次系统检测。电磁阀的检测是对电磁阀进行自动控制模式和手动控制模式下启动的控制检测，无论在自动控制模式还是在手动控制模式下都能启动电磁阀，电机的检测是在给电机控制信号后，消防炮上的电机能正常工作。

系统调试要点是完成所有检测工作后，对系统进行调试。初步调试通过设定模拟信号检测探测器、控制模块、电磁阀，控制电机、水泵的扫描、定位、启动、通信、复位的信号传输等工作。联动调试就是进行水炮防控点点火试验，是检验水炮的试验启动时间、射水流量、保护距离、保护半径等是否满足设计要求。

4. 消防安装深化技术

相较于常规的施工技术，在某503 单体沉船宝藏湾之战主题项目的施工过程中，为配合建筑和装饰所要呈现的效果，中建二局在施工技术上又得到进一步提升，主要体现在以下两个方面。

(1) 喷头与假山固定方式的确定。根据项目特点要求，某 503 单体沉船宝藏之战主题项目中有大量的假山来烘托氛围，使游客能够深刻感受到在加勒比海底的紧张与刺激。假山在场景水道之上，游客将会乘船直接在水道上行走。因此要求在游客通过的假山上布置喷头，以保证着火时能及时扑灭早期火灾，确保正在通过水道的游客安全。但是在消防自动喷淋系统中，隐蔽型喷头都是安装在平面吊顶下，垂直于安装面也即垂直于地面，而且根据项目技术规范要求，消防管道安装只允许使用标准配件(图 8-19)。

喷头安装之前，按照惯例喷头垂直于假山网片安装，以便于更好地发挥喷头的作用，使喷头喷洒范围最大。但是由于假山表面崎岖不平，起伏较大，使用标准尺寸的硬管配件不

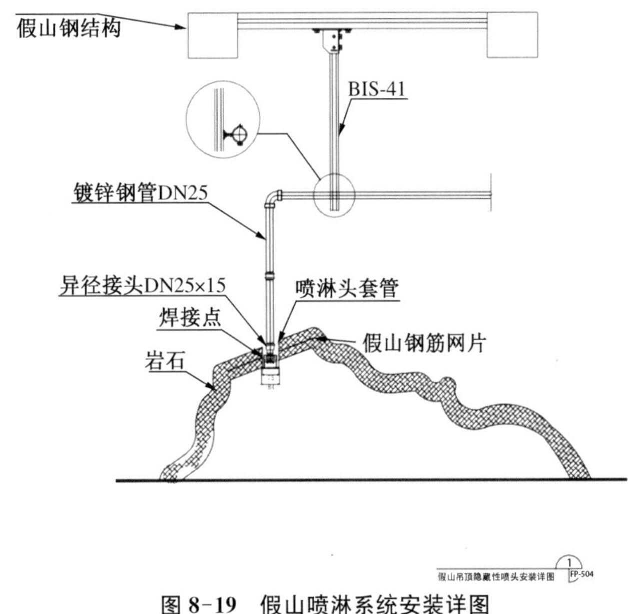

图 8-19　假山喷淋系统安装详图

能完成所有角度的安装,因此考虑使用软管安装喷头。软管安装遇到的问题是软管末端的喷头需要安装在假山网片上,网片不能提供足够的支撑来固定满水满压的喷淋头,使喷淋头动作时不会飞出假山面。同时项目技术规范中没有软管相关规定,因此不能采用软管做法。

排除软管做法后就没有办法达到所有喷头平行于假山表面,只能使用硬管,使喷头平行于地面。在有假山凹陷阻挡喷淋喷射范围的地方增加喷头,保证所有区域都有喷头保护,确保没有喷淋死角。喷淋主管固定于假山主钢结构上,支管固定于假山次钢结构上。为了喷头不和假山钢结构有连接,破坏假山网片,技术人员在假山网片上固定套管,将喷淋头设在套管以内。套管直径小于喷淋头盖板,以保证盖板安装完成后,游客不会看到套管。

安装顺序采用在假山主钢结构安装完成后安装喷淋系统主管,假山次钢结构安装完成后安装喷淋支管到位,并在喷淋相应点位预留接头,喷淋头安装紧跟假山网片安装,按照假山网片的顺序及时安装最近的喷淋头。

(2) 喷淋盖板选择。根据技术规范要求,喷淋盖板需要与周围环境保持协调一致。喷淋头盖板不允许做喷涂,须直接在工厂内加工,以保证喷淋盖板的正常使用。施工图纸中对颜色的定义使用的是涂料色号,而喷淋盖板厂商只能根据多乐士色卡号来确认颜色,因此需要业主提供相对应的多乐士色卡号来让供应商确认。

主题项目颜色分别由建筑结构团队与内装团队管理,因此需要按照区域由不同的团队确认颜色。在建筑相关的区域,由建筑团体先提供单体内建筑分管区域及颜色,确定该区域对颜色有要求的吊顶或者假山位置。根据建筑结构团体提供的位置,将喷淋点位叠加到相应区域,根据颜色不同编号,再由编号确认每个喷淋盖板的颜色,作为图纸上线,由建筑团体确认后,交由供应商根据图纸颜色做出喷淋盖板样板。喷淋盖板样板需要由建筑团队确认与原颜色是否无误差,厂商才能按照样板要求正式制作喷淋盖板。内装团队分管颜色确认流程与建筑团队相同。

8.4.2　消防报警系统深化设计

1. 系统功能简介

当 AFA 火警控制主机接收到某个探测器的报警信号、手动报警按钮报警信号或某个水流指示器的报警信号，在确认是火警信号后，AFA 火警控制主机向报警探测器所在的区域发出信号，使声光报警器发光、警铃和声光报警器发声，消防广播启动，开启排风机、本层及上下层的下压送风口，非消防电源切断，电梯迫降至首层，显示报警点的具体位置，并启动喷淋泵。

2. 调试的主要内容

调试的主要内容包括 AFA 火警控制主机控制屏、联动屏及其至设备、火警接线箱线路的检查，线路检查及绝缘电阻测试，AFA 火警控制主机控制屏、联动屏的受电，AFA 火警控制主机向各回路火警接线箱送电，设备联动调试，非本专业设备需其他专业配合完成，终端报警设备的受电等。

3. 系统调试程序和方法

（1）开通消防对讲电话。开通消防对讲电话主机，依据图纸逐个测试对讲电话。首先开通消防对讲电话，是因为消防对讲电话开通后，若在调试期间出现对讲机因信号波动面造成通信中断，可直接利用消防对讲电话进行联系。

（2）自动报警系统报警功能调试

① 线路自检。逐个开通每个回路，观察每个回路的所有探测器、控制模块、监视模块的“地址码”信息是否全部进入报警控制器屏；若有“地址码”信息未能进入控制屏，则安排施工人员到现场检查设备及线路，务必使每个回路的所有“地址码”全部进入报警联动控制屏。

② 探测器报警功能测试。采用加烟器对智能感烟探测器、普通感烟探测器进行炊烟试验，看消防中心报警控制屏上是否能够接收到全部报警信号。

采用加温器对智能感温探测器、普通感温探测器进行加热试验，使其达到或超过报警温度，看消防中心报警联动控制屏上是否能够接收到全部报警信号。

③ 手动报警按钮报警功能的测试。逐个按下手动报警按钮，看消防中心报警联动控制屏上是否能够接收到全部报警信号，相应的声光报警器是否发光、警铃是否发声、消防广播是否启动；测试工作结束后，报警按钮复位。

④ 水流指示器报警功能的测试。逐个打开各区域喷淋管末端放水阀，看消防中心报警联动控制屏上是否能够接收到全部报警信号。

（3）信号阀关阀信号测试。逐个关闭信号阀，看消防中心报警联动控制屏上是否能够接收到全部报警信号。重复上述动作试验两次。

（4）联动柜手动控制功能测试。开通联动控制系统，并检查其受电情况是否正常。

① 非消防电源切断动作试验。按不同功能对各非消防用电配电总箱逐个进行试验，由联动屏发出切断电源的信号，检查是否能切断各配电总箱电源，并观察是否有电源切断反馈信号回报警联动控制屏，每个配电箱试验两次。

② 空调、通风机联动控制功能测试。由联动控制屏向空调机、通风机发出停机信号，观察空调机、通风机是否停机及其相应的防火阀是否关闭，且是否有信号反馈回报警联动控制屏。

③ 防排烟机、正压送风机及送风口联动控制功能测试。由联动控制屏向防排烟机、正压送风机发出启动信号，观察防排烟机、正压送风机是否启机及其相应的防火阀、正压送风口是否打开，且是否有信号反馈回报警联动控制屏。

④ 信号阀关阀信号测试。逐个关闭信号阀，观察报警联动控制屏是否接收到相应区域的信号，确定信号正确后，打开信号阀。

⑤ 手动报警按钮信号测试。逐个按下手动报警按钮，观察报警联动控制屏是否接收到相应的信号，确定信号正确后，让手动报警按钮复位。

⑥ 电梯迫降测试。由联动控制屏向电梯发出迫降信号，观察电梯是否降至首层及报警联动控制屏是否能接收到反馈信号。

⑦ 报警及联动控制功能测试。逐个使各种探测器、手动报警按钮、压力开关、水流指示器动作，进行报警信号测试，观察相应的声光报警器是否发光、警铃是否发声、消防广播是否开启、排风机是否开启、非消防电源是否被切断、电梯是否迫降至首层、正压送风机是否启动、正压送风口是否开启。

(5) 小结。消防工程在消防验收过程中除了对消防产品有特殊要求外，也对某些建筑材料及装饰材料有特别高的要求，比如建筑物内设有上下层相连通的中庭、走马廊、开敞楼梯、自动扶梯时，其连通部位的顶棚、墙面应采用 A 级装修材料，其他部位应采用不低于 B1 级的装修材料；室内装修的顶棚材料应采用 A 级装修材料等。因此在所有人的努力下，迪士尼项目不仅坚持了自己的特色，而且将舒适安全又提升了一个高度，使主题乐园更加安全舒适。也为以后的消防施工项目积攒了一份宝贵的经验。

8.5 建筑装饰主题深化设计技术

8.5.1 主题立面深化设计技术

主题立面是用一种特殊的施工工艺来表现建筑外饰面的效果，并具有一定特色的主题性，采用一种特质砂浆根据设计和建筑风格的主题要求，在建筑表面人工雕刻出各种造型和不同饰面，具有一定的视觉效果，可塑性强。

文旅项目主题外立面造型多且复杂，零星钢骨架量大，深化设计难度大且不易施工。每种外立面都是独一无二的。需要运用独特的技术来实现所期望的效果和设计意图。用装饰砂浆和主题喷涂技术创造出积层、剥落、矿脉等地质运动的面貌；活苔藓、青苔、水流和矿脉留痕等风化效果；木质纹理、石材纹理、砖纹理、树根、树藤等各种纹理效果；用做旧技术来展现故事的时间脉络，使每个游客都有身临其境的感受。外立面装饰需提前做好技术准备，确认施工材料及技术的运用。

通过人工雕刻手法，对各种仿石、仿木、仿生土、仿金属等自然纹理效果进行仿制，体现出主题性鲜明的饰面效果，再现历史建筑文化原始风貌，体现主题乐园的故事性；摒弃了真实石材和木材的开采和使用，达到节能环保的目的，超过真实材料不能实现的创新效果；与其他专业对接及预留孔洞的衔接处理难的弊端。

1. 技术特点及原理

根据不同项目特点对主题立面的施工要求，在进行施工前每个雕刻师都需要经过严格的培训和考核，考核通过后方可进入施工现场施工，对于施工材料、工具设备等都需经过严格的审查确认。在施工过程中，需要使用机器进行砂浆搅拌和喷浆，手工完成抹灰后进行塑形雕刻，符合设计要求和样板样式。

文旅项目中主题立面雕刻需尽可能恰当地体现出石头、砖、木材和抹灰等主题性饰面效果，且各种的雕刻技法又各不相同，造成施工技术难度颇大。主题立面施工技术在国外工程中应用较为广泛，施工技术也较为成熟，而国内在主题立面施工技术方面应用较少，相对也不够成熟，随着文化旅游业的发展，国内对主题立面施工技术也较为广泛。

2. 施工关键技术

主题立面的施工流程主要包括：其他专业验收完毕→墙面清理→覆网→底层拉毛→拉毛层养护→面层雕刻→雕刻层养护→验收→上色。

用一种特殊的施工工艺来表达建筑饰面效果，并具有一定的主题性，主观表现性强。在项目中对主题立面的施工要求，在进行施工前每个雕刻师都需要经过严格培训和考核，考核通过后方可进入施工现场施工，对于施工雕刻工具、施工材料、工具设备等都需经过项目建设方的确认，尤其施工用雕刻工具必须使用项目指定的国外进口雕刻工具。在施工过程中，需要使用机器进行砂浆搅拌和喷浆，手工完成抹灰后进行塑形雕刻，需要符合设计要求和样板样式。主题立面雕刻需尽可能恰当地体现出石头、砖、木材和抹灰等主题性饰面效果（图 8-20），且各种雕刻技法又各不相同，这使得施工技术难度颇大。

8.5.2 装饰构件制作与安装

玻璃纤维增强混凝土（Glass Fiber Reinforced Concrete，GRC）、纤维增强复合材料（Fiber Reinforced Plastic，FRP）等建筑装饰构件可以根据设计师的要求做出任何复杂的造型及饰面效果，具有极强的可塑性，最终效果可与真实材料效果媲美；用途广泛，不受本身材质、体积及造型的限制，可以随心所欲塑形，为设计师提供了更大的想象及设计空间。构件完成的饰面效果从视觉上是很难区分材质本身属性的。对此，相对使用真实材料节约了成本，避免对环境造成的破坏，对山石的开采以及对木材大量的砍伐（图 8-20）。

GRC、FRP 等建筑装饰构件产品相对于传统雕刻饰面，通过预制、翻模制作，可提前在现场施工外生产，能够有效缩短工期，方便批量生产；现场可切割拼装，减小对施工环境要求，简化施工。自重轻，减小对支撑结构要求；场外室内施工，便于减小交叉作业影响，提高饰面精细化程度，且施工合格率提高。预期经济效益目标主题预制构件成本综合减低 15%～20%。

玻璃纤维增强镁混凝土（MRC）是一种特种水泥基底添加多种胶凝的复合材料，适宜于浮雕、户外建筑装饰构件等人造景观的制作，具体由水泥、不同配比的填料、轻质骨料组成。

人像雕刻　　建筑构件雕刻

仿竹子效果

图 8-20　主题饰面效果

MRC 具有以下特点：

(1) 极强的可塑性：MRC 构件可以根据设计师的要求做出任何复杂的造型及饰面效果，具有极强的可塑性，最终效果可与真实材料效果媲美。

(2) 适用广泛：MRC 构件用途广泛，不受本身材质、体积及造型的限制，可以随心所欲塑形，为设计师提供更大的想象及使用空间(图 8-21)。

图 8-21　仿木梁及仿木质天花板和建筑藻井

(3) 肌理仿真效果超强：MRC 构件完成的饰面效果从视觉上是很难区分材质的本身属性的。因此，相对使用真实材料节约了成本，避免对环境造成的破坏，如对山石的开采以及对木材大量的砍伐。

(4) 安装简单：MRC 构件内部链接方式主要有自攻钉固定法、预埋紧固件螺栓、自攻钉连接固定法和胶粘法三种。采用灌浆法辅助，根据建筑装饰构建的形状、大小、体积等结合实施，安装方便。

(5) 耐火、绿色环保：具有良好的防火性能，亦是一种无放射性、耐酸碱、寿命长、无毒无味、无污染、自防水的绿色环保建筑装饰材。

8.5.3 主题铺装

彩色艺术地坪是一种能在混凝土表层依靠地坪强化料、脱模粉、成型模、专业工具以及地坪保护剂[49]，铺设混凝土时在其面层上创造出逼真的大理石、石板、瓦片、砖石、岩石、卵石等自然效果的地面材料工艺。

彩色混凝土铺装主题效果类型有仿尘状、仿泥状、仿木状、仿沙状和露骨料等。利用彩色混凝土浇筑，严格按照符合要求的配合比调配彩色混凝土，达到了逼真、相互协调统一的效果。彩色混凝土作为地面混凝土永久性装饰面料，广泛应用在工程场地和空间地面饰面中，加色混凝土是由普通细骨料混凝土漆加无机颜料配制而成，施工时表面经过特殊处理达到密实光滑，并用特殊手法制成各种图案、形状并经过面层处理，形成各种场景效果。严格按照技术措施，使成品达到设计要求，完成技术攻关。

本技术通过使用不同模具实现不同天然材料的真实效果，可降低不同材料的采购成本；同时由于使用通体着色，可延长铺装的使用寿命和运营维护成本。可塑性强，通过使用不同的压印模具和骨料可制作丰富的肌理效果，可根据设计要求，实现仿石、仿砖、仿沙、仿木等效果，替代了天然石材、木材、沙子等天然材料的使用，起到绿色环保的积极作用，社会效益高。

某主题铺装总面积 15 000 m^2，其中彩色混凝土铺装面积 13 000 m^2，石材铺装面积 2 000 m^2。为达到局部整体逼真、相互协调统一的效果，不同铺装类型应用在不同区域中。

8.5.4 主题屋面

主题屋面是围绕文旅建筑场景故事主题所设计的石板瓦、陶土瓦、仿木瓦、人造茅草等各种屋面。

主题屋面施工关键技术主要包括屋面水泥板安装、屋面防水卷材铺贴、顺水条挂瓦条安装、屋面板摆样、屋面板主题做旧、主题上色、屋面板固定等关键技术。主题屋面施工技术是主题场景还原的重要组成部分。

主题屋面施工需要准备顺水条、挂瓦条、檐沟、屋面板(石板瓦、陶土瓦、仿木瓦、人造茅草)油漆涂料等(图 8-22)。

根据设计要求进行屋面板摆样、主题做旧。屋面板摆样包括石板瓦摆样、仿木瓦摆样和陶土瓦摆样等(图 8-23)。

图 8-22　主题屋面效果图

石板瓦摆样　仿木瓦摆样　陶土瓦

石板瓦固定　陶土瓦固定　茅草屋面固定

图 8-23　屋面板摆样

根据设计要求，对应着屋面色卡对屋面板进行主题上色（图 8-24）。

陶土瓦上色

仿木瓦上色

图 8-24 主题屋面板上色

8.5.5 主题门窗

1. 技术特点及原理

主题装饰防火钢质门指与游客相接触区域的钢质防火门，为满足前场设计的风格一致，通过厚度不超过 5 mm 的主题环氧树脂雕刻工艺，对其进行仿木纹雕刻修饰，以达到仿真木质门，同时与周边整个环境效果的完美统一，称为主题装饰防火钢质门，如图 8-25 所示。

2. 主题门饰面

该主题装饰防火钢质门具有以下非常突出优点（图 8-25）。

首先，突破了传统钢质防火门简单的喷漆工艺，起到仿真木纹装饰效果。满足了在主题乐园中应用的设计各项要求。

主题装饰防火钢质门附着力强，可塑性强。不开裂，不收缩。

再次，主题装饰防火钢质门满足防火等级、保温性、隔热性、水密性、气密性，抗风压性能等各项节能指标的设计要求。

最后，主题装饰防火钢质门与木质门相比，避免了木质门热胀冷缩、开裂等产生的种种弊端。但整个施工项目也有几个难点。

图 8-25 主题装饰防火钢质门

（1）可雕刻环氧施工要求非常薄，同时需要满足门五金的安装尺度要求。对精度要求也非常高。

（2）施工过程、工艺复杂。可雕刻环氧主题装饰防火钢质门的工艺要求钢质门在完成镀锌的基础上不进行底漆处理，表面粘一层玻璃纤维网格布，然后进行雕刻环氧的施工。在门的侧面和门框内侧是不能做可雕刻环氧树脂的工艺处理。必须在原防火门的基础上通过人工现场刷底漆，然后通过颜色的过渡来实现效果的统一，如图 8-26 所示。

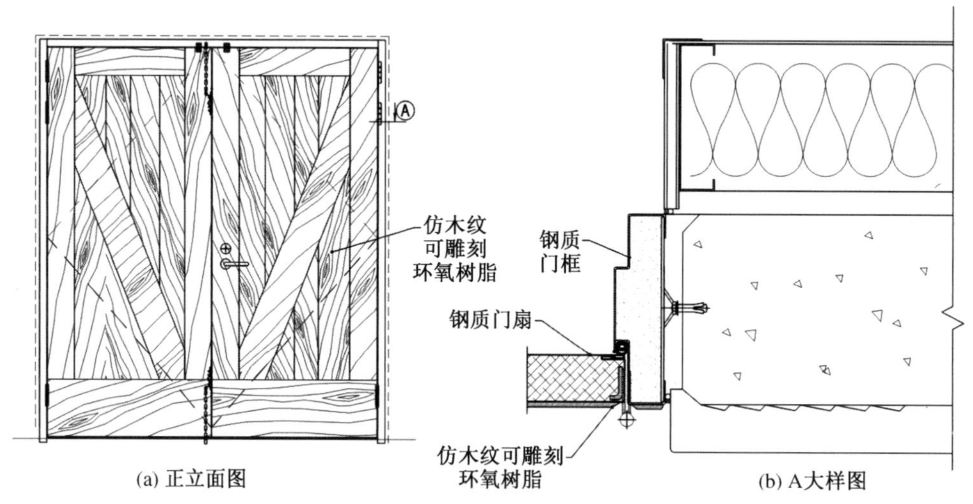

图 8-26　主题装饰防火钢质门设计详图

3. 主题门细节节点

掌握可雕刻环氧树脂的施工范围是关键。这将直接影响主题装饰防火钢质门的开启，切不可将环氧树脂施工至门的侧面四周而影响五金件的安装。

锁芯的选择需要特别考虑加长锁芯。因为标准的锁芯长度适合于传统的厚度为 45 mm 防火钢质门。而主题防火钢质门经主题雕刻之后，厚度为 55 mm 或者更厚。锁芯就得加长定制。注意施工的整个流程，与传统的门五金安装程序区别很大，需要严格按标准的流程进行施工。效果仿真，不开裂、不变形。

可雕刻环氧工艺产品很重，每平方米约 20 kg，钢质门单扇完成施工后，达 60～65 kg/m^2，对铰链的选择要充分考虑该因素。门框洞口的基层必须牢固，轻质龙骨墙注意加强处理。门框与墙体的连接点必须按要求施工。

8.5.6　主题栏杆

主题栏杆包括主题艺术栏杆预埋件的安装、栏杆基层的制作、做旧工艺、上色工艺、栏杆木扶手的施工安装工艺等。铁艺异型扶手及方管可雕塑环氧树脂扶手等根据图纸要求，异型扶手需要根据现场确定弧度大小，立柱之间距离以图纸标注为准，施工顺序及技术以规范要求为准。对于施工过程中结构的连接提供锚固，板材，角钢，挂件尤为重要，保证最终安装时垂直于水平地。

迪士尼栏杆主要分为后场栏杆和前场栏杆，后场栏杆主要有楼梯栏杆，水道栏杆。前场栏杆主要是一些不同类型的主题栏杆(图 8-27)。楼梯栏杆及主题艺术栏杆需要以图纸标注为准，根据现场实际情况确定施工的顺序及技术以规范要求为准。后场楼梯安装靠墙一侧，墙体为轻钢龙骨墙，需在龙骨墙上提前做好预埋备板，栏杆立柱之间距离以图纸标注为准，施工顺序及技术以规范要求为准。

图 8-27 主题栏杆效果图

对于施工过程中结构的连接提供锚固、板材、角钢、挂件尤为重要，才能保证最终安装时垂直于水平地。随着科学技术的发展和人们审美情趣的提高，栏杆的材质已由过去传统的木质、型钢、铁艺栏杆发展到不锈钢、玻璃、PVC、FRP 等材质各异、造型优美的格式栏杆。栏杆的功能在安全防范同时还有装饰美化的作用[50]，为创造出更加优秀的建筑创造了条件。但栏杆的千变万化首先都应该以是否安全为前提，故国家颁布的相关设计规范对其强度、高度都有规范要求。

8.5.7 主题做旧

主题做旧主要是工程的木材及金属做旧，做旧的过程是对老旧木材表面的材色不均匀状态或金属表面腐旧质感进行模拟仿制，再通过主题上色产生色彩的不完整感[51]，缺陷感，以期最终达到与主题场景完成效果风格相吻合。

工程做旧施工技术主要表现在木材做旧和金属做旧两个方面。木材做旧，是利用材色美观、材性稳定、质地优良的木材，对其所要表达的主题意境进行仿制模拟，在木制品表面用手工工具、喷砂、炭烧进行做旧加工处理。经主题上色后所呈现的“老旧”色彩效果。金属做旧，是利用不同品种、不同规格的金属或金属成品构件在金属板或金属成品构件表面进行做旧加工的手法处理。经主题做旧涂饰后所呈现的“老旧”色彩效果，其做旧过程是金属经风吹日晒、被岁月洗礼的破败腐旧质感的重现，再通过涂饰加工产生生锈、剥落、破损的效果。

8.6 景观数字化深化设计方法

景观环境是旅游者的游乐空间和情感体验对象，奠定了主题公园品位效应和品牌形象的基础，因此，主题公园在塑造景观环境方面就必须跟进这种趋势[52]。这方面的跟进有三个基本途径[53]：一是应用有形实物，直接设计和建设具有艺术气息与文化氛围的景观环境。二是充分应用虚拟现实技术，创造出具有想象力的人格化景观环境。三是综合应用有形实物和虚拟现实技术，塑造出真中有假，假中有真，真真假假的非日常的舞台化世界。在景观环境回归真实性的演进过程中，景区将根据主题的需要，尽量按照自然的本来面貌进行绿化，惟妙惟肖地创造出具有自然意境的园林环境。

8.6.1 景观绿化规划与设计

某乐园作为一个梦幻乐园，每一棵树苗，每一处景观都在述说着一段童话故事，这些绿色乐园的背后有数百种从世界各地精心挑选引进的乔灌木植物，还有园林设计人的匠心独运的绿化营造，园林绿化工程是以造地形、假山、水景、绿化栽植物为主的工程，整个工程在进行景观设计和规划前，景观设计人员都需实地考察，对主题性建筑风格进行分析，并深入了解建筑物的故事，为主题化园林绿化的规划和设计奠定基础[54]。在项目设计阶段，对于景观规划和设计根据园区主题背景结合本土气候条件以及本土植物的生长特点、植物形态及植物类别等进行分析后，确定该片区乐园主题性的绿化风格。从设计到施工都侧重于游客感官体验及主题效果。

1. 种植土壤分析

土壤作为绿化植物生长的基质，是整个园林绿化系统的基础，目前国家缺少相关法律法规对土壤质量的标准指导及限制要求[54]，导致城市绿化土壤普遍存在容重大、土壤密实、通气性能差、肥沃力低下等缺陷，造成苗木存活率不高。土壤问题已经成为绿化发展的限制因素之一。

某乐园绿化用结构种植土主要回填于种植池和道路交接处位置，它是一种以碎石、黏壤土和土壤改良剂按比例均匀搅拌而成的混合物，绿化结构土代替土壤填充，此土不但含有丰富的营养矿质元素，而且具有良好的保水和持水能力，能提供种植物良好生长所需要的水和肥料环境，促进资源的优化利用。

2. 选苗标准

某乐园对苗木要求极高，很多苗木都是国外引进的新品种，由于对苗木的标准与国内传统不同，国内苗木验收的主要标准是胸径、冠幅及分支点高度三个标准，而引进的苗木还要注重树木形体。除个别垂枝树种外，某乐园要求其他进程树木必须是原冠苗，希望所有苗木表现出自然生长的状态，因此在选苗、移植苗、种苗等环节中始终遵循尊重和爱护苗木的原则。

3. 苗木移植

草绳、无纺布、塑料容器、黑网等影响苗木生长或带有污染成分的材料，土球的直径必须满足苗木直径的8倍，里面包裹一层麻布，外面一层铁丝网（图8-28），同时要求运输时摆放密度低，这有效避免了苗木运输过程中的损伤[54]。

图8-28 土球包扎形状

4. 苗木种植

为保证苗木质量及完成效果，做到苗木的零损伤，除对植物原材料的健康状态的把控外，对现场施工的每一道工序、每一个环节都进行规范验收，验收程序烦琐，周期很长，上一道工序完成验收后才可进行下一道工序。

首先苗木定位必须按照图纸用全站仪进行定位，并由设计师及工程师确认现场点位是否符合要求，是否符合种植条件，喷灌安装是否到位，土穴里是否含有石块，回填质量是否达标，一切验收通过后才开始全面种植[54]。

对于乔木的吊装，严禁采用窒息式捆扎法吊运树木（图8-29），并且在施工过程中严格禁止用挖掘机等对苗木有损伤的机械进行种植。苗木种植完成后由现场工程师进行第二次验收，才最终完成整个种植过程。

图8-29 现场吊装作业

待种植的苗木现场做好存放工作，严禁压迫树枝树干(图 8-30)。

图 8-30　待吊装种植的苗木

5. 绿化土壤回填

绿化土壤要求为营养土，对回填土也有很高的要求，回填种植土须层层压实，每层回填土 300 mm 厚须压实一次，夯实密度控制在 80%～85%，回填 1 500 mm 后需现场取样进行压实度测试[54]，并提交检测报告，若测试结果确定回填区域不符合压实度要求，则重新进行夯实工作。填充土壤的标高误差不超过 20 mm。

对不需要立即种植但已经回填的土壤做好现场保护工作，表面覆盖土工布，防止土壤被污染。

8.6.2　假山灯具及瀑布水系统设计

北京环球影城主题公园火山瀑布假山高 49 m，湖底标高为 −3.5 m，假山山腰处分布 4 个水潭，水由水潭流出，形成瀑布。

1. 假山灯具设计

利用创建完成的 Revit 假山模型模拟确定灯具安装位置，在模型中标注灯具位置。将每个灯具安装点位按顺序赋予 ID 编号，每个 ID 编号代表不同的电源回路、灯具型号、数量及控制器编号。通过移动端在现场确定灯具对应的假山网片编号[55]，根据网片编号找到假山上的相应位置并与业主确认安装位置及支座安装预留方案，使用喷漆标志完成灯具定位(图 8-31)。

2. 假山瀑布系统设计

假山瀑布设计：水泵将潟湖水提升至假山水潭，潭水沿山体流下形成瀑布，汇入潟湖，整个系统形成一个循环。

假山瀑布设计系统设置了 4 台循环泵，分别供给山腰 4 个水潭，流量分别为 200 m^3/h，1 000 m^3/h，486 m^3/h，48.6 m^3/h，水泵出水流量可通过调节变频器和阀门来调整，进而调整瀑布大小；在每个潭底设防堵塞小管径排水管(图 8-32)，瀑布停止运行时，自行排空水潭中的水，机房内设置泄水阀门，冬季瀑布停止运行，排空管路中的水(图 8-33)。

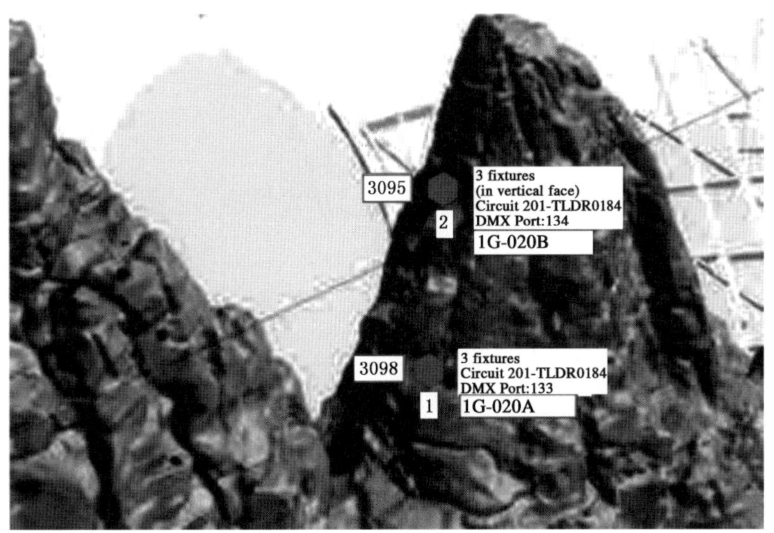

图 8-31 假山灯具信息模型

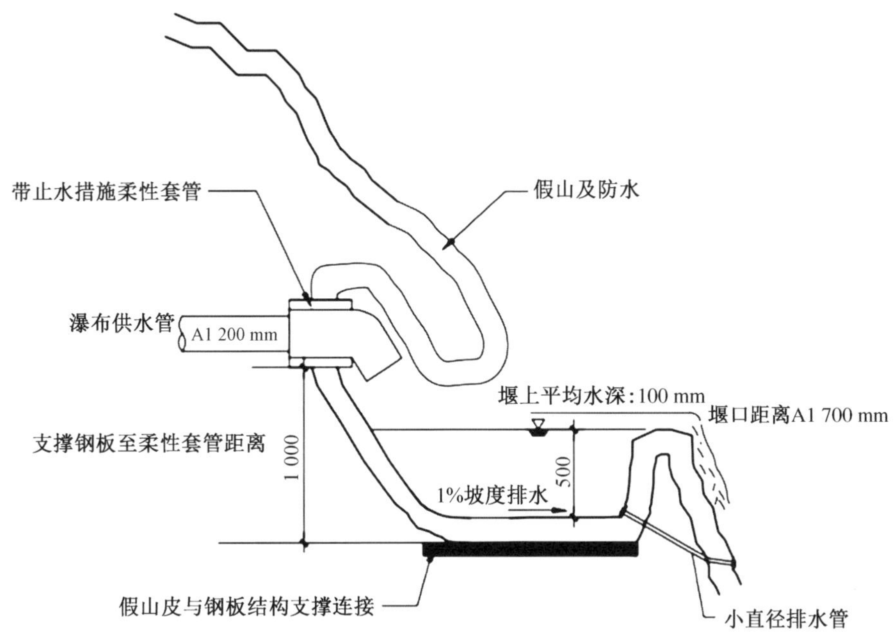

图 8-32 假山出水管道示意图

因可视范围有限,传统的二维平面图往往需配合多张图纸方能了解构件的详细位置与构造,不但不直观,工作量大,还会降低精确度。针对单体各专业管线繁多、异型结构多、有大量假山及主题造型等不利因素,为此全过程采用 BIM 技术三维模型深化出二维图纸,应用 BIM 的特性建立 3D 可视化模型,将各单体整体相貌直观地呈现给各参与方,方便现场施工,加强了各参与方之间的沟通[45]。几乎所有管线均设计为底板以下预埋,对前期深化设计有较高要求(模型精度达到 LOD500),根据设计院提供的图纸及业主提供的 LOD300 精度

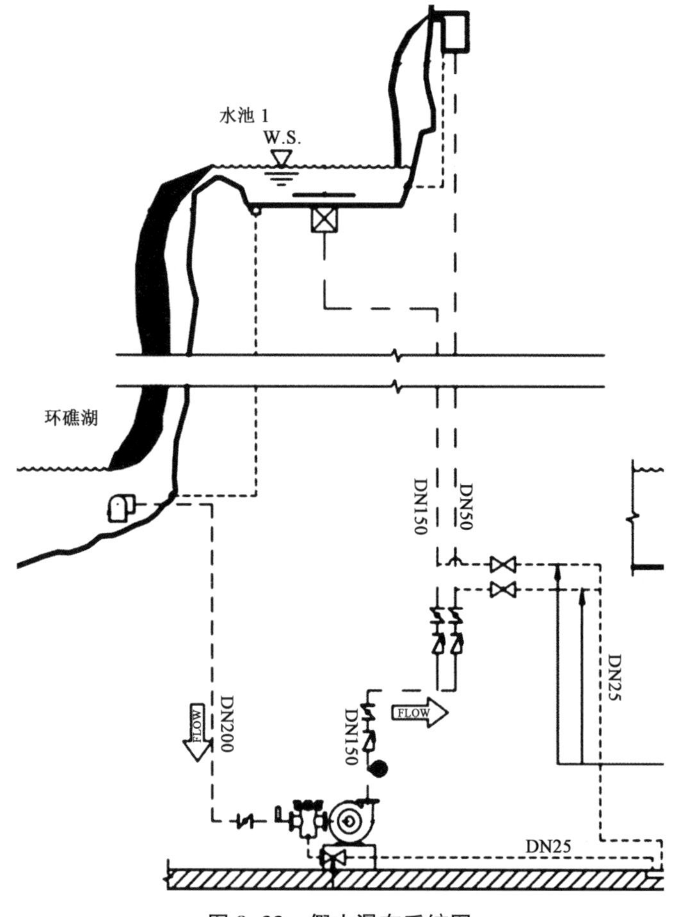

图 8-33　假山瀑布系统图

的模型及部分构件 CAD 图的深化设计，创建智能化系统单专业模型，使最终模型精度达到 LOD500（精确几何形态要求）[45]。二维图纸相对于三维模型更容易直观地发现问题。可通过三维校审在建模过程中及时发现图纸问题，与机电专业人员及时沟通解决。

参考文献

[1] 中华人民共和国国家发展和改革委员会. 关于规范主题公园建设发展的指导意见：发改社会规〔2018〕400 号 IA[R]. 北京：2018.

[2] 胡亚琴. 对中国主题公园现状及未来发展趋势的探讨[J]. 科技信息，2009(9)：579-580.

[3] AECOM. 2018 中国主题公园项目发展预测[R]. [S. L.]：[s. n.]，2018.

[4] 李鑫. 主题游乐园分区景观研究[D]. 天津：天津大学，2005.

[5] 郑珩. 基于运动与视觉的影视基地（城）设计方法探究[D]. 南京：东南大学，2019.

[6] 王欣. 国外主题公园发展成功经验对我国主题公园发展的启示[D]. 大连：辽宁师范大学，2014.

[7] 胡世强. 文旅建筑设计浅谈：以珠海长隆海洋王国之海洋奇观建筑为例[J]. 广州建筑，2020，48(4)：27-30.

[8] 李小虎. 现代城市主题公园发展模式研究[D]. 武汉: 武汉理工大学,2005.
[9] 郑彦超. 浅谈主题公园建筑设计与施工管控要点分析[J]. 建筑工程技术与设计,2018(15): 1724-1725.
[10] 黄巍松. 主题公园商业服务设施规划设计要点解析[J]. 上海城市规划,2014(3): 123-128.
[11] 李艳芬. 论氛围营造对主题公园的重要性[J]. 建筑工程技术与设计,2018(21): 3344.
[12] 蒋伟. 消防应急照明和疏散指示标志系统设计安装浅析[C]. 中国消防协会电气防火专业委员会 2015 年年会,沈阳,2015.
[13] 姜震宇. 海绵城市建设及应用探讨[J]. 建筑工程技术与设计,2017(19): 125-126.
[14] 中华人民共和国住房和城乡建设部. 海绵城市建设技术指南: 低影响开发雨水系统构建(试行)[C]. 2015 城市排水防涝规划设计与海绵城市建设技术专题交流会,厦门·上海,2015.
[15] 绿色施工导则[J]. 施工技术,2007,36(11): 1-5.
[16] 杨德治,朱金勇,仲鑫,等. 浅析绿色施工在项目管理中的应用[J]. 城市建设理论研究(电子版),2014(23): 3023-3024.
[17] 韦纳敏. 绿色建筑理念之建筑施工的技术研究[J]. 城市建设理论研究(电子版),2012(17): 1-3.
[18] 刘秀强,曹战峰,陶金. 绿色施工、节能减排技术管理措施的探讨[J]. 城市建设理论研究(电子版),2013(19): 1-10.
[19] 王晓飞. 针对建筑现场绿色施工技术应用探析[J]. 建筑工程技术与设计,2018(26): 350.
[20] 王益飞. 基于综合集成研讨厅的绿色低碳工业园区建设[D]. 上海: 上海交通大学,2012.
[21] 刘传亭. 对工程项目现场绿色施工要点的研究[J]. 建筑工程技术与设计,2016(16): 117-119.
[22] 王春乐. 绿色理念的建筑施工方法探索研究[J]. 装饰装修天地,2016(12): 441.
[23] 刘利琴. 现阶段建筑压工技术中绿色理念探究[J]. 世界家苑,2013(10): 36.
[24] 隋海涛,李立. 绿色施工技术在易山国际工程中的应用[J]. 建筑工程技术与设计,2017(26): 99.
[25] 游鹤超. 简析绿色文明施工的重点[J]. 低碳世界,2014(08X): 211-212.
[26] 刘广文,范贵元,李瑞. 绿色施工: 在施工现场的实施[C]. 中国建筑学会模板与脚手架专业委员会 2013 年年会,长沙,2013.
[27] 苗铭扬. 滨海景区项目绿色施工[J]. 中国房地产业,2019(8): 24-26.
[28] 俞海文. 绿色施工技术措施[J]. 商品与质量(建筑与发展),2014(8): 640.
[29] 仇铭华. 从《绿色施工导则》展望我国模架技术的未来[J]. 建筑施工,2008,30(12): 1067-1070.
[30] 王丹,韩田,李健. 绿色施工技术在工程建设中的应用与发展[J]. 城市建设理论研究(电子版),2016(1): 685.
[31] 李文杰. 城市道路绿色施工浅谈[J]. 城市建设理论研究(电子版),2014(31): 1092-1093.
[32] 田禾. 绿色施工方法在工程建设中的应用[D]. 大连: 大连理工大学,2009.
[33] 徐丹阳,张孟涛. 剖析建筑绿色施工的管理思路[J]. 建筑工程技术与设计,2014(22): 10-12.
[34] 李天平. 基于绿色理念的建筑施工技术研究[J]. 中国建筑装饰装修,2021(2): 56-57.
[35] 邵玥,王贺,顾保廷. 深化设计管理在创新创效中的应用[J]. 建筑技术,2021,52(2): 142-144.
[36] 罗钢. 论国外 EPC 项目设计的管理工作[J]. 水利技术监督,2008,16(4): 23-25.
[37] 李艳敏,李伟群. 钢结构深化设计的技术应用研究[J]. 企业文化(中旬刊),2015(2): 194.
[38] 曹菁华,杨超,范帅昌,等. 浅谈总承包管理之钢结构深化设计[J]. 河南建材,2019(5): 248-250.
[39] 周景深,范沙沙,熊伟. 错层积木外形的装配式钢结构施工技术探析[J]. 砖瓦世界,2019(9): 36.

[40] 王守玉. 超大型建筑施工精度控制技术[J]. 江苏建筑,2019(S02):34-35,42.
[41] 王海亮. 超高层钢结构深化设计过程中质量通病防范[J]. 城市建设理论研究(电子版),2015(22):12360-12361.
[42] 沈笑非. 机电安装工程施工技术及其质量控制分析[J]. 城市建设理论研究(电子版),2015,5(31):2442-2446.
[43] 王贺,邵玥,宁涣昌. 机电安装技术在大跨度玻璃穹顶建筑工程中的应用[J]. 建筑技术,2021,52:173-176.
[44] 邵玥,王贺,宁涣昌. BIM技术在游乐建筑深化设计中的应用[J]. 建筑技术,2021,52(2):139-141.
[45] 朱虹. 迪斯尼乐园对中国主题公园发展的启示[J]. 旅游世界(旅游发展研究),2011(2):78-80,57.
[46] 徐振生. 浅析吸气式感烟火灾探测报警系统在数据中心机房中的应用[J]. 智能城市,2019,5(21):71-73.
[47] 杨慎东. 工业园某钢结构建筑消防设计施工中的问题研究[D]. 武汉:湖北工业大学,2017.
[48] 彭翠婵. 景观与园林植物配置[J]. 城市建设与商业网点,2009(18):176-177.
[49] 张丽. 建筑安全防护栏杆设计浅谈[J]. 科技致富向导,2010(11Z):156,110.
[50] 张慧中,姜明,田雨. 木材做旧表现力的色彩特征研究[J]. 广西轻工业,2011,27(5):105,112.
[51] 许海华. 浅析主题公园发展的战略性趋势[J]. 企业文化(中旬刊),2016(5):309.
[52] 董观志. 主题公园产品形态的演变路径与发展趋势[C]. 21世纪中国主题公园发展论坛,深圳,2002.
[53] 封伟,邢义志,陈建章. 文旅项目的园林绿化施工技术[J]. 建筑施工,2017,39(2):259-261.
[54] 王贺,邵玥,李树成,等. 智慧建造技术在文旅项目中的应用[J]. 建筑技术,2021,52(2):132-135.

第 4 篇

数字化建造理论与实践

本篇详细介绍了复杂建筑结构数字化建造方法、主题装饰工程施工方法、动感特效场景呈现方法、环境与景观施工方法。其中，在复杂建筑结构数字化建造方法中，主要介绍了大型假山结构数字化建造方法、大跨度钢结构穹顶与幕墙建造方法、大跨度钢结构桁架建造方法、超高轻钢龙骨隔墙建造方法、超平混凝土地面建造方法。在主题装饰工程施工方法中，主要介绍了主题立面、主题铺装、主题屋面、主题门窗、主题栏杆等施工技术。在动感特效场景呈现方法中，主要介绍了机电安装施工关键技术、机电设备工程虚拟仿真安装技术、Show 演艺布景元素和特效施工技术、游乐设施与场景特效联动方法。在环境与景观施工方法中，主要介绍了景观营造施工特点、景观工程施工中的设计配合、园林绿化施工技术、绿色施工的环境因素应用。结合宝藏湾主题公园中的实际工程案例，详细介绍了数字化建造技术在大型主题公园项目中的具体应用。

第9章

复杂建筑结构数字化建造方法

大型主题公园体现了“沉浸体验”的新高度，巨型假山瀑布、大型海盗船、大型穹顶翼龙园，锥形建筑物等精致的复杂场景建筑以及情境的建造技术都展示了建设者们的雄心：打造了一个真实的主题世界。即使在园区内不参与其他项目，这些场景和建筑物也让人流连忘返。而将这一切变为现实的背后，是建设者们对创新技术的不懈探索。

实现以上复杂场景建筑以及情境的建造技术包括：大型假山建造技术、大跨度钢结构穹顶与幕墙建造技术、大跨度桁架结构建造技术、超高轻钢龙骨隔墙建造技术、超平混凝土地面建造技术和球形屏幕安装技术，等等。

9.1 大型假山结构数字化建造技术

塑石假山是主题公园中最具特色的元素之一。在主题公园中，大型的山体往往是营造主题环境和还原影视场景不可或缺的。在迪士尼乐园中，园区中有七个小矮人矿山飞车假山、雷鸣山假山、奇幻童话城堡假山等众多塑石假山。与天然石材相比，塑石假山有质地轻，经久耐用，绿色环保，可塑性强，规模大，造型复杂，色调稳定丰富等优点。塑石假山造型绵延多变，规模宏大，拥有逼真的山体造型。主题公园中的大型塑石假山一般由假山钢结构和假山表皮两大部分组成。

假山数字化设计指的是3D文件，包括塑石假山表面扫描、偏移扫描、碰撞检查、节点位置、次级钢结构设计、水平钢梁设计、数字化雕刻、塑石假山表面数字面板化，以及机电给排水、演出布景和塑石假山表面的整合。塑石假山施工工程代表着主题公园的定位及品质，高品质的塑石假山施工工艺直接影响最终的艺术效果。

9.1.1 塑石假山逆向建模与深化设计技术

主题公园假山具有规模宏大、造型奇特的特点，为了逼真地还原电影中的场景，假山的建造必须要完美呈现创意设想。在塑石假山的建造过程中采用三维扫描与逆向建模技术，解决了设计意图到工程实体的转化问题，实现了主题公园场景营造的精益建造。

逆向建模技术是通过三维激光扫描，采集实体模型的三维信息数据，对三维点云数据进行处理，导入相关专业的建模软件中，根据处理后的点云数据对信息采集对象实体的三维特征进行逆向重建，并以此模型为基础进行一系列的应用扩展的过程[1]。对于塑石假山这种大型非规则构筑物，采用三维扫描与逆向建模技术，扫描假山模型，采集点云数据，利用 Revit，3DS Max 等软件逆向创建模型，经钢筋网片切片设计、钢结构设计等过程，优化整合，得到三维模型，实现了建造过程的精益化。

假山设计流程包括：根据概念图建立假山 BIM 实体模型→制作缩放模型→3D 扫描生成包络线模型→利用 BIM 软件进行各专业碰撞检查→对 BIM 模型进行切片并划分网格→通过切片模型进行二次结构深化→利用深化图纸指导现场施工。设计过程如图 9-1 所示。

图 9-1　假山 BIM 逆向建模与深化设计图

（来源：中建二局华东公司）

塑石假山在逆向建模与深化设计过程中的技术难点与特点如下：

(1) 在根据概念图建立假山 BIM 模型前，与甲方设计师充分沟通，完全理解其设计意图和要求，并进行 BIM 数字化雕刻；模型建立后与概念图进行比较，对出入较大的部位进行原位优化，确保与设计意图一致。

(2) 在制作缩放模型时可优先选择 1∶25 比例，有利于模型制作和 3D 扫描，在制作模型时要保证精度，尤其是细部如假山凹凸部位、错峰、棱角等要与概念图和模型一致，最大限度地还原影视中的假山场景。

(3) 对假山实体模型进行 3D 扫描生成三维数字模型，实现了由一张设计效果图到三维数字模型的转化，通过 BIM 技术，保证了数字模型与假山创意造型的一致性。

(4) 通过 BIM 软件特有的功能与机电管线、饰面工程、安装工程等多专业进行碰撞检查，提前规避可能发生碰撞或冲突的部位并进行适当优化。

9.1.2 塑石假山三维钢筋网片数字化施工技术

1. 三维钢筋网片预制生产技术

假山钢筋网片制作安装是假山建造的一个关键环节，其工艺流程包括：创建 BIM 模型→制作缩尺模型→3D 扫描生成数字模型→设计网片与配筋图→对网片与配筋进行二维码分配→生成二维加工图→钢筋加工→钢筋误差校正→焊接钢筋网片→金属马镫安装→覆网→验收入库→投入使用。

由于塑石假山规模宏大，造型复杂，预制装配施工模式将大大提高施工质量与效率。但这也对预制假山网片的精度提出了极高的要求。本技术通过钢筋骨架的智慧建造塑形技术，实现了钢筋数字化生产、快速校正、精准焊接与组装，解决了在假山网片加工上机械弯曲钢筋加工偏差大、钢筋组装定位不准确、网片造型还原度差的问题。本技术采用 3D 扫描与电脑雕刻软件的结合，实现了塑石假山网片数字化。运用电脑软件对数字化假山进行切割、分片，根据每一片数字化的假山网片出图，最后把钢筋数据导入数控钢筋弯折设备进行钢筋生产。智能钢筋弯箍机器人已经完全实现国产化，并对软件进行了自主创新，从而大幅度降低了费用。创造性地采用投影仪设备进行塑形弯折校对，对有误差的钢筋进行校正调整，保证钢筋塑形的精确度。生产好的钢筋在专用的网片拼装夹具中进行焊接拼装，把焊接好的钢筋网片与马镫钢筋、两层钢筋网绑扎完成，即完成了一片假山网片骨架的生产制作。在现场施工中，把每一片钢筋网片拼装固定后就完成了假山骨架的安装。

2. 钢筋网片制作加工

钢筋网片成形效果能否满足设计要求，不仅取决于钢筋加工的精确度，还取决于钢筋在焊接过程中是否准确。通过现场制作的三维空间钢筋网片焊接支架可以解决这一问题。在三维空间钢筋网片焊接支架四周需留有操作空间，按图纸设置了 16 个控制点，保证网片焊接时造型的准确度。主要加工方法为：将制作好的钢筋点焊在长方体钢筋笼的一面位置，通过长方体内设置的控制点进行定位；放置与某个面垂直向的钢筋，两面固定；再放置与第 1 个钢筋面平行方向的钢筋，逐步形成 1 个三维钢筋网面，内置方钢上的夹具作为内侧空间定位点，按设计图定位进行滑移固定并定位中间区域的钢筋，使之能精确达到图纸使用要求；定位好的钢筋之间使用点焊固定，形成整个异型钢筋网片的加工过程(图 9-2、图 9-3)。

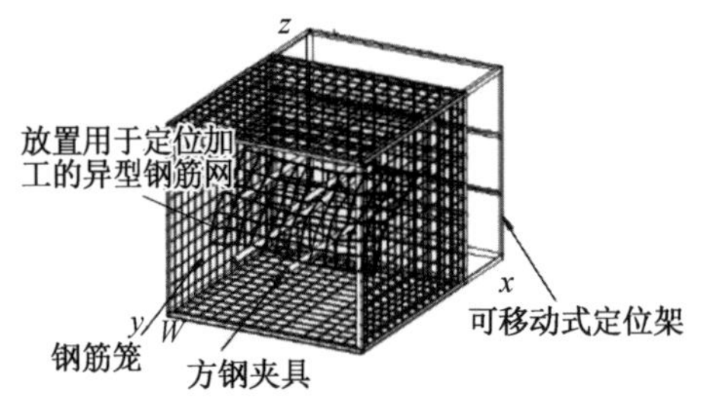

图 9-2 三维加工示意

(来源：中建二局华东公司)

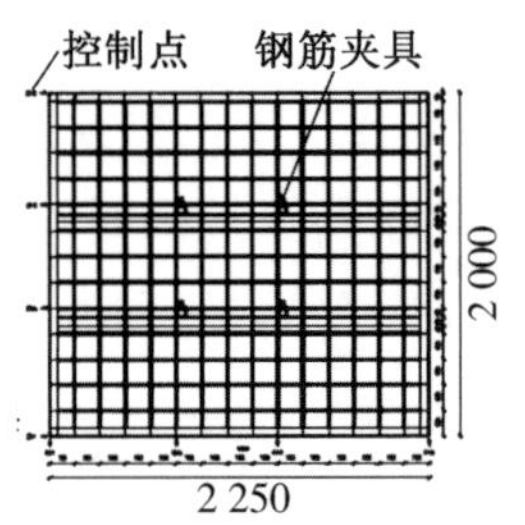

图 9-3 钢筋夹具控制点示意

(来源：中建二局华东公司)

3. 钢筋网片安装

假山规模宏大，其表面被切割为几千件三维网片。由于假山的艺术造型十分复杂，每一片三维网片都是独一无二的。如何将几千片各不相同的三维网片精准地组装起来，实现设计的造型，对施工提出了极高的要求。如果没有数字化的安装技术，这项任务的完成是难以想象的。三维钢筋网片数字化安装技术全程运用BIM模型中完整、精确的假山造型来指导三维网片的运输、存储和安装。通过赋予每件钢筋网片独特的编号和二维码，再通过BIM模型找准每件三维网片的安装节点，最终实现三维网片的高效精准安装。

塑石假山三维钢筋网片数字化施工技术的特点如下：

(1) 对假山实体模型进行3D扫描，生成三维数字模型，实现了由一张设计效果图到三维数字模型的转化，并通过BIM技术，保证了数字模型与假山创意造型的一致性。

(2) 使用BIM技术可以实现整体假山模型的网片分割，便于假山结构设计与网片配筋的单独设计。对BIM模型进行切片划分网格时，做到覆盖假山主要部位，截面变化多的位置要进行多次剖切，确保所有主要剖面覆盖完全。假山每片三维钢筋网片以及网片上的每根钢筋都分配有独立的二维码，便于快速识别其安装位置。

(3) 自主编写钢筋自动弯曲机作业程序，可完成钢筋的双向弯曲，实现网片钢筋生产的全自动化。自主创新钢筋校正技术。使用投影仪在地面上进行1∶1等比例钢筋放样，可快速完成每根钢筋的校正。

(4) 假山的每片三维钢筋网片，以及网片上的每根钢筋都分配有独立的二维码，便于快速识别安装位置。

(5) 自主创新钢筋校正技术。使用投影仪在地面上进行1∶1钢筋放样，可快速完成每根钢筋的校正。

(6) 利用切片模型进行二次结构深化，生成结构设计图纸，并对节点图进行复核，若缺少节点图应增加切片模型数量并及时进行补充。通过三维空间支架制作钢筋网片，该支架含有多个三维控制点，保证了钢筋网片成型效果的精度，便于整个假山网片之间能更好地吻合，避免产生返工，经济效益显著[2]。

9.1.3 塑石假山钢结构数字化、模块化技术

假山造型复杂，与一般的钢结构相比，假山的钢结构形态也更加复杂。假山内部采用不规则钢结构框架，外部钢筋采用网片覆盖并喷浆处理，从底到顶呈山形布置。钢结构框架主要由梁柱斜撑主结构、悬挑杆件次结构两部分组成(图9-4)。假山单体室内钢结构分布范围较广、数量多且尺寸形式多样。通过BIM模型，根据假山的结构构造情况并结合整体施工流程安排，将假山主要结构划分成若干组吊装单元，各吊装单元在地面拼装完成后，整体吊装至设计位置，实现了假山钢结构的数字化、模块化装配。通过数字化、模块化吊装技术，缩短钢结构吊装的工期。

(a) 假山效果图

(b) 假山施工完成

图 9-4　超大型塑石假山
（来源：中建二局华东公司）

图 9-5　钢结构拼装模拟
（来源：中建二局华东公司）

1. 钢结构拼装模拟

根据超大型塑石假山的概念图，利用 BIM 软件进行正向设计，形成钢结构框架效果图，并进行假山钢结构的拼装模拟(图 9-5)，合理划分钢构件数量、尺寸、节点形式等，记录各个节点的坐标，最终生成并导出为 CAD 图，指导现场钢结构安装作业。

2. 安装前期准备

钢结构模块化安装前期准备包括人工、机械、测量设备等，另外，在实施前组织专项方案交底和安全技术交底。为保证假山钢结构安装精度，按照先总体、后局部的原则，布设平面控制网，控制钢结构总体偏差，并对施工中所使用的仪器、工具进行校核。所有控制点位选在结构复杂、拘束度大的部位。测量控制网布设与建筑物平行、分布均匀且闭合。另外，保证各基准点相互通视，不易沉降、变形。钢结构安装前由土建施工单位配合钢结构安装单位进行基础复测，保证基底标高与柱底标高一致。

3. 模块化安装施工

现场使用塔吊可覆盖假山钢结构安装大多数作业区域。在塔吊吊重范围内的构件采用塔吊安装，其他超重构件采用汽车吊作为主要吊装机械。不规则框架分块不规则且呈曲面，为保证分块框架吊点准确，避免高空调整吊装位置，预先采用 Tekla 软件对其分块框架的重心进行找形，结合 CAD 对绳索挂设位置进行定位，再利用 Midas 受力软件对分块框架应力-应变进行分析，按分块框架支撑点布置原则分布设置吊点。

4. 数字化、模块化的施工技术难点及解决方法

(1) 钢结构安装重、难点。假山钢结构形态较复杂，造型不规则，主钢结构安装校正规律性较差，假山次杆件数量巨大，定位点数量多，钢结构安装精度和假山山皮成型难以保证。

解决方法：不规则框架分块利用梁柱斜撑组成的类桁架单元格布置，依次划分单元块并合理布置吊点；利用 AutoCAD 和 Tekla 软件，将分块框架旋转至水平，结合框架桁架的特点，设计拼装单元与拼装胎架；利用分块单元的重量、就位标高、分块面积大小、吊装作业通道布置、作业半径等施工影响因素进行吊机选择和工况分析，提前做好标记，采用高精度全站仪进行监测，保证框架单元吊装施工合理高效。

(2) 钢结构焊接重、难点。假山构件均需进行镀锌防腐处理，且存在高空焊接、复杂工位焊接等难点，对于钢构件接口焊接要求较高。

解决方法：提前制定焊接指导方法和制度，提前编制防腐处理方案并组织交底，做好节点设计及相关技术准备工作。

(3) 钢结构防火施工重、难点。由于假山钢构件数量多，防火涂料施工作业量巨大，且多属于高空作业，对人员和设备要求较高。

解决方法：采用流水作业方式，待钢结构焊接完成后进行防火涂料分层施工，严格筛选作业人员，严格检查施工设备，确保施工有序进行[3]。

9.2 大跨度钢结构穹顶与幕墙建造方法

9.2.1 高、大空间大跨度多曲面弧形穹顶施工技术

高、大空间大跨度多曲面弧形穹顶吊顶施工面积大，施工位置较高，安全防护要求高，金属穹顶为弧形结构，曲面率变化较大，受力情况复杂，需要较强的三维设计以及安装能力，使穹顶结构受力安全，制造安装精确。吊顶施工的流程为：施工图深化→BIM 模型建立→饰面板加工→操作脚手架搭设→钢骨架定位放线→钢骨架安装→穹顶饰面板安装→穹顶灯具安装以及调试。

1. 深化施工图

在设计阶段，根据设计方案以及效果图完成施工图纸的深化，明确各个施工节点、材料的规格，确定穹顶具体的规则形状。

2. 建立 BIM 模型

(1) 弧形饰面板单元的建模。通过对跨度较大的饰面板弧形曲面单元建模，要求模型精确度高、偏差小，根据穹顶的高度确定各个大跨度饰面板的要求弧度以及高程控制点，指

导现场材料加工、下料。

(2) 多曲面饰面板单元拼接模型的建模。根据多曲面弧形饰面板建立的模型以及各个高程点确定饰面板交界处的高程点，从而确定相邻的饰面的弧度、形状、尺寸。饰面板可单独作为独立单元导出加工图纸。根据三维模型计算，相邻饰面板为金属饰面板，自重较大，若以整块饰面板施工，模型显示因饰面板自重影响产生的挠度过大，无法满足装饰效果，最终将一块大型铝单板分成三块较小的铝单板饰面，从而减小整个饰面板因自重影响产生的挠度。

(3) VR效果体验。根据深化设计完成的施工图建立三维模型。通过三维模型完成各个龙骨的定位，确定龙骨长度、安装角度。同时通过三维模型确定金属穹顶的空间弧度，确定装饰面灯槽的位置以及铝单板的尺寸，保证材料的精确性。同时采用手持720°环视技术，结合手机VR实现穹顶的精装效果体验(图9-6)。

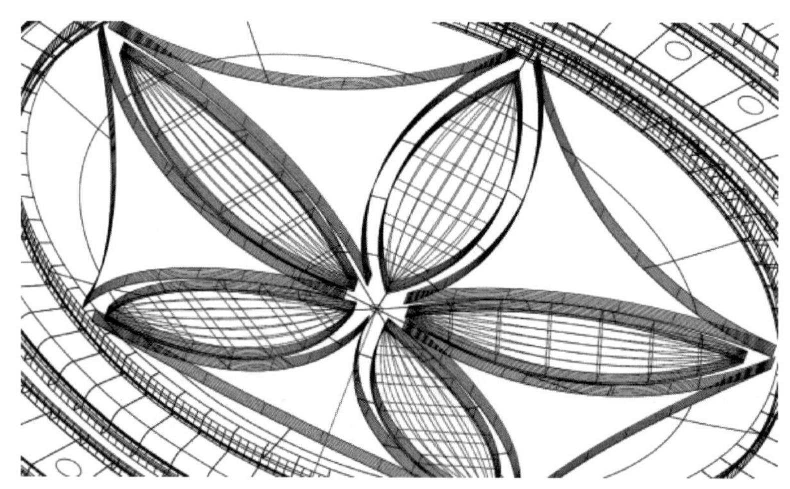

图9-6 空间大跨度弧形金属穹顶三维仰视图[4]

3. 钢骨架定位放线

根据建筑标高以及设计图纸的标注，考虑吊顶施工是因金属穹顶整体荷载造成的下沉距离，设计人员逐点复核各个支撑角钢位置，计算出吊顶完成面距离角钢与结构固定点的距离，标注于三维图纸中，作为现场吊顶施工的高程控制点。采用放线机器人放线以及将圆弧分成多段线，确定圆弧轴线，对于分层的角钢标高的确定，测量人员根据三维模型确定的支撑角钢三维坐标，确定现场支撑角钢焊接位置，同时按照三维模型所确定的尺寸数据下料，保证支撑角钢长度控制在设计范围以内[4]。

9.2.2 钢结构穹顶施工技术——工程实例

北京环球影城主题公园的百鸟园单体钢结构工程主要包含：穹顶、裙房、假山(图9-7)。该结构涉及大跨度桁架网壳的安装施工、外幕墙施工、裸顶钢结构涂装以及阶段式吊挂平台，其穹顶钢结构跨度大、结构复杂、施工危险性较大、施工工序多、工期要求紧、施工组织难度大。

1. 钢结构穹顶吊装及支撑拆除

钢结构穹顶吊装主要涉及的施工技术包括：构件吊装前的场地平整、吊装路线的规划，设置穹顶环梁支撑支架；根据结构计算分析及相关专业间的施工协调确定主拱梁吊装顺序；在穹顶钢结构吊装完成后支撑支架的卸载技术等关键性施工技术(图 9-8)。

主要的施工流程为：立柱柱脚锚栓预埋→中心圆环设置胎架→安装中心圆环固定→立柱固定→对称安装主拱→相邻主拱安装完成主拱间次环梁→穹顶安装完成后卸载→拆除胎架。

大跨度穹顶钢结构施工技术使用了穹顶支架搭设、主拱钢梁地面拼装原地翻身、穹顶环梁的吊装、穹顶结构的整体卸载等大跨度穹顶钢结构吊装技术。在复杂工况下，通过钢结构吊装前的场地平整、吊装路线的规划；设置穹顶环梁临时支撑支架；通过结构计算模拟分析主拱钢梁吊装次序和临时支撑支架的整体卸载等一系列的施工技术有效地解决了游乐设施单体多专业协调、施工场地狭小的施工难题，完成了施工任务。

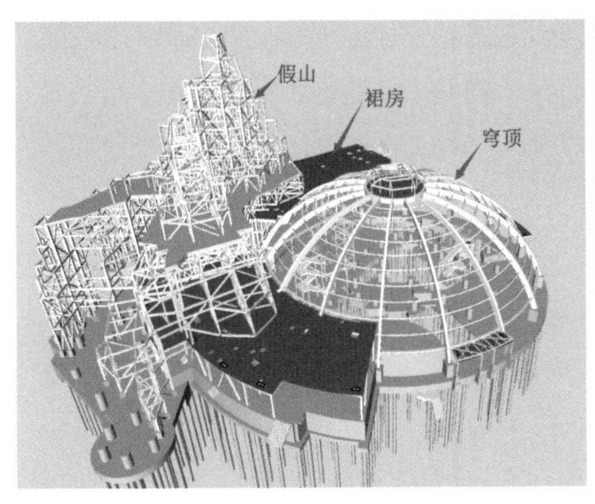

图 9-7　百鸟园单体总效果图
（来源：中建二局华东公司）

图 9-8　北京环球影城“侏罗纪世界”中的大型穹顶建筑
（来源：中建二局华东公司）

2. 钢结构穹顶阶梯式吊挂平台施工技术

为便于百鸟园单体穹顶结构防火涂料、玻璃幕墙等后期施工作业，需安装临时施工平台。临时施工平台主要覆盖范围穹顶区域，在钢结构施工平台施工前，安装主体框架结构及穹顶内部骑乘设备轨道。

根据穹顶机电设备及管线数量多，交叉作业面大、结构排布繁杂等特点采用高空平台作为操作架，按穹顶结构形式进行阶梯式布置，拓展了作业面，为操作人员提供灵活的空间，减少使用机械，大幅度降低了施工成本，减轻了现场安全管控压力。

在主体钢结构施工完成、围护结构施工前，安装钢结构施工平台作为高空作业平台。平台钢构件在加工厂制作后运至现场，堆放在提前规划的材料堆场。根据施工进度分区域依次完成构件吊装。单体钢结构施工平台分为平台与主结构的连接件、平台吊杆、平台梁、平台脚手板与护栏。单体钢结构施工平台采用塔式起重机与汽车起重机等施工机具吊装。

施工现场布置如图 9-9、图 9-10 所示，单体在 T1 及 T5 直臂塔式起重机覆盖范围内，平台钢构件重量在 0.5 t 以内，直臂塔式起重机均可满足吊装需求。构件吊至设计位置后，采用登高车、爬梯、吊篮等将构件安装就位。单体钢结构施工平台采用“由四周至中间、由底部至顶部”的施工顺序进行安装。

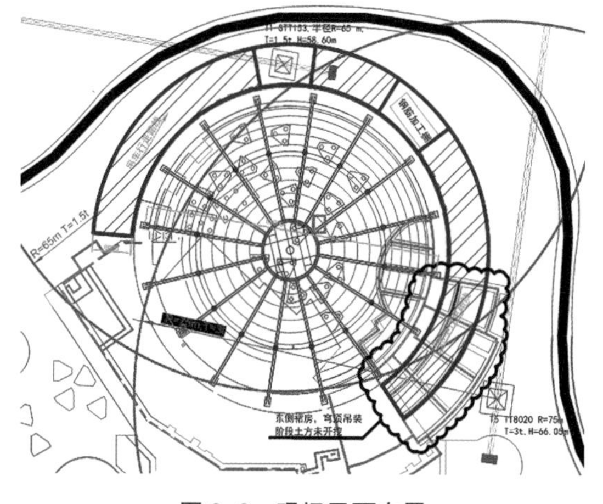

图 9-9　现场平面布置

（来源：中建二局华东公司）

图 9-10　现场布置三维图

（来源：中建二局华东公司）

钢结构施工平台主要分布有穹顶环梁层及穹顶两部分施工平台（图 9-11），穹顶阶梯式吊挂平台整体骨架如图 9-12 所示，其安装具体流程如下：

（1）根据预设的连接点位置，将用于钢结构施工的操作平台与主结构连接的连接件固定在穹顶结构水平次梁龙骨上的连接点位置（图 9-13）。

（2）严格按施工方案安装施工平台吊杆，每次须上下对称安装且安装不少于 4 个连接件（图 9-14）。

（3）铺设平台脚手板后操作人员在脚手板上进行操作平台的安装、检修和验收。

图 9-11　穹顶模型图

（来源：中建二局华东公司）

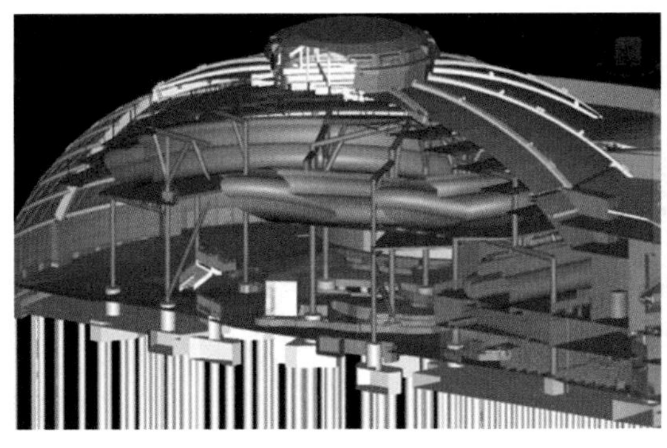

图 9-12 穹顶阶梯式吊挂平台整体骨架示意图

（来源：中建二局华东公司）

图 9-13 操作平台连接件

（来源：中建二局华东公司）

图 9-14 吊杆详图

（来源：中建二局华东公司）

使用阶梯式吊挂平台，较好地解决了传统施工方案的局限性，可在大跨度、高净空穹顶施工中拓展作业面，给操作人员提供更大、更灵活的活动空间，也解决了因穹顶结构空间布局不利于机械工作而导致的费工、窝工等现象，且可避免大量使用机械台班，大幅降低施工成本。平台可较长时间保留，可避免垂直方向交叉施工，减轻现场安全管控压力，也为施工质量控制和进度控制提供了较好的管控平台[5]。

9.2.3 幕墙施工技术

1. 测量放线

1）建立平面控制网

建立平面控制网的主要步骤如下（图 9-15）：

（1）根据实际情况，选择通视的位置设立基准点。

（2）先整体后局部、高精度控制低精度，严格检验，并进行平差处理。

（3）以幕墙外部控制点为基准，在楼层定出内部控制点。

2）各施工段之间的精度控制

由于幕墙跟随主体分段施工，如何保证各施工段之间幕墙的良好衔接非常重要，须协

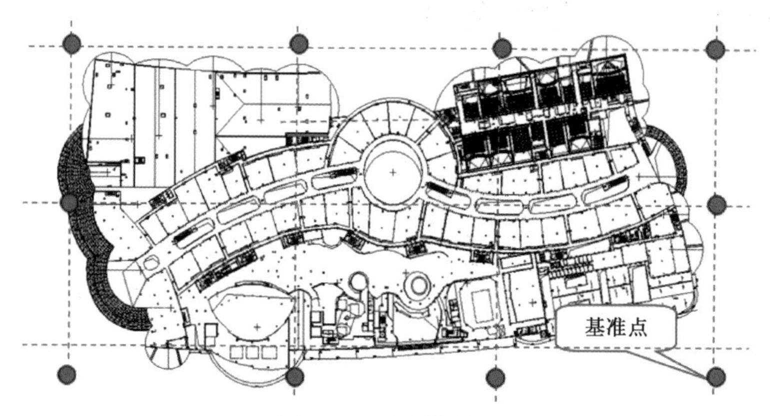

图 9-15　平面控制网

（来源：中建二局华东公司）

同各单位一同控制整体的施工进度，保证幕墙的顺利安装。

(1) 主体施工时，各个楼层同一位置均预留洞口，以便于幕墙控制点的延伸。

(2) 主体结构的误差控制在 20 mm 内，且为负公差。

(3) 上一施工段测量时，都从底层基准点向上延伸进行测量，作为各层幕墙的测量控制点。

3) 整体复核

(1) 定位点的复核。定位钢丝线主要是通过拉通尺的方法复核其左右及进出尺寸，使用水准仪复核其标高误差(图 9-16)。

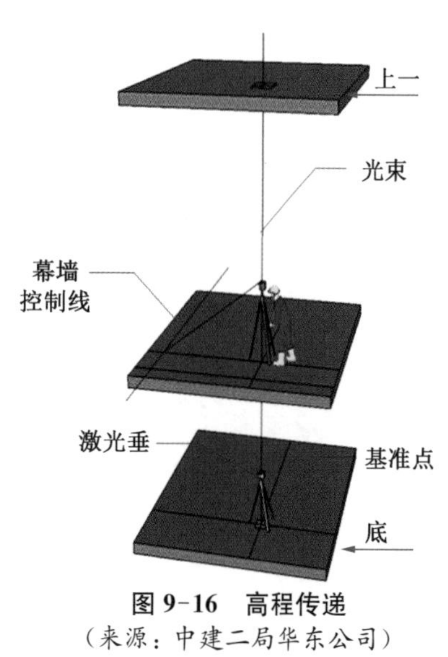

图 9-16　高程传递

（来源：中建二局华东公司）

统计测量和复核结果并进行误差分析，使用平差的方法消减测量误差，最后确定测量结果并制作成册。

(2) 控制线的复核。根据控制点拉设完所有的定位控制线后，使用测量总长和测量等分长度距离的方法进行尺寸复核，并加设等分点的位置临时控制点(由于定位点的距离有可能较长，为了避免钢丝下挠、受天气影响钢丝线的精确度)。

统计测量和复核结果并进行误差分析，最后使用平差的方法消减测量误差，最后确定测量结果并制作成册。

(3) 总体闭合测量。当所有区域的测量放线工作完成后，进行总体测量放线的闭合工作测量。采用平差处理消减闭合误差，完成整体的测量放线工作。

2. 预埋件施工

幕墙构件与混凝土结构通过预埋件连接，预埋件应于主体混凝土施工时埋入，安装人员跟随主体施工进度进行预埋件施工，并做好混凝土浇筑后的检查、校正，对不合格或尺寸误差较大的位置予以调整，以保证预埋质量。

板式埋件主要埋设在梁的侧面，部分埋设在顶部和底部(图 9-17)。根据部位不同采用不同厚度的 Q235B 钢板作为锚板，锚筋采用 Φ12 mm、Φ16 mm、Φ20 mm HRB335 钢筋，锚筋与埋板采用 T 型焊，焊接工艺采用压力埋弧焊。埋件表面涂防锈漆处理，倒角去毛刺，加工后直接贴编号(图 9-18)。

图 9-17　框架式幕墙的板式埋件
（来源：中建二局华东公司）

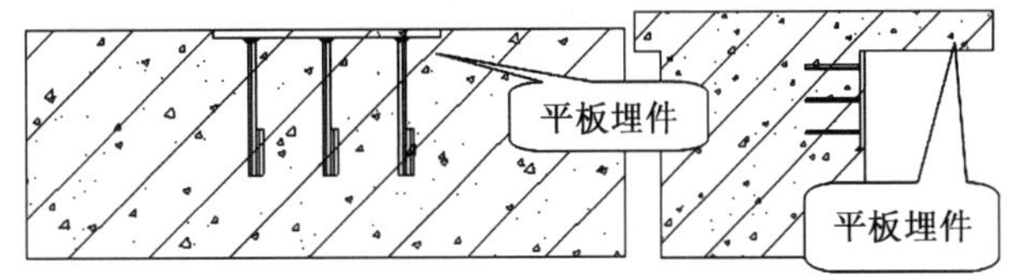

图 9-18　平板埋件的位置
（来源：中建二局华东公司）

3. 幕墙龙骨系统的施工

外幕墙瓷板、铝板面板均为相同的龙骨体系，但龙骨造型复杂，均为弧形，且弧度要求不统一，这给材料、劳动力、机械设备的组织带来较大困难，增加成本。龙骨系统中钢结构构件的主要形式有箱形截面和圆管截面等。

龙骨施工前，对现场已完成的预埋件进行复测，并将数据反馈给幕墙施工单位，便于其对龙骨进行微调以满足现场施工需要。施工现场采用分段对接的方式施工。

4. 幕墙面板施工

1) 铝板幕墙施工方案

(1) 系统构造。铝单板幕墙钢立柱采用 160 mm × 80 mm × 5 mm 钢通，次骨架由耳板、40 mm × 40 mm × 4 mm 钢通角钢组成，面板为 3 mm 铝单板，通过四边铝角码固定在次骨架上，面板之间的缝隙采用密封胶密封，节点如图 9-19 所示。

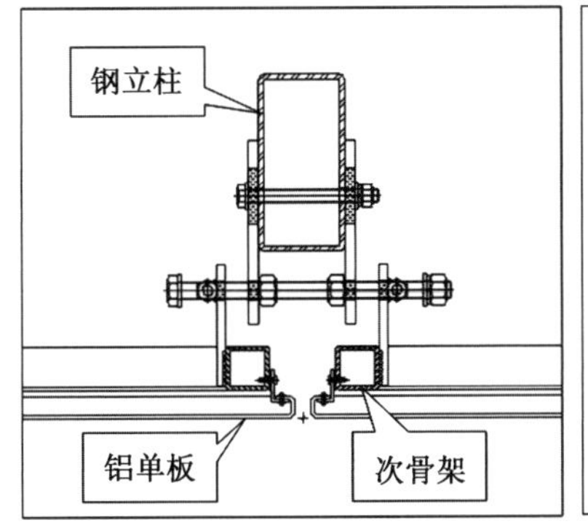

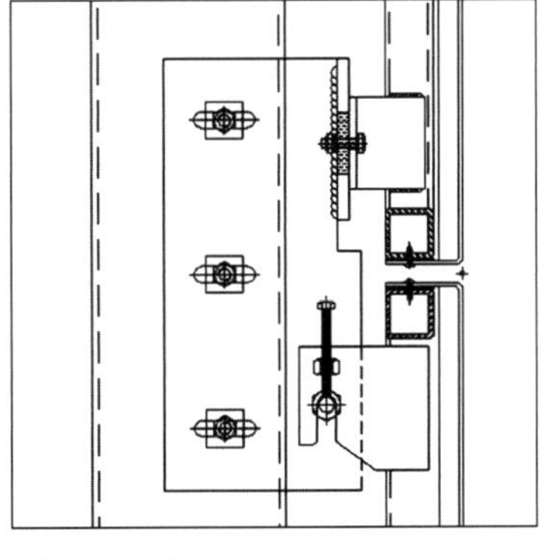

图 9-19　铝单板节点示意图
（来源：中建二局华东公司）

(2) 施工方法。铝单板幕墙系统面积较大，铝板数量较多，按铝单板系统横向三个分格，坚向三个分格铝单板和骨架组成一榀，在现场直接拼装，如图 9-20 所示。

图 9-20　铝单板拼装示意图
（来源：中建二局华东公司）

铝单板和骨架在现场拼装完成后，用汽车吊完成吊装铝单板单元，在内侧主体梁上面铺设钢板，施工人员使用滑轮组在门式架上辅助安装铝单板单元(图 9-21)。

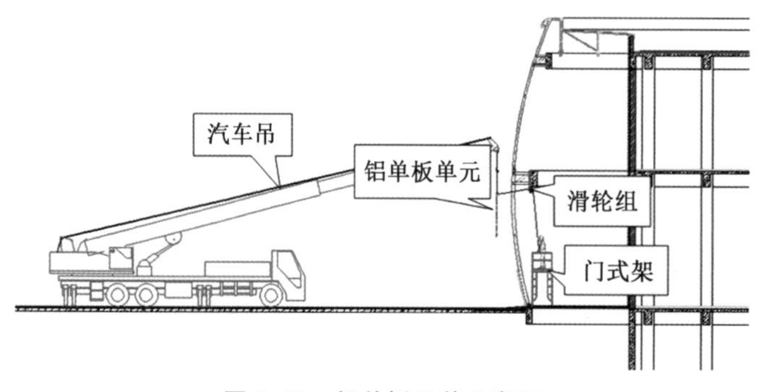

图 9-21　铝单板吊装示意图
（来源：中建二局华东公司）

2) 陶瓷幕墙施工方案

(1) 系统构造。陶瓷板幕墙钢立柱采用 160 mm × 80 mm × 5 mm 钢通，次骨架由耳板、40 mm × 40 mm × 4 mm 钢通角钢组成，面板为 13 mm 厚陶瓷板，通过四边铝角码固定在次骨架上，面板之间的缝隙采用密封胶密封，节点图如图 9-22 所示。

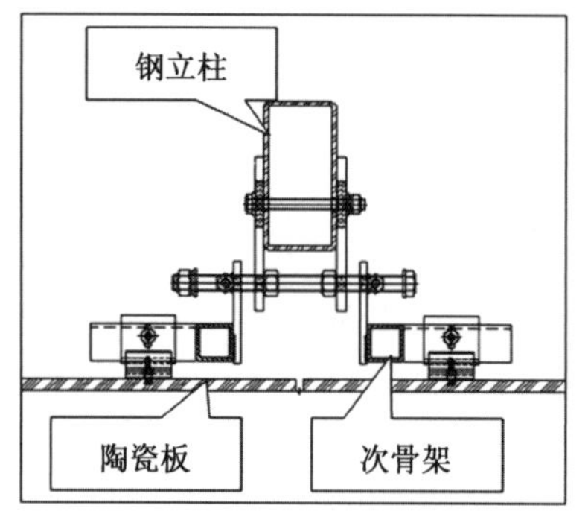

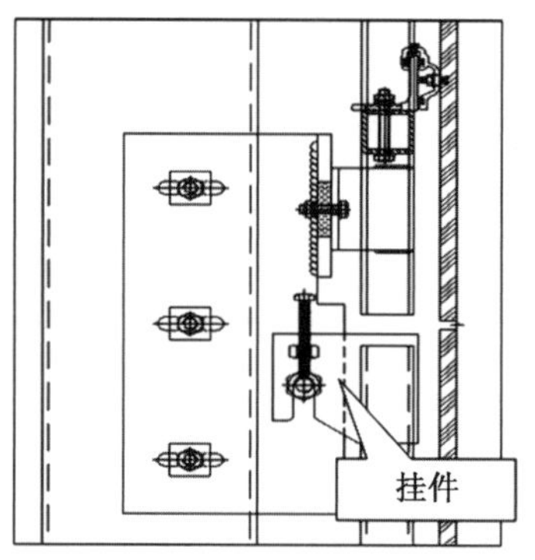

图 9-22　陶瓷板节点图
（来源：中建二局华东公司）

(2) 陶瓷板幕墙在现场拼装成型，施工方法与铝板相同。

由于陶瓷板幕墙分布在罐体处，幕墙后面只有主体梁，半月形罐体的陶瓷板幕墙，采用在主体梁上铺钢板，在钢板上搭设门式架配合汽车吊进行安装，施工人员利用滑轮组配合汽车吊将单元式瓷板运至正确的位置，如图 9-23 所示。

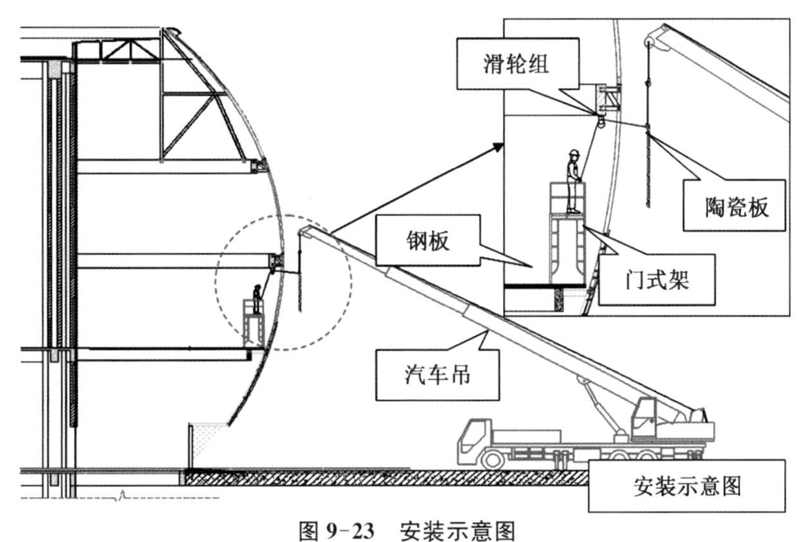

图 9-23　安装示意图

（来源：中建二局华东公司）

9.2.4　BIM 技术在复杂幕墙施工阶段的应用

1. 复杂幕墙施工的特点与难点

1) 复杂幕墙施工的特点

(1) 附着性。因为复杂幕墙工程属于固定在被装饰实体上，用来保障其装饰效果、提升其美观度的一种装饰工程，所以附着性是复杂幕墙工程的主要施工特点。因此在具体的施工过程中，各种材料都需要严格按照设计要求进行科学有效地固定，以此来达到良好的附着效果。

(2) 个性化。因为幕墙工程十分庞大，且不具备移动性，因此在具体的设计和施工过程中，由于用户实际的需求不同、设计师的设计意图不同，使复杂幕墙的装饰工程也具有了个性化的特征。正因如此，复杂幕墙的生产并不能做到重复性和批量性。

(3) 组合性。复杂幕墙的组成部分有很多，包括铝单板、石材、玻璃等多种材料，同时，在复杂幕墙的不同位置也会涉及不同的材料连接。如果这些连接部位得不到科学处理，就很容易出现连接裂缝。因此，在进行复杂幕墙的具体施工过程中，施工单位应该充分重视其组合性特征，保障施工质量，严格按照设计师所设计的效果进行施工。

2) 复杂幕墙施工的难点

(1) 选材下料的难点。在复杂幕墙施工过程中，为了保障其美观性，并突出其个性化的特征，通常会需要使用很多的材料，其结构也十分复杂，因而也会有非常高的施工要求。但是在具体的施工过程中，下料的精度却很难达到标准，因此加工好的材料也难以与设计标准相符。

(2) 材料统计的难点。因为复杂幕墙结构的整体是由很多配件组成的,这些配件又都有着十分复杂的造型,即使是在同一个组成部分中,所应用到的材料及其尺寸也会有很大的差别。比如,在同一个有着构造缝的墙面上,石材等所有材料在规格、尺寸等方面都不同。这样的情况就使复杂幕墙施工中的工程材料统计变得十分困难。

(3) 技术交底的难点。施工中很多的细部结构都会给工程技术人员以及施工人员带来极大的挑战,且由于很多复杂幕墙工程都是通过传统的方式来进行新方法以及新技术来交底的,故具体施工中也很难达到相应的技术标准[6]。

2. BIM 技术在复杂幕墙施工阶段的具体应用

在整个复杂幕墙的施工中,通常会消耗大量的材料,且工程的施工工艺与流程也比较复杂。如果可以应用比较科学的施工技术,使施工质量和施工进度得到进一步的保障,这对于复杂幕墙施工而言十分重要。在具体工程项目的具体施工中,应用 BIM 技术按照实际的施工情况构建 BIM 模型,以此来进一步优化与完善施工方案,这为工程的顺利进行奠定了坚实的基础。

1) BIM **技术在复杂幕墙加工下料过程中的具体应用**

将 BIM 技术应用到复杂幕墙工程的加工下料作业中,一个关键的目的是保障复杂幕墙各个构件的加工精度。如今,越来越多的建筑都开始注重个性化,所以异形化、复杂化的建筑形态结构也开始不断涌现。在对复杂幕墙进行构件加工和安装的过程中,精度一直都是一项需要控制的重点和难点,因此可将 BIM 技术引入该工程加工下料的施工中,具体的应用如下。

(1) BIM 技术在附件加工中的应用。某工程外幕墙的嵌板数量非常多,平均每一个单元中都会有 3 种主要的构件,且这 3 种构件的类型各不相同。复杂幕墙中的主要构件是弧形幕墙构件。在提取加工数据的过程中,主要应用建筑模型使复杂幕墙的设计在整个建筑设计中起到延续作用,有效避免了传统复杂幕墙附件加工过程中的加工数据大、失误风险高的情况,使复杂幕墙结构附件加工精度得到了有效保障(图 9-24)。

图 9-24　幕墙复杂部位示意图

(来源:https://kns.cnki.net/kcms/detail/detail.aspx? FileName=JSJL201508011&DbName=CJFQ2015)

(2) BIM 技术在构件定位中的应用。为了使施工下料更加便利,在具体创建建筑模型过程中,应该注意认真为每个复杂幕墙构件编号,并在模型中做好每个构件的定位工作,这样才可以保障构件定位的精准性,避免不必要的浪费。所有的复杂幕墙构件编号都应该详细记录在明细表中。在具体定位过程中,需要在构建的模型中将幕墙嵌板选中,然后点击

“属性”，就可以将标记值显示出来，再结合之前的编号明细表，可以对复杂幕墙构件的尺寸信息做到全面精确的了解。

(3) BIM 技术在构件精度上的应用。在整个的建筑工程项目中，复杂幕墙的施工仅仅是一个附属工程，因此工期会比较紧。这就要求在复杂幕墙正式施工之前一定要做好相应的准备工作，提前准备好复杂幕墙结构施工过程中需要应用的材料和机械设备，这样才能合理应对紧张的工期要求。但是由于复杂幕墙结构中有很多的复杂节点和繁多的构件种类，在应用 BIM 技术时，如果对每一个节点、每一个构件都进行建模，那么无论是人力还是时间都不经济。其实，只需要对满足施工下料目的的构件进行数字化的建模即可。在具体的数字化模型构建过程中，一定要对模型进行深入研究，保障模型的精度，从而有效保障施工精度。

通过研究和对比发现，在该工程复杂幕墙结构的实际 BIM 模型建立时，应该将建模精度控制在 LOD300，也就是要将嵌板、龙骨都以数字化模型的形式呈现出来，这样才可以满足该工程实际施工中的下料需求。

2) **BIM 技术在复杂幕墙安装施工阶段的应用**

(1) BIM 技术在施工场地规划中的应用。复杂幕墙的施工场地通常都比较小，这对于复杂幕墙的施工会产生一定程度的限制。所以在该工程的具体施工过程中，合理应用了 BIM 技术，将其作为一项辅助施工技术，并借助该技术对施工场地进行了合理规划。首先应用 BIM 技术对复杂幕墙施工中实际条件以及相关的安装要求进行了全面预测，然后对相应的数据进行模拟，最后对施工场地的具体应用做出了合理的规划，其中包括物料运送到施工现场的时间、物料在施工现场堆放的时间、物料的取用路线等，以此来保障每一个阶段的施工进度和施工质量。

(2) BIM 技术在施工模拟中的应用。在对架构式复杂幕墙结构进行安装的过程中，主要的安装流程可分为 7 个步骤：放样和定位→支座的安装→立柱的安装→横梁的安装→玻璃的安装→打胶→清理。在该工程的模拟施工过程中，首先借助 BIM 模型确定构件与构件的绑定关系，然后对整个工程进行模拟，并及时调整和优化施工方案，保障下料和加工的合理性。通过这样的方式，不仅有效保障了工程的施工质量以及美观性，同时也让工程得以如期完成，并节约了工程成本。由此可见，将 BIM 技术应用到施工模拟之中，对于复杂幕墙结构施工质量、效率及经济性的提升都有很大帮助，且可以实现社会效益的进一步提升(图 9-25)。

图 9-25　质量问题精确定位示意

(来源：https://kns.cnki.net/kcms/detail/detail.aspx?FileName=JSJL201508011&DbName=CJFQ2015)

9.3 大跨度钢结构桁架建造方法

9.3.1 施工准备阶段

1. 创建桁架结构 BIM 模型

由于工程钢结构构件多、节点数量大、节点复杂等特点，采用 Tekla Structures 软件作为主要的建模软件，并配合采用 AutoCAD 软件完成钢桁架结构的深化设计。为了提高建模速度，减缓电脑的运行压力，可以在同一模板中分构件分别进行建模，各构件模型创建完成后利用 Tekla 将同一个模板中的模型整合成一个整体模型(图 9-26、图 9-27)。

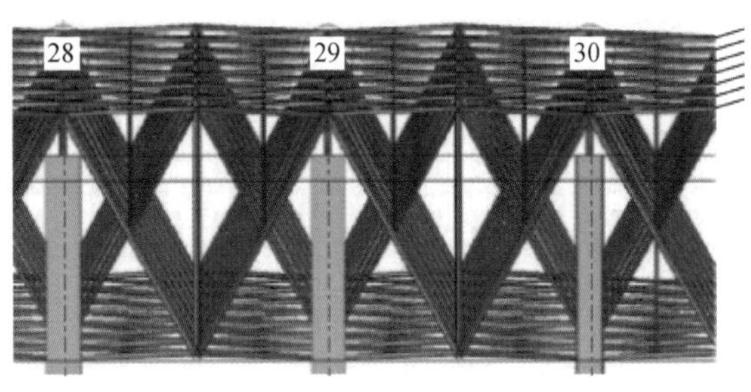

图 9-26 钢桁架 BIM 模型立面放大示意
（来源：中建二局华东公司）

图 9-27 窄柱脚钢结构桁架三维建模
（来源：中建二局华东公司）

2. 图纸深化设计

在整体模型建立后，需要对每个节点进行装配，结合工厂制作条件、运输条件，考虑现场拼装、安装方案及土建条件。节点装配完成之后，根据深化设计准则中的编号原则对构件及节点进行编号。

将 Tekla Structures 布置图导入到 Navisworks 中，并进行相应的校核检查，可以保证两套软件设计出来的构件在理论上完全吻合，从而保证了构件拼装的精度及其他专业的配合情况。编号后生成布置图、构件图、零件图等。在这个对话框中可以修改要绘制的图纸类别、图幅大小、出图比例。

所有加工详图包括布置图、构件图、零件图等可利用三视图原理投影、剖切生成。图纸上的所有尺寸包括杆件长度、断面尺寸、杆件相交角度均是在三维实体模型上直接投影产生的。因此，完成的钢结构深化设计图在理论上是没有误差的，可以保证钢构件精度达到理想状态。前期承担的多个大型钢结构工程中采用上述设计方法后，均能保证构件加工精度并一次安装成功。

3. 深化设计交底实施

深化设计成果文件的发布实行“统一发布，统一管理”的原则，即深化设计成果文件经深化设计审批流程审批同意后，由总承包单位统一发布、统一管理，并按图纸管理办法的相关规定执行。

深化设计成果应在总包方组织下，召集所有相关单位，进行深化设计交底，交底内容包括深化设计条件图、深化设计基本原则、主要施工工艺要求、材料要求、配合要求等。制作单位组织对工厂加工制作人员、运输人员、工程现场配合人员的深化设计专项技术交底。交底完成后，方可实施。

4. 布置测量控制网

(1) 平面控制网测量。基准点布设在轴线偏 1 m 线交叉位置，基准点位预埋 10 cm× 10 cm 钢板，用钢针刻划十字线定点，线宽 0.2 mm。控制点的距离相对误差应小于 1/15 000。

(2) 控制网布设原则如下：

① 控制点位应选在结构复杂、约束度大的部位。

② 网线尽量与建筑物平行、闭合且分布均匀。

③ 基准点间相互通视，所在位置应不易沉降、变形，以便长期保存。

(3) 基础复测。由土建施工单位配合钢结构安装单位进行基础的复测，并将组合立柱的纵横中心线用墨线弹于基础顶面；并测量基础底标高，如基础底标高高于柱底、板底面标高，要求土建单位剔凿混凝土。

(4) 组合立柱柱身弹线。在组合立柱基础顶面位置、牛腿位置、柱顶位置弹出纵横中心线；现场实测牛腿顶面至柱底板距离，并在柱身高于基础顶 1.5 m 处用红油漆做上三角标识，根据实测结果计算出垫板厚度，并事先将垫板垫于基础上，每处垫板块数不超过 5 块，用以控制组合立柱牛腿标高。

9.3.2 钢桁架结构拼装制作与提升施工

1. 模拟预拼装

利用 BIM 技术三维软件的组件模块进行桁架的装配，模拟分段桁架拼装，先在 BIM 软件里建立桁架上下弦杆的端面控制点，作为上下弦杆安装时的基准点，通过点与点的连接功能，导入安装上下弦杆构件，并利用软件手动调节功能、最佳平衡点位置捕获等功能进行位置精调；再根据事先在钢结构模型里获取的构件端面定位控制点，在软件里建立腹杆的定位基准点，依次安装、微调腹杆，获得分段桁架模拟预拼装的最佳模型(图 9-28)。分段桁架拼装前，先建立每根构件安装的定位基准点，再将构件的控制点与基准点拟合，依此进行构件的拼装[7]。分段桁架模拟拼装三维效果如图 9-29 所示。

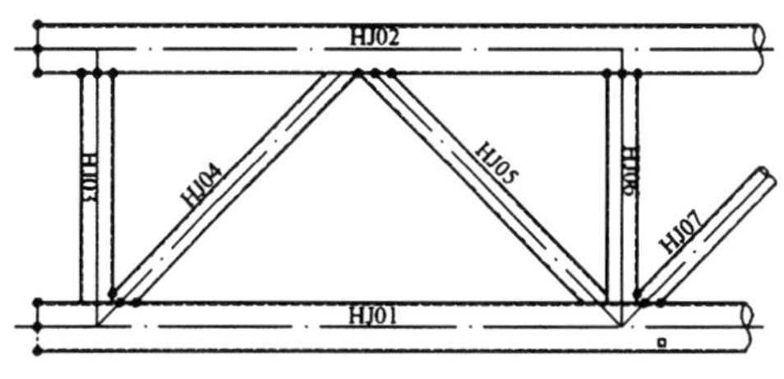

图 9-28　钢管端部定位控制点示意[7]

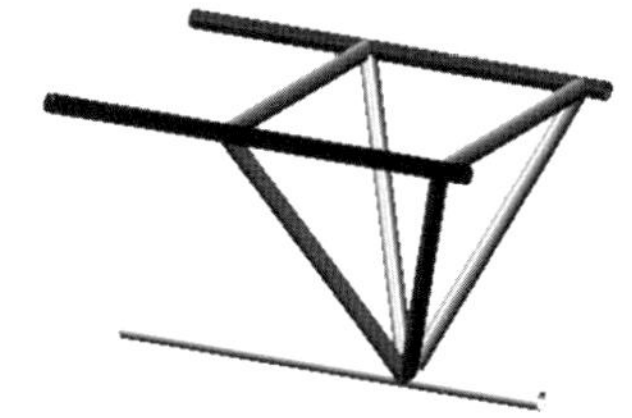

图 9-29　桁架模拟拼装三维效果[7]

2. 拼装阶段的进度模拟

首先，利用 Revit 2015 将模型文件转化为 NWC 文件，通过 Navisworks 2015 软件整合得到管桁架的整体模型，然后通过外部导入的 Project 2010 施工进度文件设置任务，最后使用 Navisworks 2015 软件中的“Time Liner”工具进行施工进度的可视化研究。通过对施工方案的施工进度模拟，发现该施工方案很好地克服了施工过程中面临的施工场地小和工期紧张的困难，选择此方案组织钢结构的吊装施工具有可行性[8]。

9.3.3 桁架层吊顶操作平台施工技术

操作平台设计综合考虑装饰和机电安装等专业施工对操作平台的需求，以及各施工工况下的垂直运输对平台构件尺寸的限制，确定采用“主结构＋子结构”的吊挂结构体系，为适应不同分区的要求，吊挂的工字型钢梁采用螺栓拼接进行现场组装；在拼接好的工字型钢梁上铺设定型铝合金平台板作为施工平台。平台组装工艺研究中首先通过实地察看和信息化模型模拟等手段，并借助擦窗机吊篮，确定平台组装施工工艺。首先，利用擦窗机吊篮安装平台钢梁吊挂用的倒链，同时在中庭顶部内幕墙楼面上进行钢梁的组装和拼装；其次，利用吊篮和楼面上的移动小车协同依次安装平台工字型钢梁；最后，由内而外顺次铺装定型铝合金单元板，并设置扶手栏杆，完善其他安全设施[9]。

1. 施工难点

工程在机电和装饰施工阶段管线多、纵向竖向主路多，空间结构非常紧密，各个专业交叉施工面多，施工要求较高。该施工平台的施工是在主体结构施工完成后再进行吊装，施工难度高。构件数量多，施工时间短，工期紧，任务比较重，单位时间内资源需求量比较大。主体结构已施工完成，项目常规吊装机械无法直接将构件吊装至设计位置，涉及大量的构件需要进行空中二次转移。

2. 解决方法

采用轻钢结构施工平台，该平台制作和施工周期短，设计完成后能很快被投入使用，并且在类似工程中被使用的案例多，技术成熟，安全有保障。轻钢结构施工平台安装稳固后能有效将上下交叉的作业面隔开，使上下施工面施工时互不干扰，间接加快了施工进度。在施工期间组织协调好相关专业的交叉施工作业。轻钢结构施工平台自重轻、拆卸方便且安全可靠。利用临时便捷性施工机械，同时加大人力投入便可以达到施工工期要求。

根据室内机电管线及设备安装位置情况、装饰吸音棉的安装范围拟在游艺区室内马道层全覆盖搭设平台。施工平台利用钢结构的马道层，搭设于距离桁架下弦上方 500 mm，部分区域根据实际情况进行相应调整。

9.4 超高轻钢龙骨隔墙建造方法

9.4.1 BIM 技术在设计和施工中的应用

BIM 模型应用以专业间综合协调为主，配合深化设计、模拟施工方案、绘制 4D 动画，模拟现场施工各方条件，在复杂的作业条件下指导施工，以降低穿插作业带来的施工降效。

隔墙的类型多种多样，每片墙体的类型和尺寸标高不同，且造型复杂，很难用传统的平面、立面图来表现，特别是造型复杂的主题墙体，其中有多管道、设备与墙体交集、碰撞。对此在墙体深化设计中借助 BIM 模型，准确地获得每面墙体的详细信息（包括标高、高度、倾斜角度、弧度，门窗洞口预留信息，墙体与机电管道、桥架、钢构及各项设备的汇集碰撞等），利用这些信息检测调整碰撞，优化设计，绘制准确的综合深化设计图，供隔墙龙骨加工和施工使用。

借助 BIM 模型，可充分了解整个空间的建筑、结构、机电、设备、演绎产品的详细信息，使技术人员对各种信息做出正确理解和高效应对，为合理安排各专业施工顺序、编制施工计划和统筹调配提供依据。

9.4.2 超高轻钢龙骨隔墙施工技术

1. 冷弯薄壁型钢隔墙（图 9-30）

冷弯薄壁型钢有许多优点，包括自重轻、节约钢材；结构安全可靠，抗震性能好；可加工构件灵活多样、工厂预加工程度高、施工速度快、周期短，使用空间大，质量容易控制、劳动强度小、对现场施工空间要求低；符合环保绿色建筑要求等。

把隔墙作为一个完整的隔墙体系来考虑，这种冷弯薄壁型钢隔墙体系，通过龙骨“对扣”“背靠背”等组合方式加强竖向龙骨的受力能力，使滑轨满足变形；横撑龙骨取代穿心龙骨，增加 G 形龙骨、转角折件、拉带加固，提高整个隔墙体系的稳定性及承载力，实现 20 m 超高隔墙的施工，这是常规龙骨隔墙难以完成的。通过龙骨的多种组合方式以及各种连接加固形式，将隔墙形成一个完整的隔墙体系，提高隔墙的承载能力和稳定性，解决了超高龙骨隔墙的施工问题。根据不同的隔墙形式选用龙骨和组合形式以及连接加固方式，确保竖向组合龙骨间、竖向龙骨与横撑龙骨间连接牢固（图 9-31）。

图 9-30 整体定位搭设模型
（来源：中建二局华东公司）

图 9-31　超高冷弯薄壁型钢隔墙施工
（来源：中建二局华东公司）

2. 龙骨隔墙施工工艺

1）龙骨隔墙施工工艺流程

地面清理及找平完成→混凝土翻边施工完成→墙体定位→安装沿顶龙骨和沿地龙骨→安装边框龙骨→竖向龙骨位置分档→安装竖向龙骨→方管加固→安装门框龙骨→安装横向龙骨→安装机电管线→检查龙骨安装→安装一侧衬板→机电铺管及附墙设备检查→填塞岩棉或玻璃棉(图纸要求墙体)→龙骨安装隐蔽前验收→安装另一侧衬板→接缝及护角处理→铺设防水透气膜(图纸要求墙体)→质量验收。

2）施工工艺

(1) 墙体定位：根据设计施工图，在地面、混凝土翻边及墙顶上，放出隔墙边线和沿顶龙骨、沿地龙骨位置线、门洞口线。墙顶弹线时要用吊锤自地面上吊线。

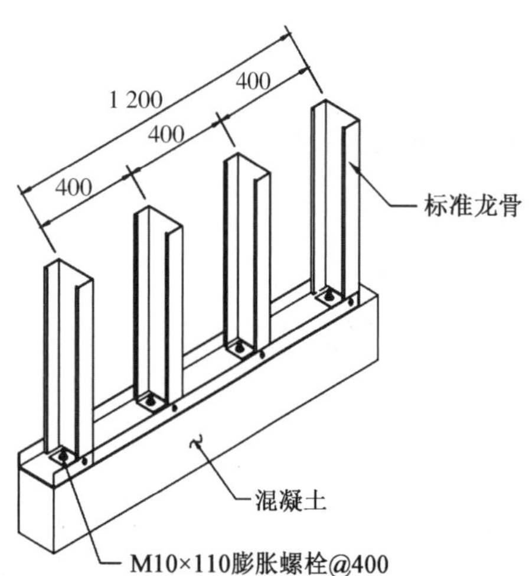

图 9-32　龙骨墙体与地面固定方式大样图
（来源：中建二局华东公司）

(2) 安装沿顶龙骨和沿地龙骨：按已放好的隔墙位置线，安装沿顶龙骨和沿地龙骨，沿顶龙骨和沿地龙骨要求用高边横向龙骨，将龙骨用螺栓固定在屋面压型钢板上，螺栓间距不大于 400 mm。地面龙骨用 M12 膨胀螺栓固定在地坪或混凝土翻边上，膨胀螺栓起始位置距龙骨端不大于 50 mm，螺栓距 400 mm，成 Z 形布置；每隔 1 200 mm间距设置地脚加强件，采用 M10 × 110 膨胀螺栓固定在地坪或混凝土翻边上，大样图如图 9-32 所示。

(3) 竖向龙骨位置分档。竖向龙骨间距为

400 mm，有防水要求的房间或弧形墙面竖向龙骨间距为 300 mm。根据隔墙放线门洞口位置，在安装沿顶龙骨和沿地龙骨后，对墙体按竖向龙骨间距进行分档；分档时自墙的一端开始布置，分档不足模数时，竖向龙骨位置随面板位置进行局部调整（图 9-33）。

(4) 安装竖向龙骨。按分档位置安装竖向龙骨，竖向龙骨上下两端插入沿顶龙骨及沿地龙骨，调整垂直及定位准确后，用自攻螺钉固定。依上下高边横龙骨之间距离裁剪竖向龙骨（为方便插入横向龙骨，竖向龙骨长度可较上下横向龙骨间距短 10 mm）。安装竖向龙骨时，开口方向应保持一致。如需搭接，上下开口也应一致，保证开口在同一水平面上。安装后，用吊垂校正竖向龙骨垂直度。

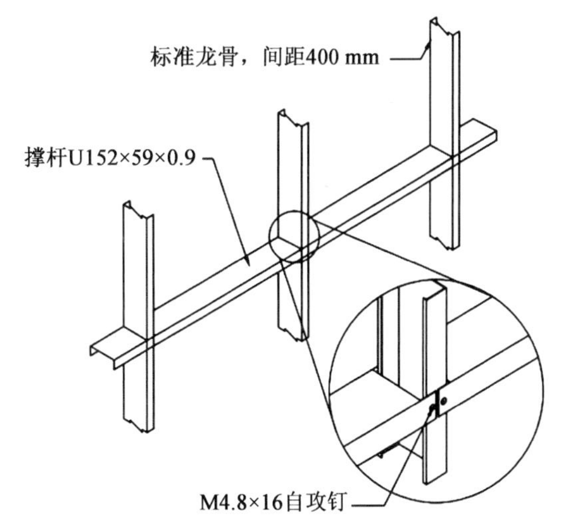

图 9-33　龙骨间固定大样图
（来源：中建二局华东公司）

(5) 安装门窗龙骨。沿地龙骨在门洞口位置断开。在门洞口两侧竖立附加竖向龙骨，附加竖向龙骨按设计要求到顶，门洞口上方留空。附加竖向龙骨开口背向洞口。分档时竖向龙骨应避开门洞框边的位置，使石膏板接缝避开门框线。

(6) 安装横向龙骨。每隔 1 200 mm 设置一道横向龙骨，现场可根据墙高具体情况予以调整，最大不超过 1 250 mm。横向龙骨与竖向龙骨间采用平头自攻钉固定。

9.5　地面超平混凝土及异型结构混凝土建造方法

9.5.1　超平混凝土地面施工技术

在大型主题公园中，为了追求游客的刺激体验，主题公园中的过山车等游艺设备不仅速度快，而且还往往追求惊险。因此，游艺设备对其附着的建筑物的精度提出了极高的要求。北京环球影城主题公园项目 205 游艺单体中含有近 500 m 长，宽 3.1 m（超平地面分为两幅，每幅净宽 1.25 m，中间有 0.6 m 宽设备夹轨）、曲线形、高精度要求（按骑乘设备行进方向测量时，相距 300 mm 的任何两点间的标高差不得超过 0.8 mm）的超平混凝土耐磨地面。

1. 关键施工技术

为保证曲线形超平混凝土地面耐磨性、施工质量满足要求等，采用具有特殊配合比的混凝土、曲线形可调节模板系统进行施工，并利用电子水平尺、高精度水准仪、Dipstick 地坪剖面仪对模板标高进行测量与控制[10]。

(1) 采用钢板带、快易收口网作为模板侧面，配合多个可手动调节模板标高、垂直度的支架组件，构成曲线形可调节模板系统，滑动套筒、斜撑丝杆、螺母、垫片等可拆除重复利用。

(2) 利用电子水平尺、高精度水准仪、Dipstick 地坪剖面仪对模板标高进行测量与控制，从而精确控制混凝土完成面平整度。

(3) 配合混凝土搅拌站研制特殊配合比混凝土，同时合理划分施工段，做好混凝土振捣、磨光表面及后期养护工作，避免混凝土收缩影响地坪平整度与耐磨性。

2. 施工工艺流程

超平混凝土地坪施工工艺流程为：施工准备→设置样板段→构件加工→建立测量控制网→基层凿毛处理→安装曲线形可调节模板系统→钢筋绑扎→测量并调节模板标高与垂直度→检查验收→混凝土浇筑→混凝土养护→工程验收及交付。

(1) 设置样板段。为保证曲线形可调节模板系统应用可靠，施工总承包单位选择最复杂段超平混凝土地坪进行现场 1∶1 样板段设置。样板段施工质量较好，地坪平整度、耐磨性等指标均通过验收。

(2) 构件加工。正式施工前，按设计图纸分别进行钢板带、滑动套筒、内螺纹套筒、角码、斜撑丝杆、U 形钢件、耳板等构件加工，所有构件加工完成后按图纸和规格要求进行复核，误差较大的构件不得投入使用。因材料偏差对模板标高误差的影响较大，钢板带须采用线切割，并保证边缘平直度。

(3) 建立测量控制网。为控制测量精度，利用全站仪、高精度水准仪建立坐标和标高控制网，测量控制点布设如图 9-34 所示，所有测量控制点距最近超平混凝土地坪边缘不超过 30 m。

由于整个曲线形超平混凝土地坪长约 500 m，如果混凝土一次性浇筑完成，浇筑量过大，易出现收缩裂缝，从而影响地坪平整度和施工质量。综合考虑混凝土浇筑量、运输及浇筑时间等，根据测量控制网将超平混凝土地坪划分为 25 个施工段，单次最大浇筑长度不超过 30 m，如图 9-35 所示。

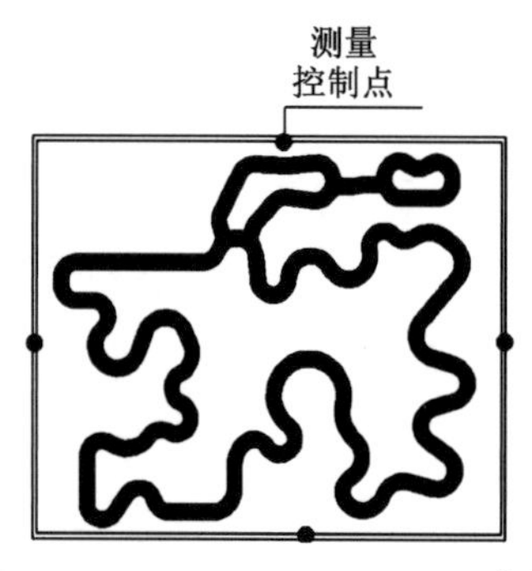

图 9-34 测量控制点布设示意[10]

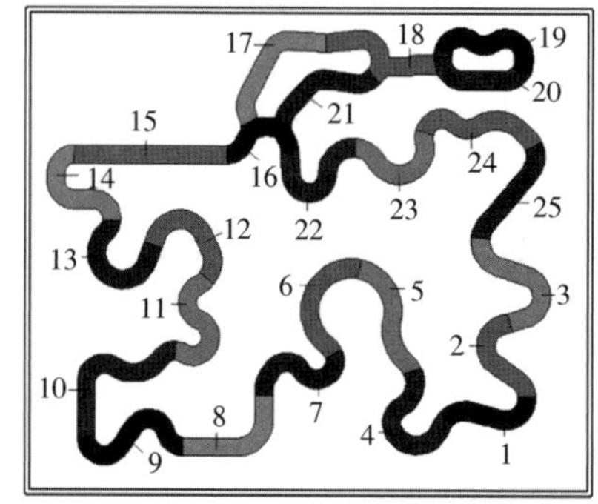

图 9-35 地坪浇筑施工段划分示意[10]

(4) 基层凿毛处理。每段地坪混凝土浇筑前，须按施工规范要求对基层底板进行凿毛处理。

(5) 安装曲线形可调节模板系统。曲线形可调节模板系统主要根据超平混凝土地坪弧度及形状支设，模板定位和固定极为重要。因此，模板支设前按设计图纸要求，采用全站仪在地坪边线放样，并用墨线标记在下层结构板上。根据设计图纸要求，每隔 400 mm 分别将升降调节装置竖向钢筋和垂直度调节装置短丝杆植入下层结构板中，植筋深度≥10 d(d 为竖向钢筋或短丝杆直径)。

根据设计图纸要求安装升降调节装置，安装步骤为：①在竖向钢筋顶部侧面焊接内螺纹套筒；②安装短丝杆、下部螺母及垫片；③安装滑动套筒及角码(工厂加工时已将滑动套筒与角码焊接)、上部螺母及垫片；④将钢板带焊接在角码上；⑤将快易收口网通过扎丝固定在支架竖向钢筋上。

根据设计图纸要求安装垂直度调节装置，安装步骤为：①在短丝杆上安装加固盘，并通过螺母及垫片拧紧固定；②在短丝杆顶部焊接 U 形钢件；③安装斜撑丝杆(一端焊有带孔耳板)，一端与竖向钢筋上的耳板通过转轴连接，另一端搁置在 U 形钢件上；④安装滑动套筒及两端螺母、垫片；⑤滑动套筒通过转轴与 U 形钢件连接。

(6) 测量并调节模板标高与垂直度。为保证超平混凝土地坪平整度满足要求，通过以下步骤准确测量并及时调整模板标高与垂直度：①采用电子水平尺检测模板垂直度，通过调整垂直度调节装置斜撑丝杆上的螺母校正模板垂直度；②模板垂直度调整完成后，采用卷尺对左、右幅模板净空进行测量与调整；③利用高精度水准仪和 Dipstick 地坪剖面仪进行模板标高测量与调整，具体流程如图 9-36 所示。

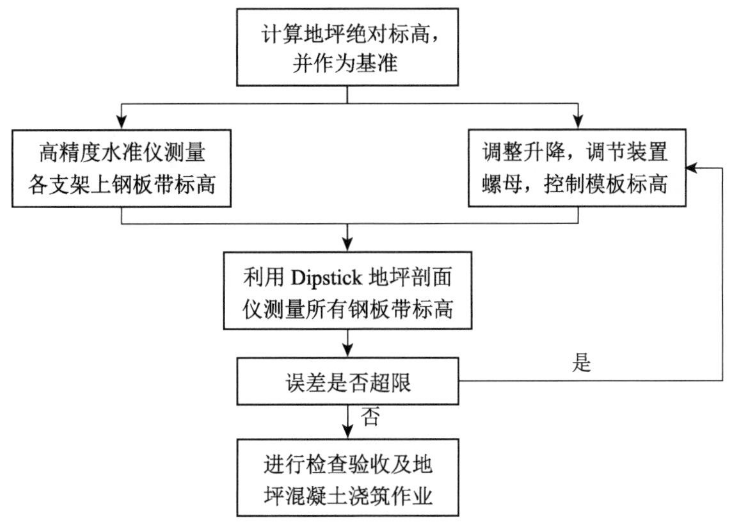

图 9-36 模板标高测量与调整流程[10]

(7) 检查验收。整个施工段模板全部安装完成后进行检查验收，主要对左、右幅混凝土完成面标高差(模板顶面标高差)进行测量，确保地坪平整度满足要求[11]。

3. 施工控制措施

(1) 施工质量控制。在混凝土浇筑过程中，对曲线形可调节模板系统顶面标高进行不

图 9-37　施工完成的地坪[10]

间断测量及调整，防止因混凝土振捣导致螺母松落及施工人员踩踏导致模板顶面标高发生变化。混凝土浇筑完成 28 d 后，采用 Chaplin 磨损测试仪进行测试，结果表明经处理的混凝土表面磨损深度≤0.2 mm。

(2) 施工安全控制。所有进场机械设备须进行严格检查，保证机械设备完好。使用机械设备时遵守安全操作规程，保证安全使用距离。施工人员进行焊接、打磨时需穿戴防护用品，并配备灭火器。调整完成的模板系统及浇筑完成的地坪应拉设警示线，以免发生磕碰而返工。

通过采取施工质量与安全控制措施，达到良好施工效果，施工完成的超平混凝土地坪如图 9-37 所示。

4. 小结

(1) 项目超平耐磨混凝土地面施工采用了钢板带、快易收口网作为模板侧面，配合多个手动调节模板标高、垂直度支架组件，构成了曲线形可调节标高模板系统。配合水平尺、高精度水准仪、Dipstick 地坪剖面仪进行测量和调整模板，从而精确控制混凝土完成面的精确平整度。

(2) 大部分模板构件均可通过场外工厂加工，现场只需简易组装即可，并且可根据施工需要组合任意长度，模板侧面的快易收口网无需拆除，可加快施工进度。同时该模板支撑系统有多个手动调节标高和垂直度装置，其中滑动套管、斜撑丝杆、螺母、垫片等均可拆除重复利用，经济效果显著。

(3) 为避免混凝土收缩引起超平地面的平整度和耐磨性能，配合混凝土搅拌器研制特殊配合比的混凝土，以满足相关性能。

(4) 为保证混凝土的标高和定位的准确性，现场建立高精度测量控制网，采用高精度水准仪、Dipstick 地坪剖面仪进行测量和调整。

(5) 合理划分施工段，避免混凝土收缩过大引起表面出现裂缝以及减小后续工作的衔接压力。

9.5.2　异型结构混凝土施工技术

1. 技术特点

主题公园项目的钢筋混凝土结构多数为异型结构，以上海迪士尼乐园为例，建筑面积近 2.5 万 m^2，其中 TC503 是游船游乐项目，使用近 1.2 万 m^2 的钢筋混凝土筏板做成曲折的水道，标高多达 30 多种，根据后浇带分成 11 个区域。TC502 剧场从 − 10 m 到 ± 0.000 基础混凝土结构也多达 10 多个标高，而且还设有阶梯形的观众看台。TC508 则使用钢筋混凝土剪力墙结构做出一个仿真的海盗船。

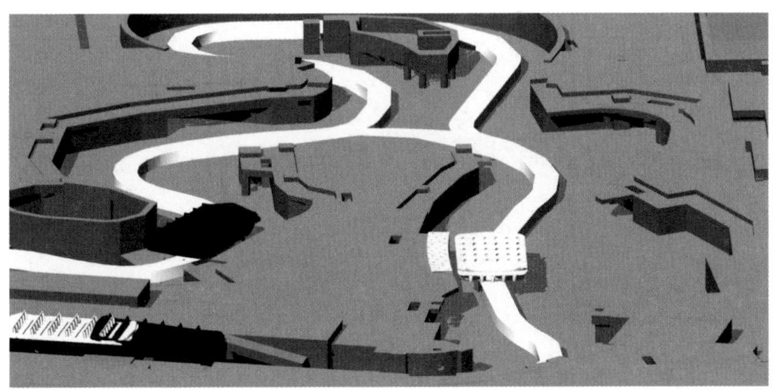

图 9-38 TC503 底板结构效果图
（来源：中建二局华东公司）

该异型混凝土水道主要有以下技术特点：

(1) 模板体系主要采用木模板现场拼装，单侧支模及吊模应用较多。

(2) 轴线系统复杂，测量作业工作大，难度大。

(3) 超高剪力墙模板支撑系统需特殊设计。

2. 主要施工工艺

异型混凝土水道模板：在水道施工前，优先施工低跨底板及导墙，然后再施工高跨筏板及墙体(图 9-40)，这样施工因在筏板施工时预留了钢筋支撑，对模板单侧支撑有利。施工缝处常规做法是使用止水钢板，但因水道曲线多，无法使用，故实际使用膨胀止水胶。

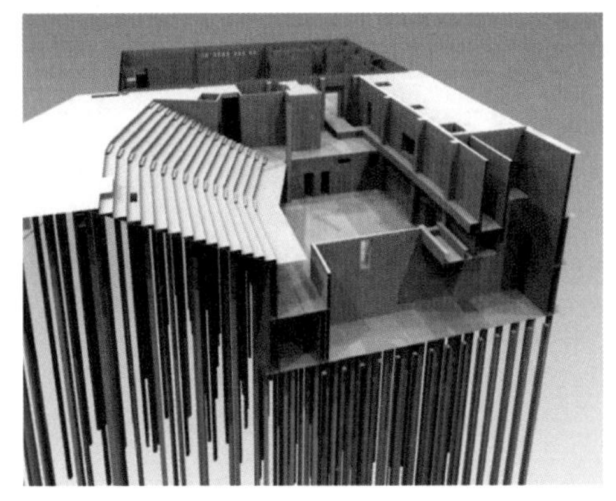

图 9-39 TC503 结构效果图
（来源：中建二局华东公司）

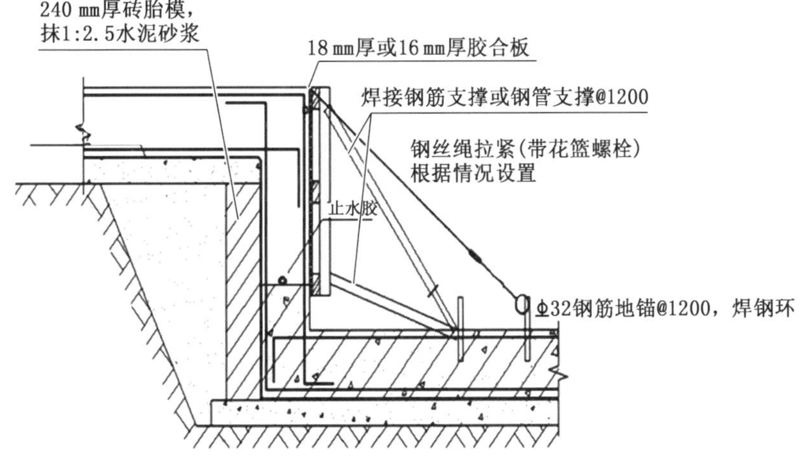

图 9-40 异型混凝土水道模板加固示意图
（来源：中建二局华东公司）

有高差的基础模板：底板内电梯井、集水井坑、设备管道坑模采用木模板吊模形式。吊模必须有足够的刚度和整体稳定性，以确保井道混凝土结构的垂直度，同时应满足后期拆卸方便。另外底板混凝土浇捣时为保证井底混凝土浇捣的密实，必须在井底模板上开设排气孔及振捣孔。

底板后浇带侧模采用两层钢丝网封闭代替模板，Φ14@200 作为横围檩，Φ25@400 作为竖围檩，与底板钢筋焊接固定，以后不予拆除。

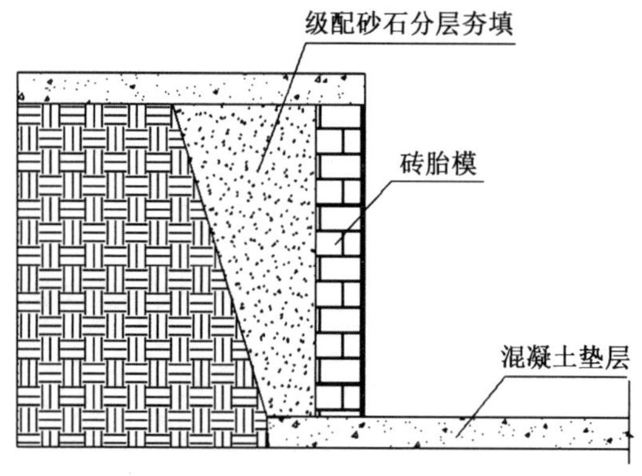

图 9-41　相邻底板存在高差模板做法图
（来源：中建二局华东公司）

相邻底板有高差部位，内侧挖土放坡，留出一定工作面，砌砖胎模，然后回填素土或级配砂石夯实，外侧吊木模，如图 9-41 所示。

3. 混凝土浇筑注意要点

（1）TC502 底板混凝土总方量约 4 000 m^3，每次浇筑的方量不超过 1 000 m^3，计划采用 1 台汽车泵和 1 台固定泵，预计约 10 小时浇捣完毕。

（2）TC503 底板混凝土总方量约 10 000 m^3，每次浇筑最大方量 1 500 m^3，计划采用两台汽车泵和两台固定泵，预计约 10 小时浇捣完毕。

（3）混凝土施工采用大斜面分层下料，分层振捣，每层厚度为 50 cm 左右。上下层混凝土应及时覆盖，防止出现冷施工缝。

（4）每台泵车供应的混凝土浇筑范围内应布置 4～6 台振动机进行振捣，要求不出现夹心层及冷施工缝，并应特别重视每个浇筑带坡顶和坡脚两个振动器振动，确保上、下部钢筋密集部位混凝土能被振实。

（5）操作人员振捣两台泵浇筑带过程中，在分界连接区必须振捣超宽 50 cm 的范围，防止浇筑连接处的混凝土被漏振。

（6）每台泵车浇捣速度平均每小时不少于 40 m^3，这是控制混凝土浇捣速度必须大于其初凝速度，确保混凝土在斜面处不出现冷缝。

（7）混凝土表面处理做到“三压三平”。首先按面标高用煤撬拍板压实，采用长刮尺刮平；其次初凝前用铁滚筒碾压、滚平数遍；最后，终凝前，用木蟹打磨压实、整平，闭合混凝土的收水裂缝。

（8）混凝土浇捣前及浇捣时，应将基坑表面的积水通过设置在垫层内的临时集水井、潜水泵抽干净。

第 10 章

主题装饰工程施工方法

玻璃纤维增强混凝土(GRC)、纤维增强复合材料(FRP)、玻璃增强热固性塑料(Glass Fiber Reinforced Plastics, GRP)、玻璃纤维增强镁混凝土(MRC)等建筑装饰构件具有绿色环保及节能等特性,可以根据设计师的要求做出任何复杂的造型及饰面效果,具有极强的可塑性,最终效果可与真实材料效果媲美。其用途广泛,不受本身材质、体积及造型的限制,可以随心所欲塑形,可以根据设计师的要求达到不同的艺术效果(如仿木纹效果,仿石材效果,仿砖),为设计师提供了更大的想象及使用空间。构件完成的饰面效果从视觉上很难区分材质的本身属性。相对使用真实材料节约了成本,避免对环境造成破坏,对山石的开采以及对木材大量的砍伐。使得在国内主题公园装饰施工中能够更好地体现主题的特色及高超的技法,最终所表现出来的效果不受材质本身的限制,取得了良好的社会效益。

建筑装饰构件在项目中用于室外构件如墙帽、墙顶、基石、立柱的仿木、栏杆的仿木,人物雕塑等;以及室内构件如基石、隅石、圆雕仿木、天花板以及梁的仿木效果等(图 10-1)。相对于传统雕刻饰面,通过预制、翻模制作,可提前在场外生产,这能够有效缩短工期,方便批量生产;现场可切割拼装,降低了对施工环境要求,简化施工;自重轻,减小对支撑结构要求;在场外室内施工降低了交叉作业的影响,提高饰面精细化程度,且施工合格率随之提高,并可将主题预制构件成本综合降低 15%～20%。

(a) 仿木梁

(b) 建筑栏杆

图 10-1　装饰构件应用效果

(来源:中建二局华东公司)

10.1 主题立面施工技术

主题立面是用一种特殊的施工工艺来表现建筑外饰面的效果,并具有一定特色的主题性,根据设计和建筑风格的主题要求采用一种特质砂浆,在建筑表面人工雕刻出各种造型和不同饰面,具有一定的视觉效果,可塑性强。根据不同项目特点对主题立面的施工要求,在进行施工前每个雕刻师都需要经过严格的培训和考核,考核通过后方可进入施工现场,对于施工材料、工具设备等都需经过严格的审查确认。在施工过程中,需要使用机器进行砂浆搅拌和喷浆,手工完成抹灰后进行塑形雕刻,符合设计要求和样板样式。

文旅工程主题外立面造型多且复杂,零星钢骨架量大,深化设计难度大且不易施工。每种外立面都是独一无二的。需要运用独特的技术来实现所期望的效果和设计意图。用装饰砂浆和主题喷涂技术创造出积层、剥落、矿脉等地质运动的面貌;活藓苔、青苔、水流和矿脉留痕等风化效果;木质纹理、石材纹理、砖纹理、树根、树藤等各种纹理效果;用做旧技术来展现故事的时间脉络,使每个游客都有身临其境的视觉感受。对外立面装饰要提前做好技术准备并确认施工材料及技术的运用。

10.1.1 主题立面施工的技术要点

1. 主题立面施工技术要点

(1) 构件安装:重点在于安装位置和垂直度的精准要求。在 GRC、GRP 构件施工时,首先对外墙进行轴网制作,这样可以确保挂件安装完成后的精度,安装时应随时用靠尺进行检查,直到安装垂直度和平整度满足要求。GRC、GRP 构件安装总量达 30 000 多件,且同一品种量少,需开模多,不能形成量产,因而产品生产进度慢。

(2) 主题雕刻抹灰:重点在于防止出现空鼓和开裂现象。因为抹灰层的基面是外墙卷材防水,附着力差,易产生收缩裂缝、温度裂缝和空鼓裂缝。在外立面主题抹灰时关键控制其抹灰基层、配合比、厚度、养护等技术要求,在抹灰前基层表面不应有固体颗粒、泥浆、油污等渣质,在钢丝网片安装完成后进行拉毛层施工,拉毛层应养护湿润达到养护时间后再进行下一道抹灰,每一层抹灰厚度不应过厚。

图 10-2 主题立面上色效果
(来源:中建二局华东公司)

(3) 上色:重点在于上色工艺过程中的控制和完成效果(图 10-2)。在外立面施工完成后对构件进行上色。上色工艺针对不同的材质有不同的上色方式，上色时，基层 pH 值测试值、处理、环境温湿度、遍数、配置的颜色都应满足相关要求，每遍上色完成后都应经上色团队验收。

2. 主题立面施工难点

（1）施工精度要求高：位置的不可调整性。所有的点位都是绝对坐标定位，所有的构件都在工厂预制，允许的偏差很小。门窗洞口、墙体位移只允许偏差 5 mm 以内，对结构施工要求极高，部分要求超出了我国的施工规范的要求。如我国的施工规范对门窗洞口的允许偏差，上下偏移 20 mm，墙体位移偏差是 0～10 mm；美国规范的技术标准对门窗洞口的上下偏移值是 5 mm，墙体的位移偏差是 5 mm；对标高的要求，我国的规范是 − 10～ + 10 mm，美国的规范是 0～ + 10 mm。

（2）施工工艺方面：外立面造型独特、丰富，组成每个外立面的材料数量和种类繁多，且部分材料需进口采购。外立面施工精细、烦琐、穿插作业较多、施工工艺复杂，给施工增加了难度。

（3）设计方面：外立面有深化设计图纸，这些图纸是在原设计的基础上深化的，随施工进度先后被审批通过。但建设单位为确保施工进度，安排预制单位按原设计图加工 GRC 构件，并先于深化设计图纸加工，由于深化设计图纸和原设计图纸存在一定的差异，导致部分进场的 GRC 构件与现场实际要安装的 GRC 构件不一致，GRC 构件安装存在很大的困难。

（4）工序验收：外立面每道工序都需经监理、管理公司、业主、设计人员验收，业主、设计验收一个立面时需要结构、建筑、给排水、强弱电以及上色、音响等多个团队联合进行验收，对其质量标准要求非常严格，如不满足任何一项验收标准都将无法进行下一道工序，这有可能延误施工进度。

10.1.2 外立面施工主要流程

钢结构地脚螺栓施工→钢结构吊装→钢结构防火涂料施工→轻钢龙骨安装→纤维水泥板安装→外立面防水卷材施工→外立面门窗框安装→外立面 GRC 构件安装→主题雕刻抹灰→门窗扇安装→外立面上色[12]

通过人工雕刻手法，对各种仿石、仿木、仿生土、仿金属等自然纹理效果进行仿制，体现出主题性鲜明的饰面效果，再现历史建筑文化原始风貌，体现主题公园的故事性；摒弃了真实石材和木材的开采和使用，达到节能环保的目的，超过真实材料不能实现创新效果；存在与其他专业对接及预留孔洞的衔接处理难的弊端。

10.1.3 主要技术措施

1. 结构施工

控制轴线位移和标高。采用 Trimble V8 机器人进行测量放线和复核。Trimble V8 机器人可以在 AutoCAD 和 Revit 中直接获取和保存点的坐标并按需要生成列表，测量、放样时全站仪镜头可以自动跟踪，捕捉反光镜并自动对中。设置好后视点后，系统自带的全站仪可以自动指向需放样点的方位，指导测量人员找到点位。具有测量、复核速度快，精度高的优点。标高测量、复核采用 DSZ2 水准仪。

每次测量完成后，都要进行三级复核：施工单位→监理单位→具有资质的第三方。以第三方复核的结果为准。若第三方复核不符合要求，施工单位要重新复核，复核完成后要重新请监理单位和第三方复核，直至第三方复核符合要求。

结构施工完成后，业主方要请第三方进场进行 3D 扫描，将扫描的结果同 3D 模型相比较，给出偏差值，第三方把偏差值提交给业主方。对施工偏差值超过允许范围的部分，设计单位将会给出处理方案：返工重做或调整局部设计方案。

为确保钢结构地脚螺栓的预埋精度：位移偏差值 −2～ +2 mm，标准偏差值 0～+10 mm。剪力墙结构施工存在垂直度偏差值超过允许值的问题，由于角码位置不可调整，采取在角码位置局部剔凿混凝土安装角码。

2. 施工工艺

施工前召集各专业(钢结构、次钢结构、装饰、机电)开会，就施工工序、材料采购情况进行讨论。确定专业施工顺序，做好工作面交接，保证施工材料在施工前进场。排查末端点位如环钩、音响、插座、灯具、喷淋、招牌等有无碰撞，若有碰撞需提交设计，在施工前把问题解决。如果设计整合到位或者采用 BIM 技术整合各专业末端点位，就能及早地发现问题并解决问题，为施工进度提供保障。

3. GRC 材料加工及处理

由于原设计和深化设计时间不一致，GRC 加工先于深化设计，导致部分 GRC 构件与现场不符。这部分构件的处理措施，一是切割，二是修补，三是重做。这 3 种方案的采用，都不同程度地影响了外立面的施工进度，特别是工厂重做。

为避免后期出现此种情况，需按深化图设计构件尺寸检查 GRC 工厂加工尺寸，找出差异，在工厂进行整改：切割、修补或重做，这样可以减少 GRC 构件的加工偏差对施工进度的影响。对于后期未加工的 GRC 构件，按照深化设计图纸进行加工，可最大限度地减少构件加工错误，减少费用损失，确保施工进度。

4. 主体雕刻抹灰

主体雕刻抹灰的施工程序：基层清理→覆盖金属网→做灰饼→打底抹灰→二道抹灰→主体雕刻。

(1) 覆盖金属网：墙面基层清理完成后开始覆盖金属网，金属网设有低凹的部位是用于固定金属网的，混凝土外墙固定金属网使用射钉，水泥板外墙固定金属网使用自攻螺丝。

(2) 打底灰：将抹得乐(MC)水泥砂浆均匀抹在装好的铁丝网片上，水泥砂浆加钢丝网片的厚度是 10 mm，用 8 mm 拉毛器沿着水泥砂浆表面水平地拉出深 4～6 mm 的凹槽，进而使得二道抹灰能够很好地覆在拉毛层上，形成紧密结合的水泥基层。拉毛层施工结束后进行 24 h 湿润养护。

(3) 二道抹灰：抹灰之前对底层抹灰进行喷湿处理，将水泥均匀有效地抹在拉毛层上完成二道抹灰层。雕刻之前，先对二道抹灰面进行 1～2 d 持续喷湿处理，然后进行 5～7 d 的养护，具体视天气情况而定。

（4）主体雕刻：雕刻之前对二道抹灰表面进行适当喷湿处理。将水泥均匀有效地抹在二道抹灰层上形成最终的雕刻层。所有的雕刻都将根据已通过的小样模型纹理及轮廓进行操作。这一时期总包和业主的检查都至关重要，因为任何基于设计理念做出的改进和调整都只能在这一阶段进行。所有的交界面，包括装饰构件、门、伸缩缝等位置的处理都根据已通过的深化设计详图进行。雕刻完成后，马上用帆布将整个完成图面覆盖，以便进行成品养护[13]。

5. 上色

上色时对基层 pH 值、处理、环境温度和湿度有要求。pH 值小于 10，基层含水率小于 14%（可用墙体测试仪测试），环境温度 10～32℃，湿度小于 85%。在气温低于 10℃或湿度大于 85%时，可用暖风机来提升温度或者降低湿度。

上色涂层最少需要 5 遍，多的时候需要 10 遍。上一遍涂层干燥后经过验收才能进行下一道涂层的施工，需要时间较长，从 4 h 到 7 d 不等。因此对天气有要求，一旦下雨就会导致下道涂层施工时基层潮湿，无法施工，所以必须采取防雨措施。现场采取的措施是篷布全覆盖。在外墙脚手架顶部搭设雨棚架并越过女儿墙延伸入屋面，将篷布把墙顶和外脚手架包裹起来，从而实现外墙面全防雨、防风。冬期施工，可在篷布内使用暖风机提升温度，保证施工进度。

10.1.4 主题立面工程实例

在某主题公园项目中，每种外立面的艺术效果都是独一无二的。需要运用独特的技术来实现所期望的效果和设计意图。用装饰砂浆和主题喷涂技术创造出积层、剥落、矿脉等地质运动的面貌，活藓苔、青苔、水流和矿脉留痕等风化效果，木质纹理、石材纹理、砖纹理、树根、藤条等各种纹理效果，用做旧技术来展现故事的时间脉络，使每个游客都有身临其境的视觉感受。

主题外立面施工要点：

（1）在主题抹灰施工前，需要对混凝土用高压水枪、高压气枪清洁，清除粉尘及污渍，并对混凝土裂缝进行修补后，方可铺设防水层。

（2）在每道装饰砂浆完成后临干固前，采用小型耙子在水泥砂浆表面拉出横纹槽。已施工完成的砂浆需达到技术规范要求的养护期方可进入下道工序。

（3）装饰砂浆的喷涂需要用喷枪进行喷射，装饰砂浆的厚度由主题公园的现场艺术总监进行指导、决定。

（4）在喷浆及主题喷涂时，需对相邻的已完工程进行成品保护，以免受到污染（图 10-3）。

图 10-3　主题立面图

10.2　主题铺装施工技术

10.2.1　主题铺装施工流程及操作要点

1. 主题铺装概述

主题铺装作为园林中景观道路施工中的重要内容，是在施工中使用不同的材料铺砌及装饰道路路面，与园林工程的建筑框架结构之间相互呼应，加强了工程的整体效果，还可提升工程的观赏性。道路铺装施工包括园林道路、活动场地以及广场小道等。道路铺装施工的质量受到材料及铺装技术的影响，一般施工范围比较大，工程中涉及较多的小路，应明确主题乐园的园林工程中整体及部分之间的关系，明确施工的计划方案，采用科学合理的施工技术，合理使用施工材料，使施工能够顺利进行，加强铺装施工的效果。园林工程施工在当前的城市建设中受到了较大的关注，施工水平也有所提升。目前在道路铺装中融入了新的元素，施工单位可根据实际情况及建设需求来选择施工方式，对园林路面展开施工，能够满足园林设计的最终目标。相比普通道路施工，园林景观施工中的道路铺装有着独特的特点，通过对施工技术的合理选择及应用，根据工程建设要求进行规范设计，能够给工程带来更好的效果。当前园林工程铺装施工中，工程应与设计的目标及内容相一致，还应根据施工的具体情况来选择合理的铺装施工技术，使工程建设能够达到最终的要求，这样才能保证工程施工质量。

2. 主题铺装施工的前期准备

(1) 施工中图纸的审核。园林中景观道路铺设施工对工程质量有着较大的影响，铺设前应对施工中的各项设计进行分析，明确其中的要求，并且严格开展审核工作，使施工设计能够得到保障。工期计算应结合施工的要求来进行，施工技术和管理人员将各类信息准确仔细核对，之后再开展施工。施工技术和管理人员应按照相应的标准审核图纸，避免施工中因施工图不符合标准而产生突发状况。使施工能顺利地进行，保障施工进度及工程质量，进而提升工程建设水平。

(2) 铺装材料的选择。园林景观道路施工中铺装材料的质量影响着施工的质量，使用高质量铺装材料能够加强园林道路的使用效果，延长使用寿命，增强观赏价值。在施工前的准备工作中，应合理选择铺装使用的材料，保证材料的质量，使铺装材料能够与园林道路设计标准相符合。采购铺装材料时，应考虑铺装材料是否符合施工要求，之后保证采购的材料与施工所需的数量相符合，避免产生二次采购。还应在采购、签合同、材料进库、进场、使用等5个环节中对材料进行全面检查，降低材料的意外风险。工作人员需要加强对施工环境的评价，在施工中根据进度来分析环境，加强施工设计方案的科学性，结合施工地区的不同来选择施工材料，并且保证工程建设的顺利进行，为园林工程的施工提供便捷的条件，并且保证施工的质量。

(3) 放样处理。在园林施工中道路铺装人员应具有专业的素质，掌握施工技术的应用要点，使施工更加规范可靠。施工人员需要查看施工现场的情况，明确各区域的特点，做好道路边线设计工作，保证工作的效率和质量。在进行道路铺装前，应结合施工设计图纸确定设计边线，明确桩点的位置，将打桩及边角线划线处理工作做好，为之后的铺装工作顺利进行提供充分的条件，使施工有良好的基础。

(4) 确定合适的连接点。在施工前，应明确连接点，由于道路的作用不仅是供行人行走，还需要连接不同的区域，保证区域之间的衔接性。通过对园林道路铺装施工的情况来看，一些道路是直线或者曲线等形状需要铺装。因此，需要考虑材料的特点，根据道路的设计要求合理选择，还应加强对路面的装饰，将连接点作为基础，使用适合的材料进行铺装，使连接点能够符合施工设计要求，为之后的施工提供相应的条件。

3. 主题铺装施工技术的应用

园林中，景观道路铺装施工作为重要的内容，对工程的整体质量有着较大的影响。结合对园林道路施工的要求来看，当施工中存在不合理问题时，会对工程的质量产生影响，难以保证最终的施工效果。因此，在道路铺装施工中施工技术应用应合理，使施工顺利并能保证质量。

(1) 挖方、填方技术。挖方、填方技术在园林工程道路铺装中是一种常用的技术，通过对场地不符合实际要求的部分进行挖方、填方处理来平整场地。针对地势较高的区域，可采用挖方技术进行处理，而地势较低的区域可采用填方技术。在填方施工中，应注意使用分层式的填土方式，从底部开始进行分层填方处理，保证地基充分夯实。同时，应进行二次平整处理，使挖方填方部位施工质量得到保障。

(2) 基层施工技术。当进行道路基层施工时，需要合理应用技术，保证施工的规范性，避免对施工质量造成影响。在摊铺碎石的过程中，应根据施工要求，明确施工的要点，在比较宽阔的路面可采用机器操作。在摊铺开始前，操作人员需要对粗骨料进行固定处理，由于摊铺是不断移动的，应将碎石摆好，根据施工要求开展作业。在摊铺完成后，应进行稳定碎石摊铺施工，及时使用压路机进行碾压处理，保持碾压速度均衡性，碾压时应从两边向后进行操作，完成后对道路进行平整度检查，保证碾压的施工效果。

对于起伏性较大的路段，需要进行修整处理，避免起伏性路段对整体施工效果产生影响。在碎石操作中需要保证路面高度及控制的标准高度的一致性，碾压时需要及时固定。在摊铺补充料时，应将准备好的粗骨料均匀地洒在碎石的表面，还应注意碎石层中不能存在裂缝，并且做好洒水工作，观察其中是否有空隙，当产生了空隙时，应及时使用填充料进行填筑。在夯实过程中，应控制好碾压的程度，当表面过于破碎，碾压次数不应过多，避免给道路表面带来不良影响。完成摊铺施工后，借助填充料进行镶嵌施工，再次碾压，使其达到平整性要求。

(3) 稳定层施工技术。在稳定层施工时，为了保证控制点的标高符合要求，应在边桩及中桩位置放置边线，控制好其中的间隔，通过对混凝土浇筑施工的控制，保证施工的质量。在施工中应明确混凝土配合比，保障混凝土性能符合要求，再对浇筑的混凝土进行养护，保障施工顺利完成。

(4) 石板铺装技术。石板铺设作为道路施工中的重要环节，也是最终的部分，在该环节中需要将处理工作做好。应进行稳定层放样及清理，以稳定层为基础铺设石板，预先将放样处理完成，确定施工流程。放样处理需要结合石板及道路的比例来进行，对铺装有着较大的影响，清理稳定层使其满足施工要求。在铺设时，需要保证石板的稳定性，对缝隙进行处理，避免石板之间的间隙影响道路整体的稳定性。可使用细沙材料来填充缝隙，使路面能够保持平整。铺装设计作为比较复杂的内容，当预设不合理等情况存在时会对施工质量带来不良影响。因此，应根据相应的规范要求开展施工，使铺装施工顺利实现[14]。

4. 主题铺装施工技术案例

某国际旅游度假区宝藏湾的主题铺装总面积为 15 000 m^2，其中彩色混凝土铺装面积为 13 000 m^2，石材铺装面积为 2 000 m^2。彩色艺术地坪是一种能在混凝土表层依靠地坪强化料、脱模粉、成型模、专业工具以及地坪保护剂等铺设，在其面层上创造出逼真的大理石、石板、瓦片、砖石、岩石、卵石等自然效果的地面材料工艺。利用彩色混凝土浇筑，严格按照符合要求的配合比调配彩色混凝土，达到逼真、相互协调统一的效果。彩色混凝土作为地面混凝土永久性装饰面料，被广泛应用在本工程场地地面饰面中，加色混凝土是由普通细骨料混凝土加无机颜料配制而成，施工时表面经过特殊处理达到密实光滑，并用特殊手法对各种图案、形状进行处理，做出设计的场景效果(图 10-4)。

图 10-4　景观道路铺装效果

(来源：http://www.ahxygroup.cn/display.php? id=279)

10.2.2 主题铺装施工工艺

通过使用不同模具实现不同天然材料的真实效果，可降低不同材料的采购成本；同时由于使用通体着色，可延长铺装的使用寿命和运营维护成本。可塑性强，通过使用不同的压印模具和骨料可制作丰富的肌理效果，根据设计要求，实现仿石、仿砖、仿沙、仿木等效果，替代了天然石材、木材、沙子等天然材料的使用，起到绿色环保的积极作用，社会效益高。

(1) 检查已经完成的所有地基工程，排水口位置是否已经正确定位；检查现有表面是否存在对后期的工程施工、耐久性和质量产生负面影响的情况。

(2) 测量放样，先将水准点和坐标控制点引进施工现场，并上报监理验收，待监理复核合格后再进行测量放样工作。彩色混凝土地面铺装伸缩缝、装饰缝、隔离缝和锯切缝进行放点标记。

(3) 模板支设，按照图纸所示的形状、尺寸和表面处理设置模板。为充分接近仿古效果，达到年代久远，路面自然开裂效果，主题伸缩缝通常采用曲折的硅胶模板。

(4) 钢筋布置、接缝布置，所有施工缝中插入的钢筋应带有足够缩进。布置伸缩缝、隔离缝和主题伸缩缝，在模板处设置所需泡沫或硬质接缝填料，在模板上放置塑料销钉套筒。确保套筒能够在混凝土浇筑过程中与混凝土板间保持横向、纵向对准。

(5) 彩色混凝土浇筑，严格按照符合要求的配合比调配彩色混凝土，根据气候、混凝土温度、混凝土尺寸以及饰面工人的工作能力来进行浇筑，预先估计妥善进行混凝土表面处理的速度，并确保其浇筑速度不会超过表面处理的速度。在泌水蒸发后，对相应接缝和边缘用工具进行必要的加工处理，并根据施工要求处理表面。

在混凝土浇筑过程中，应设置施工隔离区并派专人看守，防止非相关人员和机械进入施工区域影响作业。对土建、绿化、土方等其他工程妥善保护，防止被污染。

(6) 饰面与纹理处理。使用专用木制大抹刀、镁制抹刀等工具将混凝土表面抹平，对工作面边缘使用专用修边刀进行修边处理，做到表面光滑、密实，不存在任何工具处理的痕迹。当混凝土收平完成且收平过程中混凝土表面没有被带出水分方可进行下道工序施工。在设计指导下，使用工具制作所有手工控制缝。

播撒骨料饰面：通过在彩色混凝土上播撒装饰性骨料形成浮露骨料饰面。骨料种类和粒径满足设计要求，且应在播撒前清洗干净。在表面上按设计要求的密度播撒骨料，并使用抹刀或刮尺将骨料压入混凝土中。使用刮尺处理混凝土后立即开始涂敷并压实，直至骨料完全被埋入混凝土表面为止。使用水洗法或缓凝剂处理浮露骨料。

混凝土初凝前(根据施工条件不同，主要受气温和时间条件的影响，在操作时，混凝土摊铺结束后表面无明水即可进行彩色强化剂抛撒)，按设计要求在混凝土表面抛撒强化剂使其着色。

二次抛撒强化剂着色，使用专用收光抹刀将强化剂面层精抹平，要求强化剂面层颜色均匀一致，不得出现明显的抹刀痕迹。

人工抛撒彩色脱模剂至彩色强化剂表面，均匀覆盖强化剂面层即可，脱模剂要均匀覆盖强化剂表面，不得有遗漏或过厚。根据混凝土情况以及压印深度，有需要时可增加脱模剂用量。

压印与图案纹理：使用与图纸相符的预成型印垫、印模以及其他压印工具对混凝土进行压印处理。按照施工期间温度、湿度，依据经验适时使用专业清洗设备进行表面清洗，废水不能污染土建、绿化、土方等其他工程。

使用经认可的缓凝剂，或通过表面研磨、抛光露出骨料，达到预期的饰面效果。

(7) 接缝处理。使用钢丝刷对接缝进行清洁。填缝料安装前，确认已清除了接缝与周围全部区域内的所有污垢和松散材料。在适当深度内安装泡沫棒。填缝料直接浇入或喷枪注入接缝中。使用工具清除气泡和空隙，使饰面光滑。

填缝料妥善固化前，不得被污垢和其他杂物污染，也不允许行人与车辆通行。

(8) 混凝土二次着色，根据需要，使用刷子、海绵和手动泵喷雾器涂刷化学着色剂以达到预期效果。

(9) 混凝土养护和保护，当混凝土表面处理完成后，立即开始混凝土养护。养护期间，其表面不得遗留任何杂物或储存任何材料。至少风干 2 天后，涂敷经过认可的表面硬化剂。设置隔离带和警示标语，严禁车辆行人在养护龄期内通行。

(10) 表面密封和保护，在混凝土妥善养护后，立即对其进行密封。主题铺设效果图见图 10-5。

图 10-5　主题铺装效果图
（来源：中建二局华东公司）

10.3　主题屋面施工技术

主题屋面是围绕文旅建筑场景故事主题所设计的石板瓦、陶土瓦、仿木瓦、人造茅草等各种屋面。施工关键技术主要包括屋面水泥板安装、屋面防水卷材铺贴、顺水条挂瓦条安装、屋面板摆样、屋面板主题做旧、主题上色、屋面板固定等关键技术。其中屋面摆样包括石板瓦摆样、仿木瓦摆样和陶土瓦摆样。在主题上色阶段，根据设计要求、屋面色卡对屋面板进行主题上色。主题屋面施工技术是主题场景还原的重要组成部分，如图 10-6所示。

图 10-6 主题屋面效果图
（来源：中建二局华东公司）

10.3.1 复杂主题屋面施工的技术要点

1. 基于 BIM 的复杂异型建筑的三维建模技术

基于 BIM 技术的复杂屋面三维建模，参建团队围绕 BIM 模型开展屋面工作。各参与方均选择提升技术高度，多采用以 BIM 模型为基础的新技术、新手段，以更高的效率来管理本项目的施工并解决主题乐园项目特有的屋面难题[15]。

(1) 视点分析。本项目业主要求游客不应看到影响单体主题艺术效果的其他建筑元素，屋面上的管线、发声器等均要隐藏在游客视线之外。BIM 模型可以很好地在三维环境里模拟游客视点，以此来确保设备的隐蔽性。

(2) 投影设备安装。主题乐园的艺术效果要求高，整个园区单体屋面各处都有可能安装提供光影效果的投影设备，并且要求其投射出的光幕不能被遮挡。以往项目针对投影仪的信息基本上只有点位和标高，而有了 BIM 模型，可以准确模拟出投影的光幕范围，再和其他专业做碰撞检查，优化投影效果[16]。

2. 复杂异形建筑表皮的构造研究

在确认 BIM 屋面模型后，需要落实模型中屋面造型的构造及其可行性。从以下 3 种适用于本项目的构造方式中进行分析筛选。

(1) 玻璃纤维增强水泥(Glass Fiber Reinforced Concrete, GRC)屋面材料，具有高强、高韧性、耐水、制品薄、易于加工成型等优势。因为在其他单体中大量运用 GRC 材料作为线条及屋面装饰构件(图 10-7)，所以最初尝试用 GRC 材料来实现屋面造型施工。

目前市场上生产 GRC 产品的厂家较多，产品质量参差不齐。在与几家实力、口碑比较好的厂家沟通后发现了一些生产和施工的难题。首先，构件定位困难，扭曲的双曲屋面很难准确地给出空间定位点供构件安装；其次，生产成本高，非标准构件模具不能重复利用，所有构件均需制作模具，生产效率低、成本大。鉴于以上原因，GRC 的方案最终没有被采用。

(2) 水泥板屋面。水泥板是以水泥为主要原材料进行加工生产的一种建筑平板，具有

图 10-7 GRC 材料构件[16]

较好的防火、防水、防腐、防虫、隔声性能，因其成本低、易于加工等特点成为建筑业广泛使用的建筑材料，屋面原设计体系拟采用水泥板。

在非曲或单曲坡屋面施工中压型钢板结合水泥板能较好地实现屋面造型；但是在曲度较大的双曲屋面施工中，倘若选择面积较大的水泥板塑型，将无法拼合成理想的艺术形态，达不到建筑要求；而选择较小的水泥板塑型，则会面临接缝多、空隙大、容易渗水等施工问题。最终项目在非曲或单曲坡屋面中，仍旧采用原设计体系，即水泥板；但是双曲屋面无法采用水泥板的形式。

(3) 喷浆屋面。主题公园项目有大量的塑石假山，造型各异的假山都采用喷浆技术来完成塑形施工(图 10-8)。喷浆屋面就是运用园林的技术实现建筑的造型，具有容易定型，可以雕刻、喷涂等特点。

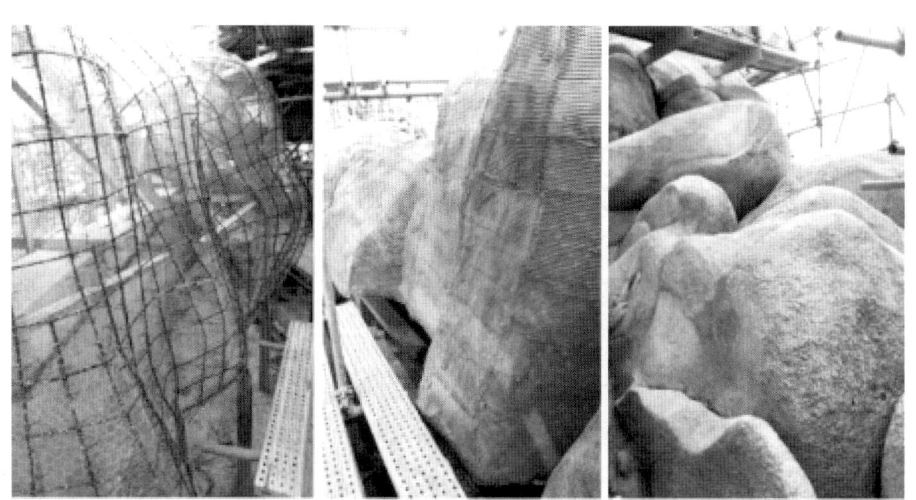

图 10-8 塑石假山的钢筋网片及喷浆[16]

针对喷浆屋面的受力情况，按照 C25 混凝土的强度进行计算，按照计算最大可采用 1.0 m× 1.5 m 的型钢次钢系统。本项目双曲屋面采用 BIM 技术，由于屋面形状复杂，故在已有的屋面模型基础上，为保证凹凸形状，直接三维深化出 75 mm 角钢的次钢系统，以满足结构设计需求,同时满足建筑要求(图10-9)。

水泥喷浆板经荷载计算、板块内力计算及配筋验算后,满足设计要求。

经过不同形式的方案及其优缺点分析,在非曲或单曲坡屋面中采用压型钢板、水泥板组合形式完成建筑构造;而在复杂双曲屋面中采用喷浆的方式完成施工。

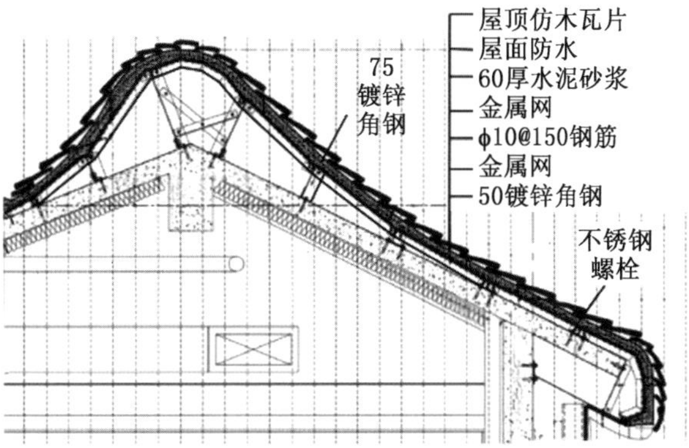

屋顶仿木瓦片
屋面防水
60厚水泥砂浆
金属网
φ10@150钢筋
金属网
50镀锌角钢
75镀锌角钢
不锈钢螺栓

图 10-9 喷浆屋面剖面示意[16]

3. 异形屋面的现场施工技术

1) 普通坡屋面

(1) 铺压型钢板。根据屋面形状和坡度,采用专用螺栓固定在主钢结构和次钢结构上来固定压型钢板。

(2) 铺水泥板。水泥板安装之前需根据屋面大小、形状和水泥板的尺寸进行排版,然后逐块安装,并按需裁切,使用平头自攻螺钉将水泥板固定在压型钢板上面。

(3) 铺防水卷材。在铺设防水卷材前,水泥板表面应清理干净,且在水泥板接缝处,利用弹性腻子批嵌,确保防水基层平整、连续。屋面防水采用厚 1.5 mm 防水涂料与厚 1.5 mm的防水卷材。

(4) 铺设屋面面层瓦片。在屋面天沟、管道、装饰等零散构件安装完毕之后,开始铺贴面层瓦片。瓦片安装自下而上,上层瓦片覆盖下层瓦片的打钉处,屋脊处由脊瓦覆盖,保证钉子不外露(图 10-10)。

2) 喷浆屋面

(1) 次钢结构造型施工。按照造型要求,在主体结构上固定次钢结构,由于造型没有规则可寻,因此,所有造型立杆间距均为 700 mm × 700 mm,每根立杆以三维坐标系统定位,确保最后的次钢结构形状满足设计要求(图 10-11)。

图 10-10 铺设瓦片[16]

图 10-11 次钢结构造型施工[16]

(2) 钢筋网片施工。首先在主钢表面搭设钢筋网片。钢筋网片共分为3层,主钢上面铺设密目网,使用镀锌钢条和自攻螺钉固定密目网。密目网上面是一层镀锌钢筋网片,使用焊接方式互相连接。焊接完成后,去除焊渣并喷镀锌自动喷漆,最后覆上一层六角网,防止面层喷浆开裂。

(3) 喷浆施工。钢筋网搭设完成之后,使用喷浆机在网片上喷浆并抹平,抹平过程中需要时刻参照模型造型,力争在砂浆收光时,将设计需要的效果,圆润且较为精准地表达出来(图 10-12)[17]。

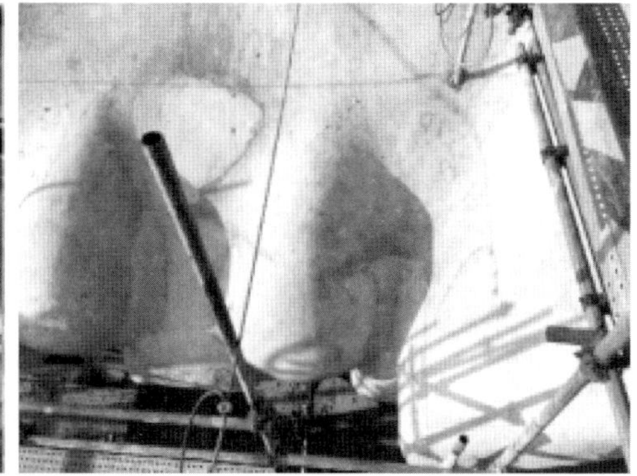

图 10-12 喷浆施工及喷浆完成面[16]

10.3.2 仿真茅草屋面施工技术

1. 工程的特点、难点分析

(1) 屋面造型复杂、施工难度大。整个屋面由多个异形的曲面拼装而成,造型复杂,设计师用二维设计图纸很难反映整个建筑全貌,并且项目技术人员也普遍反映设计图纸很难理解透彻,往往为看清某个节点的具体构造需连续翻阅大量的图纸。

(2) 屋面施工质量要求高。屋面仿真人造茅草直接固定在混凝土屋面的表面,对多曲异形的混凝土屋面的模板安装质量、混凝土配合比的选用及混凝土施工质量提出了很高的要求。

多曲异形的混凝土组合屋面直接采用钢结构加工成造型,在钢结构上铺压型钢板并浇捣混凝土,对钢结构加工质量和安装质量提出了很高的要求。

2. 屋面结构喷浆方案的确定

(1) 屋面结构方案的比选。屋面结构方案一(设计方案)。压型钢板组合混凝土屋面板是钢结构设计中常用的设计方案,其具有耐久性好、屋面设计荷载大且与钢梁之间能很好地连接等优点,但由于屋面造型复杂,常规混凝土浇捣施工可能存在大量的冷缝、混凝土振捣不密实等问题,且后期为达到建筑造型需花费大量人工进行修整。同时,通过 BIM 技术模拟压型钢板铺设的施工全过程,发现整个屋面无法用压型钢板铺设完整。

屋面结构方案二(建议方案)。采用塑石假山的材料和喷浆的施工工艺来完成整个复杂异形屋面的结构造型，该方案的优点是园区中有大批施工经验丰富的工人，灰浆容易定型、可塑性强，易于雕刻和喷涂，容易完成建筑造型；缺点是对原结构方案需重新设计，通过设计计算，可能需增加部分钢构件和钢筋来达到设计荷载及建筑效果要求。

（2）屋面结构方案的确定。经过不同形式的方案比选，确定采用喷浆工艺的方式来实现复杂多曲屋面的造型。

针对喷浆屋面的受力情况，根据喷射砂浆材料检测报告并按照C20混凝土的强度进行计算，最终采用厚80 mm的喷射砂浆内配双向不锈钢钢筋 Φ10 mm@200 mm 的方案，并在既有的钢结构内按计算要求增设型钢体系，保证其板的跨度不大于 1.0 m× 1.0 m（图 10-13、图 10-14）。

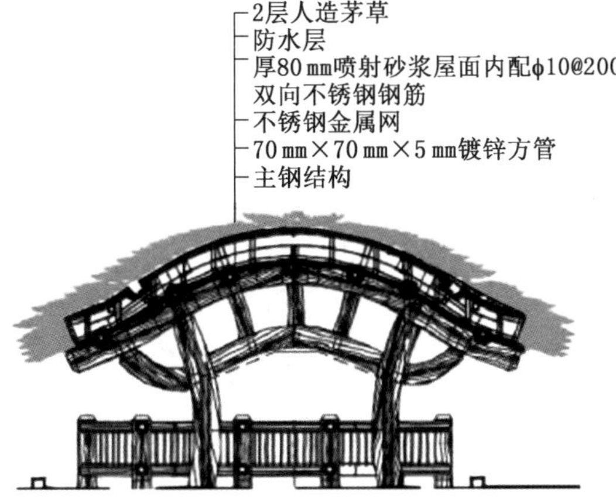

图 10-13　调整后屋面做法[19]

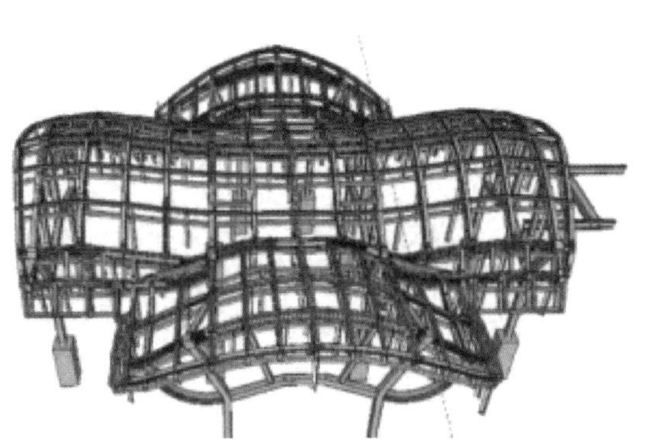

图 10-14　调整后屋面钢结构模型[19]

3. 主要施工技术及措施

（1）前期深化设计。屋面造型复杂，常规施工方法很难完成设计造型要求，运用 BIM 技术的三维可视化，直接三维建模，可以更准确地反映出屋面的几何形状以及相应的工程构造。以 BIM 三维建模技术精确地确定设计需要的建筑完成面后，再进行建筑完成面后的结构深化。

建模初期，BIM 工程师仅能利用建筑平面图、立面图、剖面图作为建模依据，但很多复杂屋面仅仅通过这几张图纸不能准确反映出设计师所需要表达的设计意图，因此 BIM 工程师向美方建筑师提出相应图纸表达不清楚等问题，得到了建筑师的及时回复。

在初版模型创建完成后，BIM 工程师和设计师就三维可视的数字化模型进行讨论，提出修改意见，并直接在三维环境里完成修改。通过多次协调沟通，BIM 模型越来越趋于设计师的意图，在设计师最终签字确认以后，以此屋面模型作为后续其他专业的深化设计基础和依据。整个屋面通过 BIM 技术三维建模，解决了只运用二维图纸很难理解和深化复杂屋面的问题，并牵引后续团队围绕确认的屋面 BIM 模型开展相应的工作。

（2）钢结构工程。屋面采用 1 台 50 t 的汽车吊进行钢结构安装施工。

钢结构安装流程：施工准备→柱脚预埋件复测→钢柱安装→异型主梁安装→次梁安

装→钢梁面 75 mm×75 mm×6 mm 角钢连接件安装。钢结构安装过程需配备专职测量人员利用三维坐标进行跟踪测量，确保最后的安装形状达到设计要求。钢构件焊接完毕后应及时对焊缝进行清理打磨并喷镀锌自动漆。

(3) 喷浆屋面施工包括钢筋网片施工和屋面喷浆施工。

① 钢筋网片施工。在钢结构表面搭设钢筋网片，钢筋网片共分 3 层。首先采用不锈钢密目网在钢结构表面敷设。敷设时，使用不锈钢网片和自攻螺钉将不锈钢密目网片与屋面钢结构固定牢固(图 10-15、图 10-16)。其次在密目网上面设置 1 层不锈钢钢筋 Φ10 mm@200 mm 双层双向布置，Φ10 mm@200 mm 双层双向钢筋网设置在厚 80 mm 喷浆层的中上部。根据茅草屋面形状通过现场制作出钢筋造型；Φ10 mm 不锈钢钢筋与设置在屋面钢梁表面高 45 mm 的镀锌角钢(75 mm×75 mm×6 mm)连接件在顶部用电焊进行焊接(图 10-17)，其间距为 1 000 mm。Φ10 mm 钢筋网片之间通过焊接相互连接，确保屋面全覆盖钢筋造型，焊接完成后及时去除焊渣并喷镀锌自动漆。

图 10-15　钢结构完成形状[19]

图 10-16　不锈钢密目网安装[19]

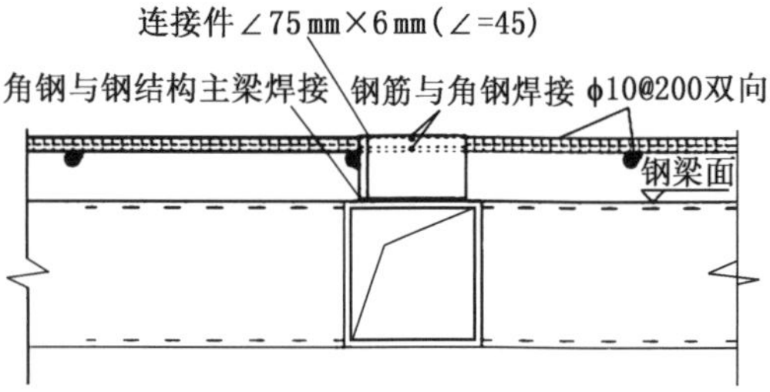

连接件∠75 mm×6 mm(∠=45)
角钢与钢结构主梁焊接
钢筋与角钢焊接 ϕ10@200双向
钢梁面

图 10-17　钢筋与钢结构连接节点[19]

② 屋面喷浆施工。屋面喷浆厚达 80 mm，屋面喷浆需分两次进行，喷浆时应从下到上喷涂砂浆并覆盖钢筋网片。屋面喷浆之前对屋面上 8 条排水天沟模板做好相应的预埋工作。

喷浆工用喷浆机按照已经安装完成的钢筋网片的形状喷射第 1 层砂浆，必须确保砂浆穿过钢筋，密实地挂在不锈钢密目网上，第 1 层砂浆的厚度通常为 40 mm。

在第 1 层砂浆稍干后即开始第 2 层砂浆的喷射。第 2 层砂浆厚度同样为 40 mm，须确保两层砂浆完全包裹钢筋。第 2 层砂浆喷涂时，抹灰工需要时刻参考模型，争取在砂浆收光时将设计需要的外观效果表现出来，施工时砂浆必须抹实，表面需抹光滑。屋面喷浆层完成之后即进行养护,时间不少于两周[18],喷浆完成的屋面效果如图 10-18 所示。

图 10-18　喷浆完成的屋面效果[19]

(4) PVC 仿真茅草施工。PVC 仿真茅草是阻燃性的仿制真茅草的一种,它具有不生锈、不腐烂、不生虫、耐用、防火及便于安装等特点,仿真茅草永不褪色,寿命年限 30～50 年,是代替天然茅草屋面最理想的装饰材料。

茅草铺设前应先设计好排版图,施工人员根据深化设计排版图先在屋面弹出茅草安装的位置控制线,以便控制施工安装。

仿真茅草安装从屋檐开始,每块厚 80 mm 的茅草一端自带不锈钢连接件并可用不锈钢螺丝来固定。屋檐部位的茅草较厚。铺放茅草按从下往上的顺序,一层压住一层直至最上层,每层交叉重叠 20 cm 左右,最后安装脊瓦。屋面脊瓦安装时应顺着下风向开始,使屋面瓦缝避开主风向。仿真茅草每铺完一层后,即用拉拔测设合格的 M5.5×65 mm 不锈钢自攻螺钉将茅草固定在屋面上(图 10-19、图 10-20)。

屋面茅草铺设完毕后,施工人员应根据建筑师提供的效果图在创意设计师的指导下对茅草进行裁剪,从而达到最终的设计效果[20]。

图 10-19　人造茅草安装

图 10-20　屋面茅草完成后的效果

10.3.3 坡屋面施工技术

坡屋面造型美观、排水合理，比传统木结构更具有安全、耐久性，符合主题乐园项目追求个性造型的要求，但在混凝土结构坡屋面的施工过程中还存在很多不足，不利于坡屋面的功能发挥，同时也影响了屋面的美观效果，针对这一情况，在坡屋面的施工过程中要不断地改进施工技术并加强监管力度，积极采取有效措施，提前预防施工过程中可能出现的问题，避免影响坡屋面使用效果[21]。

坡屋面施工工艺流程：测量放样→搭设钢管支撑体系→安装底板主次楞→安装底层面板→弹线、放样(限位止水螺杆)→钻孔、模板面清理→绑扎坡屋面钢筋→验收后安装顶模→浇筑混凝土→拆除顶模→养护→拆除底模。

1. 模板工程

坡屋面建筑结构较复杂，各种边线、坡线、凸窗较多，且屋面各方向坡度不一，依靠传统识图方式难度较大，而采用 BIM 建模技术可将各单体建筑造型直观地展现在施工人员面前，极大地方便项目坡屋面施工。同时也节约了现场施工人员的识图时间，减少了技术内业人员的工作量。

在坡屋面施工过程中，一定要做到坡线顺直、坡面平整。而模板支撑体系对于坡屋面施工而言有着极其重要的影响。坡屋面模板支模前需确定坡顶、坡底、坡面交线及边线位置，避免坡屋面造型在支模阶段出现偏差；同时坡屋面模板支撑体系既受到垂直方向的力，又受到水平方向的力，因而施工支撑需要进行斜面支撑水平推力的设计，提升斜面支撑抵抗水平推力与竖向推力能力。

考虑到坡屋面坡度大，混凝土浇筑时容易往下流淌，会严重影响斜屋面设计厚度和平整度。如果模板的倾角超过45°时，为了保证屋面形状、厚度及密实度不受影响，一般采用类似剪力墙的双层夹模板施工工艺进行施工。

钢筋绑扎验收后，使用止水螺杆进行固定，为了使屋面板的厚度能够达标，屋面每隔一定间距放置一根短钢筋。先检查屋面老虎窗的钢筋有没有预留，然后在上层模板合模。屋檐到屋脊每隔 3 m 及屋脊顶部处预留 50 cm 宽混凝土后浇筑带，并预留 20 cm×20 cm 的振捣口，间距为 1 m。后浇水平梁亦应留置振捣口。

支模架搭设程序：弹屋脊线和屋檐内侧边线及控制标高→大屋面排架→纵向剪刀撑→横向剪刀撑→检查验收标高、坡度屋脊线、屋檐线→铺设大屋面模板→搭设小屋面支撑系统→铺设小屋面模板→节点横板→横板验收。

在混凝土强度达到 1.2 N/mm^2 后才能拆除面层模板，但是在拆模过程中，为了保证止水螺栓不松动，要注意不能乱撬；根据相关规定来拆底层模板，以同条件试块抗压强度为依据，予以拆模。

2. 钢筋工程

坡屋面坡面交线上梁柱节点的梁节点处，由于坡面坡度不同造成梁主筋弯曲角度不同，导致梁柱的主筋在下料的过程中角度控制难度增大，使得钢筋的锚固长度在实际的加工过程中出现过长或过短，间距没有达到设计和规范要求，并且很容易在钢筋安装过程中出现捆扎形状变形。

由于坡屋面坡度大，施工人员无法自由站立，钢筋安装难度较大，在现场搭设局部钢管悬挑操作架，以满足作业要求。

(1) 钢筋绑扎顺序安排：柱钢筋→浇筑柱混凝土后，绑扎坡屋面梁钢筋→绑扎坡屋面板钢筋→绑扎老虎窗等钢筋→浇筑坡屋面混凝土。

(2) 施工要点。在双层钢筋网之间设置有效的支撑马凳筋，能够有效防止在浇捣混凝土过程中板面钢筋下陷，并且保证上层板筋的有效高度，三角形支撑马凳筋采用 Φ10，间距为 600 mm× 600 mm，在同一个方面设置两道以上支撑，并且离板筋末端不超过 15 mm。为了更好地保证钢筋网片的整体稳定性，在马凳筋与上、下层钢筋接触点以及其周边 2～3 道范围内的上、下层钢筋网都采取点焊方式。

为了避免在浇捣混凝土过程中出现露筋问题，钢筋之间一定要牢固绑扎。在进行钢筋绑扎时，要严格按照设计规定来留足保护层。在留设保护层时，应以相同配合比的水泥砂浆制成带绑丝的成品垫块，将钢筋垫起，禁止用钢筋垫钢筋或将钢筋用铁钉、铁丝直接固定在模板上。

绑扎屋顶框架柱钢筋时，檐口柱(有屋面斜梁处)外侧纵向钢筋(在与斜梁相交范围内)应预留 $1.5L_{aE}$ 长，在绑扎屋面斜梁时，再弯成 40°与斜梁上部纵筋搭接。

3. 混凝土工程

坡屋面坡度大，混凝土自重较大，在施工过程中必须考虑浇筑顺序，顺序合理才能够保证混凝土均匀浇筑；同时应重点关注混凝土的坍落度、振捣、养护质量，使混凝土表面的整体性和裂缝得到有效控制，使混凝土浇捣成型后达到密实的效果，从而做到真正意义上的“零渗漏”。

坡屋面混凝土施工时应先浇筑框架柱，待框架柱混凝土具有一定强度后，再浇筑梁板混凝土，以提高支撑架体整体稳定性。梁板混凝土浇筑时尽可能两侧同时进行，保证支撑模板不会受到过多的侧向水平推力，减少施工安全风险，同时提高浇筑的整体性。

在坡屋面混凝土施工过程中，振捣是否到位直接关系到混凝土密实度、振捣深度、振捣均匀、振捣时间是否达到相关标准，浇筑和振捣要同时进行，从而避免漏振情况的出现。坡屋面使用的是双面支模模板，因此不能使用平板振捣器，而是使用振捣棒，这样即使是小型结构构件在钢筋集中时也能实现其振捣应有的效果[22]。

坡屋面坡度大，混凝土坍落度不宜过小，也不宜过大。坍落度偏大，混凝土不易成型，稍一振捣即发生流淌，无法控制浇筑厚度；坍落度偏小，混凝土铺设困难，不能被充分振捣密实，容易造成蜂窝、麻面，造成质量缺陷。

浇筑混凝土时，以斜屋檐为起点，绕屋面一周循环浇筑；在浇筑时，为了防止骨料滑落要临时设置 50 cm 高挡板在浇筑带模板面上；为了检查是否已浇筑密实，在浇筑过程中可以用小锤敲击；底部混凝土浇筑振捣密实后，再浇筑上部尖端混凝土，顶部混凝土采用坍落度较小的混凝土浇筑，混凝土自然滑落成型并配合人工修整；为了使浇筑密实度能够达到标准，可以采取以下两种措施：

(1) 为了避免由于振捣棒棒径过大产生振弯钢筋的情况，建议采用小型振捣棒，敲打振实采用的工具是大铁锤。

(2) 保证混凝土的坍落度达到 200 mm。

积极做好混凝土的养护工作，能够有效提高其抗渗性能，尤其要重视其早期湿润养护，通常情况下，一旦混凝土终凝就开始采取浇水养护的措施，并且保证养护时间不低于 14 d[23]。

10.4 主题门窗施工技术

10.4.1 技术特点及原理

主题装饰防火钢质门指与游客相接触区域的钢质防火门，为保证前场设计的风格一致，通过厚度不超过 5 mm 的主题环氧树脂雕刻工艺，对其进行仿木纹雕刻修饰，以达到仿真木质门，同时与周边整个环境效果的完美统一，称为主题装饰防火钢质门。

1. 主题门窗施工关键技术中突出的特点

主题门窗施工关键技术采用了主题环氧树脂雕刻工艺，有以下突出特点：

(1) 突破了传统钢质防火门简单的喷漆工艺，起到仿真木纹装饰效果。满足了设计的各项要求和在主题公园中的应用。

(2) 附着力强，可塑性强；不开裂，不收缩。

(3) 满足防火等级、保温性、隔热性、水密性、气密性，抗风压性能等各项节能指标的设计要求。

(4) 与木质门相比，避免了木质门热胀冷缩、开裂等产生的种种弊端。

2. 施工中应注意的问题

(1) 掌握可雕刻环氧树脂的施工范围是关键。这将直接影响门的开启。切不可将环氧树脂施工至门的侧面四周而影响五金的安装。

(2) 锁芯的选择，需要特别考虑加长锁芯。因为标准的锁芯长度适合于传统的厚度为 45 mm 防火钢质门。而主题防火钢质门经主题雕刻之后，厚度成为 55 mm 或者更长。锁芯就得加长定制。

(3) 注意施工的整个流程，与传统的门五金安装程序区别很大，需要严格按标准的流程进行施工。

(4) 效果仿真，不开裂、不变形。

(5) 可雕刻环氧工艺产品很重，每平方米重约 20 kg，钢质门单扇完成施工后，达每平方米 60～65 kg，对铰链的选择要充分考虑该因素。门框洞口的基层必须牢固，注意加强处理轻质龙骨墙。门框与墙体的连接点必须按要求施工。

10.4.2 主题门窗施工技术要点

门窗工程的主题化施工，主要是通过各种主题装饰的施工技术，表达建筑的历史背景，体现与建筑相吻合的主题文化风格与故事。门窗按设计功能的不同，具有防火、防水、保温、隔热、隔声等功能；按材质划分有木质、钢质、卷帘、玻璃、铝合金等类别；按主题装饰化可分为前场区门窗和后场区门窗。

常用的主题化施工技术有实木门窗做旧处理＋主题上色、钢质及铝合金门窗的主题上色、钢质门窗的环氧雕刻＋主题上色、铁艺门做旧处理＋主题上色等施工技术进行。结合上海迪士尼乐园宝藏湾项目的门窗工程实例，探索主题化门窗工程“实木门窗＋主题上色”工艺在主题公园中施工技术、方法及应用。

1. 上海迪士尼乐园宝藏湾项目门窗工程概况

上海迪士尼乐园宝藏湾项目，建筑面积 16 412 m^2。地下一层，地上一层，建筑高度 20.6 m。建筑结构为钢框架中心支撑结构。轻质隔墙均采用轻钢龙骨体系。后场区建筑外墙面还采用了 150 mm 厚岩棉夹芯板。前场区外墙体围护主体采用单层轻钢龙骨保温棉或双层轻钢龙骨保温棉＋水泥板。墙体最大厚度达 400 mm，门窗洞口采用 2 mm 厚轻钢龙骨制作的合子梁。外墙面通过专用的雕刻砂浆进行仿石、仿木、仿砖、仿土等主题化施工。

2. 上海迪士尼乐园宝藏湾项目门窗施工技术要点

(1) 深化设计；项目上的门窗样式复杂，77 樘木质门共计 38 个门样式。78 樘木质窗共计 46 个窗样式。门窗五金样式更是多达 3 000 种。每一樘门、窗及五金都要经过深化设计，精准地反应到图纸上。门窗五金的安装验收按照深化设计图中五金表及位置进行验收。

(2) 实木门窗防腐、防火阻燃处理、做旧处理。由于木材属于易燃材料，根据建筑内部装饰设计防火规范，木质材料必须经过 B1 级防火阻燃处理。因为实木门窗需要做旧处理，刷防火涂料工艺不适合这里，所以要经过 ACQ 高压渗透防腐处理，以满足做旧要求。

(3) 做旧的周期长；实木门窗需要在做旧工厂经过做旧处理，这比常规门窗生产周期加长约 60 天。

(4) 墙面的主题化施工带有艺术性，完成后不能横平竖直，需要通过主题的雕刻饰层以门窗进行最终收口，无法采用木贴脸收口。与常规的门窗安装顺序颠倒，墙面施工、门窗安装结束后整体验收等施工组织设计的流程发生变化。

(5) 墙面、主题门窗需要整体同步上色。

(6) 建筑外门窗在满足主题化施工的同时，还必须满足建筑外门窗的水密性、气密性、抗风压性能的三性要求。

(7) 工期紧张，所有门窗的加工不能等到施工现场门窗洞口形成后再测量加工，因此现场的施工与工厂的加工需要同步进行。这对门窗的加工，现场的施工精准度都是一种技术的挑战。

3. 上海迪士尼乐园宝藏湾项目实木门窗施工方案与常规门安装节点技术剖析

(1) 实木门窗安装方案节点的技术优点。通过该节点图及工艺流程可以看出，增加了一个通长的木垫块安装工序。这样一个小小的增加动作，在经济效益、施工技术、施工质量上都取得了非常好的效果，实木门窗工程施工工艺流程如图 10-21 所示。

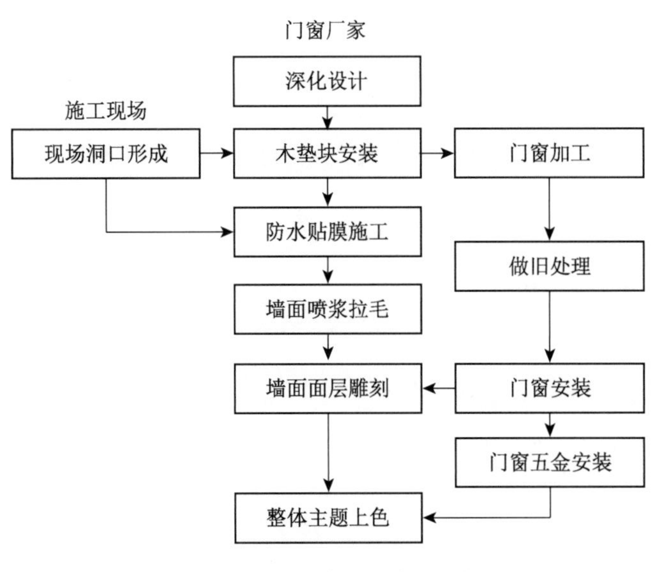

图 10-21 实木门窗工程施工工艺流程

① 该木垫块满足了建筑节能保温的施工要求。

② 洞口形成后，门窗厂家可以快速进行木垫块的加工安装，这时对洞口尺寸也进行了二次校正，大大提高了门窗后期加工安装的精准度。

③ 为墙面的主题雕刻施工和整体施工进度赢得了时间。因为门窗需要经过门厂的加工生产、防腐处理、工程师指导做旧艺术效果处理等流程，这个周期至少长达 60 天。而木垫块的加工时间 7～10 天。木垫块安装结束后便可以进入防水施工、雕刻层的底层挂网、拉毛等施工。

④ 门窗采用全实木制作，而非传统的木工板＋实木贴皮制作工艺。为满足门窗的抗风性、气密性和渗水性等三性要求，木材之间的拼接采用指接工艺进行拼装，确保了门窗加工的稳定性。

⑤ 实木门窗安装。由于前期的工作准备充分，尤其在木垫的安装过程中，已经对每一樘门窗的洞口进行了二次校正，并对安装的位置进行了定位，对地面标高等进行了放线处理和预判。因此这时门窗框安装的精准度大大提高，门窗框安装的返工率为零。

(2) 门窗五金、精细设计，准确安装。宝藏湾项目的门窗五金工程是一项复杂的工程。3 000 多个品种，30 多个品牌，11 000 多个五金单品，而且均采用进口产品，安装工人对这些产品都非常陌生。因此，精细的设计、科学的安排，精心的组织是门五金安装工程的重中之重，这也直接影响五金安装的准确度和工程的进度，杜绝出现安装错误。在实木门窗加工之前，对每一樘门窗的五金做了精细的深化设计图，每一樘门窗上需要安装五金的类型、数量、位置等全部体现在深化设计图中。哪些需要预开孔、预埋等做到全部心中有数，以达到精准安装。因为实木门窗一旦安装开孔错误，门将直接面临报废。实木门窗产品加工周期长，也直接影响工期的进度。

(3) 五金安装步骤：①安装门底刷。②安装逃生推杆、上下暗插销或顶装式门止器。③安装铰链。④安装门锁、把手、门磁等。⑤安装闭门器。⑥安装密封条。⑦安装装饰五金、门碰等。⑧门五金安装调试。

(4) 主题化实木门窗的做旧处理。做旧处理是主题化实木门窗施工必不可少的一道工艺。通过喷砂、炭烧、打磨、手工处理等工序，对门窗进行不同层次的纹理加深处理。体现门窗悠久的历史年代感，以达到与建筑主题相吻合的故事性。做旧前还需要对加工好的成品门窗进行严格验收。首先是木材含水率的验收，项目上采用白橡木和花旗松，这两种木材的含水率控制在 12%以内，防止收缩开裂，确保门窗的整体稳定性。其次是对门窗进行防腐、防火阻燃处理验收。由于实木门窗均需要做旧处理，其表面会受到不同程度的损坏。因此，防腐、防火阻燃采用真空加压渗透处理，由专业处理厂家出具合格防腐渗透报告，作为做旧处理的前提条件。做旧可按不同的层次分 3 个等级；一级最浅，三级最深。门窗做旧安装效果如图 10-22 所示。

图 10-22　门窗做旧安装效果[24]

(5) 主题化实木门窗的上色。主题化实木门窗的上色是主题化门窗工程最后一道流程。这不是简单的上色喷涂，而是通过海绵、上色笔刷、调色盘等工具，人工一笔一画描绘出来的，像绘画一般，惟妙惟肖、丰富和谐的艺术效果显现在游客面前。主题上色需要经过四道人工上色过程，涂刷厚度 100～120 μm 才可以完成最终的效果。第一道封闭底漆，第二道主题底色，第三道主题面漆，第四道罩面保护漆[24]。

10.5　主题栏杆施工技术

10.5.1　技术特点及原理

建筑中的栏杆，既具备实用的目的，又兼有优美的形态；既可远观之，又可近赏之；它体现了精巧优雅的功能美和形态美，也体现了具象的装饰美和虚实结合的空间美。栏杆用于一定的场所，体现了一种引人入胜的意境美和有着深厚传统文化内涵的诗意美。作为建筑外檐装修的一个类别，栏杆免不了也要带有该时代的文化烙印，主题公园中的栏杆更需与主题场景相契合，与主题故事、主题文化融为一体。

栏杆主要被分为后场栏杆和前场栏杆，后场栏杆主要有楼梯栏杆、水道栏杆。前场栏杆主要是一些不同类型的主题栏杆。

楼梯栏杆及主题艺术栏杆需要以图纸标注为准，根据现场实际情况确定施工的顺序及技术以规范要求为准。后场楼梯安装靠墙一侧，墙体为轻钢龙骨墙需在龙骨墙上提前做好预埋备板，立柱之间距离以图纸标注为准，施工顺序及技术以规范要求为准。

主题艺术栏杆预埋件的安装、栏杆基层的制作、做旧工艺、上色工艺、栏杆木扶手的施工安装工艺。铁艺异型扶手及方管可雕塑环氧树脂扶手等根据图纸要求，异型扶手需要根据现场确定弧度大小，立柱之间距离以图纸标注为准，施工顺序及技术以规范要求为准。

对于施工过程中结构的连接提供锚固、板材、角钢、挂件尤为重要，这才能保证最终安装时垂直于水平面。

10.5.2 主题栏杆施工工艺

1. 楼梯扶手施工程序

楼梯扶手施工程序：熟悉图纸→材料准备→现场测量→半成品加工→半成品保护和运输→现场安装→成品保护→清洁清理→修补→交付使用。

2. 楼梯扶手施工工艺

防护栏杆需现场复核尺寸，再进行安装制作。材料进入现场制作安装之前做防锈两遍，制作过程中，定位尺寸要准确，切斜角、磨口要细致，保证角度拼装准确精细。在进行拼装时，焊接部位要平整，对接部位要严密，保证平整度横平竖直。焊接部位的焊口必须满焊，做到焊口无断缝，无沙眼，焊口要打磨光滑，平整度达标。扶手要抛光磨平，在确保施工现场无污染情况下进入现场安装。

防护栏杆加工为半成品时，用钢丝轮除锈，表面进行防锈处理完好后再做面漆处理，保证栏杆表面的整洁。

防护木栏杆制作需现场复核尺寸，再进行制作安装，材料进入现场制作安装完成后要求表面光滑，清洁度，整体效果美观大方，用塑料包装纸进行整体包装，以免擦伤碰坏。

3. 防护栏杆安装工艺

安装工艺，产品运到施工现场后按图纸上所规定的位置及尺寸准确安装就位，确定好标高及垂直平整度。应按照要求与图纸设计要求进行定位，确保达到设计要求，符合验收规范的规定。

依据防护栏杆所提供的标准线抄水平定位安装，预埋件间距根据图纸设计要求安装定位。

针对安装荷载，提供足够的临时支撑，以便在永久性连接吊装和安装完成之前保持对准精度。

当施工深化图有特别注明时，进行现场焊接连接。其他现场连接可采用焊接或螺栓连接，但必须获得与连接质量水平要求相符的结果，并获得业主认可。

完成安装后，对焊接点、磨损处和没有进行工厂预涂底漆或镀锌的表面涂底漆，与混凝土接触的表面除外。

4. 清洁、保护和修补

清洁和抛光饰面、金属表面并加以保护，使其在实际竣工日之前不会因随后的施工活动而受到损坏。

第 11 章

动感特效场景呈现方法

随着个性化时代的到来，年轻人渴望体验一种酷和刺激的感觉，“玩酷”“炫酷”成为一种时尚，只有提供“酷”的感觉，对年轻人产生了震撼力和感召力，对年轻人具有吸引力，主题公园才具有旺盛的生命力。实际上，主题公园从诞生的那一天开始，就致力于通过呈现动感特效氛围来强化这种酷的感觉。可以说，主题就是动感特效的故事线，视线就是动感特效的风景线，动线就是动感特效的情感曲线，在“玩酷”一代成长为市场主导力量的背景下，主题公园将更加注重动感特效的创新和营造，其总体趋势表现为：一是更加鲜明的主题和次主题，构成剧情化的主题体系。二是根据主题体系，实行分区营造，形成分区营造氛围的有机组合。三是分区营造的氛围将更加场景化，每个场景具有独立的个性。场景的造型、颜色、尺寸、材料、性能等方面将更加具有创意性和刺激性。造型视觉化，颜色多彩化，材料逼真化，性能精致化，故事文本化，故事包括神话故事、童话故事、传奇故事、历史故事等有文献依据的故事。四是声光电技术在主题公园中被广泛应用，场景的艺术效果将更加真实和精彩。五是动感特效场景的呈现离不开技术的支持和丰富的表现手段，不管是国外还是国内的主题公园运营商都逐渐意识到科技进步是促进产品更新换代、吸引游客入园游玩的关键，主题公园中涉及的关键技术主要有机电工程施工关键技术、特效施工关键技术、游乐设施场景特效联动关键技术等。

11.1 机电安装施工关键技术

11.1.1 机电安装工程的精细化管理

1. 施工材料的精细化管理

在机电安装工程中所需材料众多，品种多样，并且各种新材料、新设备层出不穷，因此要想做好施工材料管理具有相当大的难度。将各种材料信息输入 BIM 数字模型中，可以实现对施工材料的精细化管理,使计量更加准确。

在机电安装工程开始施工之前,将施工材料的消耗量输入 BIM 数字模型中,从而得出比较准确的施工成本预算。在施工过程中按照合同条款要求和安装工程进度计划,相关人员将每天消耗的施工材料都输入 BIM 数字模型中,将实际产生的成本费用与 BIM 数字模型中的数据进行比较分析,可以直观地看到实际消耗与工程预算之间存在的差距,随时掌握每天施工材料的使用情况,从而实现对机电安装工程施工成本的动态控制,防止出现材料库存过多或者不足。

2. 管线综合安装的精细化管理

在机电安装中需要安装的管线非常繁杂,属于比较重要的工作,因此可以利用 BIM 三维立体模型解决设计图中管线碰撞问题。比如不同专业之间出现了交叉施工的情况,或者施工场地空间高度是否满足施工要求等,都可以通过 BIM 三维立体模型直观地演示出来,可以清晰地观察到管线之间的空间距离,也能够预先看到按要求施工完成后的管线位置效果图。解决管线碰撞问题之后,可以出平面图、节点详图、剖面图。在机电安装工程中,管线分布比较复杂的一般是空调机房或者大型的公共空间,这些部位对管线的规格、分布、走向等方面的要求特别高,通常都是经过无数次的设计、修改、优化后才能确定,利用 BIM 数字模型对几种设计方案分别进行碰撞试验,以平面图、节点详图、剖面图和三维演示作为基础性数据,不同专业完成技术交底工作,经过比较选出最优方案。在机电安装工程中,利用 BIM 数字模型可以解决很多实际问题,比如对设计方案进行优化、管线碰撞试验、各种部件的制作与安装,以及对施工方案的优化管理等,使管线综合安装更加顺畅、布局合理。

3. 施工过程中的精细化管理

机电安装工程施工往往伴随给排水施工、暖通系统施工、安防系统施工、供配电系统以及照明系统施工,因此在 BIM 数字模型中应分别对这些系统进行建模,再使用 BIM 技术模型中的操作命令对不同专业的数字模型进行整合,然后经过三维数字技术进行处理之后以三维立体图形的形式展现出来,不同专业的数据参数都直接显示在刚刚建成的数字模型中,不同专业之间可以相互协同作业,而管理人员则通过 BIM 管理平台随时掌握施工动态,对施工过程做出调整。

在成本管理方面,BIM 数字模型同样发挥着非常重要的作用,为机电安装工程施工成本控制提供详细的数据资料。在设计中可以选择性价比较高的安装内容,减少工程的资金投入,降低安装工程的成本,协调施工安全、进度、质量等管理之间的关系。如果在施工过程中出现了工程变更,可以通过修改相关施工工序的参数,从而保证其他施工工序同步做出调整,防止因工程变更造成的返工,增加施工成本,而 BIM 数字模型也会根据工程变更对机电安装成本做出调整,实现动态化管理。

工程管理人员还可以通过 BIM 数字模型将机电安装工程的施工过程模拟出来,将安装工程所需的人员、施工材料、机械设备等重要数据输入系统中,可以完成施工进度模拟、装配模拟、物料跟踪等操作,在模拟过程中获取最优的成本控制方案,并且施工模拟可以为实际施工提供指导,降低工程变更、错误以及返工的概率,提高工程施工效率,保证工程施工质量。

4. 施工安全方面的精细化管理

机电安装工程具有一定的危险性，做好施工过程中的安全管理非常重要。在机电安装工程中涉及安全用电问题，利用 BIM 数字模型的可视化优势可以为施工安全提供准确的信息，标示出施工过程中可能存在的安全隐患及危险因素，指导下一步的施工。在 BIM 数字模型中进行安装模拟工作，确定施工技术的准确性与安全性，查看是否存在安全隐患，如果确定存在不安全因素，则应调整施工技术与施工方案。通过 BIM 三维数字模型，可以直观地展现出机电安装工程中安全管理的重点与难点，从而制定相应的安全管理措施，以保证机电安装工程的安全施工。

5. 机电设备运维控制方面的精细化管理

在机电安装工程中有很多机电设备涉及多个系统的安全运行，比如暖通系统中的通风设备与空气处理设备，给排水系统中的水泵、增压罐、电控柜等，还有消防系统的稳压泵、喷淋泵等，因此必须保证这些机电设备安全稳定地运行。在引入 BIM 技术之前，这些机电设备的运维管理都是依靠人工来完成的，定时巡查并填写设备运行记录，按周期对设备进行维护、维修，工作复杂而繁重。在引入 BIM 技术之后，可以将这些设备的运行记录表格设置在模型中相应的位置，当机电设备投入使用之后就可以轻松准确地获取设备运行的相关资料，对运行数据进行统计，简化人工运维过程中的调取记录、更新信息、保存数据等复杂工作，提高了机电设备的运维管理效率与准确性。

11.1.2 超长垂直风管施工技术

1. 技术特点

(1) 演艺布景多种多样，空间结构狭小、复杂，高、大空间安装作业施工精度要求高。空调机组位于屋面上，空调送、回风管通过超长垂直风管，引至低标高场景区域，途中要经过高空机电管线层、施工吊挂平台层、检修结构层、场景主钢结构、场景次钢结构，最后连接至场景假山或演艺布景元素服务于游客前场区。超长风管要从进入屋面的 doghouse 开始，到连接最末端的场景元素，与每一个相关专业进行空间位置协调、承重固定点的位置校核和协调，特别是假山区域密集、杂乱的场景次钢结构，每一处固定点位和空间位置都要与设计师沟通，最终确定路由和承重固定点。因此，超长风管在有限的空间内，完成施工，必须要达到非常高的加工制作精度和施工精度。

(2) 各专业间工艺配合紧密，工序、技术相互影响、相互制约，协调难度大。

① 超长垂直风管与屋面 doghouse 相协调。超长垂直风管要与屋面 doghouse 次梁位置相协调，结合风管与次梁的技术要求来确定详细的位置；超长垂直风管出屋面的方向、高度以及 doghouse 预留孔洞的大小相协调，并据此施工工艺要求来确定两专业间的施工工序配合。

② 超长垂直风管与高空机电管线及施工吊挂平台相协调。超长垂直风管及其支撑结构要与高空机电管线和施工吊挂平台位置相协调，避免发生碰撞，根据每个垂直风管的尺

寸不同以及支撑体系结构的不同，要核实施工吊挂平台的吊点位置、间距是否满足安全和技术要求，是否因高空机电管线调整而受到影响。

③ 超长垂直风管与检修马道层相协调。超长垂直风管的支撑结构是否与检修马道发生碰撞，以及支撑结构是否与检修马道连接，核验连接点的位置及受力分析；超长垂直风管支撑结构是否影响检修马道安装的主题灯具位置，以及主题灯具、投影设备产生的成像效果如光线、遮挡阴影等。

④ 演艺布景、假山区的协调配合。超长垂直风管进入演艺布景、假山区时，与场景主钢构、场景次钢构、主题道具、主题面层关系密切，按照主风管避让场景主钢构、场景次钢构避让主风管的原则，风管主管道要与主钢构和次钢构的位置关系相协调，然后将风管主管道的固定位置及荷载信息与结构设计核实、确认；与主题饰面的连接方式要按类别分别进行讨论分析，然后确定施工工艺节点及施工工序。

⑤ 与轻质隔墙相协调。部分超长垂直风管是靠近轻质隔墙且沿墙面下至底部，那么超长垂直风管的安装是依靠钢结构支撑体系还是固定到墙面，需要对方案进行讨论和比对。如考虑固定在墙面，则要与墙体龙骨结构设计人员讨论墙体的承重能力及固定点的龙骨强度是否满足要求，支架与墙体的连接节点等问题。

(3) 施工质量要求高。超长垂直风管数量多且分散，风管下方环境多种多样，如河道、假山、设备房、主题道具，在高大空间的条件下，每个超长垂直风道的施工都需要周密的技术论证，组织编制安全、合理的施工措施，施工代价较大，因此必须保证施工质量。部分超长垂直风管位于假山、主题道具围成的封闭空间，一旦施工完成，不可返工。

2. BIM 技术在超长垂直风管施工中的应用

(1) 充分发挥 BIM 技术在深化设计和可视化方面的优势，通过 BIM 模型对相关专业进行协调，在 BIM 模型中制定支撑结构技术方案，并将固定点、固定支撑在模型中予以示意，通过对各种状况的分析比对，将超长垂直风管支撑类型总结为两种类型，如图 11-1 所示。

图 11-1 超长垂直风管支撑
（来源：中建二局华东公司）

(2) 针对上述两种分类,分别对每根垂直风管进行荷载提资、节点大样图设计,与钢结构、内装相协调,具体工作如下:

对于第一种类型,风管周围没有结构支撑,部分风管周围仅有检修马道,但在设计时,检修马道一般不会考虑风管固定的荷载,且大多数情况下不适合固定,因此需要单独考虑设置支撑体系。被支撑风管长度较长,自重较大,支撑体系顶部连接到屋面主钢构钢梁上,底部落在地面或场景主钢构上,如图 11-2 所示。风管最大尺寸为 1 300 mm×1 300 mm,最大质量按 50 kg/m,根据风管尺寸及荷载验算,对支撑钢结构进行深化设计,确定支撑结构选型及风管支架固定节点位置,风管支架间距不大于 3 m。因此,编制安全、合理的支撑体系方案是超长垂直风管施工的关键。

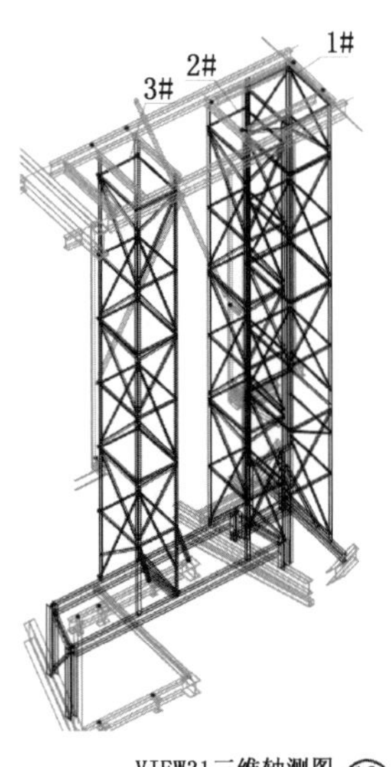

图 11-2　钢结构支撑体系
(来源:中建二局华东公司)

第二种类型风管靠近高墙,墙体为轻质隔墙,通过分析垂直风管的荷载以及所产生的扭矩均在墙体称重允许的范围内,因此将风管固定在墙体上。支架间隔不大于 3 m。

(3) 对超长垂直风管按照 BIM 模型的技术方案,进一步细化,将风管进行分段预制,使现场一次施工到位,最大限度降低对相关专业施工进度的影响。

3. 施工工艺

(1) 施工流程:搭设脚手架施工平台→钢结构支撑结构安装→预制风管支架固定→安装垂直风管→漏风量测试→脚手架施工平台拆除。

(2) 施工重点主要是搭设脚手架施工平台、安装垂直风管和测试漏风量。

① 搭设脚手架施工平台。脚手架施工平台分上、下两部分,下半部脚手架平台尺寸为 4 m×4 m,高度稍低于风管底部标高;上半部脚手架搭设尺寸比垂直风管支撑结构两边各扩出 1 m,例如垂直风管支撑结构为 1.5 m×1.5 m,上半部脚手架施工平台搭设尺寸为 3.5 m×3.5 m。

② 安装垂直风管采用从上至下的方式,从屋面以上开始安装,逐节安装至最低处。风管支架每隔 3 m 设置一个,风管与支架连接采用螺栓连接,螺栓穿过风管与支架固定,风管支架安装详图详细标注其安装尺寸和相应的位置。由于本项目采用内保温风管,打孔后的风管保温层被破坏,需要在风管内部螺栓孔处修补好保温层,将内衬保温棉贴严密,防止产生冷凝水。风管支架应尽量采用成品支架,用夹具来固定支架,减少焊接作业。

③ 漏风量测试。对于安装完成的垂直风道进行漏风量测试，因后期施工条件限制，无法进行维修，因此漏风量测试至关重要，确保风管严密，后期无须维修。

垂直风管施工完成后拆除脚手架平台，每个垂直风道均按此方式逐节安装。

11.1.3 深层管线预埋技术

1. 概述

在文旅项目中，很多室内游乐项目处在高大空间建筑内，楼层高、空间大，游乐场内除包含常规电气系统、通信系统、安防系统、楼控系统外，还有游乐设备动力系统、控制系统，演艺布景动力系统、控制系统、演艺灯光系统、主题灯光系统、音视频等系统。每个电气系统的末端点位基本都在地面或墙壁敷设，大多数路由都在高空桥架内，然后沿墙壁敷设下来，再沿地面引到末端点位，墙面下引管道较多，这样可能会影响主题展示效果。

2. 创新点

使用结构板下高精度暗埋电气管线施工技术，有效解决了结构板下高密度电气管线固定不牢、定位不准等难题。

(1) 把顶部的机电管线位置移动到建筑物底板以下，减少顶部机电综合管线数量，缩小下引管线所需的空间位置，保证提供更多的立面给主题包装，使游客能够感受更好的体验效果。

(2) 深层管线预埋，采用了美国标准 Schedule40 的 PVC-U 管道进行预埋，解决了管道防腐的问题，管道也能承受直接埋在回填土内的压力。施工简单快捷，施工质量合格率高，成本费用低。

(3) 在没有地板的基坑内完成电气管线点位的埋设，使用坐标系对每一个点位标注，在现场使用全站仪进行定位，以保证点位准确。

(4) 末端定位的精度控制采用全自动激光测量定位技术实现。使用 3D 激光扫描仪对整个管道进行扫描，把 3D 模型与设计模型的对比，找出二者的偏差并进行调整，以保证引上点的位置精确。

(5) 设计的套管管口固定支架系统，有效减小垂直立管偏差，提高定位精确度。

3. 施工要点

(1) 深化设计。根据施工图，应用 BIM 技术对管路进行构建模型，综合其他专业进行排布调整，确定路由走向及标高。根据模型中末端设备的定位及造型，确定管路末端精准定位信息。

通过模型导出二维深化设计图，深化设计图上注明各套管起始端、转弯点及终端的坐标，管道路由标高，每根管路的管径、管路末端唯一编号等内容。与其他设备信息相协调，对末端安装节点及安装界面进行确认。

(2) 管道施工质量控制。管道施工中要严格控制施工质量，因为管道是直接埋设在底板以下，后期很难修复，在施工时对管道施工质量的要求很高(图 11-3、图 11-4)。

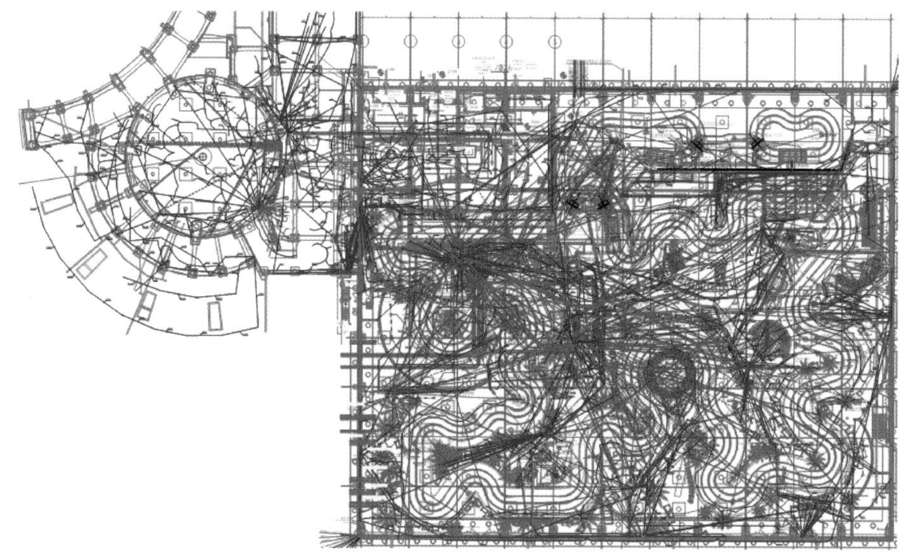

图 11-3　管线连线图
（来源：中建二局华东公司）

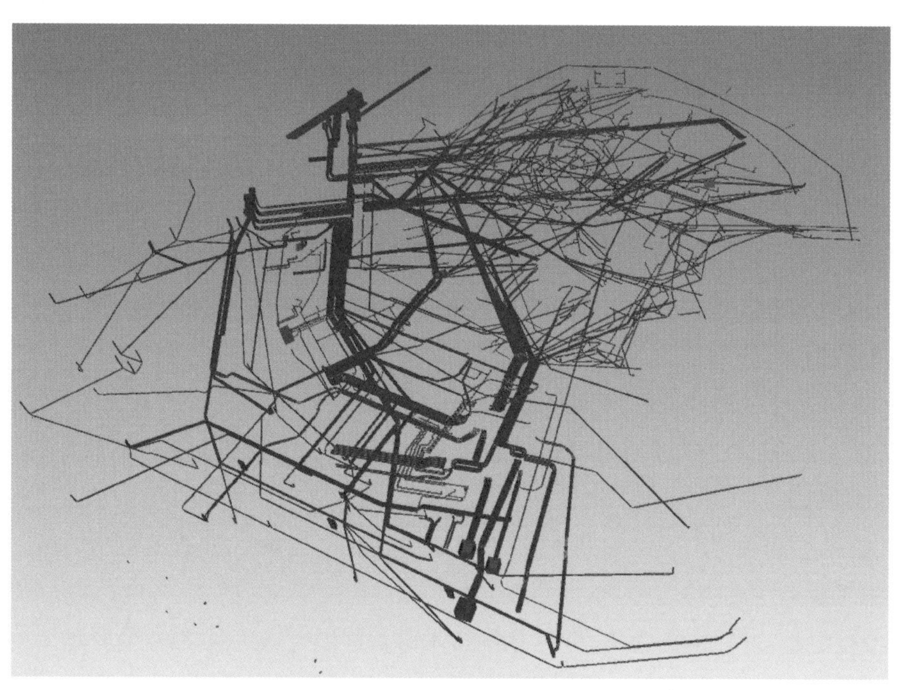

图 11-4　地下埋地管道三维模型
（来源：中建二局华东公司）

① 管道的密闭性。在管道施工时为保证管道密闭性，每一个管道的接口处在黏结时保证胶水必须打饱满，然后进行承插，待固定后对未填满处进行外部涂抹，在冬天施工温度低于－5℃时，常用的胶水不能在低温下凝固。为了黏结严密，采用专用的低温胶水进行黏结，保证黏结的可靠性和密闭性。只有这样才能保证以后管道内电缆是在干燥的环境下工

作的。

② 管道的通断，因为管道在地下预埋，后期不方便检修和增加管道，在地板垫层浇筑前，对地下所有的管道进行通断检测，穿电缆引线，并用略小于管道的模块检查管道是否有压扁的情况，保证后期电缆能够顺利穿过。

(3) 末端定位的精度控制。末端定位的精度控制是整个施工的控制重点，施工时结构底板混凝土还未浇筑，没有建筑轴线可供参考，定位主要以全站仪引测定位为主。

由于上引管道需要连接到地面的设备或者演艺布景道具上，接驳点允许的误差很小，在整个施工过程中对引上点的立管加设支架和定位板，保证在回填和混凝土浇筑时不会偏移(图 11-5)。

图 11-5　现场施工的支架和定位板
（来源：中建二局华东公司）

在整个管道施工完成后，浇筑混凝土底板前，再次使用全站仪复核管道末端点位的准确性，形成报告，对超出允许偏差范围的部分进行调整并做好书面记录。

在复核的同时使用 3D 激光扫描仪对整个项目的管道进行扫描，形成 3D 模型与设计模型进行对比，找出偏差进行调整，以保证引上点的位置精确(图 11-6)。

图 11-6　3D 激光扫描仪和扫描模型
（来源：中建二局华东公司）

4. 小结

通过地板下深层电气管线预埋施工技术，解决了游乐场内的高大空间高密度末端点位精准控制的技术难题，减少顶部机电管线密度和墙面下引管线的数量，给演艺布景提供了良好的安装条件，并且无缝对接。演艺现场无场景以外的元素出现，能够给游客提供身临其境的体验。

11.1.4 过盈装配法的应用

某飞越地平线项目以钢结构为主体，总建筑面积 6 558.31 m^2。有 A，B 两个影院，每个影院内有三排悬空的带顶篷座椅，银幕是半球状的立体三维大型投影金属屏幕，直径约 24 m；观众观看时，座椅将悬挂在空中屏幕中央位置，每位观众均在同一排位置，视线均包裹在屏幕范围内，座椅配合影片情节适当摆动，顶篷可产生风、雨效果等。传统电影是观众在固定座位上静静地看二维屏幕中的故事情节，而本项目是将观众带入电影情景中，使观众体验真实的空中飞翔感受。特种设备的后部由钢管支架支承，座椅吊挂在小车下沿轨道通过枢轴臂的旋转牵动向前运动，在端部转动立起，将观影人员送到球幕的中心位置，这是飞越影院的运动轨迹。枢轴臂与支架、小车与座椅之间共 60 个连接件采用过盈配合设计，本项目结合现场实际情况，采用了干冰冷却法冷却连接件装配方法成功安装（图 11-7、图 11-8）。

过盈配合装配是将轴或轴套类零件装入孔中，轴或轴套与孔配合的尺寸比孔稍大，常见如轴承装配、齿轮装配、链轮装配等。过盈配合设计的优点包括：

（1）连接紧固，定心精度好，可承受转矩，轴向力或二者复合的载荷，在冲击振动载荷下也能较可靠地工作，紧固程度可以超过键连接和销连接。

（2）过盈连接减少了零件数量，使机械结构简化。

由于上述优点，过盈配合装配适合承受冲击荷载和不经常拆卸的连接。

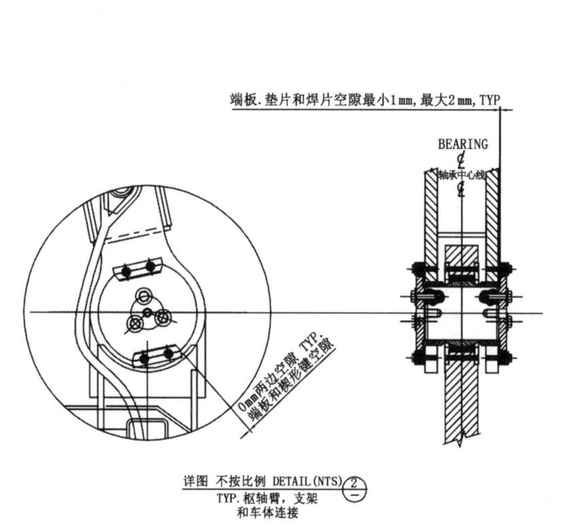

图 11-7 枢轴臂与支架连接件
（来源：中建二局华东公司）

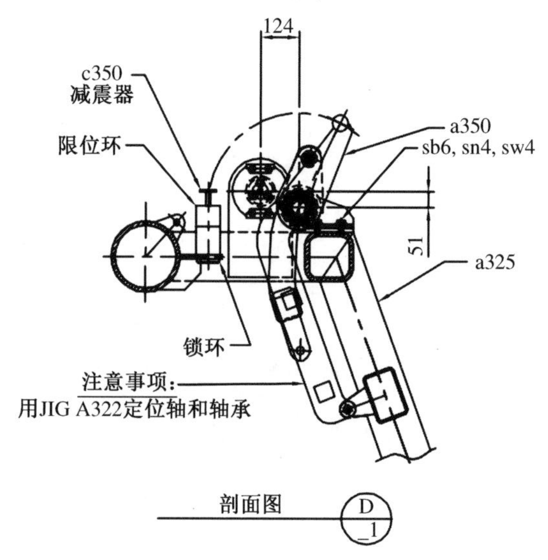

图 11-8 小车与座椅连接件
（来源：中建二局华东公司）

11.2 机电设备工程虚拟仿真安装技术

11.2.1 机电安装管线数字化加工技术

我国机电安装行业常年依靠简单的“人海战术”式的建筑生产模式，因其对人工劳动力严重依赖、简单重复劳动多、科技含量低，使建筑施工行业作业效率普遍低下、原材料消耗大、环境污染等问题严重。如何扭转当前状态，提升我国机电安装行业整体发展水平和质量，已经成为我们无法忽视的一个重要问题。鉴于此，发展机电安装数字化加工技术，对提升整体机电安装行业的技术水平具有重要意义。

1. 数字化加工范围

数字化加工在生产制造行业已经是非常普遍的一项技术，但对于机电安装行业而言却还处于研究推广阶段。其原因主要是由于传统制造行业加工的产品可以实现模块标准化制造，同样的东西可以重复生产推广使用，但对于机电安装行业而言，每一项目都是有区别的，不会存在两个完全相同的项目，大量的构架缺乏可复制性。这也是机电安装行业常年处于落后地位的主要原因之一。近几年，随着 BIM 技术的不断发展，人们重新看到了机电安装行业发展的可能性，BIM 技术被视为连接机电安装与数字化加工的技术桥梁。众多的企业开始将 BIM 技术应用到数字化加工领域中。

但 BIM 技术并非是一项全能的技术，且实现整体数字化加工也并非仅依靠 BIM 就能实现的。因此在结合了实际项目情况后发现，就目前阶段而言，还无法实现全专业的数字化加工。只能选取某些有一定规律、容易实施的系统，以此作为接入点。从中吸取经验教训，最终实现整体数字化加工的目标。因此现阶段的数字化加工范围主要是放在一些大型机房和标准层、设备层区域内。考虑大型机房与设备层的主要原因在于大型机房设备与主干管连接方式相对统一，不会像精装区域一样变化万千，同时大型机房的管道规格较大(图 11-9)，现场加工工艺无法满足对应的加工需求。而选择标准层的原因则是因为标准层是整个项目中最具标准化、统一化的一个区域，也只有标准层有不断复制的可能性，因此标准层的好坏将直接影响整个项目的优劣。

图 11-9 BIM 技术在大型机房管道中的应用[9]

2. 预制加工图纸

对于数字化加工而言，加工图纸的精准度是直接决定加工技术成败的关键因素。而传统设计院出具的平面施工图由于精度不够只能用于指导现场的安装定位，并不具备指导生产加工的功能。因此要满足生产加工的需求还需要专门的预制加工图方能实施。预制加工图与传统施工图最大的区别在于前者是用于指导产品的生产加工，后者是用于指导现场安装定位，二者的目的与精度要求都截然不同。因此传统施工图不能直接作为预制加工图来使用，而需要重新绘制专业的加工图才能用于后场的材料加工。

完整的预制加工图中应包含管道分段图、材料信息表、配件信息表和组装安装图四个主要的部分。管道分段图就是将所有管道按照标准长度拆分后所形成的分段示意图，图纸上应注明每一段管道的具体编号以及连接形式，而材料信息表主要是以表格的形式呈现，内容包括各管段的编号、名称、大小、长度、材料、连接方式、数量等主要信息。配件信息表同样是采用表格的形式，其与材料信息表的主要区别在于前者是用于统计分段管道信息，而后者是用于统计弯头、三通、四通、变径、阀门等管配件信息。配件信息表中包括的主要内容为各配件的编号、名称、大小、材料、连接方式、数量。而将材料信息与管配件信息分开统计的目的在于可以方便后方工厂进行不同材料的加工制作，因为管道加工与管配件的加工分别由两条不同的生产线完成，分开统计便于生产线的加工生产。最后的组装安装图则是用于指导现场组装的，因此在组装安装图内需要反映出管道系统的完整走向，有点类似于传统施工图中的机电系统图，与机电系统图的区别在于其中还要标注出所有分段管道及管配件的标号及名称，重点关注的是所有图纸中的编号必须一样，这样才能确保各图之间的信息能够统一。

此外，在加工图中必须注明现场实施调整段的位置，现场实施调整段就是解决现场实际安装过程中产生的安装误差而使用的，它的长度是可以根据现场实际测量结果进行适当切割的。而设立现场调整段的原因是因为现场实际安装过程中可能出现的人为操作误差及材料加工过程中产生的生产误差和运输过程中出现的材料变形误差，当这些误差累积到一定程度后就会对现场的安装造成影响，因此需要在一些关键位置设立现场测调整段来吸收误差对现场安装的影响。当然现场调整段的位置需提前与施工人员商讨确认后方能确定。

3. 加工软件

目前市面上的BIM软件有许多，但绝大多数的软件都是用于解决前期设计问题的，并不适用于后方的加工生产，且预制加工软件还需与前期的BIM模型相结合，能做到这点的软件更是凤毛麟角了。在经过了多方的比较和不断尝试后，选用了Autodesk旗下的一款专业加工软件Fabrication作为实施数字化加工图纸设计的基础软件。选用这款软件的主要原因首先是因为它跟目前市面上最普及的Revit系列软件是出自同一家公司，二者可以做到无缝衔接，其次是因为这款软件可直接与工厂内的数字加工机床对接，减少了不必要的二道工序。

由于预制加工软件是专门用于工厂加工的，因此它跟普通的设计BIM软件相比有较多的不同之处。

(1) 图纸精度不同。普通的设计 BIM 软件主要考虑的是设计的原理及走向，并不能反映不同材料间的连接方式问题，而预制加工软件则能做到在设计管道走向同时兼顾管道与管道间的连接方式，如当管道与管道间采用法兰连接时，预制加工软件能自动计算对应管道的法兰厚度，并预留法兰连接时所需垫片的距离。同时在计算管道长度时扣除相应的法兰片及垫片的尺寸，实现精细化的长度计算。

(2) 分段定义不同。普通 BIM 设计软件在分段定义上不会考虑实际管道的长度，即任何一段管道长度都可以无限延伸，而预制加工软件则考虑了管道的实际长度，所有管道的长度都无法超越标准长度的限制。因此才能保证预制加工的图纸更符合现场实际情况。

(3) 出图形式多样性。普通的 BIM 软件只能生成平面图及立面图，无法生成构件的相关加工图纸，预制加工图纸由于是用于产品的加工制造，因此在出图形式上比普通 BIM 软件更为灵活，除了常规的平面图、立面图外，还能根据各类构件的区别生成对应的产品加工三视图，加工厂可根据三视图进行构架的加工生产。

4. 效益分析

数字化加工技术对于传统施工而言是一种全新的尝试与创新，与传统现场施工工艺相比，数字化加工工艺能够提高整体施工效率 30%～40%，节约现场机械及措施费用 10%～20%，节省现场不必要的材料浪费 8%～10%。在施工工期方面，通过数字化加工这种创新性施工工艺，可大幅提高现场施工效率，缩短安装工期，且构件预制加工不受施工作业场地的影响。质量方面，数字化加工技术能有效保证现场安装的质量，确保整体管道施工满足设计及施工规范的要求；较之传统做法质量具有显著提升，工厂焊接 100%合格，一次性验收合格率 100%。

11.2.2 机电安装管线数字化拼装技术

1. 数字化现场结构数据复测

施工现场的结构复测是深化设计的基础，提供准确的现场结构同设计结构数据的误差能减少现场装配安装时碰撞和返工现象的发生。以往结构复测是以纸质图纸数据比对现场测量数据发现误差，数字化现场结构数据复测是以全站型电子测距仪(Electronic Total Station)、三维激光扫描仪等现代化数字测量工具。通过现场图纸或模型的数据提前输入，现场自动测量扫描收集点云数据(图 11-10、图 11-11)，通过专用软件自动比对发现现场数据偏差。通过数据化测量收集的数据真实可靠，避免了人工测量时的操作误差和记录误差。数字化现场结构数据复测的自动数据收集和比对减少了结构数据复测的时间，提高了现场结构数据复测的精度，同时提供了大量的数字化现场测量数据，对提高结构施工精度也有一定的促进作用。

同时，在数字化加工复核工作中可以利用测绘技术对预制厂生产的构件进行质量检查复核，通过对构件的测绘形成相应的坐标数据，并将测得的数据输入计算机中，在计算机相

图 11-10　激光扫描仪现场复测[9]

图 11-11　点云数据收集[9]

应软件中比对构件是否和数字加工图上的参数一致，或通过 BIM 三维施工模型进行构件预拼装及施工方案模拟，结合机电安装实际情况判断该构件是否符合安装要求，对于不符合施工安装相关要求的构件可令预制加工厂商重新生产或加工。所以通过先进的现场测绘技术不仅可以实现数字化加工过程的复核，还能实现 BIM 三维模型与加工过程中数据的协同和反馈。

由于测绘放样设备的高精度性，在施工现场通过仪器可测得实际建筑结构专业的一系列数据，通过信息平台传递到企业内部数据中心，经计算机处理可获得模型与现场实际施工的准确误差。通过现场测绘可以将核实、报告等以电子邮件形式发回以供参考。通过实际测绘数据与 BIM 模型数据的精确对比，并基于差值结果对 BIM 模型进行相应的调整修正，实现模型与现场实物的一致，为 BIM 模型中机电管线的精确定位与深化设计打下坚实基础，也为预制加工提供了有效保证。此外，对于修改后的深化调整部分，尤其是之前测量未涉及的区域将进行第二次测量，确保现场建筑结构与 BIM 模型以及机电深化图相对应，保证机电管线综合可靠性、准确性和可行性。完美实现无需等候第三方专家，即可通过发送和接收更新设计及施工进度数据，高效掌控作业现场。

2. 数字化分拣

管段运至现场后逐一扫描管段上的二维码以核对送货清单的数量及观感质量验收，确认无误后卸车。根据二维码显示的楼层位置进行分拣和场内运输。分拣时应按照二维码信息核对管段的楼层及区域，将同一楼层及区域的管段集中运至相应楼层及区域，核对装配图后将管段搬运至指定区域安装。通过二维码的信息收集和整理，完成了进出库台账的自动生成，避免了漏登记和重复登记的情况发生。避免了现场材料分拣混乱情况的发生。

二维码技术的应用，一方面确保了配送的顺利开展，保证现场准确领料，以便预制化绿色施工顺利开展；另一方面确保了信息录入的完整性，从管段的生产到维护的全生命周期，所涉及生产制造到供应链管理等各方面，对技术创新、产业升级、行业优化、提升管理和服务水平具有重要意义。其亮点还在于二维码技术在预制加工的配套使用中开创了另一个新的应用领域。运用二维码技术可以实现预制工厂至施工现场各阶段的数据采集、核对及统计，确保仓库管理数据输入准确无误，实现精准智能、简便有效的装配管理模式，亦为后期数据查询提供强有力的技术支持，开创数字化建造信息管理新革命。

3. 数字化安装

运用基于 BIM 技术的深化设计图提供的准确数据对现场安装的支架管线位置进行定位，使用红外线激光定位设备对定位进行标注。按设计图集安装管线支架。支架安装时应同步考虑管段的安装方式和顺序。部分支架同时兼备吊装支架的功效，在设计时应一并考虑。将预制管段按照装配设计图预想的安装流程逐段装配完成。对于调整段进行二次测量，待加工后拼装完成。安装完成后应核对装配设计图纸，并对安装质量外观完整性进行检查，合格后再进入下道工序施工。根据装配化施工的特点，应尽量采用机械化运输及安装模式，结合各类激光红外线定位仪器的使用，加快安装施工的周期，如图 11-12 所示。

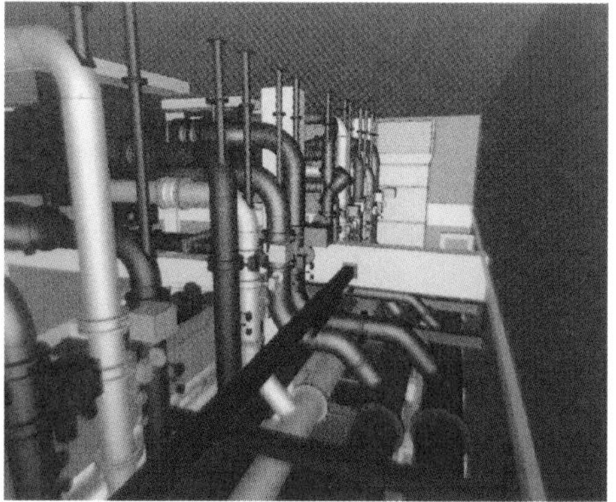

图 11-12　BIM 模型对实际建造的指导[9]

11.2.3　机电设备虚拟仿真安装技术

在机电项目中，通过应用 BIM 软件平台，可很好地模拟施工进度，精确描述专项工程概况及施工场地情况，依据相关的法律法规和规范性文件、标准、图集、施工组织设计等模拟专项工程施工过程，预先查漏补缺，减少专项施工方案的缺陷，确保项目安全进行、如期结束。在实际工程中，结合项目特点在施工前模拟钢结构吊装方案、大型设备吊装方案、机电管线虚拟拼装方案等施工方案，向该项目管理人和专家讨论组提供分专业、总体、专项等特色化演示服务，帮助确定更加合理的施工方案，可为工程顺利竣工提供有效保障。在上海中心大厦工程中，通过板式交换器施工虚拟吊装方案，如图 11-13 所示，管理人员可直观地观察施工状态和过程。

图 11-13　机电安装过程中的大型设备吊装仿真[9]

机电设备的仿真安装模拟技术是指通过直观的三维动画结合相关的施工组织、施工方案来指导重难点区域施工过程的技术。与传统二维图纸的施工组织及施工方案相比，基于BIM的三维动画模拟仿真技术具有显著优势，尤其是BIM技术能够从根本上解决施工过程中常遇到的碰撞问题。施工模拟仿真安装技术相较于平面施工方案更容易提前发现问题和解决问题。

考虑到仿真安装模拟需要花费一定的人力、物力及时间，项目实施过程中也并非所有区域的机电管道施工都有较大的难度，因此，施工仿真模拟采取重点区域模拟的原则，对项目重点区域进行仿真模拟，而非全局模拟。大型设备机房主要用于模拟设备的安装运输路线及就位。如图11-14所示，借由三维仿真模拟技术可直观地查看整体运输路线过程中可能出现的碰撞问题。由于部分项目管井内管道尺寸较大，且管井内施工操作空间较小，无法提供足够的施工操作空间，因此，需要利用模拟仿真技术来确认各管道间的施工工序问题，确保现场施工一次安装成功。而设备层则与管道井类似，如图11-15所示，往往实际项目中的设备层管线尺寸较大，数量较多，因此，在实际安装过程中必须协调好各工种间的安装施工顺序，确保现场施工的顺利实施。

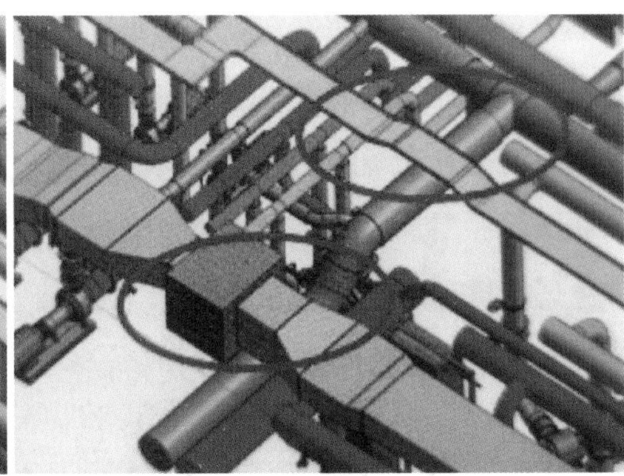

图11-14　某项目冷冻机房综合管线碰撞检验及调整后对比图[9]

图11-15　管线吊顶精装模拟[9]

利用上述技术，可以更加直观地了解施工过程中的各项技术难点，同时提前发现可能出现的各项技术问题，减少不必要的施工障碍，确保施工的顺利实施。

11.2.4　机电系统调试虚拟仿真技术

机电工程是项目建设的一个重要组成部分，其质量直接影响着建设项目的使用功能。

机电安装工程的实施是机电设备能够实现稳定与可靠运行的前提，而系统调试工作的开展则是机电安装质量能够得到有效评估的关键所在。系统调试可验证设计的合理性、安装的正确性以及功能的完整性。随着现代化水平的提升，尤其是自动化设备的应用，超高层建筑和超大规模建筑日趋增多，机电工程越来越系统化、复杂化、智能化，系统调试工艺也日趋复杂。系统相关参数测试、分析及判定也更需要专业硬件和软件来处理，从而形成一套完善的数字化调试技术来服务于项目的建设。

数字化调试指的是采用智能数字式测试仪器仪表设备，通过数据通信的方式在计算机中形成数据库，由系统调试软件对数据库进行分析和统计，在系统的图形界面上显示调试结果，判定调试结果是否符合国家标准、设计要求并形成调试报告。

数字化调试的内容包括供配电系统调试、通风空调系统调试、消防系统调试和仪表调试。在数字化建造 BIM 技术应用的基础上，工程师可以开发机电系统调试专业应用软件。这些软件的图形功能可直观反映供配电系统、通风空调系统、消防系统和仪表系统的各个设备。工程师利用二维码扫描技术可获得机电设备的制造参数，通过数据线通信的方式记录机电设备的各类调试参数，将设备制造参数和调试参数统一形成数据库，而后经计算机分析形成调试结果。用户在机电系统的图形显示上点击任何一台设备都能够显示经过处理后的相关数据。计算机强大的数据处理能力能够提供各种形式的调试报告，根据设定的国标和设计参数分析调试结果是否合格。计算机和网络技术的发展，使得基于多媒体计算机系统和通信网络的数字化技术为现代企业虚报协作、远程操作与监视等提供了可能。局域网实现企业内部通过互联网建立跨地区的虚报企业，实现资源共享，优化配置，使企业向互联网辅助管理和生产方向发展。

11.2.5 基于三维模型的机电安装可视化施工过程控制技术

1. 机电设备布局及管线优化模拟

机电设备布局及管线优化方案模拟技术是基于准确的施工图模型，确认安装条件和设备真实信息，利用专业 BIM 软件及管理平台，完成机电专业施工深化模型和相关专业配合模型，以满足工程量预算、指导机电管线布置和设备安装要求。通过运用 BIM 技术，可更高效地协调机电系统间管线、设备的空间关系，发现设计中存在的问题，并基于模型快速准确地提取所需的工程信息，更好地指导设备订货与机电安装。

以某超高层机电安装项目为例，传统深化设计手段无法避免各类管线在施工过程中可能出现的位置重叠、标高不准、管线碰撞等问题。通过将 BIM 技术引入机电工程深化设计中，将建筑专业、结构专业以及机电专业的模型进行合并叠加处理，并将合并后的模型导入 BIM 专用软件中进行机电管线的碰撞检测，根据模型检测结果对建筑专业、结构专业及机电各专业模型进行调整，不仅直观高效地观察到管线的碰撞情况和位置，而且使各专业管线排布更加合理、美观。该项目机电设备布局及管线优化部位及具体优化方案如下。

(1) 依据已采购的设备数据或材料样本建立设备的 BIM 构件模型，依据真实的设备尺寸及接口位置进行设备及管线综合布置，进行二次设计；同时，在满足原设计要求基础上进一步确认安装条件，优化设备及管线排布。两台板式换热器并联，冷冻水上进下出，冷冻水回水管为 DN400/FL+5.035，冷冻水进水主管与支管排布由图 11-16(a)调整为图 11-16(b)，减少了两个 90°弯头，而且安装相对便捷。

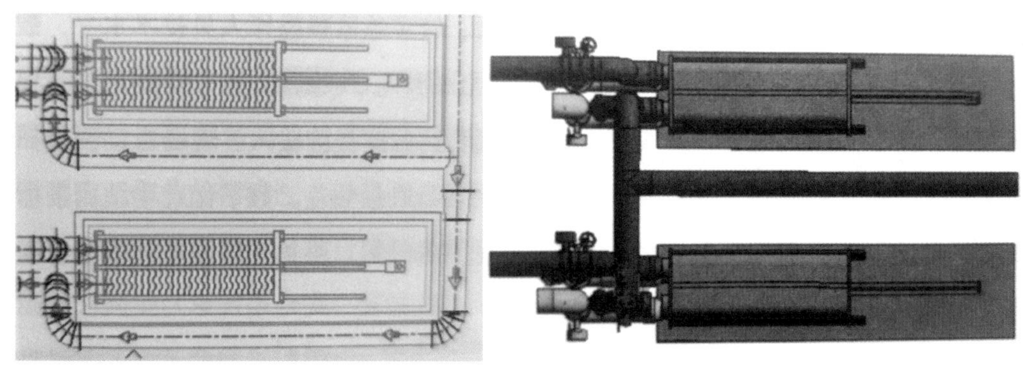

(a) 优化前　　(b) 优化后

图 11-16　设备布局及管线优化方案[9]

(2) 在保证原有管线机能及施工可行性的基础上，将机电管线的位置排布进行适当调整，不仅提前解决了各类管线的碰撞问题，而且使得管线排布更加合理，空间得到最大优化；同时，施工过程中将现场实际情况实时反映到已有模型中，保证模型与施工现场情况的一致，提高管线安装成功率，减少不必要的返工(图 11-17)。

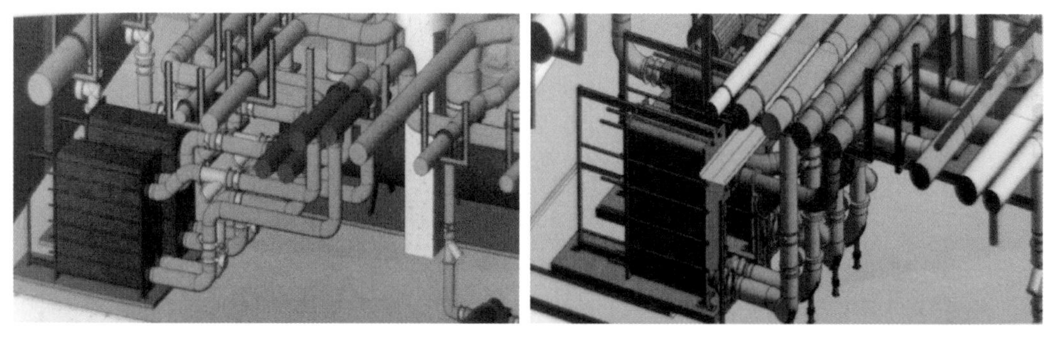

(a) 优化前　　(b) 优化后

图 11-17　设备用房 BIM 模型管线优化方案对比[9]

(3) 机电深化设计完成后与各专业进行模型碰撞协调，进行结构预留预埋件、结构预留洞、设备基础等相关土建条件的提资(图 11-18)。

(4) 各专业基于深化设计模型进行深化设计出图，由机电深化设计模型按照确定的出图标准按需导出三维图像及二维图，经过一定二维处理后得到所需深化设计图。

2. 现场三维测绘复核和放样技术

施工现场的结构复测是深化设计的基础，提供准确的现场结构同设计结构数据的误差能减少现场装配安装时的碰撞和返工现象的发生(图 11-19)。以往结构复测是以纸质图纸

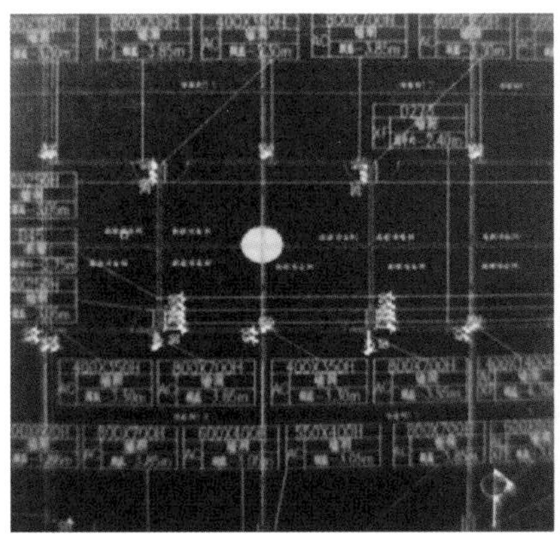

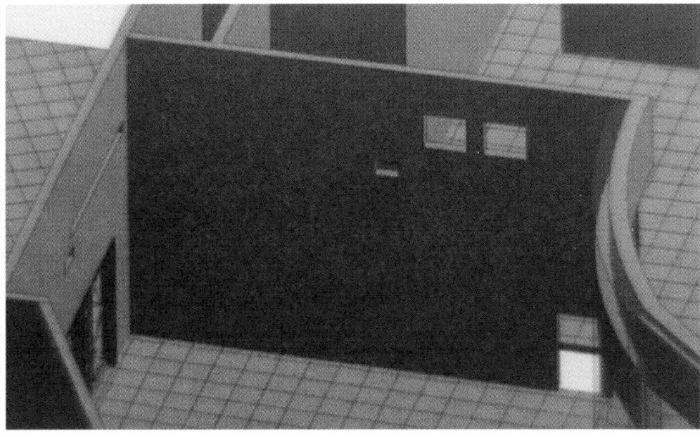

图 11-18 BIM 模型结构预留洞提资出图[9]

(a) 设备层 BIM 三维模型

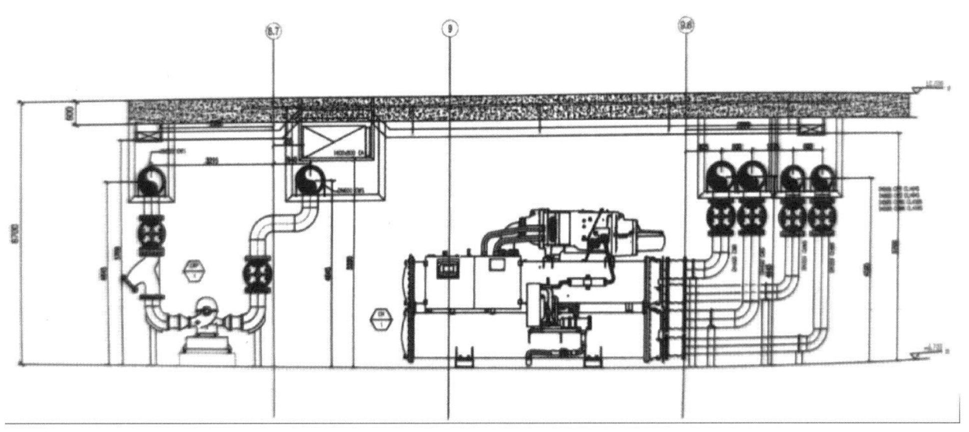

(b) 根据三维模型导出二维图

图 11-19 BIM 模型辅助深化设计图[9]

数据比对现场测量数据发现误差，较多地依赖操作人员技术水平，数据可靠性低。三维数字化结构数据复测是以全站型电子测距仪及三维激光扫描仪等现代化数字化测量工具，通过现场图纸或模型的数据提前输入，现场自动测量扫描收集点云数据，通过专用软件自动比对发现现场数据偏差。数字化现场结构数据复测的自动数据收集和比对减少了结构数据复测的时间，避免外部因素对机电管线的安装与检修空间造成影响，为机电管线深化和数字化安装、加工质量控制提供保障。同时运用现场测绘技术将深化图纸信息全面、迅速、准确地反映到施工现场，保证施工作业的精确性、可靠性及高效性。

下面以某联合工房项目为例介绍现场三维测绘复核及放样技术。该项目为挑空结构，网架区域斜撑众多，管线只能在网架有限的三角空间中进行排布，若钢结构现场施工桁架角度发生偏差或者高度发生偏移，轻则影响到机电管线的安装检修空间，重则使得机电管线无法排布，施工难以进行。为了提升现场机电管线安装精度，提高其安装效率，通过采用现场三维测绘和放样技术，对现场网架结构进行复核，图 11-20 是网架测绘点三维布置图。

图 11-20　网架模型测绘表示点布置图[9]

通过对设备层上述所有关键点的现场测绘，得到测定值，并与原设计值进行比对，得到误差值，通过误差值判断机电管线与现场网架结构的位置管线。

利用得到的测绘数据进行统计分析(图 11-21)，项目该次测量点共设计 42 个，由于现场混凝土已经浇筑、安装配件已经割除等原因共测得有效测量点 30 个。最小误差 0.002 m，最大误差 0.076 m，平均误差 0.031 m。

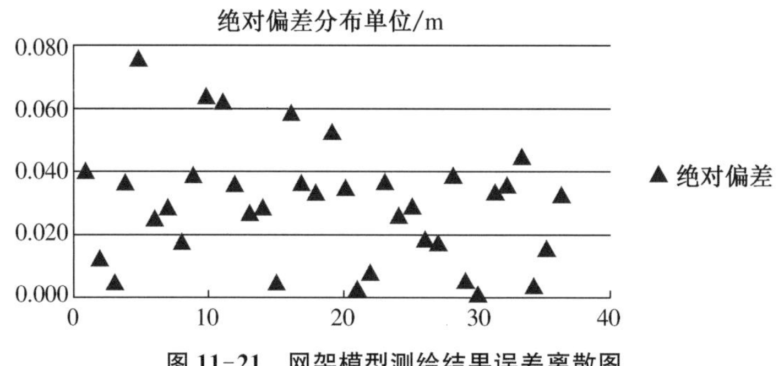

图 11-21　网架模型测绘结果误差离散图

从测量数据可看出，误差分布在 5 cm 以下较为集中，共 25 个点，5～6 cm 共 2 个点；

6～7 cm 共 2 个点，7～8 cm 共 1 个点，为可接受的误差范围，故认为被测对象的偏差满足建筑施工精度的要求，亦可认为该区域的机电管线深化设计能够在此基础上开展，并实现按图施工。

3. 机电设备安装数字化控制技术

(1) 数字化进度控制。利用进度控制软件排出详细的施工进度计划，对每日、每周、每月、每季度的施工进度进行细分，通过和施工预算及设备、材料进场计划比对，找出关键路线的关键点进行重点控制。利用软件功能实现在计划开始前自动短信提醒相关人员需配备的劳动力及设备材料，在计划完成前自动短信提醒相关人员截止时间。如计划内容发生偏差，进度控制软件系统根据手工输入或项目管理软件自动连接的信息进行比对并根据情况的严重性对不同级别的人员进行自动短信报警，通过对施工计划、施工条件的细分和自动控制最终保证项目施工在可控范围内调整并保证总目标的实现。

(2) 数字化质量控制。在传统机电安装施工过程中，工程师仅仅依靠已有的设计或施工图纸来指导施工，工程师之间的沟通交流均以纸质版图纸为基础，不仅携带不方便、容易破损或丢失，而且由于纸质版图纸信息量较少，不利于工程师之间的有效沟通，尤其是在有异议时，不利于工程师参照整体设计理念来掌握该部分设计意图。对于现场交底来说，由于具体施工人员素质参差不齐，仅靠纸质版图纸无法准确将图纸信息或施工重点进行传递。同时，施工现场出现设计变更或方案调整时，一般采用纸质核定单的方式与设计方进行沟通，极易造成工程信息的遗漏，且纸质核定单流转周期长，容易造成工期延误。随着信息化技术的发展，BIM 移动管理平台(如 iPad)逐渐在机电安装施工过程中得到了推广应用。该平台(图 11-22)可直接将各类机电管线的 BIM 模型进行加载应用，不仅极大地方便了工程师之间的交流沟通，有利于从整体设计意图来控制现场施工；同时，通过三维模型的形象化展示(如三维图纸、三维漫游及工艺预演等)可清楚地表达各类机电管线的位置关系，降低机电工程施工对现场作业人员素质的要求，进一步提升工程施工质量。同时可通过手机移动客户端将 BIM 模型应用于机电安装作业的现场检查及流程管理，如检查人员在施工现场发现问题，可直接在手机移动端进行文字记录，并拍摄现场照片，减少不必要的沟通障碍。另外，可将检查结果传输至云端服务器并发送至指定责任人或上级管理人员，提醒项目相关方在规定时间内进行整改。责任人在接收到具体整改指令后，下达整改措施，并在完成整改任务后将整改结果传输至云端服务器，并提醒上级管理人员或检查人员进行整改核实，最终完成整个整改工作的闭环流程，实现现场问题的高效、准确解决。

图 11-22 移动端应用[9]

(3) 数字化安全控制。

① 基于二维码技术的安全信息管理。二维码可以在作业人员的信息管理、施工方案信息、安全技术交底信息等方面进行应用,不仅便于管理人员和施工人员清晰了解项目情况,熟练操作规程,也是项目宣传的另一大窗口。将二维码运用到施工管理具有以下两大优势:查阅资料不受时间、地点的限制,拿起手机轻轻一扫就能及时掌握安全信息,随时掌握项目动态,时刻提醒作业人员在施工过程中提高安全意识,避免事故的发生;信息储存量大,存储的信息可根据施工进度不断进行修改和更新,确保信息传递的及时性、真实性和有效性。

② 以 VR 设备主导的安全培训体验。VR 设备价格的平民化以及在实际应用的多样化,给安全教育培训带来了全新的现场真实体验。在对作业人员安全教育培训时,可以设计针对性的安全教育培训课程,根据机电安装行业存在比较高发的事故类型,可以进行预防事故的安全培训 3D 体验,让作业人员有代入感,比传统的说教式安全培训肯定有更满意的效果。

③ 远程视频安全监控管理。对于机电管线安装专业来说,种类繁多的管线、密如蛛网的排布给施工现场问题的准确反馈带来了前所未有的难度,如管线信息识别难度高(种类、管径、材质等)管线交叉问题描述难度大等。通过互联网、手持设备组成的远程视频传输,可以有效减少施工现场问题的解决路径,实现现场问题的可视化,降低对施工现场作业人员的专业要求,提高了安全管控的效率。

④ 基于物联网的设备安全管理。在机电安装行业可以把物联网技术应用到大中型设备、机械的安全管理上,甚至可以应用到大型设备、特种设备运行的全过程,对存在有安全风险的动作、状态等情况,可以立即发出报警,从本质安全上进行事先预防。

11.3 Show 演艺布景元素和特效施工技术

Show 演艺布景需要对游客视觉、听觉、嗅觉、味觉、触觉等感官产生的强烈震撼效果,造成身临其境的真实感。由于上海迪士尼乐园宝藏湾项目是全球首发的主题公园,没有可借鉴的成熟项目经验,且施工相对空间狭小,技术难度大,专业多,系统繁杂,综合协同功能要求完美无缝衔接等问题,成了中美双方现场管理者们最难啃的“骨头”。前文以工程实例为主,介绍了假山灯光与瀑布水系统设计与施工技术、超高球形屏幕安装与调试技术和智能机动机器人安装调试技术。假山表面设计有大量演艺灯具,但仅提供了一张系统图纸,所有末端位置及节点等均需设计,具体设计见 8.6.2 节相关内容。

11.3.1 超高球形屏幕安装与调试技术

1. 超高球形屏幕安装技术

银幕是观众视觉效果的最终媒介,球形屏幕是银幕的一种特殊的结构形式。飞越地平线4D影院、画面影响、音频系统、互动座椅、投影技术相结合，配合特殊的定制片源，从而打造出新、奇、特的观影体验。

超高球形屏幕安装技术采用了脚手架平台和移动成品架组合模式。单一的一种架体很难满足施工要求，对两种架体，取各自的优点，解决了大空间球形脚手架的施工难度，为超高球形屏幕的安装创造了条件。

(1) 基本流程。球幕安装包括基环、龙骨和银幕。安装球幕基环，将基环与悬挂链、支柱、钢梁或基墙相连接。安装所有球幕结构网架组件，自球幕底部到球幕顶部，连接网架部件到定位于设计位置上的球幕基环。银幕按次序自下而上或自上而下安装。球幕安装完毕，对完成后的球幕进行检查和测试(图11-23)。

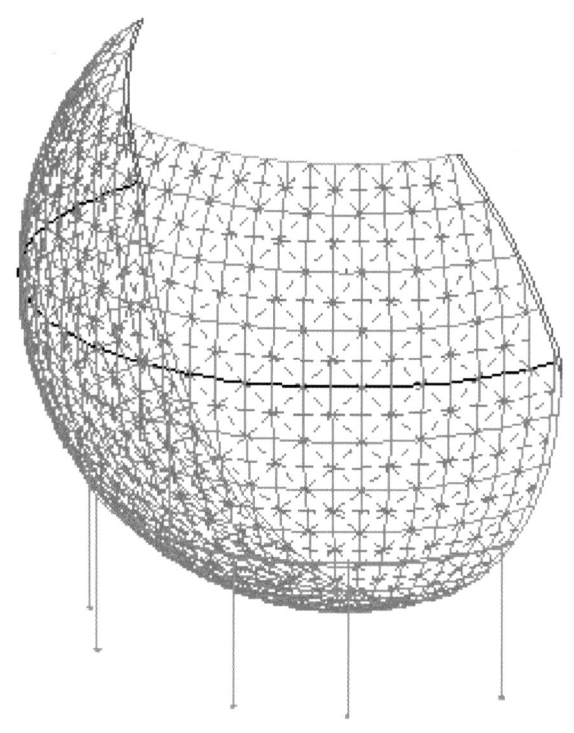

图11-23 球幕三维图
(来源：中建二局华东公司)

(2) 施工要点。某飞越地平线项目包括两个4D影院，总建筑面积6 558.31 m^2。两个4D影院划分为A、B两个影院，其中低跨球形屏幕区，净高23.7 m，单个屏幕区面积16.81 m×28.15 m。球形屏幕的影像摆脱了平面视觉束缚，使影视空间和现实空间更为接近，并且可以产生飞越、环绕等多种效果，从而产生时空错乱的感觉。球幕为半球形，球幕最大半径约12 m，最长处约24 m，宽约12 m，净高21.24 m，底部离地面高1.15 m，球幕区周边有吊梁以及4层检修马道。

结合现场实际情况，球幕的安装有两种思路，一种是搭设22.5 m高的弧形满堂脚手架；另一种是搭设11 m高的弧形满堂架施工平台加9.6 m高的移动架。

① 普通满堂脚手架的施工方法。满堂脚手架的搭设：球幕是柱式支撑，通过控制点测量放线，准确定位柱的位置，安装球幕的支撑柱，脚手架安装时需要测量放线，尽可能避免与支撑架的碰撞。搭设长24 m、宽13.5 m、高21 m的满堂脚手架纵横距均为1.0 m，步距1.8 m。沿着球幕的边缘一侧，做4.5 m宽的安装通道。

球幕安装顺序：满堂脚手架搭设完成后，安装球幕的支架，然后再安装球幕。球幕的支架从11 m安装到21.24 m，球幕从21.24 m安装到11 m位置的高度。然后11 m以上的脚手架全部拆除，11 m以下的满堂脚手架部分拆除并改造，支撑架安装以及球幕一层层地往下安装，且脚手架也跟随着一层层地被拆除。

② 弧形满堂脚手架施工平台+移动架施工方法。操作平台脚手架的搭设：脚手架搭设分两部分，11.0 m以上的高度采用移动式脚手架，用于球幕上部分的安装施工；球幕的

11.0 m 以下搭设弧形满堂脚手架平台，满堂脚手架上满铺木跳板、木模板，作为上部的可移动式脚手架的活动平台。11～5.6 m 之间采用满堂架安装球幕，5.6 m 以下采用移动脚手架。根据安装的需要，施工平台上的活荷载应满足 5 kN/m^2（图 11-24）。

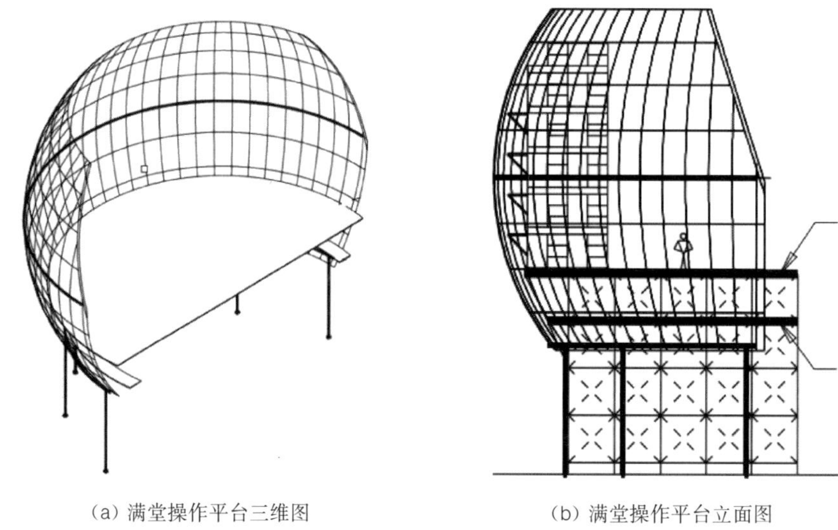

(a) 满堂操作平台三维图　　(b) 满堂操作平台立面图

图 11-24　满堂操作平台三维图和立面图

（来源：中建二局华东公司）

球幕的安装：脚手架施工平台及移动架的搭设完成后，球幕供应商自球幕 11 m 高度到球幕顶部安装网架。网架安装完后，利用 9.6 m 高可移动式脚手架，再利用满堂架安装 7.4～11.0 m 高度的球幕，此部分架体放置 1.6 m 宽的脚手板，以方便工人施工，然后 7.4～11.0 m 高度的架子以及部分立杆拆除，铺设 1.6 m 宽脚手板，安装 5.6～7.4 m 高度的网架以及球幕。此部分的球幕安装完成后，可移动式脚手架、满堂脚手架拆下，换成 5.6 m 高的可移动式脚手架，安装标高为 5.6 m 以下的球幕。

通过对比发现，无论是球幕安装施工工期，还是总造价，11 m 高的弧形满堂架施工平台＋移动架施工方法更具有优势且球幕的材质属于特殊材料，造价昂贵、进货周期较长（进口产品），如果操作架间距考虑不周全，其后果是：第一脚手架超出银幕以外，银幕龙骨安装不上去；第二脚手架离球幕太远，在脚手架上的安装人员不能正常和球幕接触施工。因此，移动架须距离球幕 40 cm，不得太靠近球幕，以免脚手架搭设或者拆除过程中损坏球幕，施工中可以尽可能地降低损坏球幕的概率。

(3) 相关其他要求。

①放映过程中绝无可见的缝隙；②采用槽型灯照明，具有极佳的效果；③改善整体表面图形；④利用专有的粉末喷涂球幕幕板可制造出高质量球幕投影屏幕，粉末喷涂确保幕板表面均匀一致和坚固耐用；⑤标准接缝球幕，采用纵向和横向边缘搭接方式，搭接宽度 32 mm，搭接的两块幕板之间嵌有薄的黑色材料，黑色材料达到零度入射，安装前后的入射率不超过 0.01。

2. 球幕投影调试技术

安装好投影机、机柜并端接好后，调试投影。在安装球幕时，在球幕的背面分布了数百个光纤点，这些光纤穿过多孔网片发出亮光，通过安装在投影机房窗口及附近的多个摄像头捕捉，在计算机中生成一个与现场球幕完全吻合的模型，进行系统自动校准。建好模型后通过计算机的运算将所需要投影的画面分割成很多块，再通过服务器发送到对应的每个投影机上，这样 24 台投影机将每块画面投射到球幕上，一幅完整的画面就神奇地被拼接成了。要达到最后逼真的裸眼 3D 效果，需多次反复调试，由于游客对着屏幕的视角始终在沿着轨道动态变化，为了达到逼真的视觉效果，须经过繁杂和漫长的调试过程。在给每块投影机画面进行自平衡以及亮度的调整，达到统一标准后，调试人员使用迪士尼项目自主开发的系统，通过拼接、预失真、边缘融合等技术，最后把《加勒比海盗》影片完美呈现在游客面前，使游客如身临其境。

11.3.2 智能机动机器人安装调试技术

宝藏湾——沉船宝藏之战项目中最出彩的是 3 个栩栩如生的智能机动机器人的安装调试技术。

在智能机动机器人安装就位前，机坑里的所有配套工作都已经到位。为了使场景中的机器人戴维・琼斯海盗船长达到既定的转身特效艺术效果——由背对游客沉醉于弹奏巨大管风琴，到听说他的海底宝藏被杰克・史派罗船长偷走后，愤怒转身，挥舞手臂，晃动满脸的触须，发号施令准备战斗等一系列连贯动作特效。需要在智能机动机器人底部安装底环和转动装置，安装完后由专家进行液压和气动装置的连接以及测试等相关工作，然后在水道注水后，进行机器人整体系统调试(图 11-25)。

在场景中，戴维・琼斯海盗船长动作多、幅度大，安装也存在难度。为了精准实现这一系列惟妙惟肖的连贯动作和逼真面部表情的变化，现场工程师和安装技师联合制定了多套实施方案。为了防止在安装过程中损坏成品设备和设施，项目部专业安装人员把管风琴的键盘整体拆下并保护起来，制作了与键盘同尺寸的泡沫塑料模型，安装到原有键盘位置，并在两旁高点适当位置安装了摄像机，用以监视、记录并核对戴维・琼斯海盗船长转身移动时身体各部位的位置和动作轨迹。

图 11-25　智能机动机器人——戴维・琼斯正面挥舞手臂
（来源：中建二局华东公司）

经过多次调整、校核，最终确定船长的手能够精准落在键盘上，又不会把键盘碰坏，对机器人底座进行最终固定和基脚灌浆符合要求后，才重新安装了管风琴的键盘。整个智能机动机器人安装调试用时 1 个月，最终安装调试成功，达到了既定特效要求的效果。

11.4 游乐设施与场景特效联动方法

11.4.1 动感设备与场景特效系统联动技术

当游客来到宝藏湾体验沉船宝藏之战，坐上海盗船开启惊险刺激探险之旅时，经过每个场景都会听到不同的声音、看到不同的特效，船和船之间随场景不同，间隔时间 10～30 s 不等，一个场景每隔几十秒需要重复一遍之前的特效，随着游客船体的移动，所有场景内的 Show 演艺布景和特效位置要精准，动作一致，各系统间协调配合要丝毫不差。即使出现应急事件，也能按照既定应急安全操作预案，打开疏散平台和应急通道，指导游客有序安全疏散。这些环节靠人力来重复精准操作每一步达到毫无偏差是不可能实现的。在宝藏湾项目中的“沉船宝藏湾之战”中，使用了高科技仿真无声磁力马达驱动的主题海盗船（图 11-26、图 11-27）。

图 11-26　演艺布景联动效果
（来源：中建二局华东公司）

图 11-27　演艺特效视觉效果
（来源：中建二局华东公司）

宝藏湾项目实现了迪士尼世界顶尖 show 演出布景和声、光、电、水、火、气、智能机动机器人、高仿真船模、超大高清投影 3D 球幕等特效元素的系统、精密、复杂联动。每艘海盗船在船体上都安装有红外感应器，当船经过场景时，与安装在各个场景中一定距离的红外接收器形成互动，产生信号源反馈。信号通过传输线缆传输到主处理器上，主服务器再将这个信号分配给分管演艺照明、主题照明、视频、音频、水闸、炮火、机动机器人、水雾、浪涌、海藻特效等控制系统，按照故事情节发展编制的协同控制程序，进行整体统一协调运行，从而达到各专业和海盗船设备的完美协同联动，使游客真实感受到作为一名海盗成员，和杰克・史派罗船长一起乘坐海盗船，乘风破浪，穿越海底探寻海盗宝藏，并经历了一场惊天动地壮观的海战。主题公园复杂精密系统间动态纠错无缝衔接运行，保证了每一名观众的体验均相同。

11.4.2 动感设备游玩场景模拟技术

通过 BIM 技术，模拟过山车等动感设备的运行，确保场景结构与游乐设施无碰撞，达到完美游玩体验。BIM 技术模拟的应用，大大降低了后期整改成本并提升游客的极致体验。发明了一种轨道型游乐设施安全包络线检测装置和一种悬挂式游乐设施安全包络线检测装置，进行实体实地测试，确保游客乘坐游乐设施时的绝对安全(图 11-28)。

图 11-28 BIM 技术模拟游乐设备运行

（来源：中建二局华东公司）

第 12 章

环境与景观施工方法

12.1 景观营造施工特点

12.1.1 景观营造管理

迪士尼主题乐园有着自成一派的建筑特点。迪士尼的创意是无可挑剔的，还拥有全球一线的设计师，庞大的管理队伍，规范的设计图纸，执行力强的队伍，烦琐严格的验收制度，烦琐的材料替换环节规定，严格的安全把控制度，高标准的质量要求等。这些特点都直接提升了迪士尼乐园的质量和内涵，帮助迪士尼从童话故事里面走出来，走向世界，深受世界各地人们的喜爱。

主题乐园主要有四大特点。

1. 统一性

在迪士尼乐园之中，风格必须保持统一，是贯彻迪士尼项目整个过程的设计理念。比如在铺装道路时，选择的石材类型，会注重其排布和搭配。迪士尼乐园的所有元素，都必须要符合其主题。一片春意盎然的草地，一段优美的旋律，一棵结果的樱桃树娇艳欲滴，百灵鸟在一旁唱歌，歌声醉人，旁边还走出一个金发碧眼的小姑娘，远处是七个小矮人在玩闹……但凡你经过的地方，肉眼所能观察到的角落，甚至是你可以闻到的味道，听到的声音，都和迪士尼的主题创意相结合。

2. 图纸严谨

在施工的过程中，迪士尼乐园施工严格遵循技术规格书的要求，不论是在选择材料还是挑选供货厂家上，都必须要严格和谨慎。由于迪士尼乐园在国外已经有了丰富的建设经验，因此在开拓上海市场之前，项目组对我国的华东地区进行了充分调研，在了解了其景观、电气、建筑、市政等多个方面的详情之后，结合我国国情，特地编纂了一册技术规格书，以此来规范施工。

3. 独立完成

许多项目都可以单独制作，节约时间。例如，在安装栏杆的过程中，可以种植绿化，二者互不干扰，同时进行，这有效提升了施工的效率。迪士尼乐园的不同区域之内，单项工程之间没有较明确的界限。也就是说，施工项目都是互相渗透，彼此交叉的，是不可能独立完成单项项目。考虑到每一个组成元素的合理布局，在施工的过程中，会被设计与创意的考量所影响。比如说，在梦幻世界这个区域里面，有一个矿山飞车项目。穿越矿山之前，会有一段矿洞山路。在混凝土之中，需要镶嵌大小不一的石材。至于如何排布石材的造型，则是由设计师来决定的。设计师会结合自己的经验和创意来进行设计，一模一样的石材不被他们喜爱。因此，经常可以看到设计师在现场改造石材，直至达到创意者的期待值。大家一致通过以后，工人才可以根据设计师的要求，进行石材的黏结施工。

4. 创意团队

在迪士尼乐园里，创意团队是不可或缺的。团队人数保持在四名以内，虽然人数并不多，但他们扮演着重要角色。一个主题公园最重要的原则就是创意。创意团队会结合迪士尼的动画和人物形象，进行一系列的创意改造，打造出相应的文化风格。同时，还会结合游客的真实想法和诉求，产生出源源不断的创意[25]。设计师团队会挑剔施工团队的工作，同样，创意团队也会挑剔设计师团队的工作，以此来互相促进，共同进步。

12.1.2 景观营造施工管理的工艺流程

1. 小样阶段

这个阶段主要是需要设计师的参与。提供小样所需要的参考图纸，然后深化小样图纸，请示上级领导，通过审批。同时，以特定的标准为依据，对相应的材料进行报审，之后开展样品验收工作，通过审批。通过审批之后，就可以现场打样，集中验收。验收通过以后，就可以进入施工阶段。

2. 施工阶段

深化施工图纸，同时编写专项方案，二者都通过了审批之后，就可以施工了。施工的内容多种多样，必须要面面俱到。其中包括创意的验收、设计、指导、质量把控、工序验收，监理公司、质量公司的协助验收，功能体系结构设计(Feature Architecture Design, FAD)协助施工等[26]。

12.1.3 景观提升设计

1. 增加植物品种

迪士尼的道路景观和公园比较起来，比较单一。增加乐园里的植物品种，以此来获得丰富的视觉体验，提升乐园的生机勃勃感，打造出一个绿色的生态园。这样既可以提升乐园里的绿化面积，还可以实现景观的多样化。

设计师在设计时，可以结合实际的地形和周围的主题内容，配合不同的植被。比如说，可以借助原本的地形，让空间变得起起伏伏，增加层次感。对于地势平坦的空间则可以添加灌木、乔木等植被。通过不断创新和设计，让植被有更多的发挥空间，体现出乐园空间的丰富感和层次感。不同的植物生活在乐园之中，生机勃勃、生意盎然、丰富多彩，是难得一见的美景。

2. 选择明快的植物色彩

在挑选植被时，可以从色彩下手，选择某些色彩鲜艳的植被。比如说在乐园里常见的银杏树。这种树有着树干挺拔、枝繁叶茂的特点。游客进入乐园以后，就像是看到了站得笔直的欢迎队伍。在春天树木刚发芽时，银杏树的叶子是嫩绿色的。随着季节的变换，树叶的颜色会变成墨绿色、金黄色。秋天来临，树叶紧挨着绽放，远远看上去，像是金黄色的扇子。这一片金黄色的风景，提升了乐园的色彩感，会给人一定的视觉冲击。在这里，还可以搭配一些同样是黄色系的植被，辅以红色植物，相辅相成，相得益彰。同样，还有梧桐树，站立在宽阔的林荫大道旁，挡住了烈日，到了秋天，梧桐叶落地，大树下面有着金黄色的叶子。游客们踩在这些叶子上，就像是踩在了厚厚的地毯上，发出沙沙的响声，仿佛是在诉说秋天的美好。春天有美景，夏天可避暑，秋天天高云淡，和大自然亲密接触，使游客彻底融入主题乐园之中，非常美妙。

12.2 景观工程施工中的设计配合

12.2.1 景观设计配合的特点

1. 指导性的特点

项目设计配合是工程施工中的重要辅助手段。设计人员需将具体的设计意图、预期达到的设计效果等准确传达至施工人员处，使之可详细了解具体的设计目标和方法理念，进而便于后续施工。主题公园施工项目更是如此，而且施工环节，设计方也需从项目的施工工艺入手，对工程项目施工进行现场指导。

2. 及时性的特点

针对工程实际施工环境对工程项目设计方案的影响，设计配合会在施工过程中阶段性收到来自施工方的设计答疑，设计方需以答疑文件的回复作为变更或联系单的文件，并要在工程项目施工阶段及时回复。上海迪士尼项目的设计配合也是如此，为保证景观设计的及时性，每天需要现场巡查，设计人员主要借助电子邮件与业主方书面沟通，为避免电子邮箱自动清理邮件功能对设计方与业主方之间邮件沟通的影响，相关人员及时对往来邮件进行导出、整理和归档，图纸中的一些中文说明也及时被翻译成了相应的英文。以上一系列措施可做到问题及时反馈，并及时调整，及时解决。

3. 衔接性的特点

工程项目中的景观设计配合具有阶段性承上启下的作用，在衔接设计与施工的基础上，景观设计配合为二者之间的融合提供保障。一般项目的设计配合均在施工阶段，而迪士尼项目的设计配合在设计阶段就介入，直至竣工。使理念和景观创造的主动性渗透到规划、设计及施工过程的各个方面。

4. 多专业交接及主题公园特有专业配合的特点

一般情况下，景观项目设计配合的专业主要以常规专业为主，如总体、竖向、绿化、硬质、结构、给排水、电气等。

主题公园特有的专业包含了主题装饰、演绎、舞台、灯光等，作为主题乐园的标志，迪士尼项目对其特有的专业要求较高，在配合过程中不仅需要施工方对常规专业非常熟悉，还需对其特有的专业(如主题装饰、演绎、舞台、灯光等)有所了解，以及熟悉一些专业性较强的施工工艺。特别在与主题装饰团队和演绎团队衔接配合时，其专业成果直接影响最终景观的效果，所以施工方在某些景观设计图纸上还需要包含其专业内容，这就对设计配合的工作提出了更高的要求。

从游艺性主题公园的设计原则来看，统一化原则、文化精致化原则、有机协调原则和注重人体感受的原则是其施工环节所遵循的主要原则。

在工程施工方面，施工方与设计方之间需要平衡好彼此的矛盾关系，对其自身职能和工作范围等明确划分，通过合理分工的方式充分利用一切可用资源，并在配合景观设计时可以对其经济性、可行性、审美性、实用性等进行多方考量，以达到从根本上提升整体工程质量水平，实现工程经济效益与社会效益最大化的根本目标[27]。

12.2.2 景观设计配合的控制要点

1. 目标控制

以最终工程完工效果和设计图纸为目标。一般项目中，往往会在完工后才能最终知道工程效果，而迪士尼项目在每个阶段进行工程成果示范段的施工，制定不同阶段的成果目标。一般项目中，只有重大调整才会出设计变更图，而小的调整以答疑或联系单的方式解决，而迪士尼项目无论什么问题或调整，均需出图，施工方无论什么情况均需按图施工。

2. 过程控制

(1) 因地制宜，调整优化设计图纸。在一般的建筑施工项目中，施工以前进行设计交底的图纸往往会被视为与工程项目有关的最终图纸。项目施工阶段的变更图纸是对最终图纸的局部调整，为保证工程的施工质量，出于工程效果的需要，若对原有的图纸进行较大调整，进而选择重新设计。业主方要求图纸设计人员对所有可能出现在施工现场的问题都能解决，图纸深化设计环节需要耗费更多的时间用于对现场问题的模拟与推敲。

以迪士尼项目为例，施工图纸覆盖面狭窄的问题一度是影响项目施工的重要因素。根据国内的图纸设计习惯,与主题公园项目有关的景观节点需要在施工进场以前完成图纸的深化工作,但是在迪士尼乐园的一些景观项目的建设过程中,业主方坚持由业主的工程师在现场完成施工[3]。经过双方协调,部分项目的图纸深化工作采用的是边施工边绘制的施工方式,这一措施的应用,可以在对设计图纸进行调整优化的基础上,与建设方的现场工程师实现同步对接。

(2) 因地制宜,优化施工方案。在一般项目领域,施工工艺与施工方之间存在一定的联系,他们在日常工作中会表现出对设计问题缺乏关注的现象。而在上海迪士尼乐园项目的施工过程中,设计配合并没有停留在设计图纸之上,而是涵盖了施工工艺、工序等多个方面。特别在绿化种植方面,为了达到热带雨林的效果,为了营造植物良好的生长环境,现场所使用的植物种植营养土并非外购,而是利用现场的土壤,并且融合各种有机物等,通过技术手段,是该营养土达到迪士尼业主方要求的土壤指标。

12.2.3 景观设计配合实例

1. 概述

作为上海迪士尼乐园中的海盗主题园区,宝藏湾项目也是全球所有迪士尼乐园中唯一一个以海盗为主体的园区(图 12-1)。

图 12-1 迪士尼乐园宝藏湾项目
(来源:中建二局华东公司)

这一园区拥有整个园区最大的水体,并且需要体现海盗风情,因此需要在景观设计配合的指导下,由设计人员和施工人员相互探讨,通过利用施工方处理复杂地形方面的丰富经验,根据具体的施工现场情况进行灵活调整,从而使景观设计与工程实施能够始终保持良好的协调性,达到业主要求的设计意图。

2. 设计配合介入的时段以及个别重要节点的时间点

迪士尼项目设计配合与一般项目设计配合介入的时间不同，在美方设计方案确定后，景观设计配合人员即开始全程介入，直至竣工验收。这样能够保证设计理念及意图贯穿整个工程实施的过程，把控整个项目完成后的效果，而不只是在施工阶段介入。

在重要的时间节点的控制上，迪士尼项目会在每个阶段进行工程成果示范段的施工，制定不同阶段的成果目标。迪士尼的设计配合会根据示范段的成果对后续工作进行优化和控制。从一步步阶段性的目标控制开始，从而达到最终宝藏湾项目要求达到的项目效果。

3. 施工过程中针对各专业的设计配合

(1) 绿化专业设计。绿化专业在景观设计配合中，为紧紧围绕宝藏湾片区的海盗主题，遵循原有设计植物所要达到的景观效果，通过对植物种植位置的现场调整，以及在植株旁边设置的照射灯，使得植物所形成的群落景观错落有致、疏密适宜，在园区内形成一种或实或虚、虚虚实实的气氛，更增添了一种神秘之感(图 12-2)。

图 12-2 宝藏湾绿化水体相互融合

（来源：中建二局华东公司）

在植物种植营养土的调配上，利用现场土壤与其他有机物的混合配置，形成适合当地植物生长的土壤，从而使树木的成活率也得到了有效保障。在夏季和冬季时节，根据不同植物的不同情况，采用不同的降温洒水、防冻保暖措施。

(2) 硬质专业设计。

① 铺装地坪(图 12-3)。在铺装施工阶段，设计的铺装材料具有种类丰富、色彩差异大的特点，在不同铺装材料的衔接部分以及铺设方式上，并不能仅仅按照图纸上的线条划分而确定。主要采用的是建模铺装的方式，在预先施工 1∶1 的模块等措施上，反复推敲比选改进优化后，最终确定批量施工的效果，也对铺装施工环节上目标控制的重点进行了明确。

② 假山驳岸置石。迪士尼的假山驳岸置石均采用彩色混凝土的施工工艺，工艺复杂，设计配合需在施工过程中施工工艺每个阶段进行检查验收，确认达到要求后才能进行下一道工序，并且施工工序需结合图纸要求，衔接紧密，突出优化施工方案的过程控制。

③ 装饰景墙、装饰灯柱、装饰栏杆等各类景观装饰小品(图 12-4)。主题装饰设计是主题公园施工中的重要内容,与之相关的外包装通常由一些具体的装饰团队负责,具体的灯柱、栏杆、指示牌、座椅等构件方面的设计由景观专业负责,在配合过程中需结合现场和装饰团队,多方考虑,优化设计图纸,并在景观图纸里包含主题装饰等其他专业的内容,并在现场施工各过程中,多专业同步监督验收。在片区内,装饰效果以展示海盗时代风景的景观进行做旧处理,墙体做成墙皮斑驳脱落的效果、灯柱和栏杆等做成中世纪的灯具效果、一些装饰小品特别是酒桶、酒瓶等,均体现海盗主题场景。

图 12-3　宝藏湾铺装 1∶1 模块
(来源:中建二局华东公司)

图 12-4　宝藏湾主题装饰
(来源:中建二局华东公司)

(3) 结构专业设计。主题公园建设项目领域的结构专业设计与项目的功能和安全性之间有着密不可分的联系。在上海迪士尼乐园宝藏湾片区,结构施工涉及了宝藏湾水池施工,钢结构施工及结构基础施工等多项内容,与市政专业、给排水专业、电气专业、建筑专业、装饰团队、演绎团队和结构专业间有着较为密切的联系。

在园区内最大水池的设计上,考虑上海软土特性,池壁和池底施工中则主要采用钢筋混凝土结构,并搭配数百根桩基,而驳岸效果配合主题装饰专业,采用彩色混凝土装饰的假山树木,增强水体结构坚固度的同时,其通过利用主题抹灰技术,还原真实的山石景观效果,不仅大幅增加了设计的美观性,同时从长远角度考量,工程的耐久性也得到有效保障。

12.3　园林绿化施工技术

12.3.1　技术管理准备

工程各专业交叉施工众多,又对接许多管理部门,为保证工程质量,现场成立了专业的绿化施工团队,施工前对工地进行实地踏勘,充分熟悉施工图纸和技术规定,提前做好与管线、土建专业的沟通工作，合理部署、组织、分配施工力量，从技术、材料、人员组织、管理方面为绿化种植工作创造有利条件。

12.3.2 主要施工技术要点

1. 苗木质量控制

苗木采购接收时应处于健康状态，无任何害虫及疾病。除了确保苗木对当地环境的适应性外，还应确保苗木生长状态良好，符合栽种标准。一般高质量的苗木符合以下标准：树冠与树根比例协调，苗木茁壮；无病害或缺水；根系发达，根系容器内种植土充实；苗木无损伤等。苗木栽种前需进行适当的苗木修剪工作。

2. 绿化土壤回填

园区内除要求种植土为营养土外，对回填土也有很高的要求。回填种植土需层层压实，每层填 300 mm 厚即须压实一次，夯实密度控制在 80%～85%之间，回填 1 500 mm 后需现场取样进行压实度测试，并提交检测报告，若测试结果确定回填区域不符合压实度要求，则重新进行夯实工作。填充土壤的标高误差不超过 20 mm。

在结构回填土工作中需要注意的是熟悉回填区域管线设计情况，每回填 150 mm 厚结构土须夯实一次，达到管线等预埋标高后停止施工，待管线等预埋设施完成后再进行下一道结构土的回填。对不需要立即种植但已经回填的土壤做好现场保护工作，表面覆盖土工织物，防止土壤被污染。

3. 现场定位放样

为保证植物的搭配效果，园区设计师要求必须将大型树木预先现场放样，并以彩旗和木棒指示植物名称与容器尺寸（树穴尺寸要求大于树球 600 mm，保证苗木根部生长微环境所需），种植物的位置还需根据现场环境条件及设计指导要求进行临时调整并最终定位。

4. 草坪施工

园区内对草皮平整度也有着十分严格的要求，草皮选用材料必须为平整无杂草、无碎石的优良品种（现场多使用狗牙根、结缕草）；为保持草皮的新鲜度，要求必须在 26 h 之内完成采集、运送、铺装等流程。

5. 表土覆盖

园区内所有苗木种植区的表层均匀覆盖厚度为 50 mm 的覆盖物，表土覆盖物主要是由碎树材和再生木质植物经磨碎、筛选而成并施加氮肥稳定苗木。表土覆盖物不仅能保证对种植池起到保湿、防尘、美化的作用，而且分解后的树材植物还能为苗木提供营养，并保护苗木根部以避免其被暴晒，另外，满铺的树皮也能防止水土流失，保证了种植区域地形的完美性。

6. 修剪及养护

为保证苗木造型，除清除受损枝条外，专业绿化团队须严格按照雇主指示的设计意图剪枝，并尽量降低剪枝量。不得在交付前对苗圃剪枝，也不得在剪切口处涂抹剪枝涂料。每周至少在所有景观区域进行一次杂物清除工作。杂物包括废物、垃圾、落叶、落枝、已死植物或其他不属于景观范围内的材料。清除硬质景观和铺面上因维护活动而生成的所有污渍与杂物。对覆盖物进行整理及添加，以保持规定厚度和均匀的覆盖。养护工作除了根据天气均衡灌溉用水外，还必须制定详细的养护工作日历，对不同的物种进行施肥、病虫害防治。

12.3.3 主题乐园的仿真景观

为了让游客获得更好的休闲与游憩体验，主题乐园要求所有的景观建设都必须与乐园主题有关。由迪士尼创作、改编的众多童话故事就是迪士尼乐园的主题。而与这些童话主题相契合的景观通过钢筋、混凝土及环氧树脂等材料创造出的，足以以假乱真让人完全无法分辨其原本的构成材料。这种景观类型被称为仿真景观。

上海迪士尼乐园对仿真景观工程的细节把控非常重视。景观工程的细部是整个景观的重要组成部分，细部分布在景观园林的各个角落中，是组成整体景观的细节元素。正是由于随处可见的、与童话主题相契合的仿真景观逼真可信，才使得上海迪士尼乐园带给游客真实可信的“童话场景”和真正的梦幻体验。从地面铺装、造型栏杆和人造景石3个方面阐述迪士尼仿真景观的具体做法[28]。

1. 地面铺装

为了承受大量游客的高强度踩踏，上海迪士尼乐园的地面基本采用了钢筋混凝土基层进行硬化。在硬化的基层上，主要采用了两种铺装面层进行装饰美化：一种是天然石材铺装；另一种是彩色混凝土铺装。虽然上海迪士尼乐园的地面景观是在较短时间内统一完成的，但是通过设计和施工人员共同的努力，经过多种艺术和技术处理后，这两种材料均呈现出惊人的仿真效果。

（1）彩色混凝土铺装。彩色混凝土具备塑形方便、色彩可控等特性，因而被大量运用在上海迪士尼乐园景观的地面装饰上。以核心景区之梦幻世界景区为例，梦幻世界景区以乡村、森林为主题，此间大量的彩色混凝土路面呈现出自然状态下的泥土道路效果。

图12-5 彩色混凝土仿泥路面
（来源：中建二局华东公司）

① 彩色混凝土被调配成了黄灰色，在整体色调上与自然泥土保持一致。

② 彩色混凝土的表面不进行抹平，特意增加了大量可信、有趣的景观细节。比如在彩色混凝土表面预留空隙孔洞和凸起的石子；结合混凝土伸缩缝，在混凝土表面模拟泥土龟裂时产生的天然裂缝；在混凝土未干透时用树叶、马掌铁、旧式车轮在路面压印，模拟出往来于泥土道路上的车马留下的痕迹（图12-5）。通过以上几种处理手法的灵活运用，将彩色混凝土地

面模拟成逼真的自然泥土道路效果。

（2）天然石材铺装。天然石材种类繁多、色彩差异显著，被大量运用于上海迪士尼乐园景观的重要节点位置。除了表现未来科幻主题的明日世界景区，整个上海迪士尼乐园园区的天然石材铺装都是在模拟 19 世纪钢筋混凝土技术还未发明之前欧洲常见的石材路面。这一时期的道路基本是由夯入泥地的石块铺设而成的。迪士尼的天然石材铺装景观采用了独特的设计手法和特殊的施工工艺，通过大量的细节来模拟这种早期石材道路的真实质感。

① 所有天然石材的轮廓都被预先凿出了不规则的缺口，避免毫无缺陷的直线边缘。

② 在石材与石材铺装之间，在石材铺装与彩色混凝土地面之间，通过自然咬合的方式进行衔接。这样的咬合过渡对深化图纸的精确要求较高，每一块不规则的石料都要按照真实情况来摆放位置并标注尺寸。

③ 美方设计了折线形式的伸缩缝。虽然大大增加了伸缩缝的施工难度，但是这种折线形式的伸缩缝更接近于石块夯实出的道路效果。

2. 造型栏杆

上海迪士尼乐园设置了大量的景观栏杆，以分隔不同的活动区域。为了尽可能地延长栏杆的使用时间，所有的栏杆材质都是钢材。为了配合景观主题，其中很大一部分钢栏杆采用了特殊的加工工艺，让人完全无法辨别这些栏杆的原本质地。以梦幻世界景区为例，为了契合乡村、森林的主题，梦幻世界景区的钢栏杆均呈现出木质效果。

（1）以镀锌方钢管构成栏杆的骨架，在焊接完成的钢骨架上敷设环氧树脂表皮。环氧树脂表皮被雕刻、塑造和喷涂后，形成几乎可以假乱真的木纹开裂、青苔等细节。

（2）栏杆制作完成以后的安装工艺比较特殊。常见的栏杆安装方式是预先在地面结构层中固定结构件，再将栏杆焊接在固定结构件上。但是上海迪士尼乐园的仿木造型栏杆都是直接通过后钻孔的方式固定在地面结构层上的。这样做的目的是让工程师在现场安装栏杆时能够较好地把控栏杆与栏杆之间的疏密程度，更好地模拟出真实木栏杆间距宽窄不一的效果。

3. 造型景石

在上海迪士尼乐园景观中有大量景观石，如果不是亲历迪士尼的建设，很难相信迪士尼没有采用一块从自然环境中挖掘而来的天然石块，所有的乐园中的景观石均是由人工修筑的钢筋混凝土假石。钢筋混凝土假石的制作由内而外分四大步骤：

（1）采用槽钢搭建假山石的内部承重结构骨架。

（2）在承重骨架上焊接大量的短钢筋，拼接组合成造型钢筋骨架。每根钢筋在 BIM 设计过程中就获得了唯一的编号，由数控机床截断、弯折加工而成，工人在现场只需根据编号就可以将钢筋拼接成与设计图完全一致的造型钢筋骨架。

（3）在造型钢筋骨架表面绑扎结构层钢筋网，在结构层钢筋网外部通过 U 形金属扣件附着塑形钢丝网片。

（4）在塑形钢丝网片上喷灌混凝土直至结构层钢筋网。等混凝土凝固后再涂抹 1 层特

图 12-6 混凝土仿真造型景石
（来源：中建二局华东公司）

殊的混凝土抹灰层。

(5) 在混凝土抹灰层上进行修饰雕刻和上色喷绘。

因应不同游乐设施的主题，故混凝土假石的细节处理各不相同。以上海迪士尼乐园宝藏湾景区的景石为例，宝藏湾以加勒比海盗为主题，需要通过大量的边景石来烘托西半球热带大西洋海域。为了表现自然石块因长期被水流冲刷产生的真实质感，在雕刻过程中用水枪冲刷混凝土假石表面的抹灰层，直接通过水流进行“雕刻”。在石头表面雕刻出绿色的青苔和藤蔓，这些青苔的效果也按照加勒比海水的盐度和潮汐规律进行模拟(图 12-6)。

12.3.4 屋顶绿化施工技术

在绿化行业高速发展的今天，绿地建设实现了综合开发、立体式、多层次等发展。将绿化推向空间发展已经成为当前社会发展的必然趋势，采用屋顶绿化可以大大提高城市绿化覆盖率，同时缓解雨水屋面溢流，有效保护屋面结构。屋顶绿化相对于地面绿化存在占地小、投资少、见效快等优点。屋顶绿化在有效开拓城市绿地“立体化”的同时，也为景观增绿创造了休闲、观赏的空间。

1. 工程的难点和特点分析

(1) 屋顶回填要求高。屋面的排水过滤板采用高强度的蓄排水板，比砾石排水层轻，每平方米的质量不到 1 kg，具有施工方便、清洁的优点。屋面上采用新型土壤轻质种植土回填，土方生产前按照业主的技术规格书要求进行配比，土方小样经美方高级土壤分析师进行检测，合格后方可投入使用，其具有荷载轻、能满足苗木生长所需养分的特点[29]。

(2) 屋面防水卷材材质要求高。屋面防水层采用一种聚酯胎 SBS 改性沥青防水卷材(Sopralene Flam Jardin，索普瑞玛)。它与普通 SBS 改性沥青防水卷材的区别在于其卷材上表面由页岩片粒保护，卷材中均匀添加了环保型阻根剂，可进一步提高耐植物根系的功能；使该卷材具有防水和阻止植物穿透的双重功能。

(3) 种植树木成活和养护要求高。种植在屋顶上的苗木日后养护难度大，按照业主要求，所有乔、灌木均为容器苗，并对土球大小有严格规定。容器化育苗具有育苗时间短、苗木整齐健壮、不伤根、运输方便、移栽不受季节限制、移植成活率高等特点，一年四季均可施工，不仅能在施工中缩短施工时间，且苗木无需修剪，绿化景观成型迅速。

2. 主要的施工技术措施

(1) 施工工艺流程：原地貌复测→泡沫玻璃回填→混凝土找平层施工→耐根穿刺的防

水卷材施工→蓄排水板安装及施工→灌溉系统支管安装、所有专业表层土下三级管线完成施工→种植格栅安装及固定→轻质种植土回填→苗木种植

(2) 泡沫玻璃砖回填。屋顶不同于地面，对荷载控制的要求比较高。故采用容重比较轻且防火等级较高的泡沫玻璃砖进行建筑找坡回填(图 12-7)。

图 12-7　泡沫玻璃回填施工
（来源：中建二局华东公司）

泡沫玻璃砖回填施工时应根据测量成果，严格控制地形的起坡点，先将等高线的高点用泡沫玻璃砖回填完成作为控制点，然后通长拉设控制线，由高至低进行泡沫玻璃砖的回填及造型施工。回填前必须保证清理所有灰尘、积水及杂物，每次对泡沫玻璃砖切割时一定要对底下的原结构防水层做好保护措施，避免损坏原结构防水层。泡沫玻璃砖回填时采用分层错缝堆叠的方式，通过拉设控制线来控制板块缝以使其达到横平竖直，板与板之间的缝隙控制不得大于 1 cm。

(3) 混凝土找平层施工。在回填好的泡沫玻璃砖面上浇筑厚 50 mm 的 C30 细石混凝土找平层。细石混凝土内配 Φ8 mm@150 mm 不锈钢金属网片(图 12-8)。细石混凝土找平层找平前根据标高要求做好灰饼来控制混凝土完成面，以确保浇筑过程中没有出现明显的泡沫玻璃砖回填凹凸面。混凝土初凝前用水平刮尺完成混凝土面层的抹平、均匀搓打，等到混凝土开始凝结时即用铁抹子分遍抹压面层，注意不得漏压，并将面层的凹坑、砂眼和脚印压平，在混凝土终凝前须将抹子纹痕抹平压光。养护 7 d 后进行淋水试验，确保整个区域排水通畅，无积水现象(图 12-9)。

(4) 阻根和耐穿刺的防水卷材的施工。防水层为 2 层，第 1 层为光面，第 2 层为带颗粒的毛面。索普瑞玛改性沥青防水卷材与普通 SBS 改性沥青防水卷的施工工艺相同，均采用热熔满贴法工艺。其施工流程为：基层验收→基层处理→卷材细部附加层施工→大面卷材防水施工→检查验收→下一道工序施工。铺设防水卷材前先清理干净基层上的垃圾及建筑废弃物，并涂刷底漆，卷材应保证与屋面坡度呈垂直方向铺开。

图 12-8　钢筋网片铺设
（来源：中建二局华东公司）

图 12-9　保护层混凝土浇筑
（来源：中建二局华东公司）

点燃火焰喷枪对准卷材底面与基层（或下层卷材）的交界处，使卷材底面的沥青熔化，把卷材固定在基层上然后对准卷材与基层的夹角采用“回”字形工艺（基面→卷材边→卷材本体→卷材边→基面）重复烘烤。当烘烤到沥青熔化，卷材底有光泽、发黑时立即铺贴，边烘烤熔融涂盖沥青层，边向前慢慢地滚铺卷材，随后压实排出空气使黏结紧密。卷材与卷材之间的搭接宽度不小于 100 mm，相邻卷材之间的接缝应错开。在卷材收头处理时，采用热熔满粘后用索普瑞玛的液态防水材料密封，然后采用铝合金防水条进行收头处理并密封（图 12-10、图 12-11）。

图 12-10　卷材收边处理
（来源：中建二局华东公司）

图 12-11　防水卷材施工
（来源：中建二局华东公司）

（5）蓄排水板安装及施工。将排水板材松散满铺整个屋顶绿化区域，边与边搭接 10 mm 并用接缝胶带或者不锈钢钢丝绳绑扎牢固，全部完成后检查是否已经完全紧贴找平层，如有起鼓则进行相应的修改，最后将黑色土工织物满覆盖屋顶绿化区域，且边与边用不锈钢钢丝绳与排水板绑扎在一起（图 12-12、图 12-13）。

图 12-12 蓄排水板施工
（来源：中建二局华东公司）

图 12-13 土工布覆盖施工
（来源：中建二局华东公司）

蓄排水板在这里起到了苗木扎根的作用，黑色排水板呈现多孔状，且孔为镂空状，将来植物生长扎根时可与其有效结合，大大避免了土壤因雨季出现随意冲刷的现象，同时也因多孔的透气性增加了苗木的生长及存活概率。

(6) 灌溉系统及三级管线施工。各类管线类施工必须在完成蓄排水板施工后及格栅安装前完成，这样做能减少对格栅的损坏。管线位置应处于完成面以下 50 cm，避免以后因苗木栽植时与管线碰撞而发生不必要的返工(图 12-14)。

(7) 种植格栅安装。种植格栅的安装最重要的是固定件的钢丝绳安装，它是采用不锈钢的吊环螺母，以植筋的方式打入假山中。为确保打破防水层后不会漏水，在开孔安装后全程采用比所植不锈钢螺丝直径大一号的柔性垫圈来顶住防水卷材，再用密封胶及液态卷材将植筋周边密封。不锈钢螺丝固定件预埋完成后，经强度拉拔测试合格后方可进行格栅铺设工作(图 12-15)。

图 12-14 管线施工
（来源：中建二局华东公司）

图 12-15 液态卷材封闭螺孔
（来源：中建二局华东公司）

格栅铺设前需要将钢丝绳一端与固定件相连，一般钢丝绳与钢丝绳之间的间距保证在 1 000 mm 左右即可，然后将折叠的格栅穿过钢丝绳，确保连接时不要错位。等到全部完成后，将格栅打开并拉伸至最大，尽可能地满铺于绿化种植区域，格栅的边与边之间的搭接一定要用不锈钢铁丝绑扎牢固，不要因张力而破开。

(8) 轻质种植土回填。屋顶绿化的种植土采用专门为迪士尼配置的“B”类标准的新型土壤进行回填。土方回填采用植草袋装土、吊机配合进行吊装，再配合人工进行土方倒运及造型工作。土方造型过程中，全程跟踪测量，严格控制高程，避免局部回填过厚或者局部回填过浅的问题发生，造型完成后进行地形复测，达到要求后方可开始种植灌木的放样工作(图 12-16)。

(9) 苗木种植。屋顶斜坡绿化苗木选择以耐干旱、向阳植物为主，在半阴角可采用半阳性植物进行色调的调配。由于受空间和荷载的限制，为确保苗木一次成活，在苗木选择过程中采用规格相对小的容器苗。苗木种植时由美方设计人员现场定位，然后采用人工加吊车的方式配合完成(图 12-17)。

图 12-16　种植土回填
（来源：中建二局华东公司）

图 12-17　苗木种植
（来源：中建二局华东公司）

12.3.5　园林绿化应用实例

1. 仿真树的应用

北京环球影城主题公园气候类型是温带大陆性气候，四季分明，难以保证园区内的苗木四季常绿。为保证主题公园主题景观效果，采用了安装仿真树方案。

(1) 技术创新。仿真树材质为聚乙烯(PE)，生产前将 PE 与抗紫外线添加剂两种原料按比例混合，用设备打碎成粉末，再制成颗粒，最后进行机械生产，产品经国际检测机构检测，结果为抗紫外线防老化产品。仿真棕榈树安装施工工艺流程包括：第一步，安装树干，选用预埋浇筑，将树干底部钢板与预埋件预留螺栓用螺母进行固定；第二步，螺栓底部灌浆；第三步，采用高空曲臂车，安装工人进行树干和树叶的安装；第四步，调整树叶角度，并做成品保护。

(2) 施工要点。

① 基础施工要点。按照图纸信息可知，该类型的基础分为上下两部分，采取上部吊模与下部一起整体浇筑的施工方式。在钢筋绑扎完成后埋设仿真树预埋件，定位准确，焊接牢固。

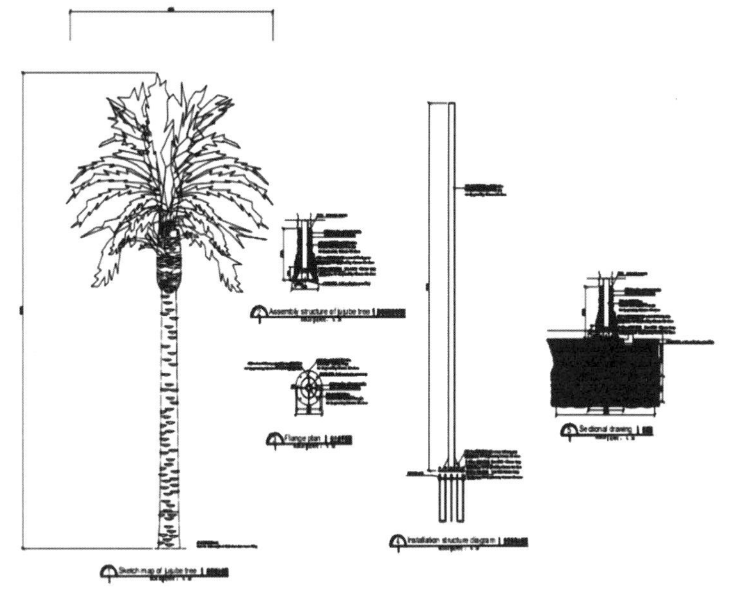

图 12-18 仿真树外形尺寸

（来源：中建二局华东公司）

② 仿真树运输。棕榈树树叶分为叶干和叶片，分别采用纸箱包装。树干采用气泡垫包裹，椰子树及其他植物，树叶采用纸箱包装。树干采用气泡垫包裹，包裹后的树干采用木制框架作为支撑固定，确保产品运输途中不被损坏。

③ 仿真树安装。首先搭设脚手架，然后采用 25 T 汽车吊，在树干上方的一侧，预留有特定的工艺安装吊钩，方便吊车起吊，并方便将树干直立吊装到安装点位，地面工人配合将树干稳固并固定到地面点位。在确定位置方向后，拧紧螺栓。

采用不收缩灌浆料进行柱脚灌浆。待达到强度后可以按自上向下的顺序装点树叶。

④ 修复及成品保护。对于在运输或安装过程中有破损的区域，采用不同的方式及时修复。经过质检合格的产品，树干 3 m 以下采用气泡膜包裹，以防受到不必要的损伤，最终检验时统一拆除气泡膜。树叶位置较高，后期拆除难度大且不易被损伤，无须包裹。

(a) 基础施工

(b) 安装

图 12-19 仿真树安装

（来源：中建二局华东公司）

2. 绿色环保结构土与营养土的应用

(1) 工程概况。北京环球影城主题公园项目标段二,工程室外绿化面积约 4.8 万 m^2,区域种植池形式多样,且大部分区域狭小,最小种植池范围直径不到 3 m。普通种植土若压实不密,易造成硬质铺装下的土壤压实度达不到要求而发生沉降;若种植土压实过密,将影响植物根系发育生长。为保证种树植物的生长环境及路基的稳定性,在种植池与道路交接处,使用了一种以一定粒径的碎石(花岗岩等)、黏壤土、水和土壤改良剂按比例均匀搅拌而成的混合物——结构土。其能够达到混凝土、沥青、面层材料铺设的强度要求,且具备满足植物根系生长和空气交换所必要的大孔隙。同时在植物生长、根系发育的过程中,结构土的内部空间特性可以避免根系对面层的破坏。

(2) 技术创新。本工程替代普通土壤填充的绿化用结构土,含有丰富的营养矿质元素,且具有良好的保水和持水能力,能提供种植物良好生长所需要的水和肥料环境,促进资源的优化利用。本工程将碎石、黏壤土、土壤改良剂等混合生产的绿化用结构土,工艺简单,不仅使碎石变废为宝,同时使绿化结构土壤满足硬质路面的承载和绿化过程中植物根系的生长要求,进而减少硬质路面的破坏,提升海绵城市功能。此结构土壤可广泛用于人行道、景观铺装道路等硬质路面,有很好的经济生态效益。

(3) 结构土施工要点。

① 配比结构土成分。使用碎石、黏壤土和土壤改良剂按以下比例配比。

表 12-1　土壤配比成分表

材料	重量单位(干重比)
碎石	100
黏壤土	20～25
土壤改良剂	0.035
水分	12～20

② 搅拌结构土混合物。按比例在搅拌设施内的铺面表面进行结构土壤的搅拌,不得在现场搅拌,需要使用铲车或类似设备混合。在铺面上散布厚度为 200～300 mm 的石料层。在石料层上均匀散布成比例的土壤黏合剂。在石料层上均匀散布成比例量的黏土。在搅拌过程中调节土壤的肥沃程度和 pH 值。对所有材料进行搅拌,直至达到一定的混合程度。始终保持充分稳定的含水量,在搅拌过程中及搅拌结束后对含水量进行测量与监控。搅拌后的土壤中应不再含有搅拌前土壤中可能存在的土块,现场准备土壤回填前先检查周边墙体、路缘、基础和公共设施是否完成施工。在得到业主批准前,不得开始回填,结构土壤不得作为地基支撑的现场原件施工。清理基坑中的所有碎屑、垃圾、瓦砾和其他异物,如有燃料、机油、混凝土泥浆或其他有害物,则进行充分的挖掘以消除此类物质,用经认可的填充料填充超挖部分,并夯实到所需的地基夯实度。检查地基标高及压实度满足设计规范要求,确保地基与表面已夯实和平整,并经业主检查认可。业主对结构土的材料进行检查,确保材料与样品一致。对相邻墙体、道路和公共设施进行保护,以防止填土工作的损坏及污

染。根据图纸保证挖掘种植池的深度及宽度，对结构土回填区域进行标识。结构土标准种植详图如图 12-20 所示。

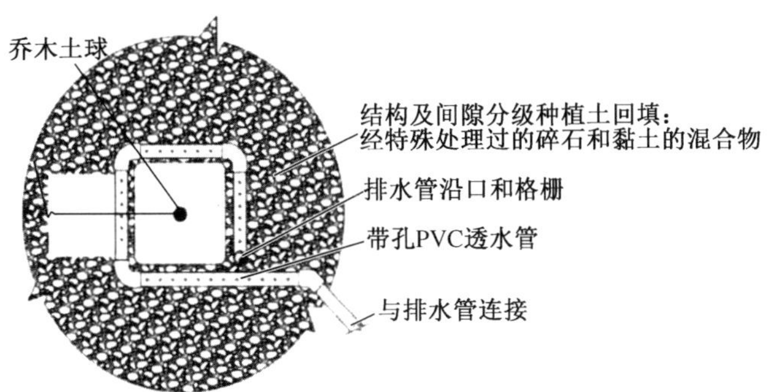

(a) 平面图

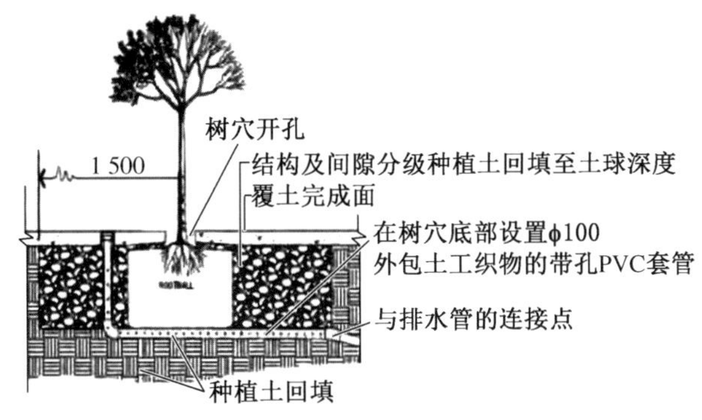

(b) 剖面图

图 12-20 结构土标准种植示意

（来源：中建二局华东公司）

③ 回填作业。分层安装结构土壤，每层厚 150 mm，各层安装后夯实。安装结构土壤过程中协调相关专业管线及基础作业，在达到管线等预埋设施标高时停止施工，待管线等预埋设施完成后再进行下水道结构土壤的安装。将结构土壤夯实至最大密实标准 95%，施工完毕后现场取样压实度测试，并提交检查报告，对机械不能压实的部位采用人工打夯机压实。对不需要立即种植或铺装面层的结构土壤区域做好现场保护工作，表面覆盖土工布。涉及可能发生污染的部位先覆盖隔离塑料布再覆盖土工布。

12.4 绿色施工的环境因素应用

目前对绿色施工的定义是在工程施工过程中，采用各类技术手段，实现工地现场节能、节地、节水、节材和环境保护，有效降低工地现场资源消耗和环境污染水平。绿色施工是可持续发展理念在工程施工中全面应用的体现，但在传统施工模式下，绿色施工多数采用人工盯防、污染源定期化验的管理形式进行，不仅需要耗费大量人力、物力，又难免出现管理上的漏洞，使得大多数项目上绿色施工变成口号，无法有效实施。为解决人工管理的问题，需要引入数字化管理技术。首先，在工程项目策划阶段，可利用基于BIM技术的模型分析方法建立项目的多维序模型，结合各项环境因素对施工过程进行绿色施工优化，编制最优的绿色施工方案；其次，在工程项目实施阶段，可基于物联网传感技术实时获取环境数据，与绿色施工需要达到的预期阈值相比对，当发生实时数据超出阈值现象时，即采用自动化控制设备实现环境因素智能管控。通过基于BIM模型分析方法的绿色施工优化，以及环境监测、环境控制等措施，形成了全方位的"四节一环保"施工优势，对于绿色施工理念的落地有重要的推动作用。

12.4.1 工程策划阶段的环境因素数字化管理

在工程策划阶段，基于BIM技术，建立数字化模型，综合各类环境因素进行有效的模型分析和方案优化，可在施工过程节能、节地、节水和节材等方面带来巨大的价值。

1. BIM技术在节材上的应用

采用BIM技术，可以解决机电管线的碰撞问题，避免资源由于碰撞问题而产生浪费。机电管线碰撞是安装工程施工时影响现场进度的主要因素，严重影响了施工作业的顺利进行。管线碰撞形式主要包括不同专业工程的交错管线布置、预埋管件定位及安装是否符合设计要求等，考虑到机电管线较为密集、排布复杂的特性，在进行施工设计过程中，各个专业间往往缺乏有效沟通，是导致出现碰撞的关键原因。采用传统CAD软件制作二维图，无法形象标志出管线碰撞情况，不能有效地预先处理管线碰撞问题，大量管线穿插作业问题常常发生，造成返工与材料浪费的现象时有发生。而BIM技术所具有的协调性功能便能够对这一问题有效解决，施工技术人员可通过模型软件自动找到各专业碰撞问题点，再进行碰撞点的二次优化设计，同时，可以优化管线排布路径和排布进度，使后施工管线不受到先施工管线的空间限制，避免二次返工。

采用BIM技术，可以使进度、材料和资源等得到合理配置等。集合时间维度，可建立四维施工过程模型，充分考虑时间维度的影响：现场施工是动态过程，材料堆放、资源利用都受到时间进度安排的控制，提前多久进行材料、资源的采购和安置是关系到工程顺利进行的关键。以BIM模型为核心，参照预期的施工进度安排进行动态模拟，分析每个施工阶段中材料、资源配备是否合理，阶段施工目标是否能够有效达成；在施工过程中，同样可参照已完成的施工进度不断进行后期进度优化设计，从而使整个施工过程始终处于良性循环迭代状态，使资源、材料利用与施工过程的推进能够呈现相辅相成的局面。

采用BIM技术，可以模拟混凝土工程施工，降低混凝土工程材料成本。第一，在钢筋用量方面，可以在模型中实现钢筋接头率的深层优化，针对模型中的钢筋进行钢筋量统计，进行与设计用量的比较分析；根据对应钢筋型号优化搭接方式，确定采用焊接或机械连接方式，以达到节省钢筋的目的。第二，在混凝土用料方面，采用模型中统计出的混凝土用量，可以对现场的实际施工作业量进行控制，找出节约混凝土材料的措施。第三，在模板使用方面，通过模型中对主体结构施工进度、工序的分析比对，可增加周转率较高的钢模板使用量，减少常规木模板的应用，进一步减少工程模板投入成本，提高工程建设效率。

2. BIM 技术在节地上的应用

在建筑施工过程中，通常需要对基坑进行大面积开挖。传统粗放式的开挖方式通常是基于平面图及开挖方式来大致确定需要开挖的土方量，对自然环境中的土体扰动较大，甚至会对周边的建筑物或者原有的市政管线造成不利影响。基于 BIM 技术，可预先根据施工进程计算各个施工阶段的土方开挖量，进而根据场地布置安排情况构建土方开挖的动态模拟模型，如图 12-21 所示；基于建成的场地布置动态模型，可对施工作业现场仓库、加工厂、作业棚、材料堆放的排布情况进行优化，尽量做到靠近已有交通线路，最大限度地缩短运输距离，使材料能够按工序、规格、品种有条不紊地进入施工作业区。

图 12-21　施工场地布置动态模型

3. BIM 技术在节能上的应用

采用 BIM 技术，可对施工现场的临时照明设备进行光照和位置优化。基于 BIM 技术体系内的光照优化软件，可在三维场景中分阶段模拟局部和全局的照明情况。并根据光照分析结果、现场施工光照最低要求、光污染控制要求等对原定照明布置方案进行优化，其优化方法有增减照明布置点、移动照明设备位置、更换照明设备型号以增减单个设备光照强度和光照范围等。光照分析能够有效降低现场光照能耗，使临时用电额度控制在阈值以下，对于工程环保和成本控制有重要意义，但同时，光照分析亦能够通过合理优化，使得施工期间现场光照正常满足施工要求，减少由于夜间施工照明局部区域不足引发的安全隐患。

利用太阳能发电技术，通过 BIM 模型预先对项目所在地进行光照分析，策划出最优的太阳能面板布设方式。所采集的太阳能可对办公区域及走廊、施工现场的路灯进行照明。这既保证了夜间照明，促进安全生产，又对于绿色施工节能减排有实质的意义。

4. BIM 技术在节水上的应用

传统施工临时用水管网主要依据工程施工内容及现场临时需求进行随机布置，这导致了工地现场临时用水管网布置较为混乱，存在重复布网及水资源浪费严重等问题。在引入数字化技术后，可通过 BIM 模型实现对施工现场中的临时用水管网的优化布置，减少管网重复布置量，提升管网循环使用效率；同时在废水、雨水回收和重利用方面，可通过 BIM 技术进行废水回收、雨水回收系统的设计，与各层级的废水、雨水管网有效衔接，并将其转化后的清洁水作为进出场车辆冲洗用水、卫生间用水、道路清理用水等，尽可能提升非传统水的利用能力，最终实现废水、雨水等的合理利用，达到节约水资源的目的。

12.4.2 工程实施阶段的环境因素数字化管理

施工现场主要环境污染源包括扬尘污染、噪声污染、光污染、水质污染、固体垃圾污染、辐射物体污染等，但目前环境影响效应最大且普遍存在的三个主要污染源为扬尘污染、噪声污染和光污染。基于数字化技术手段，打造抑尘喷雾控制系统和声光控制系统等，可对三大污染源进行有效控制。

1. 扬尘污染数字化管理

扬尘污染采用抑尘喷雾控制系统进行管理和控制。系统一般可由四部分组成，包括数据采集层、数据传输层、指令控制层、喷雾系统层等。其中，在数据采集层，现场可布置 $PM_{2.5}$ 传感器、PM_{10} 传感器、温湿度传感器、风力风向传感器等，并将传感器连接到采集模块，进行原始环境的数据采集；在数据传输层，将现场采集模块采集到的数据通过无线方式上传至管理平台，管理平台可以部署在云端服务器或现场服务器；在指令控制层，基于管理平台上获取的数据情况及分析结果，发出指令对现场的喷雾系统进行控制；在喷雾系统层，系统由各类喷头和高压喷雾设备组成，负责抑尘喷雾颗粒的生成。

由于抑尘喷雾控制系统的应用环境是建筑施工现场，考虑到施工环境变化多端的特点，系统应重点考虑设备尺寸、安装便利性、智能控制的准确性、喷雾效果优劣等问题。

(1) 喷雾设备的尺寸和安装必须考虑移动性和安装便利性。设备应便于移动，并具有方便拆卸安装的性能，实现设备的高效充分利用。施工现场常见的喷雾设备多采用快接式安装方式，喷雾管线和喷头的安装、拆卸均可通过插拔完成，大大提高了喷雾设备的使用效率，使其能够广泛应用于多变的各类施工环境下。

(2) 喷雾设备喷头应具备多种喷洒方式，满足各等级抑尘要求。可重点从喷雾距离长短、喷雾颗粒大小、喷雾扩散面积、喷雾形状等方面进行优化，使喷头的喷雾能力与现场扬尘污染抑制要求相匹配。

(3) 控制系统应采用智能化、数字化的控制方式。施工现场可采用完全手动控制、根据现场的传感器信号反馈进行自动智能控制两种方式进行控制指令切换。

2. 噪声和光污染数字化管理

噪声和光污染数字化管理主要通过声光控制系统进行有效管控。与扬尘污染不同，噪声和光污染较难在出现问题时进行有效控制，而应当采取管理措施进行预防，其本质上仍是管理流程的数字化。噪声和光控制系统既可以集成开发，也可以单独开发。

针对光污染，可通过技术手段对现场光照系统、设施设备进行改造升级，再建立光照设备设施管理平台，采取自动化控制手段进行光照开关的智能化控制。光照设备设施管理平台进行自动化控制的依据包括两方面，其一是基于 BIM 模型进行的光照方案优化结果；其二是通过现场光照传感器采集到的光照数据。一般情况下，可在 BIM 模型分析出的各大光照区域分别安装光照传感器，当发现光照传感器出现数据异常时，则结合施工情况进行开关部分光源的远程控制。施工现场使用的光照传感器多采用壁挂式或立杆式，其选型参数指标需考虑响应时间、测量范围。

针对噪声污染，由于施工现场的噪声污染主要来自某些大型施工设备，而这些设备的消音改造或处理较为困难，最好的方法是通过管理手段严格控制设备的使用情况、调配设备的使用计划等。通过数字化技术手段，在噪声较大区域安装噪声监测传感器，并建立噪声污染控制管理平台，结合监督机制，可实现噪声污染的有效控制。现场使用的噪声传感器一般响应时间在 2s 内，测量范围在 30～130 dB，分辨率在 0.1 dB 左右。

在噪声监测数据基础上，平台应根据实际监测值对噪声设备施工时间、施工区域进行优化，如尽量避免大量高噪声设备同时施工。通过合理布置施工现场作业区域和施工进度，一方面尽量把施工任务安排在白天，减少夜间作业；另一方面尽量在施工现场避免出现大量高噪声设备聚集区域，使得局部噪声能够控制在合理阈值范围内，面对位置相对固定的机械设备，可设置在隔声棚内或在设备外侧布置临时隔声屏障，降低其噪声水平。

针对噪声设备，经过厂家标定以及现场噪声传感检测后，建立施工设备噪声管理数据库，尽量选用低噪声设备，严格避免高噪声不合格设备进场使用；基于施工方案，开发噪声计算算法，可计算出当日施工噪声理论值，供施工方案优化参考。

针对噪声污染主要因素——重载车辆，平台应关联施工现场进出口地磅系统，根据进出口数据，进行车辆的进出管理，尽量减少运输车辆夜间的运输量；进行每日进出车辆的数量统计和轴重统计，分析降低噪声的方法；运输车辆在进入声环境敏感区域后，由噪声监测传感器监测噪声数据，如噪声超限，要采取措施，如降低车速、禁鸣笛或其他有效措施。

参考文献

[1] 胡启亚，巩维龙，胡永兴，等. 基于三维激光扫描点云的逆向建模[J]. 北京测绘，2020，34(3)：352-355.

[2] 王贺，史琦，于波，等. 塑石假山三维钢筋网片数字化施工技术[J]. 建筑施工，2021，43(5)：929-931.

[3] 罗伟，王永生，邢义志，等. 某文旅项目超大型塑石假山钢结构施工技术[J]. 建筑施工，2021，43(3)：404-406+416.

[4] 韦年达，罗杨诏. 基于 BIM 技术的高空间大跨度多曲面弧形穹顶施工技术[J]. 城市建设理论研究(电子版)，2018(28)：127-128.

[5] 王永生，贾学军，王贺，等. 穹顶结构新型阶梯式吊挂平台施工技术研究与应用[J]. 建筑技术，2021，52

(2)：154-156.
[6] 金星. 基于 BIM 平台的复杂曲面幕墙工程设计及施工实践[J]. 住宅与房地产,2019(33)：187.
[7] 嵇雪飞,沈培,沈礼鹏,等. 基于 BIM 三维软件的钢管桁架模拟预拼装施工技术[J]. 施工技术,2019,48(S1)：354-356.
[8] 崔邯龙,肖超,王松. BIM 技术在某大跨度管桁架工程中的应用[J]. 钢结构(中英文),2019,34(8)：100-104.
[9] 龚剑,朱毅敏. 数字建造丛书：上海中心大厦数字建造技术应用[M]. 北京：中国建筑工业出版社,2019.
[10] 罗伟,翟雷,邢义志,等. 大型主题乐园曲线形超平混凝土地坪施工技术[J]. 施工技术,2021,50(3)：72-75.
[11] 贾建娥. 大面积超平混凝土地面施工技术[J]. 山西建筑,2012,38(21)：112-113.
[12] 俞秀芳,李泽杰. GRC 装饰构件在龙港花园四期工程中的应用[J]. 建筑与预算,2013(2)：35-36.
[13] 孙鑫清. 建筑工程外墙漆和内墙漆的施工工艺[J]. 科学与财富,2015(26)：364.
[14] 颜建勋. 分析园林工程中园林道路铺装施工技术的应用[J]. 中华建设,2020(12)：114-115.
[15] 方怡,李增旺. 异型复杂屋面系统施工技术[J]. 建筑施工,2006(2)：111-113.
[16] 周晓莉. 大型主题乐园的复杂异形屋面建造技术[J]. 建筑施工,2016,38(5)：570-572.
[17] 王淼. 异型复杂屋面系统施工技术[J]. 科学与财富,2015(5)：303.
[18] 李树成,胡杭,仇健,等. 异形屋面混凝土结构施工综合工艺[J]. 建筑施工,2016,38(1)：33-35.
[19] 徐敏. 某大型主题乐园异形多曲仿真茅草屋面施工技术[J]. 建筑施工,2018,40(4)：542-544.
[20] 王跃立. 仿真茅草屋面施工技术应用[J]. 山西建筑,2013,39(33)：103-104.
[21] 王宏伟. 浅谈现代住宅坡屋面施工技术应用[J]. 城市建筑,2012(9)：23.
[22] 吴建国. 坡屋面施工技术在现代建筑中的应用[J]. 山西建筑,2012(35)：78.
[23] 杨志伟,王鹏. 浅谈主题乐园项目坡屋面施工技术[J]. 绿色环保建材,2017(9)：194-195.
[24] 苟德中. 主题乐园主题门窗施工技术与应用研究[J]. 智能建筑电气技术,2021(3)：136-138.
[25] 郑红,李毅峰. 上海迪士尼主题乐园本土化营销策略中的第三文化研究[J]. 文化学刊,2019(7)：14-16.
[26] 辛立勋. 国际主题乐园景观营造管理与施工特点[J]. 园林,2016(10)：26-29.
[27] 励国明. 上海迪士尼乐园景观工程施工实施过程中设计配合的控制要点分析[J]. 建筑技术开发,2018,45(17)：39-41.
[28] 董则奉,蔡芳芳. 上海迪士尼乐园的仿真景观[J]. 上海建设科技,2018(1)：57-59.
[29] 徐敏. 大型主题乐园的屋顶绿化施工技术[J]. 建筑施工,2018,40(6)：1020-1022.

结 语

展望与未来

数字化技术在工程建设领域的应用,很好地驱动建造技术理论体系创新,改变了传统建造模式,全面提升了工程建造水平。以主题公园为主的文旅项目数字化建造,通过聚焦基础性研究、前瞻性开拓和理念创新,探索了项目管理、建筑设计和建筑施工的全过程数字化建造技术前沿发展与应用方式;通过聚焦技术拓展和指导工程实践,实现了数字化技术对大型主题乐园建设的引导和借鉴。希望通过本书的编写,倡导主题公园的数字化建造技术发展,以热点数字化技术实现对建造全过程的服务,全面提升文旅项目的建设效率,助推数字化建造技术的持续性发展。

中国建筑第二工程局有限公司通过借鉴工业智能制造的先进技术思路和方法,积极探索主题公园项目绿色化、工业化和信息化三位一体协调融合发展的数字化之路,实现对传统建造技术改造和升级,加快我国建筑业的转型发展,助力我国由建造大国向建造强国的转变。